eXamen.press

Weitere Bände in dieser Reihe
http://www.springer.com/series/5520

eXamen.press ist eine Reihe, die Theorie und Praxis aus allen Bereichen der Informatik für die Hochschulausbildung vermittelt.

Ralf Dörner · Wolfgang Broll
Paul Grimm · Bernhard Jung
(Hrsg.)

Virtual und Augmented Reality (VR/AR)

Grundlagen und Methoden der Virtuellen und Augmentierten Realität

Springer Vieweg

Herausgeber
Prof. Dr. Ralf Dörner
Fachbereich Design, Informatik, Medien
Hochschule RheinMain
Wiesbaden
Deutschland

Prof. Dr. Paul Grimm
Fachbereich Angewandte Informatik
Hochschule Fulda
Fulda
Deutschland

Prof. Dr. Wolfgang Broll
Fakultät für Informatik und Automatisierung/
Fakultät für Wirtschaftswissenschaften
und Medien
Technische Universität Ilmenau
Ilmenau
Deutschland

Prof. Dr. Bernhard Jung
Fakultät für Mathematik und Informatik
TU Bergakademie Freiberg
Freiberg
Deutschland

ISSN 1614-5216
ISBN 978-3-642-28902-6
ISBN 978-3-642-28903-3 (e-Book)
DOI 10.1007/978-3-642-28903-3

Die Deutsche Nationalbibliothek verzeichnet diese Publikation in der Deutschen Nationalbibliografie; detaillierte bibliografische Daten sind im Internet über http://dnb.d-nb.de abrufbar.

Springer Vieweg

Springer Vieweg ist eine Marke von Springer DE. Springer DE ist Teil der Fachverlagsgruppe Springer Science+Business Media
www.springer-vieweg.de

Geleitwort

Virtual Reality ist eine Zukunftstechnologie, die zunehmend an Bedeutung in einer Vielzahl von Anwendungsgebieten in Forschung und Industrie gewinnt. Durch die rasante Entwicklung von Displayhardware, neuen Interaktionsgeräten und Trackingsystemen, werden heute Virtual Reality Anwendungen entwickelt, die vor wenigen Jahren ausschließlich in großen Forschungslaboren realisierbar gewesen wären. Diese Technologierichtung wird in besonderem Maße durch deutsche Forschungs- und Entwicklungseinrichtungen geprägt. Aus diesem Grund besteht ein Bedarf an einem deutschsprachigen Lehrbuch zur Ausbildung der nächsten Generation von Virtual Reality Spezialisten.

Das vorliegende Buch *Virtual Reality und Augmented Reality (VR/AR) - Grundlagen und Methoden der Virtuellen und Augmentierten Realität* entstand aus einer Initiative von international führenden Experten der Fachgruppe Virtuelle Realität und Augmented Reality der Gesellschaft für Informatik (GI). Die Fachgruppe unterstützt neben der Etablierung von neuen Forschungsrichtungen auch die Förderung des Nachwuchses, indem sie sich mit fachdidaktischen Fragestellungen beschäftigt. Umfragen innerhalb der Fachgruppe haben nicht nur den Inhalt dieses Buches beeinflusst, auch viele der Autoren sind aktiv in der Fachgruppe engagiert.

Neben technischen Themen geht das Buch auch auf Aspekte der Wahrnehmung, der Mensch – Computer Interaktion und auf mathematische Grundlagen ein. Es schließt eine Lücke im deutschsprachigen Raum, indem es den aktuellen Stand der Forschung durch Grundlagen und anwendungsorientierte Beispiele fachdidaktisch aufbereitet.

Ich bin davon überzeugt, dass dieses Buch bei einer breiten Leserschaft großes Interesse wecken wird. Der Inhalt des Buches ist von hoher technischer Qualität und wird einen wichtigen Beitrag zur zukünftigen Entwicklung dieser Disziplin leisten.

September 2013

Prof. Dr. Oliver Staadt
Universität Rostock
Sprecher der GI-Fachgruppe
Virtuelle Realität und Augmented Reality

Inhaltsverzeichnis

Einleitung

1

Ralf Dörner, Bernhard Jung, Paul Grimm, Wolfgang Broll und Martin Göbel

Zusammenfassung

Was ist Virtuelle Realität (VR)? Was versteht man unter Augmentierter Realität (AR)? Wozu dienen VR/AR? Welche Grundkonzepte gibt es? Wie sind VR/AR – Systeme aufgebaut? Wie hat sich VR/AR geschichtlich entwickelt? Diesen Fragen geht das erste Kapitel nach und vermittelt so eine Einführung in das vorliegende Lehrbuch. Das Kapitel ist grundlegend für das gesamte Buch. Auf ihm bauen alle Folgekapitel auf, während alle weiteren Kapitel nicht voneinander abhängen und deswegen in einer Auswahl und Reihenfolge durchgearbeitet werden können, die den individuellen Interessen und Bedürfnissen der Leser Rechnung trägt. Entsprechende Hinweise, wie dieses Buch effizient von verschiedenen Zielgruppen (Studierende, Lehrende, Anwender, Technologieaffine) genutzt werden kann, finden sich am Ende des Kapitels ebenso wie eine Zusammenfassung, Fragen zur Überprüfung des Gelernten, Empfehlungen für weiterführende Literatur sowie die im Kapitel verwendeten Referenzen.

1.1 Worum geht es bei VR/AR?

Betrachten wir uns als erstes die Idealvorstellung einer *Virtuellen Realität (VR)*: Wie sieht die perfekte VR eigentlich aus? In diesem Extremfall werden die zugrundeliegenden Ideen einer VR besonders deutlich. Danach befassen wir uns damit, warum man einerseits eine perfekte VR heute nicht erreichen kann (und z. B. aus ethischen Gründen auch nicht erreichen will) und zeigen andererseits wie man trotzdem eine *Virtuelle Umgebung* für Menschen schaffen kann. Wir führen dabei den Begriff der *Augmentierten Realität (AR)* ein.

R. Dörner (✉)
Hochschule RheinMain, Fachbereich Design, Informatik, Medien
Unter den Eichen 5,
65195 Wiesbaden, Deutschland
E-Mail: ralf.doerner@hs-rm.de

R. Dörner et al. (Hrsg.), *Virtual und Augmented Reality (VR/AR)*, eXamen.press,
DOI 10.1007/978-3-642-28903-3_1, © Springer-Verlag Berlin Heidelberg 2013

Schließlich motivieren wir, wozu VR und AR heute dienen können und warum man sich intensiv mit diesen Themen beschäftigt.

1.1.1 Die perfekte Virtuelle Realität

Menschen nehmen die Welt mittels Sinneseindrücken wahr. Wird beispielsweise Licht von einem realen Objekt, z. B. einem Tiger, reflektiert und gelangt es in das Auge eines Menschen, so werden fotochemische Prozesse in speziellen, in der Netzhaut angesiedelten Sinneszellen ausgelöst. Das Licht wirkt als Reiz für diese Sinneszellen. Die Lichtreize führen zu Nervenimpulsen, die über komplex miteinander verbundene Nervenzellen verändert und zum Gehirn geleitet werden. Man hat bereits verschiedene Gebiete des Gehirns identifizieren können, die zur visuellen Wahrnehmung beitragen. Das wahrgenommene Bild entsteht also nicht in den Augen, sondern eher in Gehirnregionen hauptsächlich im Hinterkopf. Bei den Prozessen im Gehirn können mehrere Stufen unterschieden werden. Zunächst erfolgt eine schnelle Parallelverarbeitung der visuellen Sinneseindrücke, bei der z. B. die gelben und schwarzen Flächen wie auch das Muster auf dem Fell des Tigers identifiziert werden. Darauf aufbauend folgt eine langsamere sequentielle Aufarbeitung, z. B. das Zusammensetzen der farbigen Flächen zu Teilobjekten (wie z. B. Pranke oder Zähne des Tigers) unter Nutzung des Gedächtnisses: Hat der Mensch schon einmal einen Tiger gesehen, kann dies zu einem Wiedererkennen führen. Den ganzen Apparat, von den Sinneszellen angefangen, über die Sehnerven bis hin zu den Sehzentren im Gehirn nennen wir das visuelle System des Menschen. Der Mensch sieht in unserem Beispiel also dank seines visuellen Systems den Tiger und kann daraus Schlussfolgerungen über die Realität ziehen, z. B. dass eine reale Raubkatze vor ihm steht und es an der Zeit wäre, mit dem Weglaufen zu beginnen.

Der Zusammenhang zwischen der Realität und dem, was Menschen dank ihres visuellen Systems über sie wahrnehmen, ist alles andere als einfach. Dieselbe Realität kann bei verschiedenen Menschen unterschiedliche Wahrnehmungen hervorrufen. Eine Wand, die Licht mit einer Wellenlänge von 630 nm reflektiert, löst bei vielen Menschen die Farbwahrnehmung „rot“ aus – einige Menschen haben aber eine andere Wahrnehmung. Weil sie in der Minderheit sind, nennt man diese Menschen farbfehlsichtig – immerhin ca. 9 % der Männer und 1 % aller Frauen nehmen Farben anders wahr als die restlichen Menschen. Farbe, ein Begriff mit dem Menschen die visuelle Wahrnehmung beschreiben, ist also kein Begriff, der die Realität objektiv beschreibt. Die Farbe ist keine physikalische Eigenschaft der realen Wand, sondern steht für eine subjektive Empfindung, die von der Wand mittelbar durch reflektiertes Licht in Menschen ausgelöst wird.

Auch bei einem einzelnen Individuum besteht kein einfacher Zusammenhang zwischen Realität und visueller Wahrnehmung der Realität. Betrachtet man Abb. 1.1, so erkennt man auf einem Gitter angeordnete schwarze Quadrate. An den Kreuzstellen des Gitters nimmt man abwechselnd auftretende, teilweise flackernde dunkle und helle Punkte wahr. Dies entspricht aber nicht den Eigenschaften der Gitterpunkte in der Realität: Die Gitterpunkte reflektieren das Licht immer gleich (sollte dieser Text mit einem e-Book-Reader gelesen

Abb. 1.1 Ein Hermann-Gitter. Obwohl in der Realität alle Gitterkreuzstellen Licht immer im gleichen Umfang reflektieren, nimmt ein Mensch manchmal dort dunkle Flecken wahr. Die dunklen Flecken verschwinden, sobald man versucht, sie direkt anzuschauen

werden, so sei versichert, dass hier nicht getrickst wird). In der Wahrnehmungspsychologie sind eine Reihe derartiger Phänomene beschrieben worden, die zeigen, wie das visuelle System im komplexen Prozess der Perzeption von den Sinneszellen stammende Reaktionen auf externe Reize zusammenfasst, verstärkt, herausfiltert oder neu kombiniert. Dieselben Reize können beim gleichen Individuum zu unterschiedlichen Zeitpunkten zu verschiedenen Wahrnehmungen führen, zum Beispiel je nachdem ob das Individuum sich gerade auf etwas konzentriert oder nicht – oder ob das Individuum gerade ein Glas Wodka getrunken hat oder nicht. Eine bemerkenswerte Eigenschaft des visuellen Systems ist es auch, seine Arbeitsweise über die Zeit zu ändern, sich zu adaptieren. Der Psychologe George M. Stratton machte dies durch ein eindrucksvolles Selbstexperiment Ende des 19. Jahrhunderts deutlich. Stratton trug mehrere Tage eine Umkehrbrille, welche die Welt für ihn wortwörtlich auf den Kopf stellte. Anfangs bereitete ihm dies große Schwierigkeiten, schon allein beim Essen den Mund mit der Gabel zu treffen, war für ihn eine Herausforderung. Mit der Zeit adaptierte sich aber sein visuelles System an die neuartigen Reize aus der Realität und er konnte wieder normal in seiner Umwelt agieren, sie bei Konzentration sogar wieder aufrecht sehen. Als er die Umkehrbrille absetzte, war er wiederum mit Problemen konfrontiert: Er verwendete beispielsweise die falsche Hand, wenn er nach etwas greifen wollte. Zum Glück für Herrn Stratton ist eine Adaption der Wahrnehmung nicht einmalig und er musste nicht für den Rest seines Lebens eine Umkehrbrille tragen, für ihn hat sich nach einem Tag wieder alles normalisiert.

Es gibt also keinen festen, eindeutigen und objektivierbaren Zusammenhang zwischen der Realität mit der von ihr auf einen Menschen wirkenden Lichtreize einerseits und der visuellen Wahrnehmung des Menschen über diese Realität anderseits. Das verschafft Spielraum, die visuelle Wahrnehmung des Menschen über die Realität zu manipulieren. Ein einfacher Weg besteht darin, einen Reiz, der von einem realen Objekt ausgeht, durch einen ähnlichen, künstlichen Reiz zu ersetzen. Kommt das visuelle System des Menschen durch diesen künstlichen Reiz angeregt zu einer ähnlichen Wahrnehmung wie dies auch durch ein reales Objekt geschehen wäre, dann kann der Mensch aufgrund dieser Wahrnehmung sogar dem Trugschluss unterliegen, dieses Objekt wäre tatsächlich in der Realität vorhanden. Bilder sind ein typisches Beispiel für diese Vorgehensweise. Wenn man in einem Menschen die visuelle Wahrnehmung „Tiger" hervorrufen möchte, dann muss man nicht eine echte Großkatze bemühen. Man kann dem Menschen eine Fotografie eines Tigers zeigen. Natürlich ist diese Fotografie eines Tigers, ein Blatt Papier bedruckt mit auf eine bestimmte Art Licht reflektierenden Pigmenten, ein grundlegend anderes Objekt als ein Tiger aus Fleisch und Blut. Beide haben aber etwas gemeinsam: sie reflektieren Licht auf ähnliche Weise, reizen das visuelle System auf ähnliche Weise und rufen ähnliche visuelle Wahrnehmungen im Menschen hervor.

In der Regel wird sich ein Mensch nicht so einfach täuschen lassen und einen realen Tiger von dem Foto eines Tigers unterscheiden können. Nehmen wir daher an, dass wir die Lichtreize, die von einem realen Tiger ausgehen, perfekt in das visuelle System eines Menschen einbringen könnten, z. B. indem wir über eine ins Gehirn eingepflanzte „Steckdose" die Nervenerregungen von außen einspielen. Gehen wir in unserem Gedanken einen Schritt weiter und beschränken uns nicht allein auf die visuelle Wahrnehmung. Zwar ist die visuelle Wahrnehmung für einen Menschen die wichtigste Informationsquelle über seine Umwelt, mehr als 130 Mio. Sinneszellen (ca. 70 % aller Sinneszellen des Menschen), mehr als vier Milliarden Neuronen, d. h. mehr als ca. 40 % der Großhirnrinde, ist mit dem Sehen befasst, „der Mensch ist ein Augentier" wie es Leonardo da Vinci formulierte. Jedoch basiert die menschliche Wahrnehmung der Realität auch noch auf anderen Sinneseindrücken. So gibt es neben den Zapfen in der Netzhaut, die auf Licht regieren, auch spezielle Sinneszellen wie die Merkel-Zellen, welche auf Druck ansprechen oder die Vater-Pacini-Körperchen, die durch Beschleunigungen gereizt werden. Nehmen wir daher weiter an, dass wir die Reaktion all dieser anderen Sinneszellen auch über die gedachte „Steckdose" direkt ins Gehirn einspielen könnten. Neben dem Sehen (der visuellen Wahrnehmung) würden wir also auch noch

- das Hören (die auditive Wahrnehmung),
- das Riechen (die olfaktorische Wahrnehmung),
- das Schmecken (die gustatorische Wahrnehmung),
- das Erfühlen (die haptische Wahrnehmung),
- und als Teile des Erfühlens auch das Tasten (die taktile Wahrnehmung),
- den Gleichgewichtssinn (die vestibuläre Wahrnehmung),
- die Körperempfindung (die Propriozeption),
- das Temperaturgefühl (die Thermozeption),
- sowie die Schmerzempfindung (die Nozizeption)

manipulieren. Wären wir dann in der Lage, die von einem Tiger ausgehenden Reize durch einen Computer so errechnen zu lassen und in das Gehirn eines Menschen einzuspielen, dass dieser davon überzeugt wäre, einen realen Tiger vor sich zu haben? Könnten wir einen Menschen damit in eine scheinbare Wirklichkeit, eine Virtuelle Realität versetzen, die der Mensch von der echten Realität nicht mehr unterscheiden könnte, die eine perfekte Illusion einer Realität wäre?

Dies sind faszinierende Fragen, mit denen sich z. B. die Wachowski-Brüder in ihrem Film „Die Matrix“ und dessen Fortsetzungen anschaulich auseinandergesetzt haben. Auch andere Filme wie „Vanilla Sky“ und Science-Fiction-Romane etwa von Stanislaw Lem thematisieren diese Fragestellung. Sie berührt auch philosophische Fragen, wie sie Platon vor über 2400 Jahren mit seinem Höhlengleichnis aufgeworfen hat. Platon fragte sich, wie Menschen reagieren, die seit ihrer Kindheit in einer Höhle gefangen und mit dem Kopf so fixiert wurden, dass sie in ihrem Rücken befindliche Gegenstände nie direkt sehen, sondern nur deren Schatten wahrnehmen, der auf die für sie sichtbare Höhlenwand geworfen wird. Nach Platon's Ideenlehre erkennen wir die Realität – das wahre Seiende – nicht direkt, sondern sind nur in der Lage indirekt „Schatten“, Abbilder der Realität in unserer „Höhle“, unserer durch den Bereich sinnlicher Erfahrungen eingeschränkten Welt, wahrzunehmen. Ähnliche Ideen finden sich aber auch z. B. in der indischen Mythologie, in der Maya, die Göttin der Illusion, die Menschen dazu bringt, die Realität nicht direkt zu erkennen, sondern nur eine durch uns selbst und unsere Wahrnehmung erzeugte Projektion der Welt.

Der französische Philosoph René Descartes geht einen Schritt weiter und sagt, dass unsere Wahrnehmung der Realität kein unvollkommenes Abbild, sondern eine komplette Täuschung sein könnte und alles Wissen über die Realität anzuzweifeln ist. Er führt die Figur des Genius malignus ein, des bösen Geistes, der Menschen eine Realität vortäuscht, die gar nicht existiert. Sie lesen also gerade gar kein Buch, sondern ein böser Geist macht Sie glauben, Sie hätten Augen und könnten damit ein Buch lesen, das aber in Wirklichkeit gar nicht existiert. Der Geist ist sogar so böse, dass es sich ausgerechnet um ein Lehrbuch über Virtuelle Realität handelt.

Die philosophische Richtung des Skeptizismus bezweifelt, dass es so etwas wie eine Realität, so etwas wie grundlegende Wahrheiten überhaupt gäbe. Mit dem „Brain in a Vat“ („Gehirn im Bottich“)-Experiment, einem Gedankenexperiment ähnlich unseren Überlegungen, in dem man davon ausgeht, dass ein Gehirn aus einem Menschen herausgelöst in einem Bottich mit Nährlösung schwimmend von einem Computer mit Impulsen versorgt wird, die eine scheinbare Realität vorgaukeln, begründen die Anhänger des Skeptizismus ihre Haltung. Sie beantworten unsere Frage, ob das Bewusstsein in diesem Gehirn die vorgetäuschte Realität von seiner echten Realität, nämlich das körperlose Schwimmen in einem Bottich, unterscheiden kann, mit einem klaren „Nein“. Daher, so das Argument, können wir uns nie sicher sein, ob wir uns gerade nicht doch in einer Virtuellen Realität befinden – so wie die meisten Menschen im Spielfilm „Die Matrix“ niemals mitbekommen, wie ihre tatsächliche Realität überhaupt aussieht.

1.1.2 Die Simulation der Welt

Um eine perfekte Virtuelle Realität zumindest in Ansätzen zu verwirklichen, müssen Reize erzeugt werden, die einen Menschen die Virtuelle Realität wahrnehmen lassen. In den ersten Flugsimulatoren wurde dazu eine Videokamera auf einem Gestänge befestigt und über eine reale Modelllandschaft ähnlich einer Spielzeugeisenbahn bewegt. Die von der Kamera aufgenommenen Bilder wurden den Piloten im Flugsimulator angezeigt, der so ein Bild einer Virtuellen Realität wahrnehmen konnte, wenn er aus dem Cockpit geblickt hat. Ein modernerer Ansatz wäre, die Bilder bzw. die Lichtreize für die Virtuelle Realität mit Hilfe von Computergraphik zu generieren.

Die Erzeugung der Reize ist aber nur eine Aufgabe auf dem Weg zur perfekten Virtuellen Realität. Der Mensch möchte die Welt nicht nur betrachten und fühlen, sondern auch in der Welt handeln. Nimmt ein Mensch in der Virtuellen Realität beispielsweise einen Fußball wahr, dann möchte er vielleicht auch gegen den Ball treten können und dem Ball danach hinterher laufen. Dies erfordert, dass die Virtuelle Welt simuliert wird, die Aktionen des Menschen der Simulation bekannt sind und diese Aktionen so die Simulation beeinflussen können. Die Ergebnisse der Simulation haben wiederum Auswirkungen auf die Erzeugung der Reize – bewegt sich der Mensch in der Virtuellen Realität, muss auch die Reizerzeugung die neue Position berücksichtigen. Die Aufgabe der Simulation kann ein Computersystem übernehmen, das dazu über ein Simulationsmodell der Welt verfügen muss. Das Simulationsmodell der Welt legt das Verhalten der Virtuellen Realität fest. Dabei sind sowohl Reaktionen der Welt bezüglich der Aktionen des Menschen zu simulieren, aber auch Änderungen in der Virtuellen Welt, die von Aktionen des Menschen unabhängig sind. So könnte etwa ein von Menschen nicht beeinflussbarer Tag-Nacht-Zyklus in der Virtuellen Welt durch Simulation nachgeahmt werden.

Man kann anstreben, das Simulationsmodell der Welt so aufzubauen, dass das Verhalten der Virtuellen Welt möglichst exakt dem der Realität entspricht. Tritt der Mensch gegen einen virtuellen Fußball, dann würde die Weltsimulation den Ball gemäß den bekannten physikalischen Gesetzen bewegen – der Ball hätte eine virtuelle Masse, einen virtuellen Reibungswiderstand und würde auf abschüssigem virtuellem Gelände weiter rollen, bis er eine Ruheposition erreicht hat. In der Virtuellen Realität ist man aber nicht an die Gesetze der Realität gebunden. Ein Tritt gegen den virtuellen Fußball könnte beispielsweise auch bewirken, dass der Ball sich auf Schlangenlinien bewegt – oder sich in einen Truthahn verwandelt. So kann man phantastische Virtuelle Welten aufbauen, Virtuelle Welten, die in einer gedachten Zukunft spielen, oder Virtuelle Welten, welche vergangene Zeiten nachbilden.

Das Computersystem, das die Erkennung der Aktionen des Menschen, die Simulation der Virtuellen Welt und die Reizerzeugung für den Menschen als Aufgabe hat, kann ein hochkomplexes System werden. Die Simulation eines einzigen virtuellen Menschen – darunter fällt die Generierung von realitätsnahen Bildern von Haut und Kleidung, die Sprachsynthese, die Simulation menschlichen Verhaltens, von Emotionen, von Ironie, von Zielstrebigkeit – ist heute eine große Herausforderung. Die Herausforderung wird noch vergrößert durch die Anforderung, dass dieses Computersystem in *Echtzeit* arbeiten, d. h. mit dem Menschen Schritt halten muss. Dies impliziert, dass Berechnungen nicht beliebige Zeit beanspruchen dürfen, sondern strikte Zeitvorgaben einhalten müssen. So müssen eine Vielzahl von Bildern für die Virtuelle Realität pro Sekunde erzeugt werden, damit der menschliche Betrachter Bewegungen in der Virtuellen Welt als kontinuierlich und natürlich wahrnimmt. Die benötigte Anzahl an Bildern pro Sekunde ist abhängig vom Betrachter und seiner aktuellen Situation – typischerweise werden 60 Bilder pro Sekunde für die Erfüllung der Forderung nach Echtzeit benötigt (hat der Betrachter eine größere Menge Alkohol im Blut, können aber auch schon 4 Bilder pro Sekunde genügen). Dies bedeutet, dass die Bilderzeugung durch das Computersystem unter Umständen nicht mehr als 16 ms in Anspruch nehmen darf. Bei der Erzeugung von haptischen Reizen sind die Echtzeitbedingungen noch schärfer: in der Regel 1000 mal pro Sekunde müssen diese an den Menschen in der Virtuellen Realität gegeben werden.

Ein *VR-System* nennen wir ein Computersystem, das aus geeigneter Hardware und Software besteht, um die Vorstellung einer Virtuellen Realität zu realisieren. Den mit dem VR-System dargestellten Inhalt bezeichnen wir als *Virtuelle Welt*. Die Virtuelle Welt umfasst z. B. Modelle von Objekten, deren Verhaltensbeschreibung für das Simulationsmodell und deren Anordnung im Raum. Wird eine Virtuelle Welt mit einem VR-System dargestellt, sprechen wir von einer *Virtuellen Umgebung* für einen oder mehrere Nutzer.

1.1.3 Suspension of Disbelief

Die Matrix im gleichnamigen Spielfilm und das Holodeck in der Fernsehserie Star Trek versetzen beide einen Menschen in eine Virtuelle Realität. Dabei gibt es einen entscheidenden Unterschied: In der Matrix wissen die Menschen nicht, dass sie sich überhaupt in einer Virtuellen Realität befinden. Das Holodeck auf dem Raumschiff Enterprise betreten die Menschen bewusst, sie gehen durch eine Tür in die scheinbare Wirklichkeit und wissen, dass es sich um eine Simulation handelt, sie sich in Wirklichkeit dennoch in einer großen Halle befinden. Trotzdem scheinen die Personen das Holodeck als sehr real zu empfinden. Stört es denn nicht, wenn man weiß, dass man sich in einer Virtuellen Realität befindet? Kann dann die Illusion einer Virtuellen Realität überhaupt zustande kommen?

Betrachten wir folgendes Experiment: Wir setzen einer Person einen Helm auf, in dem zwei kleine Monitore, für jedes Auge einer, angebracht sind. Die Person kann die Umwelt nicht mehr visuell wahrnehmen, sondern nur die Bilder in den Monitoren, die von außen eingespielt werden. In dem Helm ist ein Sensor eingebaut, der ermitteln kann, wie die Person gerade den Kopf hält und wo sie sich befindet. Diese Information wird genutzt, um die erzeugten Bilder der aktuellen Kopfhaltung anzupassen: Schaut die Person nach oben, werden ihr Bilder vom Himmel gezeigt, neigt die Person den Kopf nach unten, dann sieht sie den Boden, geht die Person einen Schritt nach vorn, dann werden ihr Bilder von diesem neuen Standpunkt gezeigt. Wir erzeugen mit dem Computer Bilder vom Dach eines virtuellen Wolkenkratzers und wollen den Eindruck vermitteln, dass die Person in schwindelnder Höhe an der Gebäudekante eines riesigen Gebäudes steht. Beobachtet man Personen in dieser Situation, so sieht man häufig, dass diese sich sehr langsam und vorsichtig nach vorn bewegen. Je näher sie an die Gebäudekante treten, desto schneller werden Puls und Atmung, Hände werden feucht. Typische Angstreaktionen, die bei einer Gefahr wie einem Abgrund in der Realität hervorgerufen werden. Dabei ist den Personen jederzeit bewusst, dass das Gebäude nur virtuell ist, dass sich in der Realität überhaupt kein Abgrund befindet, dass sie sicher in einem Zimmer stehen. Dennoch erliegen sie der Illusion einer Virtuellen Realität und reagieren auf sie wie auf die reale Welt.

Menschen haben die Eigenschaft in bestimmten Situationen den augenscheinlichen Widerspruch einer virtuellen oder fiktiven Welt zur Realität auszublenden und dies auch zu wollen. Der Philosoph Samuel T. Coleridge prägte dafür den englischen Ausdruck „*willing suspension of disbelief*" (dt. willentliches Ausblenden des Unglaubens). Zum Zwecke der Unterhaltung sind Menschen etwa bereit, die Figur Dagobert Duck und seine Virtuelle Welt Entenhausen als existent anzunehmen, auch wenn man weiß, dass diese Figur nur aus gezeichneten Strichen besteht und aus der Realität bekannt ist, dass ältere Erpel nicht in Geld baden. In synchronisierten Filmen blendet man aus, dass James Bond als englischer Agent offensichtlich nicht ständig perfekt deutsch spricht. Dabei ist diese „Suspension of Disbelief" nicht einfach zu beschreiben und teilweise auch selektiv. Der Cartoonist Gary Larson schildert die Empörung seiner Leser darüber, dass in einem seiner Cartoons ein Eisbär von Pinguinen umgeben ist. Die Leser kritisieren, dass dies unmöglich sei, da Eisbären am Nordpol, Pinguine aber am Südpol leben – stören sich aber nicht im Geringsten daran, dass die Pinguine in dem Cartoon miteinander sprechen und der Eisbär sich als Pinguin verkleidet hat.

Für die Erzeugung einer Virtuellen Realität bedeutet diese menschliche Eigenschaft des Ausblendens von Unglauben, dass man nicht zu drastischen Maßnahmen, etwa Löcher in die Schädeldecke bohren und das Gehirn direkt manipulieren, greifen muss, um Menschen in eine Virtuelle Realität zu versetzen, in der sie sich präsent fühlen. So kann man Virtuelle Realitäten in verschiedenen Ausbaustufen erzeugen, die perfekte Virtuelle Realität wie wir sie eingangs thematisiert haben, ist die extreme Ausbaustufe. Tatsächlich lassen sich auch schon heute mit relativ geringem Aufwand glaubhafte Virtuelle Umgebungen realisieren.

1.1.4 Motivation

Wozu das Ganze? Warum sollte man überhaupt eine Virtuelle Realität aufbauen und Menschen in diese versetzten wollen? Was macht es für einen Sinn, sich mit Virtuellen Realitäten zu beschäftigen? Auf diese Fragen gibt es vielfältige Antworten. Einige davon wollen wir im Folgenden betrachten.

Wenn die Weltsimulation von einem Computer durchgeführt wird, dann bildet die Virtuelle Realität die Schnittstelle zwischen Computersystem und Mensch. Daher realisiert jede Virtuelle Realität eine Mensch-Maschine-Schnittstelle. Diese kann sich dadurch auszeichnen, besonders natürlich und intuitiv zu sein. So ist beispielsweise statt Maus und Tastatur die Nutzung eines Lenkrads und von Fußpedalen für ein Autorennspiel ein Schritt hin zu einer Virtuellen Realität, welche die Bedienung des virtuellen Autos und dessen Navigation durch die Virtuelle Welt natürlicher werden lässt. Eine perfekte Virtuelle Realität kann man dann als perfekte Benutzungsschnittstelle für Software begreifen: Die Nutzer können einfach so handeln, wie sie es in der Welt gewohnt sind, sie blenden komplett aus, dass sie überhaupt mit einem Computerprogramm interagieren. Insofern kann die Beschäftigung mit Virtueller Realität als methodischer Ansatz verstanden werden, neue Formen von Mensch-Computer Interaktion dadurch zu finden, dass man auf eine Vision einer perfekten Virtuellen Realität hinarbeitet. Auch wenn diese Vision vielleicht nie erreicht wird (oder man dies gar nicht möchte, weil eine umfängliche Manipulation von Menschen ethisch zumindest fragwürdig ist), können auf dem Weg dahin wertvolle neue Ideen aufkommen und innovative Benutzungsschnittstellen konzipiert werden, die Menschen den Umgang mit Computersystemen erleichtern.

Erleichtern kann man Menschen auch das Aufnehmen und Verstehen von Daten, indem man die Daten mit einer Virtuellen Realität veranschaulicht. Zum Beispiel haben Architekten durch jahrelanges Studium und durch Erfahrung die Fähigkeit erworben, durch Betrachten von 2D-Bauplänen sich ein Gebäude vor ihrem geistigen Auge vorzustellen – viele Bauherren verfügen über diese Fähigkeit nicht. Virtuelle Realität kann die Daten in den Bauplänen auch für Bauherren so visualisieren, dass diese einen sehr guten Eindruck von dem Gebäude erhalten und Entscheidungen hinsichtlich Realisierungsalternativen fundierter treffen können. Komplexe Ergebnisse von Computersimulationen, z. B. die Berechnung wie Luft an einem neu geplanten Fahrzeug entlang strömen würde, lässt sich direkt an einem virtuellen Fahrzeug visualisieren. Ingenieure und Designer können in der Virtuellen Welt zusammen arbeiten, um ästhetisch ansprechende Karosserieformen zu entwickeln, die Luftverwirbelungen vermeiden und den Luftwiderstand des Fahrzeugs senken. Auch gänzlich abstrakte Daten können in einer Virtuellen Realität dargestellt werden. So kann man einen Analysten in eine Virtuelle Welt von Finanzdaten versetzen.

Virtuelle Realitäten bieten Forschern Werkzeuge, mehr über die menschliche Wahrnehmung heraus zu finden. So kann man Experimente in einer Virtuellen Realität durchführen, die helfen, Aufschluss darüber zu erlangen, wie Menschen sich in einem dreidimensionalen Raum orientieren. Neben einem Erkenntnisgewinn in der Wissenschaft können Virtuelle Realitäten auch einen ganz praktischen Nutzen mit handfesten finanziellen Vorteilen bieten wie Fallbeispiele zeigen, z. B. über die Nutzung von VR in der Öl- und Gasindustrie (vgl. Kap. 9.3).

Kaum ein Auto wird heute mehr gebaut ohne Nutzung von Methoden aus der Virtuellen Realität. So können beispielsweise Entwürfe realitätsnäher visualisiert und Prototypen kostengünstiger erstellt werden, als dies im traditionellen Modellbau der Fall ist. Wie die Roboter in Fertigungsstraßen von Automobilen auf ein neues Automodell eingestellt werden, kann vor Produktionsbeginn in einer Virtuellen Welt simuliert und den beteiligten Personen in einer Virtuellen Realität dargestellt werden. Die Analyse der Planung und die Beseitigung von Planungsfehlern in einer virtuellen Anlage oder in einer virtuellen Fabrik ist deutlich einfacher und verursacht weniger Kosten als dies in der realen Welt vorzunehmen.

Piloten werden für ihre Schulung in einem Flugsimulator in eine Virtuelle Realität versetzt. Dadurch, dass kein reales Flugzeug verwendet wird, spart die Fluggesellschaft Geld ein. Aber das Training in der Virtuellen Realität hat nicht nur finanzielle Vorteile. Es wird weniger CO_2 als durch das Verbrennen von Kerosin bei einem realen Flugzeug freigesetzt, was der Umwelt zugutekommt. Im Vergleich zu einem realen Flugzeug können darüber hinaus auch Extremsituationen gefahrlos mit den Piloten geprobt werden. Neben Flugsimulatoren sind auch Simulatoren von Schiffen, Straßenbahnen, Zügen und LKW gebräuchlich. Die Deutsche Flugsicherung betreibt einen virtuellen Flughafen, in dem Fluglotsen trainieren können. Ein weiteres Beispiel ist das Training von Personal für komplexe Anlagen, wie z. B. die Bedienung des Leitstands eines Kohlekraftwerks oder die Wartung von Flugzeugen. Virtuelle Realität erlaubt das Training schon vor der Fertigstellung des realen Objektes, so dass gut ausgebildetes Personal bereits zum Zeitpunkt der Inbetriebnahme zur Verfügung steht. Neben der Ausbildung im zivilen Bereich hat Virtuelle Realität auch ein Anwendungspotential im Bereich des Militärs. So werden beispielsweise Besatzungen von Kampfjets oder Panzern in Virtuellen Umgebungen trainiert.

Die Deutsche Bahn bietet interessierten Personen an, gegen Bezahlung in einem ICE-Simulator durch ein virtuelles Deutschland zu fahren. Dies ist ein Beispiel, wie Virtuelle Realität zu Unterhaltungszwecken in Simulationsspielen genutzt wird. Andere Spielgenres profitieren auch vom Einsatz einer Virtuellen Realität, so können Spieler in Adventure Games Abenteuer in phantastischen Welten erleben. Ganz realitätsnah können Touristen historische Städte wie z. B. das alte Rom erfahren, indem sie es in einer Virtuellen Realität besichtigen können. Museen können Geschichte in Virtuellen Realitäten sinnlich erfahrbar machen. Künstler nutzen Virtuelle Realität für Installationen. Virtuelle Realität weckt Interesse und kann als Blickfang dienen – entsprechend bietet sie Potentiale für den Bereich Marketing etwa auf Messeständen.

In der Medizin ergeben sich Einsatzmöglichkeiten im Trainingsbereich. Ärzte können Operationen in einer Virtuellen Realität gefahrlos für die Patienten üben und planen. Pflegepersonal kann den Umgang mit Patienten trainieren. Virtuelle Realität kann sogar der Behandlung dienen. Wie bereits beschrieben, kann man Personen an einem virtuellen Abgrund positionieren. Damit kann man Personen mit Höhenangst mit für sie kritischen Situationen konfrontieren und so ihre Phobie behandeln. In einer Virtuellen Realität können die Ängste auslösenden Faktoren gefahrlos, kontrolliert und dosiert in der Behandlung von Phobien eingesetzt werden.

Der Bereich der Einsatzmöglichkeiten von Virtueller Realität kann deutlich erweitert werden, indem man versucht, den Menschen von der Realität nicht komplett abzuschotten und in eine alternative Virtuelle Welt zu versetzen. Man kann stattdessen anstreben, Teile einer Virtuellen Welt in die Realität zu integrieren. Betrachten wir noch einmal das bereits geschilderte Beispiel, bei dem wir eine Person an einen virtuellen Abgrund gestellt haben. Wäre es für die Wirkung nicht effektiver, der Person keinen Helm aufzusetzen und sie stattdessen auf eine große Glasplatte zu stellen? Auf diese Glasplatte würden von unten ein Bild aus der Virtuellen Welt projiziert werden anstatt dies in die kleinen Monitore im Helm einzuspielen. Schaut die Person nach unten, kann sie nicht nur die virtuelle Gebäudekante sehen, sondern auch die eigenen realen Füße. Die Person nimmt also die Realität nach wie vor wahr, aber auch zusätzlich an einigen Stellen passend in die Realität integrierte Teile aus einer Virtuellen Welt. Die Idee, Bilder aus der Realität in Echtzeit durch genau passende virtuelle Teilbilder zu erweitern, eröffnet ein ganzes Feld neuer Anwendungsmöglichkeiten von VR-Technologien. Ein anderes Beispiel ist die Verwendung eines speziellen Fernglases, das ähnlich den bekannten Münzferngläsern an Aussichtspunkten fest installiert wird. Beim Blick durch das Fernglas sieht der Nutzer aber nicht nur die Realität, sondern es werden zum gerade betrachteten Bereich der Realität passend auch Teile einer Virtuellen Realität eingeblendet. Schaut der Betrachter also beispielsweise auf den verfallenen Turm einer alten Burgruine, so kann das Fernglas genau an dieser Stelle einen virtuellen Turm einblenden, so wie er vor mehreren Jahrhunderten ausgesehen haben mag. Man spricht in diesem Fall nicht mehr von einer Virtuellen Realität (VR), sondern von einer erweiterten, einer *Augmentierten Realität* (AR). Eine der ersten Einsatzgebiete einer AR war in der Luftfahrtindustrie – der Flugzeughersteller Boeing hat ein AR-System entwickelt, in dem Monteure beim Flugzeugbau nicht nur das reale Flugzeug sehen, sondern auch virtuelle Kabel, die den Monteuren mittels einer speziellen Brille genau dort eingeblendet wurden, wo sie später noch verlegt werden sollten. Das Verlegen der Kabel selbst war für die Monteure dann einfach: Sie mussten nur die realen Kabel an die Stelle ihrer virtuellen Pendants legen, wodurch die Gefahr von Fehlern bei der Verkabelung reduziert werden konnte. Die virtuellen und realen Anteile an einem Bild können unterschiedlich sein, es gibt einen fließenden Übergang, das *Milgram-Kontinuum* (Milgram et al. 1995). Von einer AR spricht man, wenn die realen Anteile überwiegen. Als übergreifender Begriff ist *Mixed Reality (MR)* gebräuchlich.

Es gibt also vielfältige Gründe und Motivationen, sich mit VR und darüber hinaus auch mit AR zu beschäftigen und entsprechende Virtuelle und Augmentierte Welten zu realisieren. Will man dies tatsächlich tun, sieht man sich mit ebenso vielfältigen Fragen konfrontiert. Was muss man beachten, wenn man Personen in eine Virtuelle Welt versetzen will? Wodurch wird diese glaubhaft? Was ist für das Erreichen von Suspension of Disbelief förderlich – und was kann diese zerstören? Welchen Aufwand muss man in einem bestimmten Einsatzgebiet dafür treiben? Wie wird das Vermitteln unterschiedlicher Reize aus einer VR technisch realisiert? Welche Geräte gibt es, die einer Person das Eintauchen in die Virtuelle Realität erleichtern? Wie ist ein Computersystem aufgebaut, das die entsprechenden Reize erzeugt, z. B. Bilder aus einer realitätsnahen VR generiert? Welche Systemarchitektur hat ein VR-System? Welche Schnittstellen gibt es, welche Normen und Standards? Wie baut man Simulationsmodelle für die Weltsimulation einer VR auf? Wie erhält die Simulation Informationen über die Aktionen der Personen? Wie können sich Personen in einer Virtuellen Welt bewegen? Welche Algorithmen werden in VR genutzt? Welche Laufzeit haben diese? Wie kann das VR-System Echtzeitanforderungen erfüllen? Bei der Betrachtung von AR im Vergleich zu VR treten auch zusätzliche Fragestellungen auf: Mit welcher Technologie blendet man Teile einer Virtuellen Welt in die Realität ein? In welchem Verhältnis stehen virtuelle und reale Objekte? Können sie sich gegenseitig verdecken? Wie wird ein virtuelles Objekt mit einer realen Lichtquelle beleuchtet? Wie wirft ein virtuelles Objekt einen Schatten auf ein reales Objekt? Wie kann man ein virtuelles Objekt auf ein reales Objekt stellen?

In der Wissenschaft, aber auch in der praktischen Realisierung haben sich bereits viele Personen mit derartigen Fragen auseinandergesetzt und zum Finden von Antworten beigesteuert. In diesem Lehrbuch werden grundlegende wissenschaftliche Erkenntnisse im Bereich VR und AR vermittelt und deren praktischer Einsatz anhand von Fallbeispielen illustriert. Das im Buch vermittelte Wissen ist ein solides Fundament für alle, die VR und AR praktisch einsetzen möchten, aber auch für diejenigen, die selbst durch Forschung und Entwicklung auf dem Gebiet einen Beitrag hin zur Vision einer perfekten Virtuellen Realität leisten möchten.

1.2 Was ist VR?

Wie aus den einführenden Erläuterungen hervorgeht, kann man sich dem Gebiet der VR auf sehr unterschiedliche Weise annähern. Am visionären Ende des Spektrums, z. B. in Science-Fiction Filmen der Populärkultur, wird „perfekte VR" als umfassende Simulation dargestellt, welche für den Menschen nicht mehr von der echten Realität unterscheidbar ist. Am praktischen Ende des Spektrums ist VR seit längerem als Werkzeug für die Produktentwicklung in vielen Industriebranchen fest etabliert. Im Folgenden soll es nun um eine genauere Charakterisierung der Inhalte von VR als Technologie- und Wissenschaftsgebiet gehen.

VR ist ein relativ junges Wissenschaftsgebiet, dessen Weiterentwicklung u. a. stark von rasanten Fortschritten bei der zugrundeliegenden Hardware getrieben wird. Angesichts dessen mag es nicht zu sehr überraschen, dass das Wissenschaftsgebiet der VR bisher noch keine einheitliche Definition von „Virtueller Realität" hervorgebracht hat. Nichtsdestotrotz besteht recht weitgehende Übereinkunft zu den wesentlichen bzw. wünschenswerten Merkmalen von VR. Die folgenden Charakterisierungen der VR nehmen unterschiedliche Blickwinkel ein, um VR-Systeme von traditionellen Mensch-Computer-Schnittstellen zu differenzieren: die Schwerpunktsetzung auf technologische Aspekte, die Herausstellung der VR als neue Form der Mensch-Computer-Interaktion, sowie die Betonung der mentalen Erfahrung von VR.

1.2.1 Technologieorientierte Charakterisierungen der VR

> „The ultimate display would, of course, be a room within which the computer can control the existence of matter. A chair displayed in such a room would be good enough to sit in. Handcuffs displayed in such a room would be confining, and a bullet displayed in such a room would be fatal. With appropriate programming such a display could literally be the Wonderland into which Alice walked." (Sutherland 1965)

Ein unverkennbares Merkmal in vielen bildlichen Darstellungen von VR-Systemen liegt in den besonderen Ein- und Ausgabegeräten wie am Kopf des Nutzers z. B. in Form von Helmen angebrachte Displays (engl. *Head-Mounted Displays*), Stereobrillen und Datenhandschuhen. Dementsprechend besteht eine Möglichkeit zur Charakterisierung der VR in der Herausstellung von deren technologischen Aspekten. Eine gewisse Gefahr bei technologiezentrierten Ansätzen besteht allerdings darin, dass sich die Definitionen der VR zu sehr auf konkrete Ein- und Ausgabegeräte (z. B. „verkabelte Datenanzüge") beziehen, welche durch technologischen Fortschritt rasch überholt werden. „Zukunftssichere" Definitionen der VR sollten auch mit visionären Vorstellungen wie Sutherland's Ultimate Display oder dem Holodeck aus Star Trek kompatibel sein. Folgende technologieorientierte Charakterisierungen aus den frühen Jahren der VR treffen auch noch auf heutige VR-Systeme zu:

„Virtual Reality (VR) refers to the use of three-dimensional displays and interaction devices to explore real-time computer-generated environments."
(Steve Bryson, Call for Participation 1993 IEEE Symposium on Research Frontiers in Virtual Reality)

„Virtual Reality refers to immersive, interactive, multi-sensory, viewer-centered, three-dimensional computer generated environments and the combination of technologies required to build these environments."
(Carolina Cruz-Neira, SIGGRAPH '93 Course Notes „Virtual Reality Overview")

Diese Charakterisierungen der VR lassen sich vielleicht am besten in Abgrenzung zur „traditionellen" Computergraphik verstehen, als dem Wissenschaftsgebiet, aus welchem die VR hervorgegangen ist. So baut VR auf 3D-Inhalten der Computergraphik auf, fokussiert aber insbesondere auf Echtzeit-Computergraphik. Passend zu den 3D-Inhalten kommen dreidimensionale Displays zu deren Darstellung zum Einsatz. Bei visuellen VR-Displays wird dies z. B. durch den Einsatz stereoskopischer Verfahren erreicht. Die Präsentation der 3D-Inhalte erfolgt oft multisensorisch, indem neben dem Sehsinn auch weitere Sinne wie Hörsinn oder Tastsinn angesprochen werden. Mit 3D-Interaktionsgeräten sind Eingabegeräte gemeint, deren Position und Orientierung im 3D-Raum verfolgt werden kann (engl. *Tracking*). Während mit einer klassischen Maus bei Desktop-Systemen nur die 2D-Position des Cursors verfolgt wird, werden in VR-Systemen z. B. oft Systeme für 3D-Tracking zur Realisierung natürlichen Zeigens verwendet. Durch das Tracking von Körperbewegungen kann z. B. das Greifen virtueller Objekte simuliert werden. Interaktivität bezieht sich u. a. darauf, dass der Nutzer sensorische Rückmeldung auf seine Eingaben erhält, z. B. indem Handbewegungen direkt auf ein virtuelles Handmodell abgebildet werden. Das Tracking der Nutzerposition und der Nutzerorientierung (z. B. in Form des Verfolgens des Kopfes durch sogenanntes *Head-Tracking*) ist Grundlage für ein weiteres Kennzeichen von VR-Systemen: die blickpunktabhängige Bildgenerierung. Bewegt sich der VR-Nutzer, so wird die 3D-Umgebung automatisch aus dessen neuer Perspektive dargestellt. Steve Bryson hat diese grundlegende Bedeutung dieser Eigenschaft prägnant auf den Punkt gebracht: *„If I turn my head and nothing happens, it ain't VR!"*

Immersion wird in der Literatur oft als zentrales Merkmal zur Unterscheidung von VR und anderen Mensch-Maschine-Schnittstellen herausgestellt. Leider wird der Begriff der

Tab. 1.1 Merkmale von VR im Vergleich zu konventioneller Computergraphik

3D-Computergraphik	Virtuelle Realität
Rein visuelle Präsentation	Multimodale Präsentation: visuell, akustisch, haptisch
Präsentation nicht notwendigerweise zeitkritisch	Echtzeitdarstellung
Betrachterunabhängige Präsentation (exozentrische Perspektive)	Betrachterabhängige Präsentation (egozentrische Perspektive)
Statische Szene oder vorberechnete Animation	Echtzeitinteraktion und -simulation
2D-Interaktion (Maus, Tastatur)	3D-Interaktion (Körperbewegung, Hand-, Kopf- u. Körpergestik) + Spracheingabe
Nicht-immersive Präsentation	Immersive Präsentation

Immersion in der Literatur auch in uneinheitlichem Sinne benutzt. Wir werden Immersion in einem technischen Sinne verwenden. Danach wird durch Immersion gefordert, dass die Sinneseindrücke des VR-Teilnehmers möglichst umfassend durch ein oder mehrere Ausgabegeräte angesprochen werden. Nach Slater und Wilbur (1997) gründet Immersion auf vier technischen Eigenschaften von Ausgabegeräten: (a) die Sinneseindrücke des Menschen sollen möglichst ausschließlich durch den Computer generiert werden, d. h. der Nutzer soll weitestgehend von der realen Umgebung isoliert werden; (b) möglichst viele Sinne sollen angesprochen werden; (c) die Ausgabegeräte sollen den Nutzer vollständig umgeben, anstatt nur ein enges Sichtfeld zu bieten; (d) zudem sollen die Ausgabegeräte eine „lebendige" Darstellung bieten, z. B. durch hohe Auflösung und Qualität der Farbdarstellung. Immersion ist somit ein graduelles Merkmal, das von verschiedenen Displays in unterschiedlichem Maße umgesetzt wird. So stellen z. B. Head-Mounted Displays (HMD) immersive Displays dar, da die visuellen Eindrücke des Betrachters praktisch ausschließlich computergeneriert sind. Ein HMD mit großem Sichtfeld ist immersiver als ein HMD mit kleinerem Sichtfeld. Projektionen mit mehreren Seiten wie CAVEs (vgl. Kap. 9.2) sind immersiver als Projektionen mit einer Seite.

Vollständige Immersion ist eine Zielvorstellung, die durch heutige VR-Displays mehr oder minder umgesetzt wird. Mit der Bezeichnung *immersive VR* sind z. B. VR-Systeme auf Grundlage von HMDs und CAVEs gemeint. Bei Desktop-Systemen, die z. B. stereoskopische Darstellung und Head-Tracking umsetzen, spricht man manchmal auch von *nicht-immersiver VR*.

Neben der hier gewählten Begriffsverwendung von Immersion als technische Eigenschaft von VR-Displays wird bei manchen Autoren auch eine mentale Qualität beim Erleben von VR mit dem Begriff Immersion verbunden, z. B. (Witmer und Singer 1998). Zur Unterscheidung der beiden Verwendungen spricht man auch von *physikalischer Immersion* und *mentaler Immersion* (Sherman und Craig 2003) sowie manchmal auch von *physiologischer* bzw. *psychologischer Immersion* (Sadowsky und Stanney 2002).

Tabelle 1.1 fasst die Unterscheidungsmerkmale von VR zu konventioneller Computergraphik zusammen.

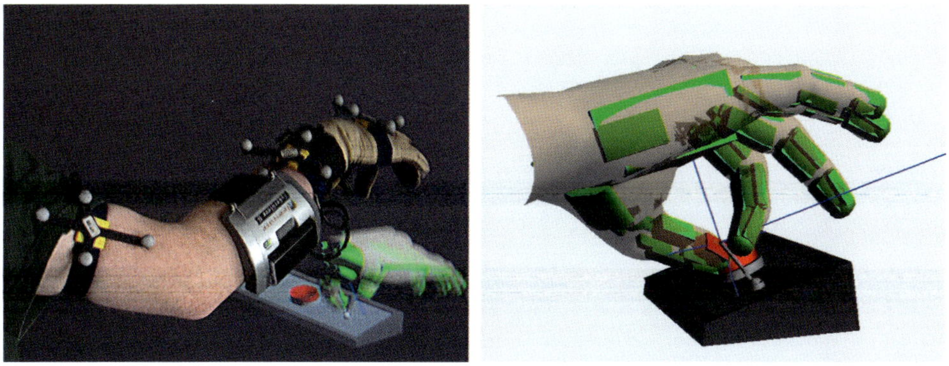

Abb. 1.2 Beispiel für natürliche Interaktion: ein virtueller Schalter wird wie ein gewöhnlicher Schalter mit der Hand bedient

1.2.2 VR als innovative Form der Mensch-Maschine Interaktion

„The promise of immersive virtual environments is one of a three-dimensional environment in which a user can directly perceive and interact with three-dimensional virtual objects. The underlying belief motivating most virtual reality (VR) research is that this will lead to more natural and effective human-computer interfaces.“ (Mine et al. 1997)

Eine andere Möglichkeit zur Charakterisierung der VR besteht in der Betonung des Ziels der Erschaffung von Mensch-Maschine-Schnittstellen, die im Vergleich zu traditionellen Benutzungsschnittstellen ein besonders natürliches oder intuitives Interagieren mit der dreidimensional simulierten Umgebung ermöglichen (vgl. Abb. 1.2).

Graphische Benutzungsschnittstellen (engl. *Graphical User Interfaces, GUIs*), z. B. *WIMP (Windows, Icons, Menus, Pointing)-Schnittstellen,* stellen ein Paradigma der Mensch-Maschine Interaktion dar, das über mehrere Jahrzehnte dominant gewesen ist. Pointing bezieht sich dabei auf ein Zeigegerät, zumeist eine Computermaus. Das WIMP-Paradigma, das ursprünglich im Hinblick auf Aufgaben der Dokumentenverarbeitung entwickelt wurde, erweist sich aber bei Manipulation von 3D-Inhalten als eher ineffizient. Soll z. B. ein Objekt im 3D-Raum neu positioniert werden, so könnte dies in VR auf natürliche Weise durch Greifen und Verschieben des Objekts erfolgen. Bei 2D-GUIs muss diese Aufgabe dagegen gewöhnlich in mehrere Teilaufgaben zerlegt werden, z. B. Verschieben in der xy-Ebene, danach Verschieben in z-Richtung. Neben dem zusätzlichen motorischen Aufwand (z. B. zwei 2D-Mausbewegungen statt einer Handbewegung im 3D-Raum) entsteht dabei auch zusätzlicher kognitiver Aufwand bei der Selektion der nächsten Teilhandlung (wie sagt man dem Interface, dass die folgenden Mausbewegungen als Verschiebung in z-Richtung interpretiert werden sollen?). Als Voraussetzung für die erfolgreiche Durchführung der Aufgabe muss der Nutzer außerdem zuerst lernen, wie die 3D-Aufgabe überhaupt in eine Folge von 2D-Teilaufgaben zerlegt werden kann (Lernaufwand).

Virtuelle und Augmentierte Realität sind neben weiteren innovativen Formen der Mensch-Maschine Interaktion Beispiele für sogenannte *Post-WIMP-Interfaces*. Post-WIMP-Interfaces beruhen auf Einsatz von Interaktionstechniken, die stark auf Vorwissen des menschlichen Nutzers aus seiner Alltagswelt bei der Interaktion mit physischen Objekten bauen. So weiß ein Mensch z. B. aus seiner alltäglichen Erfahrung, wie er seinen Körper zur Manipulation von Objekten einsetzen kann und hat Erwartungen, wie sich diese Objekte als Konsequenz dieser Interaktion typischerweise verhalten werden. Durch Ausnutzung dieses Vorwissens werden Lernaufwand und weiterer mentaler Aufwand bei natürlichen Interaktionstechniken im Vergleich zu WIMP-Techniken stark reduziert.

Das folgende Zitat von Robert Stone erläutert im Kontext von VR-Systemen die Zielvorstellung *intuitiver* Benutzungsschnittstellen:

> „An intuitive interface between man and machine is one which requires little training... and proffers a working style most like that used by the human being to interact with environments and objects in his day-to-day life. In other words, the human interacts with elements of this task by looking, holding, manipulating, speaking, listening, and moving, using as many of his natural skills as are appropriate, or can reasonable be expected to be applied to a task." (Stone 1993)

VR besitzt auch im Vergleich zu anderen innovativen Formen der Mensch-Maschine Interaktion ein besonderes großes Potential zur konsequenten Realisierung intuitiver Mensch-Maschine-Schnittstellen im Sinne von Robert Stone. Allerdings ist in den meisten bisherigen VR-Systemen die Zielvorstellung vollkommen natürlicher Interaktionsformen noch nicht umgesetzt. Trotzdem gestalten die meisten existierenden VR-Systeme auf Grundlage der VR-typischen 3D-Ein- und Ausgabegeräte die Interaktion schon natürlicher als dies bei konventionellen 2D-Schnittstellen der Fall ist.

> „The primary defining characteristic of VR is inclusion; being surrounded by an environment. VR places the participant inside information." (Bricken 1990)

Metaphern stellen einen weiteren wichtigen Aspekt bei der Gestaltung von Mensch-Maschine-Schnittstellen dar. Sie werden verwendet, um dem Nutzer Aspekte des Computersystems durch Analogien mit Konzepten der Alltagswelt näher zu bringen. In WIMP-Schnittstellen wird z. B. die Metapher des Desktops verwendet: Dokumente liegen in Ordnern und können zwischen diesen (oder in den Papierkorb) verschoben werden. Teile eines Dokuments können mittels Ausschneiden und Einkleben in ein anderes Dokument übertragen werden. Die Virtuelle Realität stellt selbst eine Metapher dar, die auf der Analogie zur Realität als solche aufbaut. Mit der VR-Metapher wird dem Nutzer also vermit-

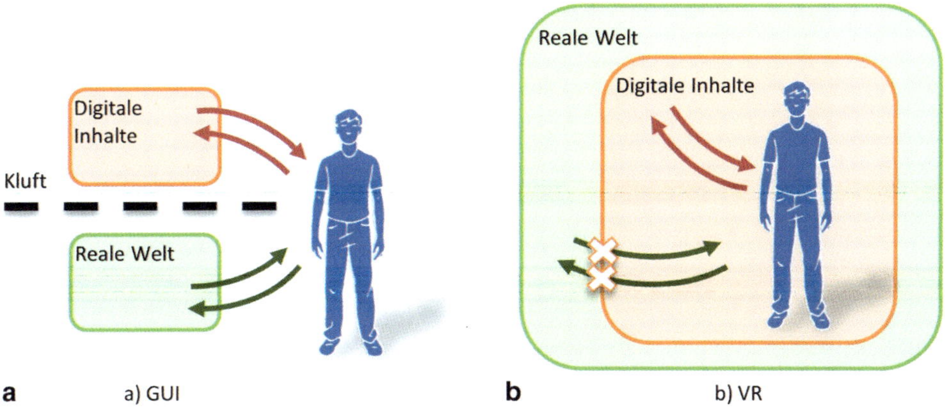

Abb. 1.3 Interaktionsmodelle bei PCs/Arbeitsplatzrechnern und VR. Nach der VR-Metapher befindet sich der Nutzer innerhalb der Computer-simulierten Welt und ist vollständig von der realen Außenwelt isoliert. Nach Rekimoto und Nagao (1995)

telt, dass sich die Objekte der simulierten Welt realistisch verhalten und dass natürliche Interaktionsformen unterstützt werden. Ein weiteres Kennzeichen der VR-Metapher ist, dass der Nutzer sich mitten in der simulierten Welt befindet und diese „von innen" erfährt, anstatt wie bei konventionellen PCs die simulierte Welt „von außen" durch ein Fenster zu betrachten. Nach der VR-Metapher – umsetzbar durch perfekt immersive Systeme – wird der Nutzer von der physikalischen Realität abgeschirmt, so dass alle Sinneseindrücke computergeneriert sind. Abb. 1.3 kontrastiert die Interaktionsmodelle konventioneller PCs/ Arbeitsplatzrechner und VR: Bei der Interaktion mit PCs nimmt der Nutzer sowohl die reale Welt wie auch die Computer-generierten Umgebung wahr. In perfekt immersiver VR erfährt der Nutzer die simulierte Welt dagegen „von innen"; von der realen Außenwelt ist er vollständig abgeschnitten.

1.2.3 Mentale Aspekte der VR-Erfahrung

> „Im Zentrum der VR steht eine Erfahrung – die Erfahrung in einer Virtuellen Welt oder an einem fremden Ort zu sein." (Rheingold 1992)

In perfekter VR würden sämtliche Sinneseindrücke des Nutzers durch den Computer erzeugt, in gleicher Quantität und Qualität wie es Menschen aus der realen Welt gewohnt sind. Handlungen des Menschen in VR hätten die gleichen Effekte und virtuelle Objekte würden genauso auf den Menschen einwirken wie in der realen Welt. Heutige VR-Systeme sind zwar noch keineswegs perfekt, trotzdem zielt die Entwicklung der VR-Technologie unter Einsatz erheblicher Hard- und Software-Ressourcen auf die Erschaffung immer realistischer erfahrbarer Simulationen. Wenn nun aber die computergenerierte von der physikalischen Realität auf Sinnesebene nicht mehr (oder kaum noch) unterscheidbar ist, welche Auswirkungen hat dies auf höhere Prozesse der menschlichen Wahrnehmung? Nimmt der Nutzer die Pixel der visuellen Displays als Bilder wahr oder hat er das Gefühl, an einem Ort zu sein? Welche weiteren Eigenschaften charakterisieren die mentale Erfahrung der VR? Wie kann man diese Eigenschaften messen oder anderweitig quantifizieren? Welche Hinweise ergeben sich daraus für die Gestaltung Virtueller Welten und den Aufbau von VR-Systemen?

In der VR-Forschung spielten diese und ähnliche Fragen zur mentalen Erfahrung von VR von Anfang an eine wichtige Rolle. Dass diese Fragen immer noch Gegenstand der Forschung sind, verdeutlicht einerseits ihre Relevanz für das Forschungsgebiet der VR, andererseits aber auch, dass sich noch keine allgemein akzeptierten Antworten durchgesetzt haben. Leider werden die relevanten Begriffe in der Literatur zum Teil in unterschiedlicher Bedeutung verwendet. Die folgende Darstellung der wichtigsten Konzepte zur Analyse der mentalen Erfahrung von VR folgt im Wesentlichen der Terminologie von Slater (2003, 2009).

Präsenz stellt das zentrale Konzept zur Beschreibung der mentalen Aspekte der VR-Erfahrung dar. Es bezieht sich in einem weiten Sinne auf das Gefühl, sich innerhalb der Virtuellen Umgebung zu befinden, die von einem immersiven VR-System dargestellt wird („*being there*“). Das Konzept der Präsenz wurde ursprünglich im Kontext der Telerobotik entwickelt. Dabei ging es darum, bei der Fernsteuerung von Robotern dem Operator einen möglichst realistischen Eindruck der Umgebung des Roboters zu ermöglichen, wozu insbesondere immersive VR-Technologien wie HMDs und Datenhandschuhe zum Einsatz kamen. Anfang der 1990er Jahre wurde das Konzept der Präsenz auf die VR übertragen (Held und Durlach 1992; Sheridan 1992). Hinweise auf (das Gefühl der) Präsenz bestehen z. B. dann, wenn VR-Nutzer so auf die Virtuelle Umgebung reagieren, als ob es sich um eine reale Umgebung handeln würde. Das allgemeine Gefühl der Präsenz setzt sich aus drei verschiedenen Teilaspekten zusammen:

Erstens, die *Ortsillusion* (engl. *Place Illusion*) bezieht sich auf das Gefühl, sich an dem vom VR-System dargestellten Ort zu befinden (Slater 2009). Die Ortsillusion wird z. B. durch immersive Displays unterstützt (Slater 2003). Sie beruht insbesondere auch auf der Fähigkeit des immersiven VR-Systems zur Betrachter-abhängigen Darstellung der Szene. Dreht der Nutzer z. B. den Kopf um 90 Grad nach links, dann sollte auch die Virtuelle Umgebung immer noch zu sehen sein, nur eben aus einer anderen Perspektive. Ist dies nicht der Fall, wie z. B. bei Einseiten-Projektionen, kann ein Präsenzbruch (engl. *Break in Presence*) entstehen.

Zweitens, die *Plausibilitätsillusion* (engl. *Plausibility Illusion*) entsteht, wenn die Ereignisse der simulierten Umgebung so wahrgenommen werden, als ob sie wirklich geschehen (Slater 2009). Während die Ortsillusion wesentlich durch die Art und Weise der Präsentation hervorgerufen wird, beruht die Plausibilitätsillusion stark auf den Inhalten der simulierten Welt. Die Plausibilitätsillusion bezieht sich insbesondere auf Ereignisse, die den Nutzer betreffen, aber von diesem nicht initiiert wurden, z. B. ein plötzlich auf den Nutzer zufliegendes Projektil oder ein virtueller Mensch, der den Nutzer anspricht. Wichtiger als sensorischer Realismus für das Entstehen der Plausibilitätsillusion scheint die Glaubwürdigkeit der Virtuellen Umgebung zu sein. Zum Beispiel würde ein visuell perfekt dargestellter virtueller Mensch, der aber nur in einfachen Phrasen kommuniziert, zu einem Bruch der Plausibilitätsillusion führen.

Drittens, die *Involviertheit* (engl. *Involvement*) bezieht sich auf den Grad der Aufmerksamkeit bzw. des Interesses des Nutzers an der simulierten Welt (Witmer und Singer 1998). Involviertheit wird wie die Plausibilitätsillusion hauptsächlich durch die Inhalte der Virtuellen Umgebung hervorgerufen. Zum Beispiel könnte ein Nutzer in einem immersiven VR-System stark empfinden, Teil der simulierten Welt zu sein (überzeugende Ortsillusion) und sich trotzdem dabei eher langweilen (niedrige Involviertheit).

Zur Überprüfung, ob und zu welchem Grad bei Nutzern das Gefühl der Präsenz entsteht, sind experimentelle Untersuchungen mit Testpersonen notwendig. Verschiedene Nutzer können einen unterschiedlichen Grad an Präsenz in ein und derselben VR-Anwendung erfahren. Eine Möglichkeit zur Erfassung von Präsenz ist der Einsatz spezieller Fragebögen, z. B. (Witmer und Singer 1998). Des Weiteren kann das Verhalten der Experimentteilnehmer beobachtet werden, u. a. Bewegungen (z. B. duckt sich ein Nutzer weg, wenn ein Objekt in schneller Geschwindigkeit auf ihn zugeflogen kommt?) und emotionaler Ausdruck wie Erschrecken. Andere Studien beruhen auf der Messung physiologischer Parameter wie Herzfrequenz oder Hautwiderstand, welche z. B. oft als Anzeichen von Stress gedeutet werden. In (Slater 2010) wird als weitere Möglichkeit zur Quantifizierung von Präsenz ein „VR in VR"-Szenario vorgeschlagen, bei welchem der Nutzer in der simulierten Welt ein VR-System konfigurieren kann, das einen möglichst hohen Grad an Präsenz erzeugt.

Das Gefühl der Präsenz ist nicht auf die VR beschränkt, sondern kann auch, vielleicht nicht gleichermaßen intensiv, in anderen Kontexten wie Büchern, Kino oder Spielhallenautomaten entstehen. Eine weiterführende Diskussion hierzu findet sich z. B. in (Sherman und Craig 2003).

1.3 Historische Entwicklung der VR

Die Geschichte der VR begann in den 60er Jahren in den USA mit dem Amerikaner Ivan Sutherland. Im Rahmen seiner Forschungen zu immersiven Technologien schrieb Sutherland 1965 „The Ultimate Display" (Sutherland 1965) und machte so den ersten Schritt, den Rechner mit dem Design, der Konstruktion, der Navigation und dem Erleben Virtueller Welten zu vermählen, lange bevor der Personal Computer (PC) erfunden wurde (1970). Seine Erfindung des „Head-Mounted Display", ein Datenhelm, ermöglichte es dem Betrachter, eine simulierte, simple 3D-Umgebung zu betrachten.

Das sogenannte VIEW-Projekt (Virtual Environment Interface Workstations) des NASA Ames Research Centers Mitte der achtziger Jahre hatte zum Ziel, eine multi-sensorische Workstation für die Simulation virtueller Weltraumstationen zu entwickeln.

Etwa 1987 berichtete Thomas Zimmermann über den „DataGlove“. Er und Jaron Lanier gründeten gemeinsam die Firma VPL. Lanier war der erste Wissenschaftler, der den Begriff „Virtual Reality“ gebrauchte. VPL verkaufte ihren „DataGlove“, einen Datenhandschuh, der an der Handoberseite mit Glasfasern bestückt war, um Fingerdaten zu erfassen. Ebenso entwickelte VPL den Datenhelm „EyePhone“, eine Fortführung des Head-Mounted Displays von Sutherland aus den 60er Jahren. Die LX-Version des EyePhone bot eine Auflösung von 442 × 238 Pixeln, die HRX-Version von 720 × 480 Pixeln.

Die Erfindung zweier elektromagnetischer Tracker der Firma Polhemus 3Space im Jahr 1989 war ein weiterer Meilenstein. Sie ermöglichte es erstmalig, ein Ziel vom Rechner aus in einer bestimmten Entfernung zu steuern oder zu bestimmen.

Zur gleichen Zeit entstand der „BOOM“ (Binocular Omni-Orientation Monitor) von Fake Spaces Labs, ein 3D-Sichtgerät mit zwei monochromen Kathodenstrahlröhren, das NTSC-Signale empfing, die von einer Silicon Graphics Workstation VGX380 (8 RISC-Prozessoren, 33MHZ je Prozessor, 1280 × 1024 Pixel am Graphikausgang) erzeugt wurden. Diese Workstation erlaubte es, 800.000 kleine, transformierte, geklippte und schattierte Dreiecke pro Sekunde zu generieren. Eine der ersten Anwendungen, die diese Eigenschaft nutzen konnte, war der „Virtual Windtunnel“ im Bereich der Luft- und Raumfahrt von Steve Bryson im Jahre 1991.

Etwa um 1988 kamen dann verschiedene hochwertige Workstations für Graphik auf den Markt. Zu nennen wären in diesem Rahmen z. B. Ardent, Stellar, Silicon Graphics oder HP, von denen sich die SGI Reality Engine von Silicon Graphics um 1995 weltweit durchsetzte. Ebenso wurden kommerzielle VR-Softwaresysteme auf den Markt gebracht. Namentlich sind dies „RB2 – Reality built for two“ von VPL, „dVS“ von dem englischen Unternehmen Division und „WorldToolKit“ von Sense8 (1990–1995).

Im Jahr 1993 wurde vom Massachusetts Institute of Technology (MIT) die SensAble Technologies Inc. gegründet, eine Firma, die haptische Geräte entwickelt und kommerziell vertreibt. Das „PHANTom“ konnte man mit der Hand berühren und dabei eine Kraftrückkopplung erfahren – eine große Innovation zu dieser Zeit.

Anfang der 90er Jahre wurden richtungsweisende Forschungen im Bereich der Virtuellen Realität unternommen. Diese ermöglichten erstmalig projektionsbasierte Darstellungen. Dazu gehören als wesentliche Vertreter die „Powerwall“, die aus einer Stereoleinwand bestand, die „CAVE“ (CAVE Automatic Virtual Environment), die über vier Leinwände verfügte (im Jahr 1992 entwickelt an der University of Illinois), die „Responsive Workbench“, die eine Leinwand horizontal analog zu einer Tischoberfläche anordnete (im Jahr 1993 entwickelt von der GMD) sowie „iCONE“, das halbrunde Leinwände verwendete. Mit diesen Geräten konnte jeweils ein Betrachter die Darstellung real (also in korrekter Perspektive) sehen. Heute sind bereits Stereowände in der Forschung, die bis zu sechs Betrachtern die reale Sicht gleichzeitig ermöglichen.

In Jahre 1995 wurde die „Augmentierte Realität“ kreiert, die eine Überlagerung des mit einer Kamera aufgenommenem Realen mit dem von Rechnern generierten Virtuellen darstellt.

Nach der Entwicklung elektromagnetischer Tracking-Systeme kamen die Ultraschall-Tracking-Systeme auf den Markt, die letztendlich ca. im Jahre 2000 abgelöst wurden von Tracking-Systemen auf Basis von Infrarot. Ebenso lösten PC-Cluster die SGI Reality Engine II ab, womit der Preis für den Anwender etwa auf ein Fünftel reduziert werden konnte. Umfangreichere Forschungen wurden dadurch möglich gemacht.

In Deutschland beschäftigten sich in den letzten zwei Jahrzehnten mehrere Firmen mit dem Thema VR. So wurde 1998 beispielsweise die VRCOM gegründet, ein Jahr später die RTT und im Jahre 2001 die IC:IDO, alles Produzenten von VR-Software.

In der ganzen Welt findet ein regelmäßiger Informationsaustausch zum Thema VR statt. In den USA gibt es seit 1991 VRAIS Symposien, in Europa seit 1993 EuroGraphics VE Workshops. In Japan gibt es die ICAT Workshops ebenfalls seit Anfang der 90er Jahre. 1999 wurde dann die IEEE VR Konferenz etabliert, die jährlich etwa 500 Teilnehmer aus aller Welt anzieht. In Deutschland gibt es seit 2003 eine Fachgruppe der Gesellschaft für Informatik (GI), die VR und AR protegiert und jährlich einen Workshop mit 80–100 Teilnehmern abhält.

1.4 VR/AR -Systeme

Ausgehend von einem interagierenden Nutzer muss ein VR-System die geforderten Aufgaben als Mensch-Maschine-Schnittstelle abdecken. Wenn wir die bisherigen Anforderungen an ein VR-System zusammenfassen, so erhalten wir folgende Situation: Wir benötigen ein Computersystem, welches die Aktionen von Nutzern erkennt, unter dieser Beeinflussung die Welt simuliert und über eine entsprechende Reizerzeugung die Nutzer eine Virtuelle Welt wahrnehmen lässt. Technisch kann eine Unterteilung im Hinblick auf Eingabegeräte und Ausgabegeräte sowie der Weltsimulation erfolgen. So einfach, wie sich die Aufgaben eines VR-Systems in diese drei Teile zerlegen lassen, so komplex kann jedes Teilsystem für sich werden: Welche Sensoren können die Aktionen eines Nutzers erkennen? Welche Abdeckung und Auflösung haben diese Sensoren in Bezug auf Raum und Zeit? Welchen Aktionsradius erlauben diese Sensoren dem Nutzer? Schränken die Sensoren den Nutzer ein? Wie können Sensordaten an die Simulation der Welt weitergegeben werden? Wie kann das Wissen über die Welt der Simulation zur Verfügung gestellt werden? Wie können für alle Wahrnehmungskanäle des Nutzers in geeigneter Weise Reize erzeugt werden? Welche Qualität haben diese Reize? In welchem Aktionsradius kann der Nutzer diese Reize sinnvoll wahrnehmen? Wie kann sichergestellt werden, dass die Reaktionszeit des Gesamtsystems mit der Reaktionszeit des Nutzers Schritt hält?

Anhand einer vertiefenden Betrachtung des bereits geschilderten Beispiels, bei dem wir eine Person an einen virtuellen Abgrund gestellt haben, soll die Bedeutung der einzelnen Teilsysteme eines VR-Systems aufgezeigt werden. In jedem Fall muss die Position sowie die Blickrichtung von den Eingabegeräten erkannt werden, um für den Nutzer die richtige Perspektive auf die Virtuelle Umgebung berechnen zu können. In der ersten Variante des Experiments wurde davon ausgegangen, dass in dem verwendeten Helm ein Sensor eingebaut ist, der diese Positions- und Orientierungsdaten zur Verfügung stellt. Wie sieht ein solcher Sensor aus? Wird nur die Orientierung des Kopfes erkannt oder auch die Blickrichtung der Augen? Welche Wegstrecken lässt ein solcher Sensor zu? Werden Ortsänderungen des Kopfes detektiert, so dass ein Vorbeugen in der Virtuellen Umgebung möglich ist? Gelingt ein Zugehen auf den virtuellen Abgrund, indem man ein oder zwei Schritte macht? Kann sogar auf dem gesamten Dach des virtuellen Wolkenkratzers gelaufen werden? Wird außer dem Helm auch der Körper eines Nutzers durch das System erkannt, so dass beispielsweise zur Unterstützung der Eigenwahrnehmung auch der eigene Körper in der Virtuellen Umgebung mit dargestellt werden kann? Würde diese Körpererkennung nur die Gliedmaßen grob erkennen oder auch einzelne Fingerbewegungen, so dass beispielsweise das Drücken eines Aufzugsknopfes möglich wäre, um das Dach des virtuellen Wolkenkratzers per Aufzug verlassen zu können?

Früher war es üblich, viele der hier geforderten Sensoren „anzuziehen"; Beispiele hierfür sind der Helm, der ein mechanisches Gestänge zur Lagebestimmung betrieben hat oder ein Datenhandschuh, mittels dessen die Bewegung der Finger erkannt wurde. Verbunden waren die Eingabegeräte meist per Kabel. Außer mechanischen Eingabegeräten zum Tracking von Positionen und Orientierungen wurden im Lauf der Zeit auch elektromagnetische oder auf Ultraschall basierte Geräte entwickelt. Üblicherweise bestehen solche System aus Sender(n) und Empfänger(n), so dass der Nutzer immer etwas in der Hand bzw. an sich tragen muss. Der Trend geht zu optischen Verfahren auf der Grundlage von einer oder mehreren Kameras, wobei hier noch unterschieden werden muss, ob sogenannte Marken zum Einsatz kommen oder ob markenlose Systeme verwendet werden. Marken sind besonders gut und sicher zu detektierende reale Objekte, die in das vom Tracking überwachte Volumen eingebracht werden. Da die Marken dem Tracking-System in der Form bekannt sind (z. B. bestehend aus mehreren gut reflektierenden Kugeln mit definierten Abständen), können sie genutzt werden, um die kameragestützte Erkennung zu ermöglichen bzw. zu stabilisieren, beispielsweise im Hinblick auf Beleuchtungssituation oder Verdeckungen. Markenlose Systeme verwenden oftmals zusätzlich zu Kameras im sichtbaren Bereich sogenannte Tiefenkameras, mit deren Hilfe die Unterscheidung des zu erkennenden Objekts vom Hintergrund einfacher möglich ist. Durch den Einsatz mehrerer Kameras kann zum einen die Genauigkeit verbessert werden und zum anderen können Situationen vermieden werden, bei denen das Tracking aufgrund einer einzigen verdeckten Kamera fehlschlägt.

Oft werden unterschiedliche Eingabegeräte gleichzeitig genutzt, um die möglichst gute Erkennung der Nutzeraktionen zu gewährleisten. Ein Beispiel hierfür ist eine genaue Positionserkennung mit großem Aktionsradius gekoppelt mit einer Handerkennung sowie Spracheingabe. Hierbei müssen die Sensordaten in geeigneter Form so zusammengefasst werden (*Sensorfusion*), dass sie zum einen insgesamt plausible und sich nicht widersprechende Daten liefern und zum anderen durch die Kombination von Sensordaten unterschiedlichen Typs auch dann verlässliche Daten liefern, wenn einzelne Sensoren z. B. aufgrund von Verdeckungen nicht genutzt werden können.

Beim Aufbau eines VR-Systems sollte man immer die jeweilige Aufgabe im Blick haben und für diese analysieren, welche Eingabegeräte notwendig sind. Nicht immer ist es hilfreich, jegliche Sensorik in einen Aufbau mit aufzunehmen, wenn dadurch der Nutzer eingeschränkt wird und die aufgenommenen Daten gar nicht sinnvoll eingesetzt werden können. In unserem Beispiel wäre es möglich, die Druckverteilung der Fußsohle zu messen, um zu erkennen, ob sich der Nutzer nach vorne oder nach hinten lehnt. Dies könnte anhand von drucksensitiven Matten erfolgen, was dazu führen würde, dass der Nutzer ausschließlich auf der Matte stehen darf und somit sein Standpunkt fixiert wäre. Im Hinblick auf die eigentliche Zielsetzung, bei der sich der Nutzer frei bewegen können sollte, wäre das kontraproduktiv.

Als Gegenstück zu den Eingabegeräten können die Ausgabegeräte angesehen werden. Diese dienen dazu, dem Nutzer über eine entsprechende Reizerzeugung die Virtuelle Welt darzustellen. Diese Umwandlung des Modells der Virtuellen Welt im Computer zu Sinnesreizen für den Nutzer kann als *Rendering* bezeichnet werden. Entsprechend den unterschiedlichen Wahrnehmungskanälen, derer sich ein Nutzer in der realen Welt bedient, ist es sinnvoll, möglichst viele davon auch in der Virtuellen Realität anzusprechen. Im Hinblick auf unser Experiment ist die visuelle Ausgabe natürlich wichtig. Soll der Nutzer sich nach Belieben umschauen können, wie es beispielsweise mit dem Helm möglich wäre? Reicht es, wenn er nur nach unten schauen kann, wie in der zweiten Variante des Experiments, bei der das Bild auf den Fußboden projiziert wird? Ist es für den Anwendungsfall wichtig, dass sich der Nutzer umdrehen kann? Auch stellt sich die Frage, in welchem Aktionsbereich der Nutzer die Möglichkeit erhalten soll, die Virtuelle Umgebung wahrzunehmen. In welcher visuellen Qualität soll die Virtuelle Welt dargestellt werden (ist es beispielsweise wichtig, die fahrenden Autos oder Fußgänger vom Wolkenkratzer aus zu erkennen)? Über visuelle Reize hinaus können noch andere Wahrnehmungskanäle des Nutzers adressiert werden. Sollen die Geräusche des Straßenverkehrs lauter vernehmbar sein, wenn man näher an die Gebäudekante des Wolkenkratzers herantritt? Soll der Nutzer Wind wahrnehmen können und soll sich dieser ebenfalls an der Gebäudekante ändern? Wie bereits aufgezeigt, so unterscheiden sich auch die zeitlichen Anforderungen an die Reizberechnung für die einzelnen Wahrnehmungskanäle. Für das visuelle System müssen 30 bis 120 neue Bilder in jeder Sekunde berechnet werden. Demgegenüber reicht es, die Stärke des Windes aus dem Beispiel in der Sekunde ein bis zweimal zu bestimmen. Wie auch schon bei den Eingabegeräten muss genau analysiert werden, was für den jeweiligen Anwendungsfall wichtig ist, statt alles technologisch Mögliche umzusetzen.

Die Aufgabe der Weltsimulation übernimmt ein Computersystem, das dafür über ein entsprechend passendes Modell der Welt verfügen muss. Je nach Anwendungsfall bieten sich hierfür Simulationsmodelle (z. B. für die Nachbildung von Strömungsverhalten) oder auch Modelle auf der Grundlage der Künstlichen Intelligenz (KI) an. Das Modell der Welt legt das Verhalten der Virtuellen Realität fest. Die Daten der Eingabegeräte beeinflussen die Weltsimulation. Neben der Frage, in welcher Granularität die Welt modelliert wird bzw. werden kann, auf die in Abschn. 1.1.2 eingegangen wurde, stellen sich technisch orientierte Fragen: Welche zeitlichen Verzögerungen treten von der Erkennung durch ein

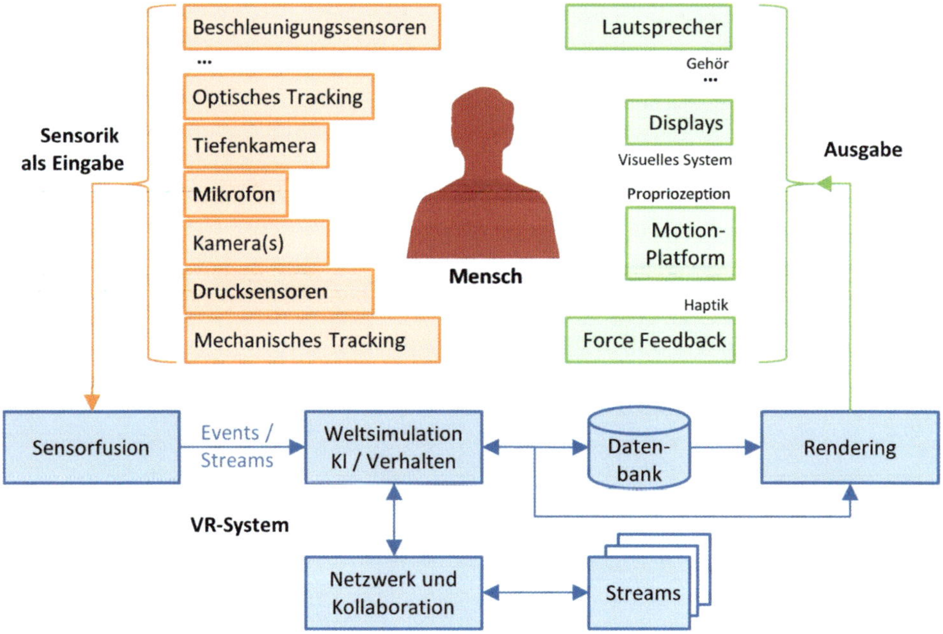

Abb. 1.4 Überblick über die Teilsysteme eines VR-Systems

Eingabegerät bis hin zum Rendering in allen Wahrnehmungskanälen auf? Um diese Zeit zu verringern, kann es hilfreich oder gar notwendig sein, auf bereits vorberechnete Simulationsdaten zurückzugreifen, statt alles in Echtzeit zu berechnen. Für unser Experiment können so die Bewegungen des Straßenverkehrs genauso vorberechnet sein wie die Strömungssimulation für die Winde zwischen den Wolkenkratzern. Gegebenenfalls müssen sogar starke Vereinfachungen vorgenommen werden, um die Verzögerungen in einem erträglichen Maß zu halten. Auch kann es notwendig sein, die Berechnung der Weltsimulation und vor allem das Rendering auf mehrere Computer zu verteilen, um zum einen die Ausgabegeräte ansteuern und zum anderen die Zeitvorgaben erfüllen zu können. Arbeitet die Weltsimulation autark oder ist sie auf weitere Daten angewiesen (z. B. aktuelle Flugdaten für einen Simulator für Fluglotsen oder Daten von VR-Systemen, die eine Kollaboration im virtuellen Raum ermöglichen)? Solche Daten können über Netzwerkverbindungen der Weltsimulation zur Verfügung gestellt werden.

Der Gesamtüberblick über ein VR-System ist in Abb. 1.4 gezeigt: In Orange sind die Sensoren gezeichnet, die als Grundlage für Eingabegeräte dienen können, in Grün sind die Ausgabegeräte gekennzeichnet, welche die einzelnen Wahrnehmungskanäle adressieren, in Blau die übrigen Teilsysteme des VR-Systems.

Auch wenn AR-Systeme anders aussehen, so ist der Aufbau aus Teilsystemen denen der VR-Systeme sehr ähnlich. Durch die anderen Anforderungen, wie beispielsweise deckungsgleiche Überlagerung von realen Anteilen zu virtuellen, werden jedoch üblicherweise andere Ein- und Ausgabegeräte ausgewählt.

1.5 Benutzung des Buches

Im Folgenden finden sich Hinweise, wie das vorliegende Buch aufgebaut ist sowie Vorschläge, wie das Buch von unterschiedlichen Zielgruppen für unterschiedliche Intentionen genutzt werden kann. Dabei werden auch Empfehlungen für den Einsatz in Lehrveranstaltungen gegeben.

1.5.1 Aufbau des Buches

Im Anschluss an diese Einleitung werden im nächsten Kapitel (Kap. 2) die Grundlagen der räumlichen Wahrnehmung beschrieben. Ausgehend vom visuellen System des Menschen wird die Theorie der „Depth Cues" vorgestellt, welche die grundlegende Theorie für die Raumwahrnehmung beschreibt. Es werden die physiologischen Aspekte der Stereoskopie ebenso betrachtet wie unterstützende Empfehlungen zur Verstärkung der Raumwahrnehmung. Neben der visuellen Wahrnehmung wird auf die Bedeutung weiterer Wahrnehmungskanäle eingegangen. Das Kapitel über Virtuelle Welten (Kap. 3) beschreibt typische Konzepte, die zu deren Aufbau genutzt werden. Ausgehend von grundlegenden graphikorientierten Konzepten wie dem Szenengraph werden Konzepte für alle Komponenten eines VR-Systems vorgestellt: Beispiele hierfür sind Animationskonzepte, Verhaltensbeschreibungen und Ereignismodelle. In den Kapiteln über VR-Eingabegeräte (Kap. 4) und VR-Ausgabegeräte (Kap. 5) werden Möglichkeiten der Sensorik und von Displays beschrieben. Nach der Einführung zugrundeliegender Eigenschaften werden Wege zur Erkennung von Nutzeraktionen ebenso aufgezeigt wie Realisierungsalternativen zum Rendering in alle Wahrnehmungskanälen des Nutzers. Ausgehend von Einzeltechnologien werden auch typische Aufbauten mit VR-Hardware vorgestellt. Konzepte und Techniken für Interaktionen in Virtuellen Welten werden in Kap. 6 vorgestellt. Es werden grundlegende Techniken wie Navigation und Selektion ebenso beschrieben wie die iterative Vorgehensweise zur Erstellung von Benutzungsschnittstellen unter Verwendung von Nutzertests. In Kap. 7 werden Anforderungen an die Echtzeitfähigkeit von VR-System beschrieben und Lösungsansätze vorgestellt. Aufbauend auf Grundlagen wie die Bedeutung der Latenz und effizienten Repräsentationen großer Szenen werden Verfahren für typische Fragestellungen wie Synchronisation und Kollisionserkennung besprochen. Kap. 8 ist dem Thema Augmentierte Realität gewidmet. Schwerpunkte neben speziellen Ein-/ Ausgabegeräten sind dabei die geometrische und optische Registrierung sowie die Betrachtung der Fragestellung, wie Authentizität bzw. Glaubhaftigkeit erhöht werden können. Abschließend umfasst Kap. 9 eine Reihe von kleinen Fallbeispielen, die Einblicke in die Praxis von

VR/AR bieten und die vielfältigen Facetten des Themas beleuchten. Kap. 10 enthält eine Einführung in grundlegende Mathematik, die für VR relevant ist.

1.5.2 Benutzungsanleitung

Jedes weitere Kapitel dieses Buches setzt allein die Lektüre von Kap. 1 voraus. Um also beispielsweise Kap. 6 durchzuarbeiten, ist es nicht notwendig, die Kap. 2 bis Kap. 5 zu lesen, sondern nur das erste Kapitel. Damit kann das Buch modular und selektiv genutzt werden – es muss nicht in der präsentierten Reihenfolge von vorne nach hinten lückenlos durchgearbeitet werden. Alle notwendigen Vorkenntnisse wurden bereits in diesem Kap. 1 angesprochen. Obwohl die einzelnen Kapitel des vorliegenden Buches in der Komplexität des behandelten Stoffes und damit in ihrem Umfang teilweise deutlich voneinander abweichen, so sind doch alle Kapitel nach einem ähnlichen Grundmuster aufgebaut. Dies ermöglicht dem Leser, sich innerhalb der einzelnen Kapitel schnell zu Recht zu finden und sie auf ähnliche Art und Weise zu bearbeiten.

Kapitel beginnen grundsätzlich mit einer Kurzfassung, welche die wichtigsten Inhalte in sehr knapper Form zusammenfasst. Dies ermöglicht Lesern, die bereits über Vorkenntnisse auf einzelnen Gebieten verfügen oder nur an bestimmten Themen interessiert sind, also das Buch nicht sequentiell durcharbeiten möchten, das schnelle Erkennen und die gezielte Auswahl der für sie relevanten Kapitel. Anschließend werden die wichtigsten Themenblöcke jeweils in den weiteren Unterkapiteln behandelt. Die einzelnen Kapitel werden mit einem Fragenkatalog zu den behandelten Themen und einer Liste mit Empfehlungen zu vertiefender oder ergänzender Literatur abgeschlossen.

1.5.3 Zielgruppen des Buches

Bei dem vorliegenden Buch handelt es sich primär um ein Lehrbuch, d. h. es soll Lehrenden und Studierenden eine umfassende und strukturierte Aufbereitung des Themas VR/AR bieten. Dabei werden alle grundlegenden Aspekte von VR und AR behandelt. Vorkenntnisse auf diesem Gebiet sind daher nicht erforderlich, mathematische Grundlagen und Grundkenntnisse im Bereich der Computergraphik sind nützlich. Kap. 10 enthält eine Zusammenstellung der wichtigsten mathematischen Grundlagen für VR. Literaturhinweise zur Erarbeitung von Grundlagen der Computergraphik finden sich in Abschn. 1.7.

Die umfassende Behandlung aller im Bereich VR/AR relevanten Themen würde den Umfang eines einzelnen Buches bei weitem sprengen. Von daher wurden bestimmte weiterführende Themen wie beispielsweise 3D-Audio auf einen Folgeband verschoben.

Das Buch ist modular aufgebaut – jedes Kapitel setzt nur die Lektüre von Kap. 1 voraus. Damit können Lernende und Lehrende die Reihenfolge der Bearbeitung des Lehrstoffes den Erfordernissen ihrer Lehrveranstaltung anpassen. Auch können einzelne Kapitel selektiert, andere Kapitel (außer Kap. 1) problemlos weggelassen werden, ohne dass die Verständlichkeit leidet. Jedes Kapitel ist für sich abgeschlossen.

Die Erstellung Virtueller Welten und die Interaktion mit diesen stellt auch eine der Grundlagen moderner 3D-Computerspiele dar. Wenngleich das vorliegende Buch diese Themen behandelt und es hier durchaus eine Vielzahl von Parallelen und Überschneidungen mit der Realisierung von Computerspielen gibt, so richtet sich das Buch jedoch nicht primär an die Entwickler von Computerspielen, da insbesondere alle spielespezifischen Aspekte hier unberücksichtigt bleiben.

Lehrende im Bereich VR/AR

Aufgrund seines Aufbaus kann das Buch unmittelbar als Grundlage für Vorlesungen und Seminare im Bereich VR/AR eingesetzt werden. Durch den modularen Aufbau des Buches ist es einfach möglich, die Reihenfolge der unterschiedlichen Themen zu variieren und damit den individuellen Anforderungen der jeweiligen Unterrichtseinheit anzupassen. Die einzelnen Kapitel schließen mit einer Sammlung an Verständnis- und Transferfragen ab, welche unmittelbar als Grundlage für entsprechende Prüfungen bzw. die Vorbereitung auf diese verwendet werden können.

Nachfolgend sollen exemplarisch einige typische Zusammenstellungen für einzelne Lehrveranstaltungen aufgezeigt werden. Dies kann und soll jedoch nur der Verdeutlichung dienen und ersetzt keinesfalls die individuelle Auswahl auf Basis des jeweiligen Curriculums und Umfangs.

Beispiel 1: Einführung in VR/AR (2V + 2Ü)
Kap. 1
Kap. 2.1, 2.2, 2.3, 2.4
Kap. 3.1–3.3, optional 3.5
Kap. 4.1, 4.2
Kap. 5.1
Kap. 6.1, 6.2, 6.3, 6.4, 6.5
Kap. 7.1, 7.2, 7.3
Kap. 8.1, 8.4

Beispiel 2: 3D User Interfaces (2V + 1Ü)
Kap. 1
Kap. 2.1, 2.2, 2.3, 2.4, 2.5.2
Kap. 4.1, 4.2
Kap. 6: alle Unterkapitel
Kap. 7.1
Kap. 8.6

Beispiel 3: Anwendungen der Virtuellen Realität (2V + 1Ü)
Kap. 1
Kap. 2.4, 2.5
Kap. 3: alle Unterkapitel
Kap. 5.1
Kap. 6: alle Unterkapitel
Kap. 7.2
Kap. 8.7
Kap. 9: alle Unterkapitel

Beispiel 4: Graphisch-Interaktive Systeme (2V + 2Ü)
Kap. 1
Kap. 2: alle Unterkapitel
Kap. 4: alle Unterkapitel
Kap. 6: alle Unterkapitel
Kap. 9: alle Unterkapitel

Studierende

Studierenden bietet das Buch eine universelle Begleit- und Nachschlagelektüre zu entsprechenden Lehrveranstaltungen. Es ermöglicht darüber hinaus das Selbststudium der Materie. Das Buch ist für Studierende aus Studiengängen geeignet, welche unter Umständen selbst VR/AR Systeme entwickeln oder erweitern, Applikationen dafür realisieren oder auch nur VR/AR-Anwendungen nutzen möchten. Während der erste Aspekt insbesondere Studierende der Studiengänge Informatik, Medieninformatik, Computervisualistik und Medientechnologie anspricht, erstrecken sich die weiteren Aspekte über eine Vielzahl natur- und ingenieurwissenschaftlicher Studiengänge bis hin zu geistes- und sozialwissenschaftlichen Studiengängen.

Anwender oder solche, die es werden wollen

Potentielle Anwender neuer Technologien wie VR und AR haben häufig nur eine sehr vage Vorstellung von deren Möglichkeiten und Beschränkungen sowie dem für die Nutzung erforderlichen Ressourceneinsatz. Dies führt einerseits dazu, dass solche Technologien häufig gar nicht oder zu spät genutzt werden, andererseits, dass viele Einführungen am Ende scheitern. Eines der Hauptprobleme dabei ist, dass häufig umfangreich in Hardware investiert wird, bevor klar ist, ob und wie diese hinterher genutzt werden soll. Wer sind die Nutzer? Wer profitiert davon? Wie werden die Nutzer geschult? Wie wird die Infrastruktur gewartet und weiterentwickelt? Welche Applikationen sollen erstellt oder benutzt werden? Wie wird das in den Produktionsprozess integriert oder dieser angepasst? Das vorliegende Buch soll potentiellen Anwendern von VR und AR helfen, diese Dinge im Voraus besser einschätzen zu können und damit Fehlplanungen zu verhindern oder zumindest zu reduzieren. Sowohl für Anwender aus dem Bereich der Forschung als auch der Industrie ermöglicht das Buch, sich detailliert mit dem Thema auseinanderzusetzen und somit abzuschätzen, ob und in welchem Umfang ein Einsatz von VR und AR sinnvoll erscheint und welche Ressourcen dafür benötigt werden.

Technologieaffine
Letztlich gibt das Buch den aktuellen Status Quo im Bereich VR/AR wieder und ermöglicht so dem technologisch Interessierten einen Einblick in diese faszinierende Welt. Dabei werden sowohl neuartige, zur Zeit noch primär in der Forschung oder in der forschungsnahen Prototypen- und Anwendungsentwicklung eingesetzte Techniken und Technologien vorgestellt, als auch solche, welche heute, beispielsweise in der Automobilindustrie, bereits fester Bestandteil der Produktionskette sind.

1.6 Zusammenfassung und Fragen

VR ist heute nicht einheitlich definiert. Man kann sich dem Begriff aus technologiezentrierter Sicht nähern und darunter Computersysteme verstehen, die immersive und interaktive Umgebungen durch entsprechende Hardware wie Stereodisplays aufbauen. Man kann VR aber auch als Methodologie beschreiben, Nutzern die Erfahrung der Inklusion in einer scheinbaren Wirklichkeit zu vermitteln. Ziel ist es nicht unbedingt, eine perfekte Virtuelle Realität zu erreichen, in der Virtualität und Realität nicht mehr unterschieden werden können. Eigenheiten der menschlichen Wahrnehmung wie die Suspension of Disbelief können ausgenutzt werden, um erfolgreich Virtuelle Umgebungen für Menschen zu schaffen und diesen das Gefühl der Präsenz in einer VR zu vermitteln. Dies kann unterschiedlichen Zwecken dienen: der Forschung (z. B. der menschlichen Wahrnehmung), der Ausbildung, der Unterhaltung, der Unterstützung von Kommunikation, der Visualisierung von Simulationsergebnissen oder wirtschaftlichen Zielen (z. B. dem Prototyping zur Effizienzerhöhung oder Kosteneinsparung). Mit VR verfolgt man prinzipiell den Zweck, eine innovative Schnittstelle zwischen Mensch und Computer aufzubauen. Die Idee, Nutzer in der Realität präsent zu lassen, diese aber um Teile aus einer Virtuellen Welt zu erweitern, führt zur Augmentierten Realität. Für die Realisierung entsprechender Virtueller oder Augmentierter Umgebungen bedarf es zum einen einer Virtuellen Welt, also den in der Umgebung zu zeigenden Inhalt (z. B. Beschreibung der Geometrie, des Aussehens, des Verhaltens der darin vorkommenden virtuellen Objekte), zum anderen eines VR/AR-Systems, also eines Computersystems, das als wesentliche Komponenten die Ermittlung von Information über den Nutzer und dessen Interaktionen (z. B. durch Tracking), die Erzeugung von Reizen für den Nutzer (z. B. Bilder und Töne) sowie die Simulation der Virtuellen Welt umfasst. VR/AR ist eine junge Wissenschaft, bei deren Entwicklung man drei Generationen unterscheiden kann, die sich durch die verwendete Hardware charakterisieren lassen (HMD und Datenhandschuh, Stereoprojektion und optisches Tracking, hochauflösende Displays und Low-Cost Tracking ohne Verwendung von künstlichen Marken).

Überprüfen Sie Ihr Verständnis des Kapitels anhand der folgenden Fragen:

- Wie würde Ihre Definition der Begriffe „Virtuelle Realität", „Virtuelle Welt", „Virtuelle Umgebung", „Augmentierte Realität", „Mixed Reality", „Immersion", „Präsenz", „Simulation", „Tracking", „Nutzer", „Mensch-Maschine Interaktion" und „Suspension of Disbelief" lauten?
- Im Text wurde als Beispiel ein Szenario beschrieben, bei dem ein Nutzer auf einer Glasplatte steht, die als Projektionsscheibe genutzt wird. Dadurch vermittelte man dem Nutzer den Eindruck, auf einem virtuellen Hochhaus zu stehen, wobei der Nutzer seine realen Füße sehen konnte. Handelt es sich bei diesem Szenario um eine VR oder eine AR?
- Wozu kann man VR und AR nutzen? Welche Anwendungsbeispiele kennen Sie oder können Sie sich vorstellen? Warum beschäftigen Sie sich mit VR/AR?

Literaturempfehlungen[1]

Angel E, Shreiner D (2012) Interactive computer graphics: a top-down approach with shader-based OpenGL. Pearson Education, Harlow – *Lehrbuch, das Grundlagen der Computergraphik abdeckt, z. B. die Erzeugung von Bildern mit dem Computern bespricht. Außerdem wird praxisnah in*

[1] Wissenschaftliche Originalliteratur findet sich in Fachzeitschriften und Konferenzbänden, die z. B. in digitalen Bibliotheken (z. B. *dl.acm.org, ieeexplore.org, link.springer.com*) oder über Suchmaschinen (z. B. *scholar.google.com*) recherchiert und zugegriffen werden kann. Im Bereich der VR findet jährlich die IEEE VR Konferenz (*ieeevr.org*) statt. Auf europäischer Ebene gibt es das *Eurographics Symposium on Virtual Environments (EGVE)* sowie die VR Konferenz der *euroVR*, die z. T. gemeinsam als *Joint Virtual Reality Conference (JVRC)* durchgeführt werden. National gibt es einen jährlichen Workshop der GI-Fachgruppe VR/AR. Mit Fokus auf AR wird jährlich die *ISMAR*, das *IEEE Symposium for Mixed and Augmented Reality,* durchgeführt. Außerdem gibt es noch spezielle Veranstaltungen, die etwa die Aspekte von Benutzungsschnittstellen von VR und AR thematisieren, wie z. B. die *ACM VRST* Konferenz oder die *3DUI*, das *IEEE Symposium for 3D User Interfaces.* Oder als weiteres Beispiel Veranstaltungen, die sich mit speziellen Anwendungen von VR beschäftigen, z. B. im industriellen Bereich (z. B. *VRCAI – ACM International Conference on Virtual Reality Continuum and Its Applications in Industry* auf internationaler Ebene oder der *Workshop Augmented und Virtual Reality in der Produktentstehung* auf nationaler Ebene). Auch einige wissenschaftliche Journale haben VR und AR im Fokus, z. B. *Presence – Teleoperators and Virtual Environments* von *MIT Press, Virtual Reality* vom *Springer Verlag* oder das *Journal of Virtual Reality and Broadcasting (jVRb)* als Open Access E-Journal.
Neben Konferenzbänden und Fachzeitschriften, die sich originär mit VR und AR beschäftigen, ist auch Literatur zu empfehlen, die sich mit wesentlichen Teilaspekten von VR und AR auseinandersetzt wie z. B. Graphische Datenverarbeitung (z. B. *ACM SIGGRAPH* und die *ACM Transactions on Graphics*), Bildverarbeitung und Computer Vision (z. B. *IEEE ICCV*) oder Mensch-Maschine-Interaktion (z. B. *ACM SIGCHI*).

OpenGL, eine Programmierbibliothek für Computergraphik, eingeführt und dabei die Möglichkeiten der Nutzung von Graphikprozessoren (GPUs) in Form sogenannter Shader thematisiert.

Rabin S (2009) Introduction to game development. Second edition. Charles River Media, Boston – *ein Standardwerk zum Thema Computerspiele. Aufgrund vielfältiger Berührungspunkte von VR und Computerspielen ist auch die Literatur aus dem Bereich Computer Games relevant.*

Rheingold H (1992) Virtuelle Welten – Reisen im Cyberspace. Rowohlt Verlag, Reinbek – *Der Kulturwissenschaftler Howard Rheingold dokumentiert mit diesem „Reisebericht" die Entstehungszeit des Technologiegebiets der VR um das Jahr 1990. Er berichtet u. a. über Treffen mit VR-Pionieren wie Jaron Lanier, das Entstehen einer kommerziellen VR-Industrie, damals vermutete Verheißungen der VR als „Wirklichkeitsmaschine" sowie deren Rezeption im öffentlichen Diskurs („Ist VR elektronisches LSD?"). Das Buch gibt zudem einen umfassenden Einblick in frühe Entwicklungen der VR in verschiedenen Ländern wie USA, England, Frankreich und Japan.*

Literatur

Bricken W (1990) Virtual reality: directions of growth. Notes SIGGRAPH '90 Panel (HITL Technical Report R-90-1), U Washington, Seattle

Held RH, Durlach NI (1992) Telepresence. Presence: Teleoperators and Virtual Environments, 1(1):109–112

Milgram P, Takemura H, Utsumi A, Kishino F (1995) Augmented reality: a class of displays on the reality-virtuality continuum. Proc SPIE 2351, 282–292

Mine MR, Brooks Jr. FP, Sequin CH (1997) Moving objects in space: exploiting proprioception in virtual-environment interaction. Proc SIGGRAPH 2007, 19–26

Rekimoto J, Nagao K (1995) The world through the computer: computer augmented interaction with real world environments. Proc UIST '95, 29–36

Rheingold H (1992) Virtuelle Welten – Reisen im Cyberspace. Rowohlt Verlag, Berlin

Sadowski W, Stanney KM (2002) Presence in virtual environments. In: Stanney KM (ed) Handbook of virtual environments: design, implementation, and applications, Lawrance Erlbaum Assoc., Mahwah

Sheridan TB (1992) Musings on telepresence and virtual presence. Presence: Teleoperators and Virtual Environments, 1(1):120–125

Slater M, Wilbur S (1997) A framework for immersive virtual environments (FIVE): speculations on the role of presence in virtual environments. Presence: Teleoperators and Virtual Environments, 6(6):603–616.

Slater M (2003) A note on presence terminology. Presence Connect 3:3

Slater M (2009) Place illusion and plausibility can lead to realistic behaviour in immersive virtual environments. Phil. Trans. of the Royal Society B, 364(1535): 3549–3557

Slater M, Spanlang B, Corominas D (2010) Simulating virtual environments within virtual environments as the basis for a psychophysics of presence. ACM Trans. Graph. 29(4), No. 92

Sherman W, Craig A (2003) Understanding virtual reality. Morgan Kaufmann, San Mateo

Stone RJ (1993) In: Earnshaw RA, Gigante MA, Jones H (eds) Virtual Reality Systems, Academic Press, London

Sutherland IE (1965) The ultimate display. Proc IFIP Congress, 506–508

Witmer BG, Singer MJ (1998) Measuring presence in virtual environments: a presence questionnaire. Presence – Teleoperators and Virtual Environments, 7(3):225–240

Wahrnehmungsaspekte von VR

2

Ralf Dörner und Frank Steinicke

Zusammenfassung

Ein wesentliches Potential von VR als Mensch-Maschine-Schnittstelle liegt in der Möglichkeit, dem Nutzer die Illusion der Anwesenheit in der dargestellten Virtuellen Welt zu suggerieren. Ob und wie gut dies gelingt, ist nicht nur ein technisches Problem, sondern beruht auch auf Prozessen der menschlichen Wahrnehmung zur Interpretation der dargebotenen Sinnesreize. Zum besseren Verständnis der damit verbundenen Fragestellungen werden in diesem Kapitel grundlegende Kenntnisse aus dem Bereich der menschlichen Informationsverarbeitung behandelt. Von besonderem Interesse in einer Virtuellen Umgebung sind die Raumwahrnehmung und die Wahrnehmung von Bewegung, auf die spezifisch eingegangen wird. Basierend auf diesen Grundlagen werden VR-typische Phänomene und Probleme diskutiert, wie z. B. das Sehen von Doppelbildern oder Cybersickness. Dabei kann jeweils das Wissen um menschliche Wahrnehmungsprozesse sowohl zur Erklärung dieser Phänomene wie auch zur Ableitung von Lösungsstrategien genutzt werden. Schließlich wird in diesem Kapitel gezeigt, wie sich verschiedene Limitierungen der menschlichen Wahrnehmung ausnutzen lassen, um die Qualität und die Nutzererfahrung während einer VR-Session zu verbessern.

2.1 Menschliche Informationsverarbeitung

Die Art und Weise wie Menschen Informationen wahrnehmen und verarbeiten ist essentiell für die Gestaltung von Virtuellen Welten sowie die Interaktion innerhalb solcher. Schlussendlich wird jede Virtuelle Welt vom Menschen konsumiert. Aus diesem Grund ist

R. Dörner (✉)
Hochschule RheinMain, Fachbereich Design, Informatik, Medien
Unter den Eichen 5,
65195 Wiesbaden, Deutschland
E-Mail: ralf.doerner@hs-rm.de

R. Dörner et al. (Hrsg.), *Virtual und Augmented Reality (VR/AR)*, eXamen.press,
DOI 10.1007/978-3-642-28903-3_2, © Springer-Verlag Berlin Heidelberg 2013

es sinnvoll, sich mit den grundlegenden Funktionen der menschlichen Informationsverarbeitung auseinanderzusetzen, um die verschiedenen Auswirkungen und Phänomene der VR besser verstehen und eventuelle Limitierungen ausnutzen zu können.

Der Mensch nimmt seine Umgebung über verschiedene Sinne wahr. Im Kontext heutiger VR-Technologien sind die dabei wichtigsten Sinne

- der visuelle,
- der akustische und
- der haptische Sinn.

Bei den meisten der heutigen VR-Systeme werden die anderen Sinne wie der olfaktorische (Riechen) oder der gustatorische Sinn (Schmecken) nicht virtuell stimuliert. Somit werden nahezu sämtliche in der Virtuellen Welt dargestellten Informationen durch die Augen, Ohren oder über die Haut wahrgenommen. Auf den ersten Blick unterscheidet sich somit die Wahrnehmung in einer Virtuellen Welt nicht von der Wahrnehmung in einer typischen Desktop-Umgebung und den damit verbundenen Sinnen und Sinneseindrücken. Die Virtuellen Welten auf dem Bildschirm bzw. aus den Lautsprechern wirken als visuelle bzw. akustische Stimuli; über Maus und Tastatur werden haptische Eindrücke vermittelt. Ein wichtiges Kriterium einer virtuellen Erfahrung ist die Möglichkeit, diese auf immersive Art und Weise zu erkunden. Im Gegensatz zu Desktop-basierten Umgebungen geschieht dies in der VR nicht nur durch Maus und Tastatur, sondern durch 3D-Eingabegeräte oder durch Bewegungen des Nutzers im realen Raum, die auf entsprechende Bewegungen in der Virtuellen Welt abgebildet werden. Neben diesen Eingaben in das VR-System gibt es weitere Formen der Eingabe, wie beispielsweise Sprache, Gesten und andere menschliche Ausdrucksformen (Dahm 2006).

Um die komplexen Vorgänge bei der Informationsverarbeitung beim Menschen besser verstehen zu können, ist es hilfreich, sich den Menschen als informationsverarbeitendes System vorzustellen (siehe Abb. 2.1). Bei dieser Metapher aus dem Bereich der Informatik werden alle physischen Eigenschaften des Menschen der Hardware, alle psychischen Eigenschaften der Software zugeordnet. Die informatische Informationsverarbeitungskette startet mit einer *Eingabe*, welche im Rechner *verarbeitet* wird und schließlich als *Ausgabe* auf den Ausgabemedien dargestellt wird. Bei der menschlichen Informationsverarbeitung werden Reize der äußeren Welt somit analog zunächst als Eingabe an das perzeptuelle System übergeben und dort wahrgenommen (Card et al. 1986). Diesem *perzeptuellen Prozessor* stehen Speicher (z. B. visuelle Speicher) und Prozessor (z. B. zur Vorfilterung) ähnlich wie der Eingabe beim Computer zur Verfügung. Die Verarbeitung der resultierenden wahrgenommenen Reize findet dann im *kognitiven Prozessor* statt. Hier kann auf weitere Speicher, also das Arbeits- sowie Langzeitgedächtnis zugegriffen werden, um die Reize zu interpretieren und entsprechendes Handeln zu planen. Die tatsächliche Handlung findet dann im *motorischen Prozessor* statt, der entsprechende Bewegungen einleitet.

Diese teilweise starken Vereinfachungen in Modellen zur Informationsverarbeitung beim Menschen approximieren lediglich die tatsächlich deutlich komplexeren Vorgänge,

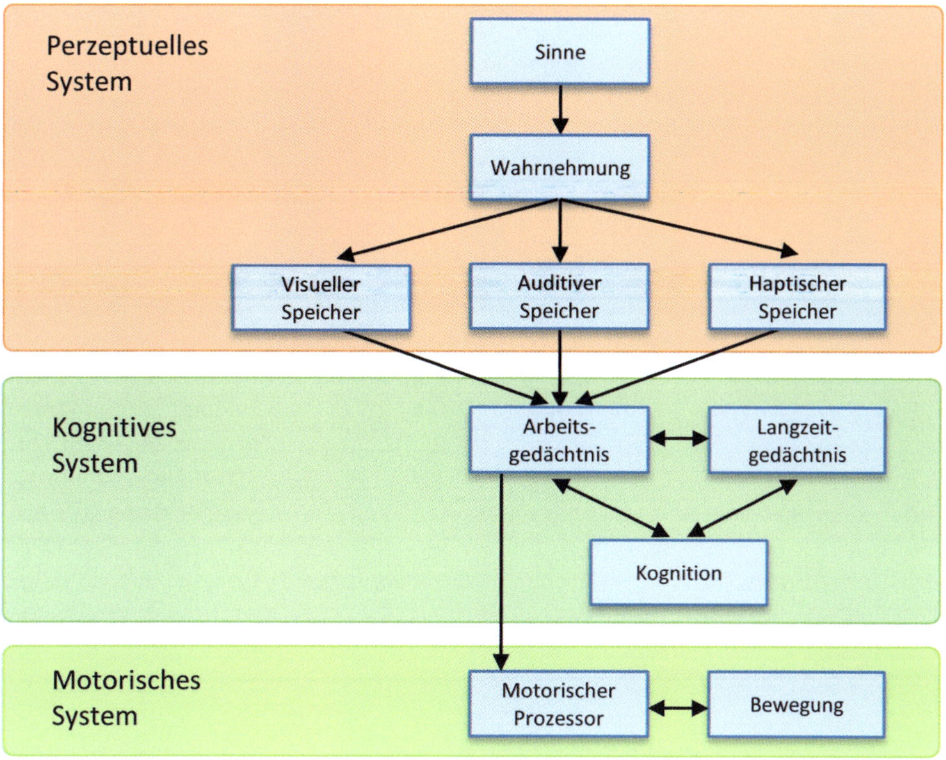

Abb. 2.1 Modell der Menschlichen Informationsverarbeitung. Nach Card et al. (1986)

erlauben es aber, Vorhersagen über die menschliche Informationsverarbeitung zu treffen. Beispielsweise konnten Card et al. (1986) somit benötigte Zeiten für eine ganze Reihe von Interaktionsaufgaben beim Menschen vorhersagen. Durch dieses Modell wird unter anderem klar, warum Aufgaben, die ein mehrfaches Durchlaufen des kognitiven Prozessors verlangen (z. B. Vergleiche etc.), mehr Zeit benötigen als solche Aufgaben, bei denen der kognitive Prozessor lediglich einmal durchlaufen wird (z. B. einfaches Reagieren auf Stimulus).

An dieser Stelle sei noch auf eine ganze Reihe weiterer Modelle wie *GOMS* oder *Keystroke-level Model* (KLM) verwiesen, die im Bereich der Mensch-Computer-Interaktion eingesetzt werden (Dahm 2006). Im Folgenden wollen wir einen genaueren Einblick in die einzelnen Komponenten der menschlichen Informationsverarbeitung geben.

2.2 Visuelle Wahrnehmung

Das visuelle System ist der Teil des Nervensystems, der für die Verarbeitung von visuellen Informationen verantwortlich ist. Der Aufbau des menschlichen Auges ermöglicht es, dass Licht über die Linse auf die innen liegende Netzhaut (*Retina*) projiziert werden kann. Dort gibt es etwa 120 Mio. Sehzellen. Diese unterteilen sich in die *Stäbchen*, die nur die Helligkeit wahrnehmen, und die ca. 7 Mio. *Zapfen*, welche für das Farbsehen verantwortlich sind. Die Zapfen wiederum lassen sich in drei Typen unterteilen, die jeweils auf blaue, grüne und rote Farbtöne reagieren. Der optische Apparat des Auges erzeugt auf der Netzhaut ein auf dem Kopf stehendes und seitenverkehrtes Bild. Damit das wahrgenommene Bild scharf auf der Netzhaut ankommt, muss die Linse durch Muskeln abhängig von der Entfernung eines betrachteten Objekts richtig eingestellt werden. Dieser Vorgang wird *Akkommodation* genannt. Die *Fovea* ist die Stelle auf der Netzhaut mit der höchsten Abbildungsschärfe und der größten Dichte von Sehzellen. Das Auge hat zwar einen Öffnungswinkel von ungefähr 150° (60° innen, 90° außen, 60° oben und 75° unten), allerdings werden lediglich 2° bis 3° des Sichtfeldes auf die Fovea projiziert. Das Auflösungsvermögen beträgt unter idealen Bedingungen etwa 0,5 bis 1 Winkelminuten. Dies bedeutet, dass ein 1 mm großer Punkt aus ca. 3–6 m Entfernung wahrnehmbar sein kann. Das Auge verharrt nur während einer Verweildauer von etwa 250 Millisekunden bis 1 s auf einem solchen Fixationspunkt, bevor rasche, ruckartige Augenbewegungen (sogenannte *Sakkaden*) eintreten. Sie dienen der Ergänzung der peripheren Wahrnehmung, in der die Auflösung lediglich ca. ein Vierzigstel der fovealen Auflösung entspricht, und ermöglichen uns somit die Illusion, ein vollständig hochaufgelöstes Bild wahrzunehmen.

Die visuelle Wahrnehmung ermöglicht es uns insbesondere, Objekte zu identifizieren. Dazu wird das projizierte Bild der Szene bereits in der Netzhaut analysiert (z. B. Helligkeit, Kontraste, Farbe und Bewegung) und bearbeitet (z. B. Helligkeitsausgleich und Kontrastverstärkung). Bei der Weiterleitung über den Sehnerv bleiben die räumlichen Lagebeziehungen der Rezeptoren in den Lagebeziehungen der Nervenbahnen und Synapsen erhalten. Diese Lagebeziehung ist im visuellen Cortex als neuronale Karte nachweisbar und unterstützt zum Beispiel das Identifizieren und Unterscheiden von Objekten (Marr 1982). Das Erkennen von einzelnen Elementen und ihrer Bedeutung erfolgt wahrscheinlich durch Vergleich mit bereits gespeicherten Erfahrungen (Szenen verknüpft mit Körpergefühl, Emotionen, Geruch, Geräusche und vieles andere mehr).

2.2.1 Stereosehen

Als Beispiel für die Funktionsweise menschlicher Wahrnehmung und wie sie durch ein VR-System manipuliert werden kann, um eine Präsenz in der Virtuellen Welt zu erzeugen, betrachten wir ein für VR wichtiges Phänomen: die *Stereopsis*, auch Stereosehen genannt. Menschen verfügen über zwei Augen, nehmen aber keine zwei separaten Bilder von der Realität wahr. Zudem gelingt es dem visuellen Wahrnehmungssystem des Menschen, aus den auf die zweidimensionale Netzhaut der Augen auftreffenden Lichtreizen einen dreidimensionalen Eindruck von der Umwelt zu erhalten.

Betrachten wir Punkt A in der Abb. 2.2a. Wenn wir davon ausgehen, dass A fixiert wurde, dann wurden die Augen so eingestellt, dass Licht von Punkt A sowohl in die Fovea des linken Auges fällt (und in Punkt A_L auf der Netzhaut auftrifft) als auch in Fovea des rechten

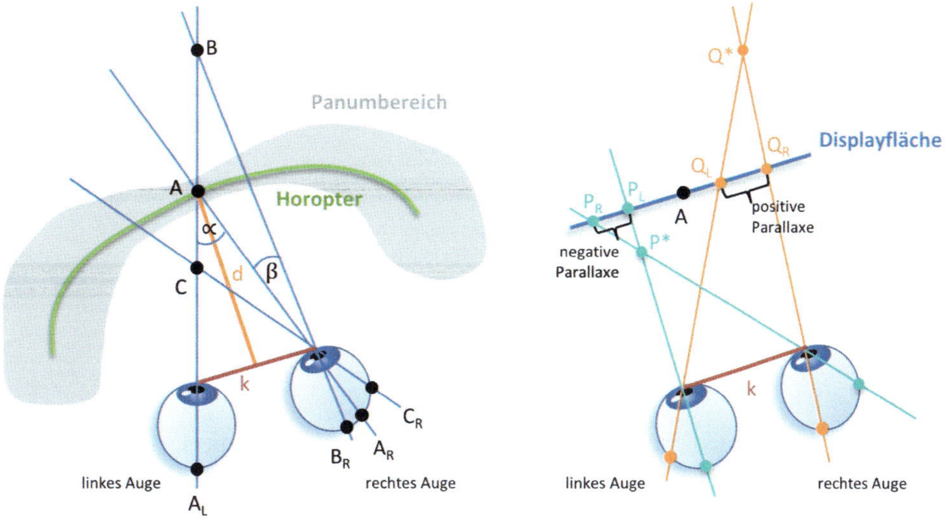

Abb. 2.2 **a** Stereopsis **b** Manipulation der Stereopsis mit einem Stereodisplay

Auges (dort in Punkt A_R). Einstellen bedeutet, dass die Augenmuskeln entsprechend bewegt werden. Je näher der sich zwischen beiden Augen befindliche Punkt *A* am Betrachter ist, desto stärker müssen die Augen nach innen zur Nase hin gedreht werden, um *A* zu fixieren. Man nennt diese Bewegung der beiden Augen *Konvergenz.* Da das visuelle System die Information hat, wie groß die Konvergenz ist, kann der Winkel α im Dreieck *A*, A_L und A_R eingeschätzt werden, denn je größer die Konvergenz, desto größer ist α. Mit der Kenntnis von α und des Abstandes *k* beider Augen, der für eine Person konstant ist, kann auf die Entfernung *d* des Punktes *A* vom Betrachter geschlossen werden. Durch einfache Trigonometrie lässt sich folgende Beziehung zwischen *d* und α herstellen: $d = k / (2 \cdot \tan \alpha)$. Mit dieser Triangulierung von *A*, die erst durch zwei Augen möglich wird, kann das visuelle System also die Entfernung von *A* wahrnehmen.

Die Punkte A_L und A_R nennt man korrespondierende Punkte der Netzhaut, sie würden bei einer gedachten Überlagerung der beiden Augen an derselben Stelle liegen. Das visuelle System ist in der Lage diese Korrespondenz zu ermitteln. Alle Punkte in der Realität, die auf korrespondierende Punkte auf der Netzhaut abgebildet werden, bilden den *Horopter.* Er hat die Form einer um den Kopf gekrümmten Fläche, die den Fixationspunkt enthält. Betrachten wir nun Punkt *B* in Abb. 2.2, der nicht auf dem Horopter liegt. Im linken Auge trifft Licht von *B* immer noch an Punkt A_L auf, im rechten Auge dagegen an Punkt B_R. Die Punkte A_L und B_R sind keine korrespondieren Punkte, die Abweichung von B_R zum zu A_L korrespondierenden Punkt A_R nennt man die von B erzeugte *Disparität.* Disparitäten werden häufig als Winkel angegeben, in unserem Beispiel in Abb. 2.2 wäre dies der Winkel β. Je größer β ist, desto mehr ist der Punkt *B* vom Horopter entfernt. Die von *B* erzeugte Disparität bietet also einen Anhaltspunkt, um die Entfernungen von Punkten wie *B* wahrzunehmen, die im Gegensatz zu *A* nicht fixiert werden und deren Entfernung nicht allein basierend auf der Konvergenz der Augen direkt bestimmt werden kann.

Zwei kleine Experimente zu Konvergenz und Disparität:

1.) Halten Sie einen Stift in ca. 1 m Abstand vor das Gesicht einer Person. Bitten Sie die Person die Spitze des Stifts zu fixieren und fixiert zu lassen. Bewegen Sie nun den Stift auf die Nase der Person zu, so können Sie gut die Konvergenz beobachten: die Augen werden nach innen zur Nase hin ausgerichtet.
2.) Setzen Sie sich vor ein rechteckiges Objekt (z. B. einen Monitor), schließen Sie das rechte Auge und halten Sie die Zeigefinger so, dass der linke Zeigefinger auf den linken Rand des Objekts zeigt und der rechte Zeigefinger auf den rechten Rand. Öffnen Sie nun das rechte Auge und schließen das linke. Das Objekt macht relativ zu den Fingern scheinbar einen Sprung – rechtes und linkes Auge nehmen also ein leicht unterschiedliches Bild wahr, es gibt Disparitäten.

Durch Disparitäten ist es ebenso möglich, Hinweise für die Entfernung von Punkten zu erhalten, die vom Betrachter aus vor dem Horopter liegen. Punkt C in Abb. 2.2 ist ein solcher Punkt und während Licht von C im linken Auge ebenfalls in Punkt A_L eintrifft, geschieht dies im rechten Auge an Punkt C_R. Die Disparität besteht nun also zwischen A_R (dem zu A_L korrespondierenden Punkt) und C_R. Der Punkt C_R liegt rechts von A_R, während B_R links von A_R liegt. Man sagt, dass B eine *ungekreuzte Disparität* und C eine *gekreuzte Disparität* erzeugt. Ob ein Punkt hinter oder vor dem Horopter liegt, kann also durch die Tatsache unterschieden werden, dass im ersten Fall ungekreuzte Disparitäten und im zweiten Fall gekreuzte Disparitäten erzeugt werden.

Wird die Disparität zu groß, liegt also der die Disparität erzeugende Punkt zu weit vom Horopter entfernt, dann ist das visuelle System nicht mehr in der Lage, die Bildeindrücke beider Augen zu einem Bildeindruck zu fusionieren. Als Folge davon sieht man nicht mehr einen Punkt, sondern zwei Punkte. Alle Punkte in der Welt, die Disparitäten erzeugen, die klein genug sind, damit noch eine Fusion der Bildinformationen vom linken und rechten Auge möglich ist, bilden den *Panumbereich*. Der Panumbereich hat um den fixierten Punkt herum die kleinste Ausdehnung.

In der Virtuellen Welt kann man Stereopsis manipulieren, mit dem Ziel einen dreidimensionalen Eindruck zu bewirken, obwohl man nur eine zweidimensionale Displayfläche verwendet. In Abb. 2.2b ist dargestellt, dass die *Displayfläche* von einem Betrachter angeschaut wird. Anschauen bedeutet, dass der Betrachter auf einen Punkt A auf der Displayfläche mit den Augen fixiert. Wir stellen nun auf der Displayfläche zwei Punkte P_L und P_R dar. Dabei sorgen wir durch in Kap. 4 genauer beschriebene technische Vorkehrungen dafür, dass Licht von P_L nur ins linke Auge und Licht von P_R nur in das rechte Auge trifft. Den Abstand von P_L und P_R auf der Displayfläche bezeichnet man als *Parallaxe*. Auf diese Situation kann das visuelle System auf zwei Arten reagieren. Erstens, es werden zwei verschiedene Punkte erkannt. In der Realität passiert es ständig, dass von Punkten in der Welt Licht nur in eines der Augen fällt. Das visuelle System ist auch in der Lage, derartige Punkte in Relation zu Punkten anzuordnen, von denen Licht in beide Augen fällt (*da Vinci-*

Stereopsis). Zweitens, das visuelle System erklärt sich die Lichtreize an den Punkten P_L und P_R dadurch, dass das Licht von einem einzigen Punkt P^* ausgeht, der vor der Displayfläche liegt. P^* ist die *Fusion* von P_L und P_R. Welcher der beiden Fälle tatsächlich eintritt, hängt von einer Vielzahl von Faktoren ab, z. B. wie weit der scheinbare Punkt P^* von der Displayfläche entfernt liegt. Fusioniert das visuelle System die beiden Eindrücke P_L und P_R, dann ist es gelungen, einen Punkt außerhalb der Displayfläche erscheinen zu lassen. Indem man die Reihenfolge der Punkte für das linke und rechte Auge auf der Displayfläche vertauscht, kann man auch Punkte hinter der Displayfläche erzeugen. Dies ist in Abb. 2.2 an Punkt Q_L und Q_R gezeigt, hier könnten die beiden auf dem Display angezeigten Punkte zu einem Punkt Q^* hinter dem Display fusioniert werden. Man spricht bei der Anzeige von P_L und P_R von einer *negativen Parallaxe*, bei Q_L und Q_R von einer *positiven Parallaxe.*

In der VR kann man also unter Ausnutzung der Eigenheiten der menschlichen Wahrnehmung ein *Stereodisplay* realisieren, das nicht nur einen zweidimensionalen, sondern auch einen plastischen dreidimensionalen Bildeindruck erzeugt, indem durch geeignete Wahl der Parallaxe Objekte vor oder hinter dem Bildschirm erscheinen. Dies ist zu unterscheiden von echten dreidimensionalen Displays (volumetrischen Displays), bei denen z. B. eine Displayfläche im Raum bewegt wird.

2.2.2 Raumwahrnehmung

Nicht nur Disparitäten werden vom visuellen System genutzt, um Räumlichkeit und die Anordnung von Objekten im Raum wahrzunehmen. Dafür spricht u. a. die Tatsache, dass es Personen gibt, die Information aus Disparitäten nicht auswerten können („*Stereoblindheit*"), dennoch aber eine dreidimensionale Vorstellung von der Welt entwickeln. Es gibt keine genauen Zahlen, aber man schätzt, dass etwa 20 % der Bevölkerung stereoblind sind. Mit einem Test kann man Stereoblindheit analog zu einem Test auf Farbfehlsichtigkeit ermitteln. Gerade für Personen, die im Bereich VR aktiv sind, empfiehlt sich die Durchführung eines derartigen Tests. Vielen Menschen ist nicht bewusst, dass sie stereoblind sind.

Man kennt heute eine ganze Reihe von Anhaltspunkten, genannt *Tiefenhinweise* (engl. *Depth Cues*), die für die Raumwahrnehmung vom Gehirn heran gezogen werden. Disparität ist ein Beispiel für einen Tiefenhinweis. *Verdeckung* ist ein weiteres Beispiel: Verdeckt ein Auto einen Baum, dann kann das visuelle System daraus die Information ableiten, dass das Auto sich näher am Betrachter befindet als der Baum. Für diesen Hinweis bedarf es nicht des Zusammenspiels beider Augen, man nennt Verdeckung daher einen *monokularen Tiefenhinweis.* Da man selbst aus 2D-Bildern noch Tiefenhinweise durch Verdeckung erhalten kann, spricht man auch von einem *piktorialen Tiefenhinweis.* Disparität dagegen ist ein *binokularer Tiefenhinweis.* Bei Tiefenhinweisen kann man noch unterscheiden, ob sie helfen, die räumliche Position eines Objektes absolut einzuschätzen oder nur relativ zu einem anderen Objekt. Konvergenz beispielsweise erlaubt eine absolute Ortsbestimmung, Verdeckung nur eine Bestimmung relativ zum verdeckten Objekt.

Die Aussagekraft und Zuverlässigkeit der verschiedenen Tiefenhinweise hängt insbesondere auch von der Entfernung des Betrachters zum jeweiligen Objekt ab. Während Verdeckung im ganzen sichtbaren Bereich zuverlässige Hinweise liefert, ist dies für Disparität nicht der Fall. Je weiter ein Punkt vom Betrachter entfernt ist, desto geringer ist die Disparität, die er erzeugt. Ein Punkt im Abstand von 2 m bis 3 m erzeugt eine sehr geringe Disparität, ab 10 m Abstand ist die Disparität de facto nicht mehr wahrnehmbar. Für VR bedeutet dies, dass man bei Virtuellen Welten, bei denen sich bedeutsame Objekte in Armreichweite befinden, den Aufwand für den Einsatz von Stereodisplays betreiben sollte. In diesem Bereich ist Disparität wesentlich. Für Virtuelle Welten hingegen, bei denen Objekte mehr als 3 m vom Betrachter entfernt sind, trägt der Einsatz eines Stereodisplays nicht viel zur Raumwahrnehmung bei und kann überflüssig sein.

Tabelle 2.1 zählt bekannte Tiefenhinweise auf, macht Angaben zum Wirkungsbereich und Informationsgehalt (Hinweise zur relativen Anordnung oder zur absoluten Entfernungsbestimmung) sowie zur Kategorie (monokular, binokular oder *dynamisch*, wobei unter letzterem Tiefenhinweise verstanden werden, die der Betrachter durch Bewegung erhält). Die in der Liste genannten Tiefenhinweise sind alle visueller Natur, dazu kann das Gehirn aber auch Hinweise durch andere Sinne erhalten, z. B. durch Berührung oder durch Änderung der Tonhöhe des Geräusches eines sich bewegenden Objektes. Da es für eine gute Wahrnehmung einer Virtuellen Welt wichtig ist, soviele Tiefenhinweise wie möglich in VR zu geben, gehen wir die Liste im Folgenden durch. *Verdeckung*, *Disparität* und *Konvergenz* wurden bereits behandelt. Ähnlich der Konvergenz, bei der die Muskelanspannung für das Ausrichten der Augen berücksichtigt wird, zieht das Gehirn auch die für die *Akkommodation*, die Einstellung der Brechkraft der Augenlinse, notwendige Muskelanspannung als Tiefenhinweis heran: Um Objekte nahe am Betrachter scharf abzubilden, muss die Augenlinse mit mehr Muskelkraft zusammen gedrückt werden als dies bei entfernten Objekten der Fall ist. Fixiert ein Mensch ein Objekt in einer bestimmten Entfernung, so erscheinen weitere Objekte nur in der Umgebung dieses Objekts scharf (z. B. im Entfernungsbereich 75 cm bis 1,5 m, falls das fixierte Objekt 1 m vom Betrachter entfernt ist). Objekte, die zu weit entfernt oder zu nah am Betrachter sind, erscheinen verschwommen (engl. *Blur*). Aus dem *Image Blur* kann daher auch ein Rückschluss auf die Entfernung von Objekten gezogen werden. Unter *Linearperspektive* versteht man einen Tiefenhinweis, der auf der perspektivischen Verzerrung beruht: Weiter entfernte Objekte erscheinen kleiner, in der Realität parallel verlaufende Linien scheinen in einem Fluchtpunkt zusammen zu laufen (siehe z. B. die Straße in Abb. 2.3a).

Auch bei Texturen werden die Texturelemente mit größerem Abstand kleiner, der *Texturgradient* kann als Tiefenhinweis dienen. Bei gleichartigen Objekten, wie z. B. den drei Quadraten in Abb. 2.3a, die aber im Bild unterschiedlich groß sind, geht das visuelle System davon aus, dass die Größenunterschiede durch unterschiedliche Entfernungen zu erklären sind (und nicht dadurch, dass die Objekte selbst unterschiedlich groß sind: Vermutung der Größenkonstanz). Man nennt diesen Tiefenhinweis *relative Größe*. Aber auch die *bekannte Größe* trägt zur Entfernungseinschätzung bei: Wir erhalten einen guten Eindruck von der Größe und der Ausrichtung des Dreiecks in Abb. 2.3a, weil ein Mensch

Tab. 2.1 Liste von Tiefenhinweisen (mit Wirkungsbereich und Klassifizierung)

Tiefenhinweis	Wirkungsbereich	Klassifizierung	Positionsbestimmung
Verdeckung	Kompletter Bereich	Monokular	Relativ
Disparität	Bis 10 m	Binokular	Relativ
Konvergenz	Bis 2 m	Binokular	Absolut
Akkomodation	Bis 2 m	Monokular	Absolut
Image Blur	Kompletter Bereich	Monokular	Relativ
Linearperspektive	Kompletter Bereich	Monokular	Absolut
Texturgradient	Kompletter Bereich	Monokular	Relativ
Relative Größe	Kompletter Bereich	Monokular	Absolut
Bekannte Größe	Kompletter Bereich	Monokular	Absolut
Höhe im Gesichtsfeld	Über 30 m	Monokular	Relativ
Atmosphärische Perspektive	Über 30 m	Monokular	Relativ
Shape from Shading	Kompletter Bereich	Monokular	Relativ
Schattenwurf	Kompletter Bereich	Monokular	Relativ
Bewegungsparallaxe	Über 20 m	Dynamisch	Relativ
Accretion	Kompletter Bereich	Dynamisch	Relativ

daneben steht – und damit ein Objekt, von dem wir die Größe und die übliche Orientierung im Raum kennen. Die *Höhe im Gesichtsfeld* ist ein Tiefenhinweis: In Abb. 2.3a ist das Quadrat *C* höher im Bild angeordnet als Quadrat *A* und damit näher an der Horizontlinie, dies spricht auch dafür, dass Quadrat *C* weiter entfernt ist. Damit verbunden ist auch die Blickrichtung: Muss man geradeaus schauen oder den Kopf heben, wird das Objekt als weiter entfernt vermutet (Ooi et al. 2001). Sehr weit entfernte Objekte erscheinen nicht so kontrastreich und haben eine leicht bläuliche Färbung (vgl. Abb. 2.3b), weil mehr Luft und darin enthaltene Partikel zwischen Betrachter und Objekt liegen (*atmosphärische Perspektive*). Die Beleuchtung von Objekten gibt Hinweise auf deren Anordnung im Raum. Zum einen wirken schattierte Objekte räumlicher (*Shape from Shading*, vgl. linke Pyramide mit Shading, rechte Pyramide ohne in Abb. 2.3c), zum anderen gibt der *Schattenwurf* Hinweise auf die räumliche Anordnung von Objekten (vgl. Schatten der Kugeln in Abb. 2.3d). Besonders effektiv ist, wenn Schatten von oben auf eine Grundfläche geworfen wird, da das visuelle System eine Lichtquelle von oben (Sonne) gewohnt ist. Wenn das Objekt in Bewegung ist, so ist der Schatten dieses Objekts für die Tiefenwahrnehmung besonders hilfreich. Schließlich beruhen Tiefenhinweise auf Bewegung: Bewegung von Objekten oder Bewegung des Betrachters selbst. Dazu gehört die *Bewegungsparallaxe*: Die Lichtreize von nahen Objekten bewegen sich schneller über die Netzhaut als die von entfernteren. Fahren wir mit dem Auto durch eine Allee, ziehen die nahen Bäume schnell an uns vorbei, während Berge im Hintergrund sich nur langsam bewegen. Durch Bewegung werden Gegenstände plötzlich verdeckt oder treten hinter den sie verdeckenden Gegenständen

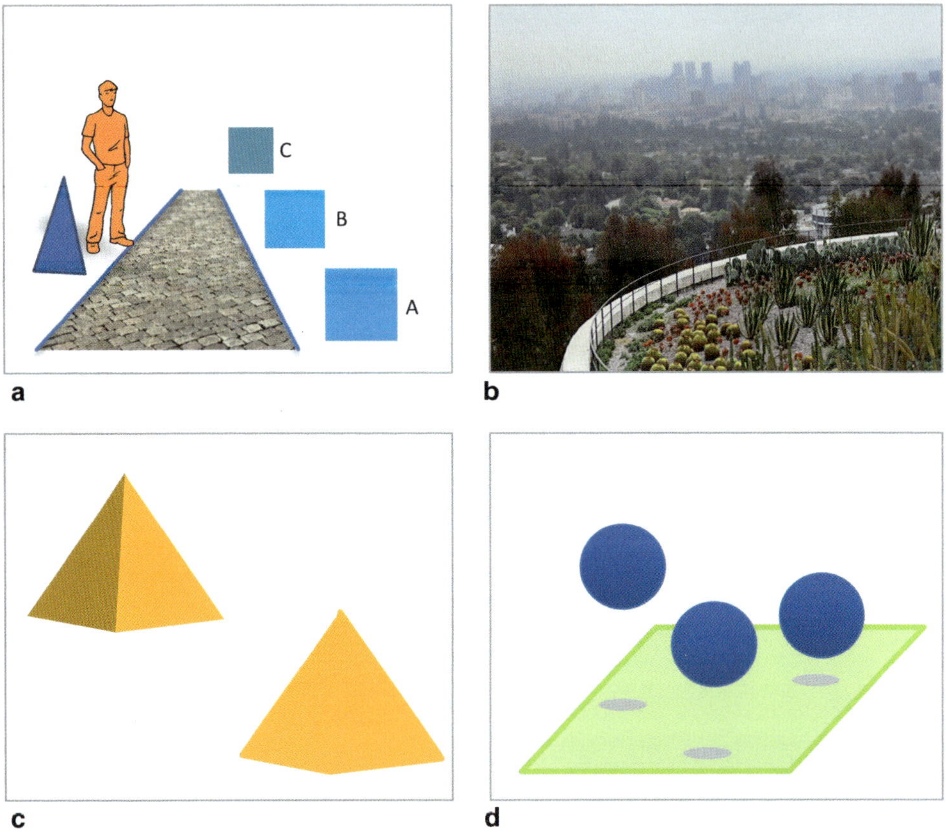

Abb. 2.3 Beispiele für Tiefenhinweise

wieder hervor. Auch dieser Wechsel, genannt *Accretion*, gibt Hinweise auf die räumliche Anordnung der Objekte.

Tiefenhinweise sind nicht unabhängig voneinander zu betrachten. So hängen beispielsweise Akkomodation und Konvergenz voneinander ab (Howard 2002). Außerdem sind Tiefenhinweise unterschiedlich stark. Während Akkomodation zum Beispiel ein schwacher Tiefenhinweis ist, gilt Verdeckung als starker Tiefenhinweis. Alle Tiefenhinweise werden für die Raumwahrnehmung in Form einer gewichteten Summe berücksichtigt. Wie viel Gewicht einem Tiefenhinweis beigemessen wird, ist flexibel und hängt von der Entfernung des einzuschätzenden Objekts ab. Eine Theorie (Wanger et al. 1992), geht davon aus, dass die Gewichte auch von der aktuellen Aufgabe abhängen, mit denen der Betrachter befasst ist. Lautet die Aufgabe, die räumliche Anordnung von entfernten Objekten einzuschätzen, dann haben Bewegungsparallaxe, Linearperspektive, Texturgradient und Schatten ein hohes Gewicht. Besteht die Aufgabe dagegen darin, ein Objekt zu greifen, dann sind Disparität, Konvergenz und Akkommodation wichtig. Demnach wird aus den Tiefenhinweisen im Gehirn nicht ein einziges Modell der 3D-Welt gebildet, das dann für unterschiedliche Aufgaben heran gezogen wird, sondern es werden aufgabenabhängig Modelle gebildet.

Wenn in einer VR daher nicht alle Tiefenhinweise erzeugt werden können, dann sollte je nach Aufgabe, die der Betrachter zu erfüllen hat, eine Priorisierung vorgenommen werden.

2.3 Multisensorische Wahrnehmung

Auch wenn der visuelle Sinn die sicherlich wesentlichste Informationsquelle bei der Wahrnehmung von Virtuellen Welten ist, spielen auch der auditive sowie der haptische Sinn eine immer wichtiger werdende Rolle (Malaka et al. 2009). Insofern sollen auch diese beiden Sinne im Rahmen dieses Kapitels genauer betrachtet werden. Weitere Sinne wie das Riechen und Schmecken spielen eher eine Exotenrolle und werden derzeit im Wesentlichen nur in Forschungslaboren als Prototypen eingesetzt. An dieser Stelle sei darauf hingewiesen, dass die Wahrnehmungen über die einzelnen Sinnesorgane keineswegs als getrennt zu verarbeitende Ereignisse zu betrachten sind, sondern vielmehr eine Integration der unterschiedlichen Eindrücke entsteht. Für weitergehende Literatur sei hier auf (Ernst 2008) verwiesen.

2.3.1 Auditive Wahrnehmung

Die Ohren ermöglichen es dem Menschen, Luftbewegungen wahrzunehmen. Solche Luft- und Druckschwankungen erzeugen mechanische Wellen, die auf das Ohr treffen, welches sich aus Außen-, Mittel-, und Innenohr zusammensetzt. Die Ohrmuschel (Außenohr) fängt Schallwellen auf und leitet diese an das Mittelohr weiter. Im Mittelohr werden Schallwellen in Vibrationen des Trommelfells umgewandelt. Die Schwingungen des Trommelfells werden über die Gehörknöchelchen (Ambos, Hammer und Steigbügel) an die Schnecke übertragen. Die Sinneszellen in der Schnecke wandeln die mechanische Energie dann in elektrische Signale um. Schließlich werden diese elektrischen Nervenimpulse über den Hörnerv an das Gehirn weitergeleitet. Die unterschiedlichen Frequenzen lassen sich durch Haarzellen im Innenohr wahrnehmen. Die von dem Menschen wahrnehmbaren Wellen haben Längen von ca. 0,02–20 m, welche hörbaren Frequenzen im Bereich von ca. 18 bis 0,016 kHz entsprechen (Malaka et al. 2009). Im Gegensatz zum visuellen Sinn ist die räumliche Auflösung viel geringer. Kopfbezogene Übertragungsfunktion oder Außenohrübertragungsfunktion (engl. *Head-Related Transfer Function, HRTF*) beschreiben die komplexen Filterwirkungen von Kopf, Außenohr und Rumpf. Die Auswertung und der Vergleich zwischen den Amplituden ist neben den Laufzeitdifferenzen zwischen den Ohren wesentliche Grundlage unseres akustischen Ortungssystems. Die absolute Unterscheidbarkeit von Intensität und Frequenz hat jedoch deutliche Grenzen, so dass zwei Geräuschquellen lediglich dann unterschieden werden, wenn sie mehrere Grad auseinander liegen. Die zeitliche Auflösung ist jedoch deutlich besser und akustische Reize können bereits bei 2 bis 3 Millisekunden zeitlicher Diskrepanz unterschieden werden. Das Prinzip der Lokalisation von Geräuschquellen an unterschiedlichen Empfängerpositionen wird auch bei akustischen Tracking-Systemen genutzt (vgl. Kap. 4).

2.3.2 Haptische Wahrnehmung

Haptik oder haptische Wahrnehmung beschreibt die sensorische und/oder motorische Aktivität, die das Erfühlen von Objekteigenschaften, wie beispielweise Größe, Konturen, Oberflächentextur und Gewicht, durch Integration der in der Haut, in den Muskeln, Gelenken und Sehnen empfundenen Sinneseindrücke (Hayward et al. 2004). Die Sinne, die zur haptischen Wahrnehmung beitragen, gliedern sich in die

- taktile Wahrnehmung (Bestandteil der Oberflächensensibilität),
- kinästhetische Wahrnehmung/ Propriozeption (Tiefensensibilität) sowie
- Temperatur- und Schmerzwahrnehmung.

Der Tastsinn ermöglicht die Wahrnehmung von Berührungen, Wärme und Schmerz. Solche Wahrnehmungsphänomene basieren auf Rezeptoren in der Haut. Je mehr solcher Rezeptoren verfügbar sind, umso empfindlicher ist die jeweilige Region (z. B. Hand, Lippen oder Zunge). Die wichtigsten Rezeptoren sind die Mechanorezeptoren (z. B. Druck, Berührung oder Vibration), die Thermorezeptoren (Wärme, Kälte) sowie die Nozizeptoren (z. B. Schmerz oder Jucken). Die Mechanorezeptoren beispielsweise wandeln mechanische Kräfte in Nervenerregung um, die als elektrischer Impuls in den sensorischen Cortex weitergeleitet und dort verarbeitet werden. Dadurch lassen sich dann Formen (Rundheit, Scharfkantigkeit), Oberflächen (Glätte und Rauheit) sowie unterschiedliche Profile (Höhenunterschiede) wahrnehmen.

Haptische Ausgabegeräte stimulieren die entsprechenden Rezeptoren beispielsweise durch Vibration (vgl. Kap. 5).

Ein kleines Experiment zur räumlichen Auflösung der haptischen Wahrnehmung: Nehmen Sie einen Zirkel oder zwei spitze Stifte und testen Sie bei sich oder jemand anderem, wo in Ihren oberen Extremitäten Sie am besten zwischen zwei Berührungspunkten unterscheiden können und wo am wenigsten.

2.3.3 Propriozeption und Kinästhesie

Im Gegensatz zur Oberflächensensibilität beschreibt die Tiefensensibilität die Wahrnehmung von Reizen, die aus dem Körperinneren kommen. Die Tiefensensibilität wird im Wesentlichen durch die Propriozeption und Kinästhesie ermöglicht. Beide Begriffe werden oft synonym verwendet; allerdings werden wir mit dem Begriff *Propriozeption* alle Empfindungen, die mit der Körperposition – sowohl in Ruhestellung als auch in Bewegung – zusammenhängen bezeichnen, während *Kinästhesie* nur solche Empfindungen beschreibt, die entstehen, wenn aktive Muskelkontraktionen beteiligt sind. Propriozeption gibt uns also Informationen über die Position des Körpers im Raum und die Stellung der Gelenke und des Kopfes (Lagesinn) sowie Informationen über den Spannungszustand von Muskeln und Sehnen (Kraftsinn). Propriozeption versetzt uns in die Lage, jederzeit zu wissen, in welcher Position sich jeder Teil unseres Körpers befindet, und die entsprechenden Anpassungen zu treffen. Die *Kinästhesie* (dt. *Bewegungssinn*) ermöglicht uns eine Bewegungsempfindung im Allgemeinen und insbesondere das Erkennen der Bewegungsrichtung.

Diese beiden Sinne sind essentiell, wenn man bedenkt, dass die Interaktion in der Virtuellen Welt zu großen Teilen durch aktive Bewegungen der Gliedmaßen durchgeführt wird. Zur Stimulation dieser Sinne stehen in der VR verschiedene Geräte zur Verfügung, wie beispielsweise haptische Steuerknüppel, vollständige Exoskelette oder Bewegungsplattformen (vgl. Kap. 4 und 5).

2.3.4 Bewegungswahrnehmung

Bewegung ist ein fundamentaler Prozess in der realen sowie in computer-generierten Umgebungen. Wir Menschen bewegen uns durch die reale Welt z. B. durch einfaches Gehen, Rennen oder Fahren mit dem Auto oder Fahrrad. Neben den tatsächlichen vom Nutzer durchgeführten Eigenbewegungen gibt es in den meisten Virtuellen Welten eine Vielzahl von Bewegungen anderer Objekte. Vom rein physikalischen Standpunkt betrachtet, ist Bewegung definiert als eine Ortsveränderung über die Zeit. Bewegung eines Reizes führt bei der visuellen Wahrnehmung zu einer Verschiebung des entsprechenden Netzhautbildes. Je weiter der Reiz entfernt ist, desto kleiner ist – bei gleicher Geschwindigkeit – die retinale Verschiebung. Dem menschlichen Körper stehen zur visuellen Wahrnehmung von Bewegung elementare Bewegungsdetektoren zu Verfügung, die lokale Bewegungen in eine bestimmte Richtung mit einer bestimmten Geschwindigkeit erkennen. Komplexere, globale Bewegungen setzen sich aus lokalen Bewegungsreizen zusammen. Wir nehmen trotzdem zumeist die physikalische und nicht etwa die retinale Geschwindigkeit war. Diese Fähigkeit wird (analog zur Größenkonstanz, siehe Abschn. 2.4.5) als Geschwindigkeitskonstanz bezeichnet.

Ein weiterer wesentlicher Sinn bei der Bewegungswahrnehmung ist der *vestibuläre Sinn*. Haarzellen im Innenohr ermitteln Flüssigkeitsbewegungen in den Bogengängen. Dies ermöglicht es dann, lineare Beschleunigungen sowie Drehbeschleunigungen wahrzunehmen. Zur Stimulation des vestibulären Sinnes werden Bewegungssimulatoren (Plattformen) in einigen VR-Systemen eingesetzt. Es ist jedoch auch möglich, nur durch visuelle Stimuli die Illusion einer Eigenbewegung hervorzurufen. Diese Illusion wird *Vektion* genannt und entsteht beispielsweise in einem stehenden Zug bei der Betrachtung eines neben einem anfahrenden Zuges. Diese Illusion liegt vor allem in der Wahrnehmung des *optischen Flusses* (engl. *Optical Flow*) begründet. Der optische Fluss kann als Vektorfeld modelliert werden, d. h. jedem Punkt P auf einem Bild wird ein Vektor zugeordnet – wobei das Bild nicht isoliert steht, sondern Teil einer Abfolge von Bildern ist, in denen man zu

P korrespondierende Bildpunkte finden kann. Die Richtung dieses Vektors gibt die Bewegungsrichtung des Bildpunktes *P* in der Bildsequenz an. Die Geschwindigkeit der Bewegung kann man anhand der Länge des Vektors ermitteln. In diesem Sinne ist der optische Fluss eine Projektion der 3D-Geschwindigkeitsvektoren von sichtbaren Objekten auf die Bildebene. Wenn wir Menschen uns bewegen, erhalten wir dementsprechend eine ganze Reihe von verschiedenen Bewegungshinweisen, die allesamt integriert werden, um eine finale Bewegungswahrnehmung daraus abzuleiten (Ernst 2008).

2.3.5 Präsenz und Immersion

Wie zu Beginn dieses Kapitels beschrieben, liegt ein wesentliches Potential von VR in der Möglichkeit im Nutzer die Illusion der Anwesenheit in einer Virtuellen Welt zu erzeugen. Die Nutzer sollen beispielsweise das Gefühl vollständigen Eintauchens in die Virtuelle Welt erhalten. Der Begriff Präsenz (vgl. Kap. 1) bezeichnet das damit verbundene subjektive Gefühl, dass man sich selbst in der Virtuellen Umgebung befindet und dass diese Umgebung sozusagen real für den Betrachter wird. Reize aus der realen Umgebung werden dabei ausgeblendet. Auf der anderen Seite beschreibt Immersion den Grad des Eintauchens bedingt durch objektive, quantifizierbare Stimuli, d. h. multimodale Stimulationen der menschlichen Wahrnehmung. Verschiedene Untersuchungen haben gezeigt, dass Präsenz insbesondere dann eintritt, wenn ein hoher Grad an Immersion erfüllt wird. Präsenz wird erreicht, wenn der Nutzer sich bewusst in der VR befindet und sich wie in der realen Welt verhält. Diverse Untersuchungen haben gezeigt, dass verschiedene Parameter der Virtuellen Welt das Potential haben, die Präsenz von Testpersonen zu erhöhen, wie beispielsweise ein großer Sichtbereich, aktiviertes Head-Tracking und reales Gehen (Hendrix und Barfield 1996). Zur Messung des subjektiven Gefühls der Präsenz gibt es eine Reihe von Fragebögen (Witmer und Singer 1998; Slater et al. 1994). Es ist allerdings auch möglich, den Grad der Präsenz anhand von physiologischen Daten oder dem Verhalten des Menschen zu bestimmen. So wird ein Nutzer mit hohem Grad von Präsenz in einer in der VR auftretenden scheinbaren Gefahrensituation entsprechend körperlich reagieren, z. B. mit erhöhter Hautleitfähigkeit oder Herzschlagrate (Slater et al. 1994).

2.4 Phänomene, Probleme, Lösungen

Beim Einsatz von VR kann man überraschende Phänomene beobachten. Von einer Sekunde auf die nächste gelingt die Darstellung einer Virtuellen Welt in einem Stereodisplay nicht mehr, der Betrachter sieht die Welt nicht mehr plastisch, sondern er sieht alles doppelt. Nutzer einer VR fangen an, sich über Kopfschmerzen zu beklagen oder müssen sich sogar übergeben. Obwohl man das Raumangebot eines neuen Autos zunächst in einer VR in Augenschein genommen hat und der Innenraum dort sehr großzügig wirkte, wird der Platz im realen Auto dann als enttäuschend eng wahrgenommen, auch wenn das virtuelle

Auto und das reale Auto von den Proportionen her identisch sind. Mit Wissen über die menschliche Wahrnehmung kann man versuchen, diese Phänomene zu erklären und auch Lösungsstrategien entwickeln, wie man daraus resultierende Probleme umgehen oder zumindest abmildern kann. Mit heutiger VR sind wir nicht in der Lage, die Realität 1:1 abzubilden; es gibt immer Abweichungen. So sind die für Stereopsis notwendigen zwei Bilder für das rechte und linke Auge vielleicht in einem Abstand der beiden virtuellen Kameras erzeugt worden, die nicht dem tatsächlichen Augenabstand des Betrachters entspricht. Ist das schlimm? Zur Einschätzung des Problemgehalts dieser Abweichungen tragen Kenntnisse über die menschliche Wahrnehmung bei. Die folgenden sieben Unterabschnitte thematisieren VR-typische Phänomene und Problemstellungen. In jedem Unterabschnitt sind auch die heute bekannten Erklärungsversuche dargestellt sowie Lösungsansätze, die sich daraus ableiten lassen.

2.4.1 Abweichende Betrachtungsparameter

Angenommen wir bilden in einer Virtuellen Welt den Eiffelturm und seine Umgebung nach. Mit einer *virtuellen Kamera* erzeugen wir ein Bild und zeigen es einem menschlichen Betrachter. Lichtreize von diesem Bild werden in dessen Augen auf der Netzhaut abgebildet und erzeugen einen Bildeindruck. Idealerweise wird durch das Bild des virtuellen Eiffelturms derselbe Bildeindruck erzeugt, den der Betrachter hätte, wenn er vor dem realen Eiffelturm stehen würde. Allerdings treten meist Abweichungen auf, die durch Abweichungen in den Betrachtungsparametern zu erklären sind. Die virtuelle Kamera erzeugt die Bilder auf einer planaren Bildebene, der Mensch auf einer gekrümmten Netzhaut. Der Öffnungswinkel der virtuellen Kamera kann vom Sichtbereich (engl. *Field of View*) des Betrachters abweichen. Der menschliche Betrachter schaut nicht notwendigerweise von derselben Stelle auf das Bild, an der die virtuelle Kamera stand – er ist näher oder weiter entfernt, er schaut nicht senkrecht auf das Bild, sondern von der Seite. Als Resultat treten Vergrößerungen bzw. Verkleinerungen sowie Verzerrungen von Bildeindrücken auf. Dadurch wird die Entfernungseinschätzung beeinflusst oder auch die Wahrnehmung der Neigung von Objekten (Kuhl et al. 2005).

Allerdings werden die Verzerrungen, die dadurch entstehen, dass das Bild der Virtuellen Welt aus einer anderen Perspektive betrachtet wird, als erstaunlich wenig störend wahrgenommen. Man spricht von der *Robustheit der linearen Perspektive* in der menschlichen Wahrnehmung (Kubovy 1986). Dieses Phänomen kann man auch in einem Kino beobachten – wenn der Zuschauer in der ersten Reihe ganz außen sitzt hat er mit hoher Wahrscheinlichkeit eine ganz andere Perspektive als die Kamera, die den Film aufgenommen hat. In der Tat gibt es, wenn überhaupt, nur einen einzigen Platz im ganzen Kino, an dem die Perspektive der Filmkamera erhalten bleibt. Obwohl der Film dadurch von fast allen Zuschauern verzerrt gesehen wird, macht es ihnen wenig aus. Eine Erklärung für dieses Phänomen ist, dass das visuelle System des Betrachters den verzerrten Bildeindruck aktiv korrigiert und diese Korrektur u. a. auf der Abweichung der Blickrichtung von der

Normale des betrachteten Punktes auf der Bildebene basiert (Vishwanath et al. 2005). Umgekehrt könnte diese aktive Korrektur dafür verantwortlich sein, dass Bilder mit einem großen Öffnungswinkel der virtuellen Kamera aufgenommen („Weitwinkelperspektive") selbst dann verzerrt wirken können, wenn sie vom korrekten Standpunkt aus betrachtet werden.

Obwohl abweichende Betrachtungsparameter als nicht sonderlich störend empfunden werden, ist es sinnvoll, eine Minimierung der Abweichung anzustreben. Dies gilt speziell bei Anwendungen, bei denen die korrekte Einschätzung von Entfernungen oder Orientierung von Objekten im Raum hohe Bedeutung hat. Es ist besonders relevant, wenn die Virtuelle Welt nicht nur passiv betrachtet wird, sondern aktive Handlungen (Greifen von Objekten, Bewegung) vorgenommen werden – und die Virtuelle Umgebung und der eigene Körper nicht aus unterschiedlichen Betrachtungspositionen gleichzeitig wahrgenommen werden sollten. Ein in der VR häufig verfolgter Ansatz zur Minimierung besteht in der Ermittlung der aktuellen Betrachtungsparameter (z. B. durch Head-Tracking, vgl. Kap. 5) wie Position und Blickrichtung. Sind diese bekannt, können sie auf die virtuelle Kamera übertragen werden. Ein anderer Ansatz besteht darin, große Brennweiten in der virtuellen Kamera zu simulieren, also beinahe eine Parallelprojektion zu realisieren. Dies verringert die Verzerrungen, die durch eine abweichende Betrachterposition auftreten (Hagen und Elliot 1976).

Bei Stereodisplays kann zusätzlich eine Abweichung dadurch auftreten, dass die beiden virtuellen Kameras, die das Bild für das linke und das rechte Auge erzeugen, einen Abstand (genannt *Virtual Eye Separation*) haben, der vom Pupillenabstand des Betrachters abweicht. Im Mittel beträgt der *Pupillenabstand* 64 mm, die individuelle Spannbreite ist aber groß und liegt ungefähr im Intervall von 45 mm bis 75 mm. Dass kleine Änderungen im Pupillenabstand größere Änderungen in der Tiefenwahrnehmung nach sich ziehen können, zeigt Abb. 2.4 an einem Beispiel. Hier wird bei einem Abstand der beiden Augpunkte von 64 mm das auf der Projektionsfläche abgebildete Objekt 9 m hinter der Projektionsfläche lokalisiert. Verringert man den Abstand der Augpunkte um 4 mm, so folgt aus dem Strahlensatz, dass das virtuelle Objekt um 3,6 m nach vorne wandert. Doch wie bei Abweichungen in der Betrachtungsposition, werden Abweichungen im Abstand der Augpunkte durch Adaption so kompensiert, dass sie für den Betrachter nicht störend wirken. Tatsächlich kann der Abstand der virtuellen Kameras mehrmals in einer Sekunde geändert werden, ohne dass dies der Betrachter realisiert. In der VR ist es also nicht unbedingt nötig, zunächst den Abstand der beiden Augen des Betrachters zu vermessen und dann den Abstand der beiden virtuellen Kameras entsprechend anzupassen. Allerdings können Nebenwirkungen wie Übelkeit (vgl. Kap. 2.4.7) auftreten auch wenn dem Nutzer die Abweichung im Augenabstand nicht bewusst auffällt.

2.4.2 Doppelbilder

Ist der Betrachter eines Stereodisplays nicht in der Lage, die dem linken und rechten Auge gezeigten beiden unterschiedlichen Bilder zu fusionieren, tritt *Diplopie* (engl. *Diplopia*)

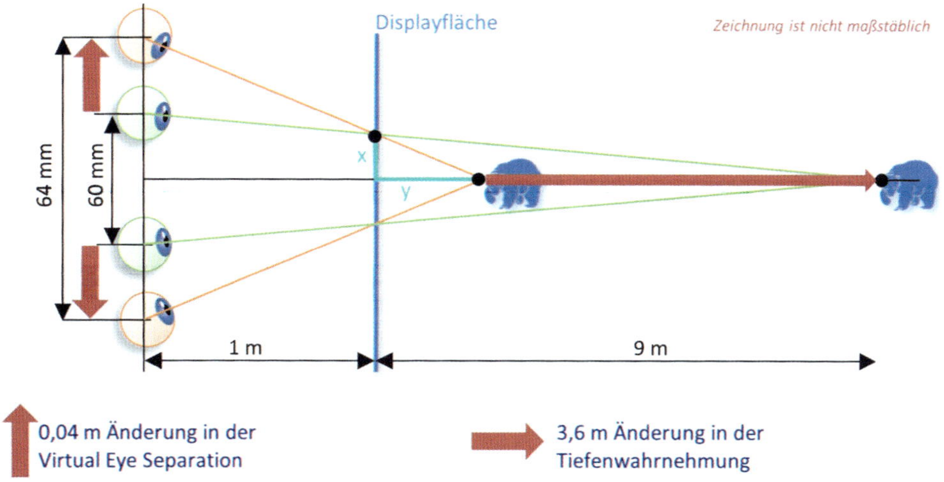

Abb. 2.4 Geometrische Auswirkung der Änderung der Virtual Eye Separation (Zeichnung ist nicht maßstäblich). Die geometrischen Auswirkungen haben auch einen Einfluss auf die Wahrnehmung (Bruder et al. 2012a)

auf: Der Betrachter sieht beide Bilder getrennt, er nimmt *Doppelbilder* wahr. Dies ist ein schwerwiegendes Problem in einer VR, da dies als überaus störend empfunden wird und sich negativ auf das Gefühl der Präsenz in einer VR auswirkt. Diplopie ist daher unbedingt zu vermeiden.

Der Grund für Diplopie wurde schon in Kap. 2.2.1 erläutert: Der zu fusionierende Punkt liegt außerhalb des Panumbereichs. Der Panumbereich umgibt den Horopter und da der Horopter die Displayfläche des Stereodisplays am vom Betrachter fixierten Punkt berührt, befindet sich der Panumbereich in der Nähe der Displayfläche. Man kann also durch ein Stereodisplay nicht beliebig weit vor oder hinter der Displayfläche Objekte erscheinen lassen. Will man also eine Virtuelle Welt mit Hilfe eines Stereodisplays darstellen, steht nur ein begrenzter Bereich zur Verfügung, in dem die virtuellen Objekte vor oder hinter dem Display angeordnet werden können (*Parallaxbudget*) ohne dass Diplopie auftritt. Williams und Parrish (1990) geben als Schranken für den nutzbaren Stereobereich −25 % bis + 60 % des Abstands vom Betrachter zur Displayfläche an (bei einem HMD ist hier die virtuelle Entfernung des Displays anzusetzen). Dabei hat der Panumbereich seine dünnste Stelle im Bereich des fixierten Punktes. Im ungünstigsten Fall hat er nur eine Breite von 1/10 Grad Sehwinkel. In 6° Abstand davon nimmt der Panumbereich an Breite zu, er beträgt dann etwa 1/3 Grad Sehwinkel. Befindet sich ein Display im typischen Monitorabstand und hat 30 Pixel pro cm, dann können Punkte nur in einem Tiefenbereich von 3 Pixel angeordnet werden, bevor Diplopie auftritt (Ware 2000). Verschärft wird die Situation dadurch, dass man nicht den gesamten Panumbereich ausschöpfen sollte, da nur in einem Teilbereich die Fusion ohne Anstrengung auch über längere Zeiträume hinweg gelingt. Diesen Teilbereich nennt man *Percival's Zone of Comfort* und er umfasst etwa ein Drittel des Panumbereichs (Hoffmann et al. 2008).

Eine Strategie, um Diplopie zu umgehen, besteht in der Vergrößerung des Panumbereichs. Dessen Größe hängt u. a. ab von der Größe und dem Detailreichtum der betrachteten Objekte sowie von der Schnelligkeit bewegter Objekte. Dadurch, dass man die zu fusionierenden Bilder etwas verschwommen darstellt, um den Detailreichtum zu reduzieren, kann man den Panumbereich vergrößern. Eine andere Strategie besteht darin, virtuelle Objekte näher an die Displayfläche und damit in den Panumbereich zu holen. Mit der Virtual Eye Separation haben wir eine Technik dazu bereits kennen gelernt: Verringert man den Abstand der virtuellen Kameras, können hinter der Displayfläche liegende Objekte weiter an die Displayfläche heran gebracht werden. Da die menschliche Wahrnehmung robust gegen diese Manipulation ist, ist die Änderung der Virtual Eye Separation zur Vermeidung von Diplopie dienlich. Ware et al. (1998) schlagen folgende Formel vor: Virtual Eye Separation $v = 2{,}5 + 5\ \text{cm} \cdot (a/\ b)^2$, wobei a die Entfernung des dem Betrachter nähesten Punktes der Szene ist und b die des am weitesten entfernten Punktes. Eine weitere Technik, um die Virtuelle Welt in den Panumbereich zu bringen, ist die *zyklopische Skalierung* (Ware et al. 1998). Dabei wird die ganze Szene um einen Punkt zwischen den beiden virtuellen Kameras skaliert (vgl. Abb. 2.5). Zyklopische Skalierung kann mit der Manipulation der Virtual Eye Separation kombiniert werden, wobei die Skalierung zuerst durchgeführt werden sollte. Eine derartige Skalierung ist nicht nur sinnvoll, um eine räumlich zu ausgedehnte Virtuelle Welt in den Panumbereich zu bringen, sondern auch im umgekehrten Fall: eine Virtuelle Welt, die den begrenzten Bereich um das Stereodisplay nicht ausnutzt, kann durch Auseinanderziehen räumlich plastischer dargestellt werden. In der VR ist es sinnvoll, sich über das verfügbare Parallaxbudget und dessen Nutzung klar zu werden. Bei einem Stereodisplay kann die darstellbare Parallaxe nicht beliebig klein gewählt werden, sondern ist durch die Breite eines Pixels nach unten beschränkt.

2.4.3 Frame Cancellation

Die zur Präsentation von Virtuellen Welten eingesetzten Displays weisen gewöhnlich eine Reihe von Unvollkommenheiten auf, z. B. können sie nicht die Helligkeiten darstellen wie sie in der Realität etwa bei Sonnenlicht angetroffen werden. Auch ist die Oberfläche des Displays in der Regel als solche erkennbar und kann störend wirken. Displayflächen können auch einen störenden Rand haben. Lässt man mit einem Stereodisplay ein Objekt vor der Displayfläche erscheinen, nähert sich dieses Objekt dem Rand des Displays und berührt ihn schließlich, dann kann man folgendes Phänomen beobachten: Die Illusion, dass das Objekt sich vor dem Display befindet, geht schlagartig verloren. Das Objekt schnellt auf die Ebene des Displays zurück, gegebenenfalls kann man auch Diplopie beobachten. Dieses Phänomen wird als *Frame Cancellation*, *Paradoxical Window* oder *Stereoscopic Window Violation* (Mendiburu 2009) bezeichnet.

Erklärt werden kann dieses Phänomen dadurch, dass bei dem Objekt widersprüchliche Tiefenhinweise auftreten. Den Disparitäten zufolge befindet sich das Objekt vor dem Display. Der Displayrand scheint aber das Objekt zu verdecken, was dafür spricht, dass es sich

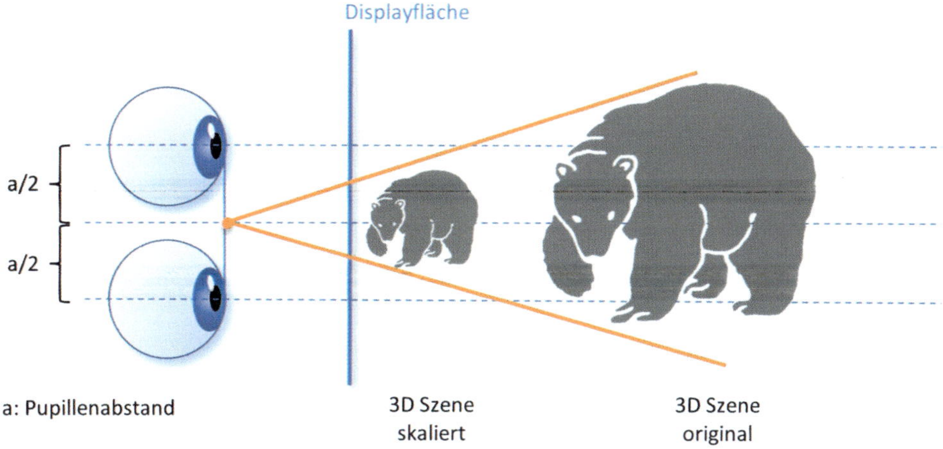

Abb. 2.5 Zyklopische Skalierung

hinter dem Display befindet. Verdeckung ist ein stärkerer Tiefenhinweis als Disparität, weswegen das Objekt dann hinter dem Display wahrgenommen wird. Andere Erklärungsversuche weisen noch auf die Tatsache hin, dass das Objekt nur noch von einem Auge gesehen werden kann, wenn es sich am Rand befindet.

Objekte mit negativer Parallaxe vom Rand fernzuhalten oder schnell am Rand zu bewegen, so dass sie entweder komplett zu sehen oder komplett nicht mehr auf dem Bild zu sehen sind, sind simple Strategien, um Frame Cancellation zu vermeiden. Eine weitere Strategie besteht darin, Objekte am Displayrand abzudunkeln und den Rand selber schwarz einzufärben, so dass der Kontrast zwischen Rand und Objekt klein wird. Schließlich kann man schwarze virtuelle Streifen in der Tiefe des Objekts in der Szene einfügen und damit den Displayrand scheinbar nach vorne holen. Die virtuellen Streifen verdecken dabei das virtuelle Objekt, wenn es sich dem Displayrand nähert.

2.4.4 Vergence-Focus-Konflikt

Im Gegensatz zur Realität können einige Tiefenhinweise in VR komplett fehlen, z. B. weil die Performanz des VR Systems nicht ausreicht, Schatten in Echtzeit zu berechnen. Tiefenhinweise können auch falsch sein, z. B. weil man schwerlich den exakten Punkt ermitteln kann, auf den der Betrachter fixiert und deswegen den Image Blur nicht korrekt darstellt. Während in der Realität die Tiefenhinweise konsistent sind, können sie sich in VR widersprechen wie das Beispiel mit der Frame Cancellation zeigt. Widersprüchliche Tiefenhinweise haben nicht nur Konsequenzen wie die Fehleinschätzung der räumlichen Anordnung von Objekten im Raum oder den Verlust von Präsenz, da die Virtuelle Welt unnatürlich erscheint. Als weitere negative Konsequenzen können Augenstress, Erschöpfung oder Kopfschmerzen auftreten. Ein Beispiel hierfür ist der *Vergence-Focus-Konflikt* (Mon-Willams und Wann 1998).

Gleichgültig ob eine Virtuelle Welt auf einem Computermonitor, einer Projektion oder einem Head-Mounted Display (vgl. Kap. 5) betrachtet wird: Der Betrachter muss die Augen so einstellen, dass die Displayfläche scharf gesehen wird, damit er das dort Gezeigte gut wahrnehmen kann. Wird ein Stereodisplay verwendet und erscheint durch Disparität ein Objekt vor oder hinter der Displayfläche, dann wird die Konvergenz nicht auf Abstand der Displayfläche eingestellt, sondern auf den scheinbaren Abstand des virtuellen Objekts. Will demnach der Betrachter auf ein virtuelles Objekt fokussieren, das sich scheinbar vor der Displayfläche befindet, muss er die Konvergenz vergrößern. Als Resultat erscheint das Objekt aber plötzlich unerwartet verschwommen, da die Augen nun nicht mehr die Displayfläche im Fokus haben. So kann auch ein Widerspruch zwischen Konvergenz und Image Blur auftreten. Insgesamt stehen also Konvergenz und Fokus-Informationen im Konflikt. Als Resultat können Kopfschmerzen auftreten, die Gefahr dazu steigt mit der Dauer, in der die Virtuelle Welt betrachtet wird (Hoffman et al. 2008).

Indem die virtuellen Objekte möglichst nah an die Displayfläche gebracht werden, wird der Widerspruch in den Tiefenhinweisen kleiner. Dazu können die schon besprochenen Techniken wie zyklopische Skalierung oder eine Änderung der Virtual Eye Separation genutzt werden. Diese Techniken können Nebenwirkungen haben, wie z. B. Verfälschungen in der Tiefenwahrnehmung. Dabei sind diese Nebenwirkungen gegen Phänomene wie Ermüdung oder Kopfschmerz abzuwägen. Es lässt sich nicht umgehen, dass der Betrachter seine Augen auf die Displayfläche konvergiert, denn nur so kann er das darauf gezeigte Bild überhaupt scharf wahrnehmen. Der Ansatz, *Schärfentiefe* in das Bild nachträglich einzubringen (die Berechnungen von Bildern mit dem Computer ermöglicht die Erzeugung von Bildern, die überall scharf sind – im Gegensatz zu realen Abbildungssystemen wie einem Fotoapparat oder dem menschlichen Auge), indem man Teile des Bildes verschwommen darstellt und so die Fokusinformation der Konvergenz anpasst, hat sich als nicht erfolgreich erwiesen (Barsky und Kosloff 2008).

2.4.5 Diskrepanzen in der Raumwahrnehmung

In Anwendungen aus dem Bereich Architektur, CAD, Stadtvisualisierung, Training, Simulation oder Medizin werden in der Regel dreidimensionale Räume dargestellt. In diesen Anwendungen ist es essentiell, dass der virtuell dargestellte Raum korrekt vom Betrachter wahrgenommen wird, damit die Nutzer Rückschlüsse auf ihre Handlungen und Entscheidungen in der realen Welt ziehen können. Diskrepanzen zwischen der Wahrnehmung von Größe und Distanzen in der virtuellen und realen Welt sind in den oben angesprochenen Anwendungen besonders kritisch. Beispielsweise sollte ein Mediziner, der eine Operation in der Virtuellen Welt simuliert, nicht aufgrund von Fehleinschätzungen des Raums falsche Bewegungsabläufe trainieren. Für viele Anwendungen aus dem Bereich VR ist also die korrekte Wahrnehmung von Größen und Distanzen wesentlich.

Leider zeigen viele Untersuchungen, dass es bei der Wahrnehmung insbesondere des virtuellen Raumes immer wieder zu Diskrepanzen kommen kann. Beispielsweise wurde vielfach gezeigt, dass Nutzer dazu tendieren, Distanzen in der Virtuellen Welt bis zu 50 % zu unterschätzen (Interrante et al. 2006; Steinicke et al. 2010). Eine übliche Vorgehensweise zur Messung der Distanzeinschätzung ist zum Beispiel das blinde oder imaginäre Gehen. Hier wird dem Probanden eine Marke in einer gewissen Distanz (z. B. 4, 6 oder 8 m) auf dem Boden dargestellt und der Proband muss dann mit geschlossenen Augen bis zu dieser Marke gehen. In der realen Welt ist diese Aufgabe einfach zu lösen und wir laufen fast exakt bis zu der Marke. Ein Anwender in der Virtuellen Welt, der die gleiche Szene (geometrisch korrekt dargestellt) etwa auf einem Head-Mounted Display sieht, wird höchstwahrscheinlich deutlich zu kurz laufen; in einigen Fällen bis zu 50 %. Dieser Effekt ist bei vielen Techniken zur Evaluation der Raumwahrnehmung (z. B. Dreiecksvervollständigung, Blindes Werfen, Imaginäres Laufen oder verbale Einschätzung) zu beobachten. In vielen Untersuchungen ist der Einfluss von einigen Faktoren (wie beispielsweise stereoskopische Darstellung, beschränkter Sichtbereich, realistische Beleuchtung oder Schattierung) auf diese Distanzunterschätzung aufgezeigt worden, aber bis heute gibt es keine vollständige Erklärung für dieses Phänomen.

Nach dem *Gesetz von Emmert* gibt es einen klaren Zusammenhang von Größen und Distanzen. Insofern lässt sich das Phänomen der Distanzunterschätzung auch durch eine Überschätzung von Größen beobachten. Das Gesetz besagt, dass die wahrgenommene Größe sich proportional zum dem Produkt aus wahrgenommener Distanz mit der retinalen Größe, d. h. der Größe des Bildes auf der Netzhaut verhält. Das daraus resultierende *Gesetz der Größenkonstanz* verwenden wir Menschen bereits im Säuglingsalter. Entfernt sich beispielsweise eine Mutter von ihrem Kind, wird die Projektion der Mutter auf die Netzhaut des Kindes zwar kleiner, allerdings ist dem Kind klar, dass die Mutter nicht schrumpft, sondern sich lediglich weiter entfernt. Es ist daneben auch so, dass je mehr von den oben angesprochenen Tiefenhinweisen fehlen, desto eher wird der Sehwinkel zur Größeneinschätzung genutzt, so dass es auch zu Fehleinschätzungen in der realen Welt kommen kann, die beispielsweise für perspektivische Illusionen verwendet werden. Solche Fehleinschätzungen resultieren allerdings nicht nur auf perzeptuellen Fehlern, sondern auch aus kognitiven Prozessen. Entfernungen werden beispielsweise als größer eingeschätzt, wenn Probanden einen schweren Rucksack tragen (Proffit et al. 2003) oder einen schwereren Ball werfen sollen (Witt et al. 2004). Nicht nur optische Reize und deren Verarbeitung spielen also eine Rolle in der Tiefenwahrnehmung, sondern auch die intendierten Aktionen und der damit verbundene Aufwand. Des Weiteren haben Untersuchungen gezeigt, dass die Präsenz einen Einfluss auf die Wahrnehmung von Distanzen hat. Je präsenter wir uns in der Virtuellen Welt fühlen, desto besser werden unsere Einschätzungen von Distanzen (Interrante et al. 2006; Steinicke et al. 2008). Dies veranschaulicht, dass die korrekte Einschätzung des Raumes schon in der realen Welt eine komplexe Aufgabe sein kann, die sowohl von perzeptuellen, kognitiven als auch motorischen Prozessen abhängt.

Es gibt nun verschiedene Ansätze, die Einschätzung von Distanzen bzw. Größen in der Virtuellen Welt zu verbessern bzw. den dargestellten Raum oder darin dargestellten Objekte größer bzw. kleiner erscheinen zu lassen. Zum Beispiel könnte man einfach die gesamte Geometrie skalieren. Nun würden die Probanden den Raum zwar eher so wahr-

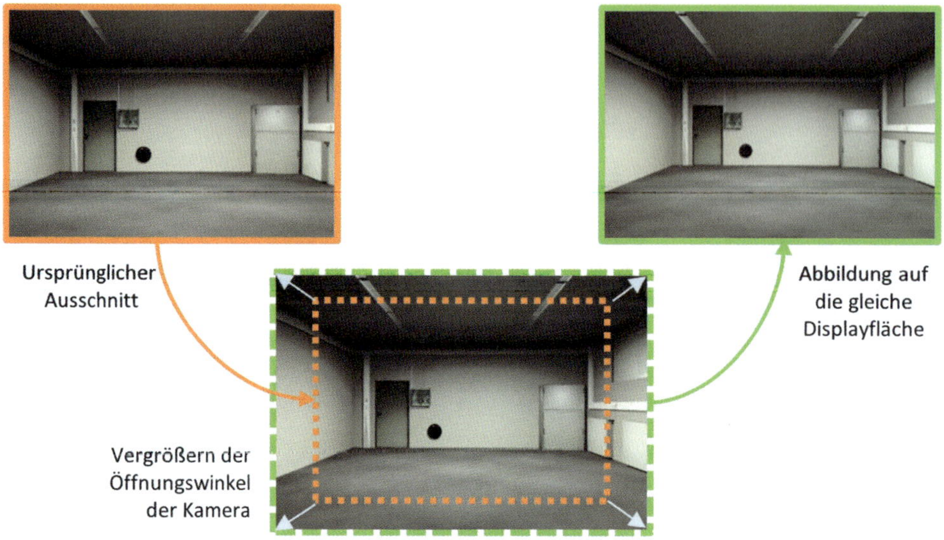

Abb. 2.6 Darstellung des gleichen virtuellen Raums mit (links) kleinem und (rechts) großem geometrischen Sichtbereichen. Nach Steinicke et al. (2009)

nehmen, wie sie ihn in der realen Welt wahrnehmen würden, aber das Problem ist damit nicht gelöst. Ähnliche Effekte erzielt man beispielsweise durch eine Vergrößerung des geometrischen Sichtbereichs (engl. *Geometric Field of View*). Der geometrische Sichtbereich bezeichnet den von der virtuellen Szene dargestellten Bereich, der durch den horizontalen und vertikalen Öffnungswinkel der virtuellen Kamera definiert wird. Wird dieser vergrößert, sieht der Betrachter einen größeren Bereich von der Virtuellen Welt. Da allerdings immer noch das gleiche physikalische Display verwendet wird, muss dieser größere Bereich auf den immer noch gleichen Bildschirmbereich abgebildet werden. Somit wird die Szene minifiziert und Objekte erscheinen weiter entfernt (Kuhl et al. 2006). Dies ist in Abb. 2.6 illustriert. Ähnliche Effekte lassen sich über die Veränderung des Augenabstandes erzielen. Diese Ansätze haben allerdings den Nachteil, dass sie durch beispielsweise perspektivische Verzerrung eigentlich einen anderen Raum darstellen. Probanden laufen jetzt zwar weiter, allerdings tun sie das nun auch in einem anderen Raum, der mit anderen geometrischen Eigenschaften projiziert wird (siehe Abb. 2.6).

Alternative Ansätze beruhen auf der Idee, die gegebenen Tiefenhinweise zu überzeichnen, um den Probanden deutlichere Hinweise zur Einschätzung von Distanzen zu geben. So können zum Beispiel künstliche Schatten durch Linien auf die Grundfläche genauso effektive Tiefenhinweise geben wie die Stereoskopie. Durch die Entsättigung von Farben entfernter Objekten lässt sich atmosphärische Tiefe durch Nebel überzeichnen und hilft somit dem Betrachter zum Beispiel in virtuellen Stadtmodellen Distanzen besser einzuschätzen.

Wie oben bereits angedeutet, haben auch kognitive Faktoren einen Einfluss auf die Einschätzung des Raumes. So konnte gezeigt werden, dass die Einschätzungen von Distanzen

Abb. 2.7 Darstellung eines virtuellen Portals, durch das Anwender in verschiedene Virtuelle Welten reisen können. Nach Steinicke et al. (2010b)

in einem virtuellen Raum, der eine genaue Abbildung des realen Raumes ist, signifikant besser sind (Interrante et al. 2006). Folgeuntersuchungen haben gezeigt, dass dies nicht nur an dem Wissen über den realen Raum liegt, sondern insbesondere an dem höheren Präsenzgefühl in solchen Virtuellen Welten. Diese verbesserte Fähigkeit zur Distanzeinschätzung lässt sich sogar in andere Virtuelle Welten übertragen, wenn man aus einem dem realen Raum exakt nachgebildeten virtuellen Raum in diese anderen Virtuellen Welten beispielsweise durch ein Portal teleportiert wird (siehe Abb. 2.7).

2.4.6 Diskrepanzen in der Bewegungswahrnehmung

Ein ähnlicher Effekt wie bei der Distanzunterschätzung ist auch bei der Bewegungswahrnehmung festzustellen, derart dass Geschwindigkeiten der Bewegung oder der zurückgelegten Distanzen über- bzw. unterschätzt werden. Viele Untersuchungen haben beispielsweise gezeigt, dass Vorwärtsbewegungen entlang der Blickrichtung unterschätzt werden (Lappe et al. 2007; Loomis und Knapp 2003). Dies gilt insbesondere, wenn die Bewegung nur visuell dargestellt wird und der Nutzer im Wesentlichen lediglich den optischen Fluss wahrnimmt. Aber auch wenn der Nutzer sich gleichzeitig bewegt und die Bewegungen 1:1 auf die virtuelle Kamera abgebildet werden, kommt es zu dieser Unterschätzung von Vorwärtsbewegungen entlang der Blickrichtung. Im Gegensatz zu den virtuellen Geradeausbewegungen kommt es bei virtuellen Rotationen hingegen häufig zu einer Überschätzung (Steinicke et al. 2010).

Im Prinzip lassen sich diese Diskrepanzen bei der Bewegungswahrnehmung relativ einfach auflösen, indem man sogenannte *Gains* auf die getrackten Bewegungen anwendet.

Sei also zum Beispiel (t_x, t_y, t_z) ein gemessener Vektor, der die Kopfbewegung eines Nutzers von einem Frame zum nächsten beschreibt. Mittels eines Gains g_T lässt sich diese Bewegung nun einfach durch $(g_T \cdot t_x, g_T \cdot t_y, g_T \cdot t_z)$ skalieren. Ist $g_T = 1$ wird nicht skaliert, für $g_T > 1$ wird die Bewegung schneller und für $g_T < 1$ wird die Bewegung langsamer umgesetzt. Psychophysische Untersuchungen haben gezeigt, dass beispielweise Vorwärtsbewegungen leicht (ca. 5 % bis 15 %) beschleunigt werden müssen, damit sie von Nutzern als korrekt eingeschätzt werden. Wie oben bereits erwähnt, sollten Rotationsgeschwindigkeiten in umgekehrter Weise leicht (ca. 5 % bis 10 %) reduziert werden.

Diese Manipulationen führen nun dazu, dass die virtuell dargestellten Bewegungen korrekt wahrgenommen werden, d. h. die visuell wahrgenommen Bewegungen passen zu dem vestibular-propriozeptiven sowie dem kinästhetischen Feedback. Allerdings führen die Nutzer nun tatsächlich in der virtuellen und realen Umgebung unterschiedliche Bewegungen durch, was dazu führen kann, dass beispielsweise gewisse Methoden zur Distanzeinschätzung nicht mehr funktionieren, z. B. Schritte zählen. Neueste Ansätze von Bruder et al. (2012b) verhindern solche Diskrepanzen zwischen realen und virtuellen Bewegungen durch Manipulationen des optischen Flusses. Solche optischen Illusionen manipulieren lediglich die Wahrnehmung der Bewegung aber nicht die Bewegung selbst.

2.4.7 Cybersickness

Ein weiteres Problem bei Bewegungen in der Virtuellen Welt ist das Phänomen der Simulatorkrankheit, Bewegungskrankheit oder Cybersickness. In der Virtuellen Welt kommt es häufig vor, dass dem visuellen Sinn eine Bewegung vorgetäuscht wird, die der vestibular-propriozeptiven Information nicht exakt entspricht. Dies kann zu Übelkeit, erhöhtem Speichelfluss, Benommenheit, Schwindelgefühlen und sogar Erbrechen führen. Derartige Reaktionen bei Nutzern treten vereinzelt beispielsweise bei der Verwendung von HMDs oder in CAVE-Systemen auf. Wird in Kombination mit diesen Displays ein Head-Tracker eingesetzt, welcher veranlasst, dass das angezeigte Bild in Echtzeit zu einer Kopfbewegung verändert wird, kann es zu einem Auftreten der Symptome kommen, falls die Bilddarstellung zu spät oder asynchron angepasst wird. Dies geschieht zum Beispiel, falls das System insgesamt eine hohe Ende-zu-Ende Latenz aufweist. Auch hier registriert das Gehirn den Unterschied zwischen der vollzogenen Bewegung und den visuell wahrgenommenen Veränderungen in der Realität. Auch unscharfe Darstellungen können die Begleiterscheinungen auslösen. Zur Erhebung von Cybersickness gibt es eine Vielzahl von Fragebögen (Kennedy et al. 1993).

Offensichtlich lassen sich die Symptome reduzieren, indem dafür gesorgt wird, dass die Diskrepanzen zwischen den simulierten und tatsächlich empfundenen Bewegungen möglichst gering sind. Somit wird deutlich, wie wichtig eine geringe Latenz in Virtuellen Welt ist. Insgesamt sollten Sessions in der VR nicht zu lange dauern, da die Symptome erst nach einer gewissen Zeit auftreten (ab ca. 10 min). Es hat sich auch gezeigt, dass es sinnvoll ist, Nutzer mit langsam länger werdenden Sessions an VR zu gewöhnen (McCauley und Sharkey 1992).

2.5 Nutzung von Wahrnehmungsaspekten

Mit Kenntnissen über die menschliche Wahrnehmung kann man nicht nur in VR auftretende Probleme erklären. Wissen um die Funktionsweise der menschlichen Wahrnehmung kann auch nützlich sein, um eine VR zu verbessern oder zu Verfügung stehende Ressourcen gut einzusetzen. In Abschn. 2.4.1 haben wir bereits ein Beispiel kennengelernt, wie die Fähigkeit des visuellen Systems des Menschen sich zu adaptieren, komplexe technische Lösungen überflüssig macht: Wir müssen nicht aufwändig den Abstand der Pupillen eines Betrachters messen, um die virtuellen Kameras richtig einzustellen. Im Gegenteil, wir können die Virtual Eye Separation manipulieren, um Diplopie zu verhindern, weil wir wissen, dass die menschliche Wahrnehmung robust auf Änderungen der Virtual Eye Separation reagiert. Neben Adaption gibt es für VR noch zwei weitere wichtige Wahrnehmungsaspekte, die in der VR ausgenutzt werden: Salienz und Nutzerführung. Beiden Aspekten ist im Folgenden ein Abschnitt gewidmet.

2.5.1 Salienz

Die menschliche Wahrnehmung hat nicht die Kapazität, um alle Umweltreize gleichermaßen ausführlich zu verarbeiten. Es werden Schwerpunkte gesetzt, der Mensch kann *Aufmerksamkeit* auf bestimmte Aspekte richten. Im visuellen System des Menschen beispielsweise ist schon durch die ungleichmäßige Verteilung der Sinneszellen auf der Netzhaut des Auges eine Differenzierung inhärent eingebaut – der Mensch kann die Fovea so ausrichten, dass Lichtreize von als besonders relevant eingestuften Objekten der Umwelt auf diese Stelle in der Netzhaut treffen.

In der VR nutzt man diese Eigenschaft der menschlichen Wahrnehmung, denn VR-Systeme haben oft nicht die Kapazität, alle Umweltreize gleichermaßen gut künstlich zu erzeugen. Wenn man weiß, worauf der Nutzer einer VR gerade seine Aufmerksamkeit richtet, dann kann man hier etwa die Qualität des Renderings (z. B. Simulation von Oberflächenmaterialien, Güte der Objektmodelle, Aufwand des Anti-Aliasing), Tonqualität, Güte der Animation oder Genauigkeit der Weltsimulation darauf anpassen. Umgekehrt braucht man keine oder nur wenige Ressourcen eines VR-Systems in Bereiche zu investieren, die nicht im Fokus der Aufmerksamkeit liegen. Im Extremfall kann man sogar *Blindheit durch Unaufmerksamkeit* (engl. *Inattentional Blindness*) beobachten. In einem Experiment zeigten Simons und Chabris (1999) knapp 200 Studenten 75 s lange Videos, in denen Basketballspieler sich einen Ball zuzuwerfen. Die Betrachter hatten die Aufgabe zu zählen, wie viele Ballpässe ein Team macht – die Aufmerksamkeit war dadurch auf den Ball gerichtet. Im Video war fünf Sekunden lang ein ungewöhnliches Ereignis zu sehen, z. B. eine als Gorilla verkleidete Person lief über das Spielfeld. Etwa die Hälfte aller Betrachter hat dies überhaupt nicht bemerkt. Warum also sich in einer VR-Version dieser Szene die Mühe machen, Bilder von einem Gorilla zu erzeugen, wenn dieser vom Betrachter nicht wahrgenommen wird?

Zum Ausnutzen dieser Phänomene der menschlichen Wahrnehmung gibt es zwei Hürden. Zum einen kann man zwar Aussagen über Wahrscheinlichkeiten machen, aber für ein Individuum in einer konkreten Situation nicht sicher voraussagen, welche Umweltreize als wichtig erachtet werden. Wir könnten also Fehler begehen. Wir lassen zum Beispiel den Gorilla in unserer VR-Szene weg, obwohl der Betrachter in der konkreten Situation ihn doch gesehen hätte. Hier ist es wesentlich, abzuwägen, wie hoch die Wahrscheinlichkeit für einen Fehler ist und welche Konsequenzen sich daraus ergeben. Aufgrund der limitierten Performanz von VR-Systemen hat man gegebenenfalls gar keine Wahl und muss Schwerpunkte setzen, um Echtzeitbedingungen zu erfüllen. Ein Verletzen von Echtzeitbedingungen (z. B. die Virtuelle Welt reagiert mit einer merklichen Verzögerung auf die Aktion eines Nutzers) kann schwerwiegendere Konsequenzen haben als die Schwerpunkte falsch zu wählen.

Zum anderen gibt es die Hürde, dass Wissen benötigt wird, worauf der Betrachter gerade seine Aufmerksamkeit richtet. Es gibt verschiedene Ansätze, diese Information zu erlangen. Erstens, durch technische Systeme kann ermittelt werden, wohin der Betrachter gerade blickt (Eye-Tracking, vgl. Kap. 4). Zweitens, durch Wissen über die Anwendung und die aktuellen Ziele und Aufgaben des Nutzers einer VR kann abgeschätzt werden, welche Objekte der Virtuellen Welt wahrscheinlich eine hohe Aufmerksamkeit auf sich ziehen können (Cater et al. 2003). In dem Gorillabeispiel könnten wir zum Beispiel aus der Aufgabenstellung an die Betrachter ableiten, dass der Ball im Zentrum der Aufmerksamkeit steht. Myszkowski (2002) erstellt *Task Maps*, die jedem Objekt eine Priorität für das Rendering zuordnen, wobei bewegte Objekte automatisch eine höhere Priorität erlangen. Ein dritter Ansatz (Treisman und Gelade 1980) basiert auf der *Merkmalsintegrationstheorie* (engl. *Feature Integration Theory*). Dieser Ansatz ist attraktiv für VR, da er kein zusätzliches Wissen über die Anwendung oder die Blickrichtung des Betrachters voraussetzt, sondern allein auf den Bildern der 3D-Szene arbeiten kann: es wird die *Salienz* (engl. *Saliency*) von Objekten als Maß für deren Wichtigkeit bestimmt.

Salienz beschreibt, wie stark sich ein Objekt von der Umgebung abhebt (z. B. in Farbe, Orientierung, Bewegung, Tiefe). Zeigt man einer Person ein Bild mit 50 gleich großen Quadraten, von denen 47 grau und 3 rot sind, so stechen die 3 roten Quadrate hervor und werden sofort wahrgenommen. Die Person kann die Frage, wie viele rote Quadrate im Bild zu sehen sind, mühelos und schnell beantworten. Selbst wenn man die Anzahl der grauen Quadrate verfünffacht, kann die Person genauso schnell erkennen, dass sich 3 rote Quadrate darunter befinden. Diese Beobachtung erklärt die Merkmalsintegrationstheorie dadurch, dass die menschliche Wahrnehmung stufenweise arbeitet. In der ersten Stufe werden alle eingehenden Bildreize parallel verarbeitet und auf bestimmte Merkmale untersucht. Dies geschieht unterbewusst, man spricht von *präattentiver Wahrnehmung* (vgl. Abb. 2.8). Anatomisch konnte man schon rezeptive Felder identifizieren, Gruppen von Nervenzellen im Gehirn, die für diese Aufgaben der Merkmalsextraktion zuständig sind. Das Ergebnis der präattentiven Wahrnehmung dient dann als Grundlage für die Entscheidung in der nächsten Stufe, auf welche Regionen im Bild Aufmerksamkeit gelenkt wird.

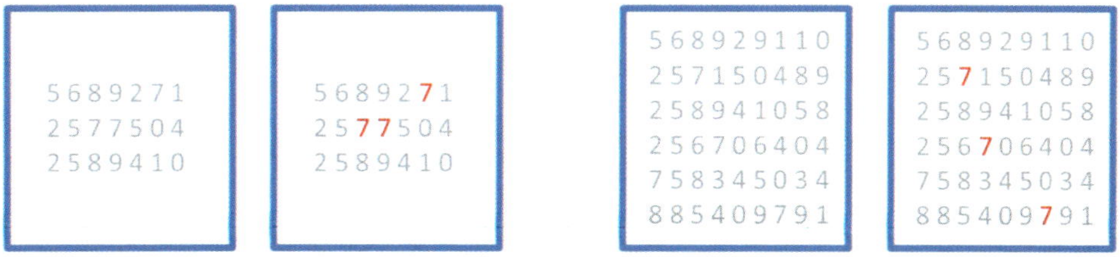

Abb. 2.8 Beispiel für präattentive Wahrnehmung: Die Zeit für die Aufgabe die Anzahl der Ziffer „7" in einer Ziffernreihe zu suchen, kann erheblich reduziert werden, wenn die Ziffer „7" andersfarbig dargestellt wird. Dies wird präattentiv wahrgenommen. Wird die Größe der Ziffernreihe erhöht, dann steigt die Zeit für die Aufgabenerfüllung im Fall, dass die Ziffer „7" nicht hervorgehoben wird, ansonsten bleibt sie gleich

Will man in der VR dies nachbilden, so muss man zunächst eine *Aufmerksamkeitskarte* (engl. *Saliency Map*) eines Bildes berechnen, jedem Pixel eines Bildes wird in ihr ein Salienzwert zugeordnet. Grundlagen heutiger Algorithmen dafür sind die Arbeiten von Itti et al. (1998). Die Vorgehensweise besteht darin, das Eingabebild zunächst in Merkmalsbilder aufzusplitten, z. B. ein Luminanzbild zu extrahieren, das nur Helligkeitswerte enthält. Diese Merkmalsbilder werden parallel mit Methoden der Bildverarbeitung untersucht, wobei man die Arbeitsweise der rezeptiven Felder im Gehirn mathematisch modelliert. Rezeptive Felder, die Orientierung in einem Merkmalsbild erkennen, lassen sich beispielsweise durch *Gabor-Filter* beschreiben. Ein Gabor-Filter ist aus einer Gaußfunktion aufgebaut, die durch eine Sinusfunktion moduliert wird und so die Sensitivität für verschiedene Frequenzen und Orientierung abbilden kann. Die Ergebnisse der Verarbeitung der einzelnen Merkmalsbilder werden normalisiert. Durch eine gewichtete Summierung werden daraus die Salienzwerte ermittelt. Die Gewichtung kann man dabei auch abhängig von der aktuellen Aufgabe des Betrachters wählen, sie wird häufig durch maschinelles Lernen, ähnlich einem neuronalen Netz, ermittelt. In diesem Verarbeitungsschritt kann man ein weiteres Phänomen der menschlichen Wahrnehmung nachbauen: die *Inhibition*. Inhibition bedeutet, dass Nervenzellen nicht nur durch Reize angeregt, sondern auch gehemmt werden können, wodurch Differenzen verstärkt werden. Algorithmisch kann man dies beispielsweise mit einem *Winner-Takes-It-All-Ansatz* realisieren, d. h. der größte Wert wird für die Salienz heran gezogen, während die Salienz in der Umgebung des größten Wertes reduziert wird, um dessen Bedeutung nochmals zu verstärken. Die schließlich erhaltene Saliency Map dient dann als Grundlage für Entscheidungen, wie man Ressourcen des VR-Systems einsetzt, z. B. für Bereiche mit hoher Salienz werden 3D-Modelle mit einem hohen Detaillierungsgrad verwendet. Man kann auch weiterführende Daten ermitteln, z. B. *Fixation Maps* (Le Meur et al. 2006), die vorhersagen, worauf ein Betrachter wahrscheinlich den Blick fixieren wird. Da Saliency Maps zweidimensional sind, ist eine relativ aufwändige Rückrechnung in die 3D-Szene notwendig, um virtuellen 3D-Objekten einen Salienzwert zuzuordnen. Daher werden auch Ansätze in Betracht gezogen, die direkt Merkmale von 3D-Objekten untersuchen und daraus eine Salienz ableiten (Lee et al. 2005).

2.5.2 Nutzerführung

Bedenkt man die Tatsache, dass der Bereich des Hardware-Aufbaus einer Virtuellen Umgebung, in dem sich die Nutzer bewegen können, in der Regel deutlich kleiner ist als die darin dargestellte Virtuelle Welt, so wird deutlich, dass der Nutzer ohne zusätzliche Eingabegeräte nur einen sehr kleinen Teil der Virtuellen Welt durch eigene Bewegungen erkunden kann. Es gibt eine Vielzahl von sogenannten Lokomotionsgeräten, die es verhindern, dass der Nutzer sich in der realen Welt von der Stelle bewegt, während er geht. Beispiele sind omnidirektionale Laufbänder oder die *Cybersphere* (vgl. Kap. 5). Ein anderer Ansatz basiert auf der Idee, die Nutzer so zu manipulieren, dass sie in der realen Welt auf anderen Pfaden gehen als die, die in der Virtuellen Umgebung wahrgenommen werden. Führt man beispielsweise während einer Vorwärtsbewegung eines Nutzers eine kleine virtuelle Rotation zu einer Seite ein, so muss der Nutzer diese Rotation in der realen Welt kompensieren, um weiter virtuell geradeaus laufen zu können. Dies führt dazu, dass der Anwender auf einer Kurvenbahn in die entgegengesetzte Richtung läuft. So kann man die Nutzer auf einer Kreisbahn im VR-Aufbau führen, während sie denken, in der Virtuellen Welt geradeaus zu laufen. In jüngsten Untersuchungen ist aufgezeigt worden, ob und ab wann Probanden solche Manipulationen erkennen können (Steinicke et al. 2010). Es hat sich gezeigt, dass Versuchspersonen, die in der Virtuellen Welt geradeaus laufen, in der realen Welt auf einem Kreis mit Radius von ca. 20 m geleitet werden können, ohne dies zu bemerken.

2.6 Zusammenfassung und Fragen

Sie haben in diesem Kapitel grundlegende Kenntnisse aus dem Bereich der menschlichen Informationsverarbeitung erworben. Wir haben uns insbesondere mit einigen der wichtigsten Aspekte aus dem Bereich der Raumwahrnehmung und der Wahrnehmung von Bewegungen befasst. Basierend auf diesen Grundlagen haben Sie typische Phänomene und Probleme von VR kennengelernt. Sie haben auch an einigen Beispielen gesehen, wie sich verschiedene Limitierungen der menschlichen Wahrnehmung ausnutzen lassen, um die Qualität und die Nutzererfahrung während einer VR-Session zu verbessern. Um effektive Virtuelle Welten gestalten zu können, ist es unerlässlich, wahrnehmungspsychologische Prozesse bei der menschlichen Informationsverarbeitung zu berücksichtigen. Die Aspekte der Wahrnehmung haben in den letzten Jahren zunehmend an Bedeutung gewonnen, was sich an der gestiegenen Anzahl an Forschungsarbeiten sowie –projekten aus dem Bereich widerspiegelt. Dieses Kapitel hat die Grundlagen für das Verständnis dieser Aspekte dafür geschaffen.

Überprüfen Sie Ihr Verständnis des Kapitels anhand der folgenden Fragen:

- Warum ist die Reaktionszeit für eine Versuchsperson länger, wenn Sie entscheiden muss, ob ein auf dem Bildschirm dargestellter Stimuli mit einem zuvor dargestellten

Stimuli übereinstimmt, als wenn die Versuchsperson nur darauf reagieren muss, wenn der Stimuli erscheint?

- Nehmen Sie sich ein Foto von einem Meeresstrand und ein Foto von den Straßen Manhattans vor. Welche piktorialen Tiefenhinweise können Sie in den Fotos erkennen?
- Wie verschiebt sich das Objekt in Abb. 2.4, wenn die Virtual Eye Separation nicht von 64 mm auf 60 mm vermindert wird, sondern sich auf 70 mm vergrößert?
- Warum sollte eine zyklopische Skalierung vor einer Virtual Eye Separation durchgeführt werden?
- Nehmen Sie ein Stereodisplay und führen Sie Experimente durch, um den Panumbereich des Stereodisplays zu ermitteln. Versuchen Sie die in Abschn. 2.4 vorgestellten Techniken zu nutzen, um eine 3D-Szene, die initial über den Panumbereich heraus ragt, in diesen einzupassen.
- Finden Sie weitere Beispiele für sich widersprechende Tiefenhinweise in der VR.
- Sie möchten einen Straßenbahnsimulator bauen, mit dem ein Fahrschüler durch eine virtuelle Stadt fahren kann. Überlegen Sie, wo Wahrnehmungsaspekte beachtet werden müssen. Welche Probleme können potentiell auftreten? Wo kann man bei der technischen Realisierung des Simulators Wahrnehmungsaspekte ausnutzen?

Literaturempfehlungen[1]

Goldstein EB (2010) Sensation and perception (8th edition). Cengage Learning, Belmont – *Standardwerk aus der Wahrnehmungspsychologie, das sich nicht nur auf die visuelle Wahrnehmung beschränkt. Sehr anschaulich und mit vielen Beispielen.*

Thompson WB, Fleming WF, Creem-Regehr SH, Stefanucci J K (2011) Visual perception from a computer graphics perspective. CRC Press, Boca Raton – *Lehrbuch, das auch für VR wesentliche Wahrnehmungsaspekte erläutert und dabei immer den Bezug zur Computergraphik herstellt.*

Literatur

Barsky BA, Kosloff TJ (2008) Algorithms for rendering depth of field effects in computer graphics. Proc. 12 WSEAS International Conference on Computers, 999–1010

Bruder G, Pusch A, Steinicke F (2012a) Analyzing effects of geometric rendering parameters on size and distance estimation in on-axis stereographic. Proc. ACM Symp. on Applied Perception (SAP 12), 111–118

Bruder G, Steinicke F, Wieland P, Lappe M (2012b) Tuning self-motion perception in virtual reality with visual illusions. IEEE Trans Vis and Computer Graphics (TVCG), 18(7):1068–1078

Cater K, Chalmers A, Ward G (2003) Detail to attention: exploiting visual tasks for visual rendering. Proc. Eurographics WS on rendering, 270–280

[1] Das ACM Symposium on Applied Perception (SAP) sowie das Journal Transaction on Applied Perception (TAP) befassen sich mit der multisensorischen Wahrnehmung in Virtuellen Welten.

Card SK, Moran TP, Newell A (1986) The model human processor: an engineering model of human performance. Handbook of Perception and Human Performance. Vol. 2: Cognitive Processes and Performance, 1–35.
Dahm M (2006) Grundlagen der Mensch-Computer-Interaktion. Pearson Studium, New York
Ernst, MO (2008) Multisensory integration: a late bloomer. Current Biology, 18(12): R519– R521
Hagen MA, Elliott HB (1976) An investigation of the relationship between viewing conditions and preference for true and modified perspective with adults. J Experimental Psychology: Human Perception and Performance 5, 479–490.
Hayward V, Astley OR, Cruz-Hernandez M, Grant D, La-Torre GR-D (2004) Haptic interfaces and devices. Sensor Review 24(1):16–29
Hendrix C, Barfield W (1996) Presence within virtual environments as a function of visual display parameters. Presence: Teleoperators and Virtual Environments, 5(3):274- 289
Hoffmann DM, Girshick AR, Akeley K, Banks MS (2008) Vergence-accomodation conflicts hinder visual performance and cause visual fatigue. J Vision 8(3):1–30
Howard IP (2002) Seeing in depth: Vol.1. Basic Mechanisms. I Porteous, Toronto
Interrante V, Anderson L, Ries B (2006) Distance perception in immersive virtual environments, revisited. Proc IEEE Virtual Reality 2006, 3–10.
Itti L, Koch C, Niebur E (1998) A model of saliency-based visual attention for rapid scene analysis. IEEE Trans Pattern Analysis and Machine Intelligence 20:1254–1259
Kennedy RS, Lane NE, Berbaum KS, Lilienthal GS (1993) Simulator sickness questionnaire: an enhanced method for quantifying simulator sickness. Intl J Aviation Psychology, 3(3):203–220
Kubovy M (1986) The psychology of linear perspective and renaissance art. Cambridge University Press, Cambridge
Kuhl SA, Thompson WB, Creem-Regehr SH (2006) Minification influences spatial judgement in immersive virtual environments. Sym. Applied Perception in Graphics and Visualization, 15–19
Lappe M, Jenkin M, Harris LR (2007) Travel distance estimation from visual motion by leaky path integration. Experimental Brain Research 180:35–48
Lee CH, Varshney A, Jacobs DW (2005) Mesh saliency. Proc SIGGRAPH 2005, 659–666
Le Meur O, Le Callet P, Barba D, Thoreau D (2006) A coherent computational approach to model the bottom-up visual attention. IEEE Trans. Pattern Analysis and Machine Intelligence 28(5): 802–817
Loomis JM, Knapp JM (2003) Visual perception of egocentric distance in real and virtual environments. In: Hettinger LJ, Haas MW (eds) Virtual and adaptive environments, Erlbaum, Mahwah
Malaka R, Butz A, Hußmann H (2009) Medieninformatik – Eine Einführung. Pearson, München
Marr D (1982) Vision: a computational investigation into the human representation and processing of visual information. MIT Press, Cambridge
McCauley ME, Sharkey TJ (1992) Cybersickness: perception of self-motion in virtual environments. Presence: Teleoperators and Virtual Environments 1(3):311–318
Mendiburu B (2009) 3D movie making: stereoscopic digital cinema from script to screen. Focal Press, New York
Mon-Williams M, Wann JP (1998) Binocular virtual reality displays: when problems do and don't occur. Human Factors 40(1):42–49
Myszkowski K (2002) Perception-based global illumination, rendering and animation techniques. Spring Conf on Computer Graphics, 13–24
Ooi TL, Wu B, He ZJ (2001) Distance determination by the angular declination below the horizon. Nature 414:197–200
Proffitt DR, Stefanucci J, Banton T, Epstein W (2003) The role of effort in distance perception. Psychological Science 14:106–112
Simons DJ, Chabris CF (1999) Gorillas in our midst: sustained inattentional blindness for dynamic events. Perception 28(9):1059–1074

Slater M, Usoh M, Steed A (1994) Depth of presence in virtual environments. Presence: Teleoperators and Virtual Environments, 3:130–144
Steinicke F, Bruder G, Jerald J, Frenz H, Lappe M (2010a) Estimation of detection thresholds for redirected walking techniques. IEEE Trans on Vis and Computer Graphics 16 (1):17–27
Steinicke F, Bruder G, Hinrichs KH, Steed A (2010b) Gradual transitions and their effects on presence and distance estimation. Computers & Graphics 34(1):26–33
Steinicke F, Bruder G, Kuhl S, Willemsen P, Lappe M, Hinrichs KH (2009) Judgment of natural perspective projections in head-mounted display environments. Proc VRST 2009, 35–42
Treisman AM, Gelade G (1980) A feature integration theory of attention. Cognitive Psychology 12(1):97–136
Vishwanath D, Girshick AR, Banks MS (2005) Why pictures look right when viewed from the wrong place. Nature Neuroscience, 8(10):1401–1410
Wanger LR, Ferwander JA, Greenberg DA (1992) Perceiving spatial relationships in computer-generated images. IEEE Computer Graphics and Applications 12(3):44–58
Ware C (2000) Information visualization – perception for design. Morgan Kaufmann, San Francisco
Ware C, Gobrecht C, Paton M (1998) Dynamic adjustment of stereo display parameters. IEEE Trans Systems, Man and Cybernetics 28(1):56–65
Williams SP, Parrish RV (1990) New computational control techniques and increased understanding for 3-D displays. Proc. SPIE Stereoscopic Display Applications, 73–82
Witmer BG, Singer MJ (1998) Measuring presence in virtual environments: a presence questionnaire. Presence – Teleoperators and virtual environments, 7(3):225–240
Witt JK, Proffitt DR, Epstein W (2004) Perceiving distance: a role of effort and intent. Perception 33:577–590

Virtuelle Welten

3

Bernhard Jung und Arnd Vitzthum

Zusammenfassung

Virtuelle Welten, die Inhalte von VR-Systemen, bestehen aus 3D-Objekten mit dynamischem Verhalten, die in Echtzeit auf Nutzereingaben reagieren. Nach einem einführenden Überblick über den Erstellungsprozess Virtueller Welten stellt dieses Kapitel zunächst eine zentrale Datenstruktur vieler VR/AR-Anwendungen vor, den *Szenengraph*, der eine hierarchische Beschreibung Virtueller Welten ermöglicht. Danach werden verschiedene Repräsentationsarten von 3D-Objekten dargestellt und deren Bedeutung für interaktive Virtuelle Welten diskutiert. Besonderes Augenmerk liegt dabei auf Methoden zur Optimierung von 3D-Objekten im Hinblick auf die Echtzeitanforderungen Virtueller Welten. Anschließend werden grundlegende Verfahren zur Erzeugung dynamischen Verhaltens von 3D-Objekten dargestellt, wie Animationen, physikbasierte Simulationen sowie die Unterstützung von Nutzerinteraktionen mit 3D-Objekten. Ein Teilkapitel zu Sound, Beleuchtung und Hintergründen beschreibt Elemente Virtueller Welten, die in gängigen Szenengraphsystemen standardmäßig unterstützt werden. Das abschließende Teilkapitel zu Spezialsystemen geht auf 3D-Objekte ein, deren Modellierung und Darstellung besondere Herausforderungen mit sich bringen. Konkret werden virtuelle Menschen, Partikelsysteme, Landschaften sowie Vegetation wie Bäume und andere Pflanzen betrachtet.

B. Jung (✉)
Medieninformatik, TU Bergakademie Freiberg,
Bernhard-von-Cotta-Straße 2,
09596 Freiberg, Deutschland
E-Mail: jung@informatik-tu-freiberg.de

R. Dörner et al. (Hrsg.), *Virtual und Augmented Reality (VR/AR)*, eXamen.press,
DOI 10.1007/978-3-642-28903-3_3,

3.1 Einführung

Der Begriff *Virtuelle Welten* bezeichnet die Inhalte von VR-Systemen. Virtuelle Welten bestehen aus 3D-Objekten, die dynamisches Verhalten aufweisen und auf Nutzereingaben reagieren können. Neben den eigentlichen 3D-Objekten enthalten Virtuelle Welten u. a. auch abstrakte, unsichtbare Objekte, welche die Simulation und Darstellung der Virtuellen Welt unterstützen. Hierzu gehören u. a. Licht- und Klangquellen, virtuelle Kameras sowie Ersatzkörper für effiziente Kollisionsprüfungen. Im Folgenden wird ein vereinfachter Überblick über die Schritte bei der Modellierung Virtueller Welten sowie deren Integration in VR-Systeme gegeben.

3.1.1 Vorüberlegung: Anforderungen an Virtuelle Welten

In Abgrenzung zu anderen Gebieten der 3D-Computergraphik, wo oft besonders hochwertige Darstellungen von Einzelbildern oder Animationen gefragt sind, stehen bei Virtuellen Welten die Aspekte der Echtzeitfähigkeit und Interaktivität im Vordergrund.

Echtzeitfähigkeit bedeutet etwas vereinfacht ausgedrückt, dass die Virtuelle Welt möglichst verzögerungsfrei aktualisiert und dargestellt wird. Idealerweise würde der Nutzer bezüglich des zeitlichen Verhaltens der Virtuellen Welt keinen Unterschied zur echten Welt wahrnehmen. Für eine ausführlichere Darstellung der Themen Echtzeitfähigkeit und Latenz im Kontext vollständiger VR-Systeme sei auf Kap. 7.1 verwiesen. Pro Zeitschritt müssen dabei die Teilaufgaben Erfassung und Verarbeitung von Nutzereingaben, die Weltsimulation, das Rendering, sowie die Ausgabe auf den Displays durchgeführt werden (vgl. Kap. 1.4). Die Art und Weise der Modellierung der 3D-Objekte hat dabei hauptsächlich Einfluss auf die Teilschritte Weltsimulation und Rendering. Wird die Virtuelle Welt zu komplex modelliert, so ist deren Echtzeitfähigkeit nicht mehr gegeben.

Interaktivität bedeutet zunächst, dass der Nutzer sich in der Virtuellen Welt bewegen und das Verhalten der 3D-Objekte in der Virtuellen Welt beeinflussen kann. Während bei anderen Klassen interaktiver Systeme oft noch Reaktionszeiten von bis zu einer Sekunde akzeptabel sind, sollte bei VR-Systemen die Reaktion auf Nutzereingaben möglichst verzögerungsfrei erfolgen. Dazu muss das dynamische Verhalten der 3D-Objekte implementiert werden. Um die Berechnung ihres dynamischen Verhaltens zu erleichtern bzw. zu beschleunigen, werden 3D-Objekte oft um einfachere Kollisionsgeometrien wie Quader oder Kugeln angereichert. Dies ermöglicht effiziente Kollisionsüberprüfungen nicht nur der 3D-Objekte untereinander, sondern auch bei Nutzerinteraktionen zur Erkennung von Kollisionen zwischen den 3D-Objekten und der virtuellen Repräsentation des Nutzers (siehe auch Kap. 6.2 und 6.3 zur Selektion und Manipulation von 3D-Objekten, sowie Kap. 7.2 zur Kollisionserkennung).

Sehr unterschiedliche Anforderungen bestehen hingegen bezüglich des *visuellen Realismus* der Virtuellen Welten. Virtuelle Welten zum Training sollten i.a. stark der echten Welt ähneln, Virtuelle Welten für Spiele können auch visuell phantasievoll ausgestaltet werden, während bei wissenschaftlichen Anwendungen typischerweise klarere Form- und Farbschemata gegenüber realitätsnahen Darstellungen bevorzugt werden. Selbst bei Anwendungen mit hohen Ansprüchen an die Qualität der visuellen Darstellung haben in VR/AR-Anwendungen jedoch generell die Anforderungen bezüglich Echtzeit und Interaktivität der Virtuellen Welt Vorrang.

3.1.2 Erstellen der 3D-Objekte

Der erste Schritt bei der Erschaffung Virtueller Welten ist die Erstellung der einzelnen 3D-Objekte. Dies kann auf unterschiedliche Art und Weise erfolgen:

- Modellierung der 3D-Objekte „von Hand" in *3D-Modellierungswerkzeugen*. Manche dieser Werkzeuge unterstützen auch die Erzeugung von Animationen, z. B. über die Einbindung von *Motion Capture*-Daten zur Animation virtueller Menschen. Im technischen Umfeld kommen *CAD-Systeme* zum Einsatz, die oft sehr exakte geometrische Modellierungen ermöglichen. Vor dem Import in VR-Systeme ist typischerweise eine Vereinfachung der oft sehr komplexen CAD-Modelle notwendig (siehe Kap. 3.3.4).
- Techniken der *prozeduralen Modellierung* finden Anwendung bei der automatischen Generierung von sehr großen oder sehr komplexen Objekten, deren Modellierung von Hand zu aufwändig wäre. Ein Beispiel ist automatisierte Erzeugung von 3D-Modellen von Gebäuden oder ganzer Städte, evtl. unter Einbezug von Geodaten. Ein weiteres Beispiel ist die Generierung von Objekten mit fraktaler Form wie z. B. Gelände oder Bäume (siehe Kap. 3.6).
- Schließlich können reale Objekte oder Umgebungen mittels *3D-Scans* erfasst werden. Dabei ist zu unterscheiden zwischen 3D-Scans der Objektoberflächen einerseits, z. B. mittels Tiefenkameras, und volumetrischen Verfahren andererseits, z. B. mittels Computertomographie. Durch 3D-Scans erzeugte 3D-Modelle erfordern allerdings oft aufwändige Nachbearbeitungsschritte, wie die Umwandlung von zunächst erzeugten Punktwolken in Polygonmodelle, das Füllen von Lücken (in Bereichen, die von der Kamera aufgrund von Verdeckungen nicht erfasst wurden), die Vereinfachung der Geometrie sowie evtl. die nachträgliche Texturierung.

3.1.3 Aufbereitung der 3D-Objekte für VR/AR

Für die Verwendung in Virtuellen Welten werden 3D-Objekte typischerweise noch aufbereitet. Dies betrifft im Wesentlichen zum einen die Vereinfachung der Objektgeometrie sowie zum anderen die Konversion in geeignete Dateiformate.

Die Vereinfachung der Objektgeometrie zielt u. a. auf die Ermöglichung einer effizienten Darstellung der 3D-Objekte. Vereinfacht ausgedrückt geht es darum, die Anzahl der Polygone eines 3D-Objekts zu reduzieren. Dies kann z. B. automatisiert durch spezielle Programme zur *Vereinfachung von Polygonnetzen* erfolgen. Eine andere Möglichkeit ist die nachträgliche Modellierung einer vereinfachten Variante des 3D-Objekts, das mit Renderings des ursprünglichen, hochaufgelösten 3D-Objekts texturiert wird (*Texture Baking*). Zudem kann es sinnvoll sein, mehrere Varianten des 3D-Objekts in unterschiedlicher Auflösung bereit zu stellen, zwischen welchen zur Laufzeit in Abhängigkeit von der Entfernung zum Betrachter gewechselt werden kann (*Level of Detail*). Diese und weitere Techniken werden in Kap. 3.3 näher erläutert.

Die 3D-Objekte müssen zudem in ein Dateiformat konvertiert werden, das von der jeweilige Laufzeitumgebung der Virtuellen Welt unterstützt wird. Dieser Schritt kann über spezielle Konversionsprogramme oder über Exportoptionen von 3D-Modellierungswerkzeugen erfolgen. Gängige Dateiformate sind z. B. die schon etwas älteren, aber breit unterstützten Formate.3ds (Autodesk 3D Studio) und.obj (Wavefront Technologies). Weitere, aber von VR-Laufzeitumgebungen noch nicht generell unterstütze Formate sind u. a. die offenen Standards COLLADA (.dae) und X3D (.x3d).

X3D (Web 3D Consortium, 2007) ist eine szenengraphbasierte Beschreibungssprache für 3D-Inhalte und der Nachfolger von VRML (Virtual Reality Markup Language). X3D wurde vom W3C-Konsortium als Standard zur Darstellung von Virtuellen Welten in Web-Anwendungen verabschiedet. Gängige 3D-Modellierungswerkzeuge bieten einen Export in das X3D-Format, das somit auch eine wichtige Rolle als Austauschformat von 3D-Modellen spielt.

3.1.4 Integration der 3D-Objekte in VR/AR-Laufzeitumgebungen

Schließlich müssen die einzelnen 3D-Objekte zu vollständigen Virtuellen Welten zusammengeführt werden. Dies kann z. B. durch die Erstellung einer einzelnen X3D-Beschreibung der gesamten Virtuellen Welt erfolgen. Alternativ können die 3D-Objekte separat in die VR-Laufzeitumgebung geladen werden. Für die Vereinfachung der Kollisionserkennung als Teil der Weltsimulation ist es zudem oft sinnvoll, spätestens zu diesem Zeitpunkt die 3D-Objekte mit vereinfachten Kollisionsgeometrien (engl. *Collision Proxies*) auszustatten (vgl. Kap. 3.4 sowie vertiefend Kap. 7.3). Neben den eigentlichen 3D-Objekten enthalten Virtuelle Welten spezielle Objekte wie virtuelle Kameras, Lichtquellen, Soundquellen und Hintergründe, die nun ebenfalls definiert werden sollten (vgl. Kap. 3.5).

3.2 Szenengraphen

Die notwendigen Informationen, welche die innere Struktur und das äußere Erscheinungsbild einer Virtuellen Welt bestimmen, werden in der sogenannten *Szene* beschrieben. Eine Szene ist ein spezielles 3D-Modell, das neben Geometrie- und Materialbeschreibungen für alle 3D-Objekte typischerweise auch Blickpunkt- bzw. Kameraeinstellungen sowie Licht- und Audioquellen definiert. Zur Laufzeit wird die Szene aus Nutzersicht gerendert, d. h.

in eine, bzw. bei Stereodarstellung oder Mehrprojektorsystemen auch mehrere 2D-Rastergraphiken umgewandelt. Die beim Rendering erzeugten (Stereo-) Rastergraphiken werden auf geeigneten Geräten (z. B. Monitor, Head-Mounted Display, Projektionssysteme wie CAVE) dargestellt. Zudem werden in der Szene enthaltene Audioinformationen über Lautsprecher oder Kopfhörer ausgegeben. Eine Szene kann sich zur Laufzeit dynamisch verändern. Beispielsweise können die Positionen von 3D-Objekten über die Zeit variieren. Hierbei spricht man von einer animierten Szene. Reagieren 3D-Objekte auch auf Eingaben des Nutzers, ist die Szene *interaktiv*. Die Fähigkeit eines Objekts, auf Ereignisse wie Nutzereingaben oder Wechselwirkungen mit anderen Objekten durch eine Änderung seines Zustandes zu reagieren, bezeichnet man als *Verhalten* (engl. *Behavior*).

Die der Szene meist zugrunde liegende Datenstruktur ist der *Szenengraph*. Ein Szenengraph ist ein *gerichteter azyklischer Graph* (engl. *Directed Acyclic Graph – DAG*). Mittels eines solchen Graphen lassen sich hierarchisch aufgebaute Szenen effizient beschreiben. Konzeptuell besteht ein Szenengraph aus Knoten, die über gerichteten Kanten miteinander verbunden sind. Verläuft eine Kante von Knoten A zu Knoten B, so bezeichnet man A als Elternknoten und B als Kindknoten. Szenengraphen enthalten einen Wurzelknoten, d. h. einen Knoten, der selbst keinen Elternknoten besitzt. Knoten ohne Kinder werden als Blattknoten bezeichnet. Im Gegensatz zu einem Baum, welcher einen speziellen DAG darstellt, dürfen Kindknoten in den meisten Szenengrapharchitekturen mehrere Elternknoten besitzen. Der Szenengraph wird zur Laufzeit von der Wurzel zu den Blättern traversiert, wobei u. a. Informationen für das Rendering gesammelt werden.

Die Blattknoten des Szenengraphen repräsentieren die eigentlichen (meist geometrischen) 3D-Objekte. Alle anderen Knoten haben eine gruppierende Funktion. Der Wurzelknoten repräsentiert etwa die gesamte Szene, da er die Gesamtheit aller 3D-Objekte gruppiert. Speziell hervorzuheben sind auch die sogenannten Transformationsgruppen. Diese definieren ein eigenes (lokales) Koordinatensystem für ihre Kindknoten und sind mit einer Transformationsmatrix versehen. Die von einem solchen Knoten festgelegte Transformation beschreibt dann die Verschiebung, Drehung und Skalierung des lokalen Koordinatensystems bzgl. des Koordinatensystems des übergeordneten Elternknotens. Um die endgültige (globale) Position, Orientierung und Skalierung eines Objektes zu bestimmen, muss der Pfad von der Wurzel des Szenengraphen zu dem entsprechenden Objekt traversiert werden. Für alle auf dem Pfad auftretenden Transformationsknoten sind die entsprechenden Transformationsmatrizen in der Reihenfolge des Pfades per Rechtsmultiplikation miteinander zu verknüpfen. Die sich ergebende Matrix muss nun noch mit den Eckpunktkoordinaten des Objektes multipliziert werden. Die mathematischen Grundlagen zum Rechnen mit Transformationsmatrizen werden in Kap. 10 erläutert. Abb. 3.1 illustriert typische *Knotentypen* von Szenengrapharchitekturen. Auf die Bedeutung und Verwendung dieser und weiterer Knotentypen wird innerhalb dieses Kapitels an den passenden Stellen genauer eingegangen.

Szenengraphen ermöglichen eine kompakte Repräsentation hierarchisch aufgebauter Objekte. Ein Beispiel ist eine Szene, die ein Fahrzeug darstellt. Das Fahrzeug soll aus einem Rumpf sowie aus vier damit verbundenen Rädern bestehen. Wird der Rumpf bewegt, müs-

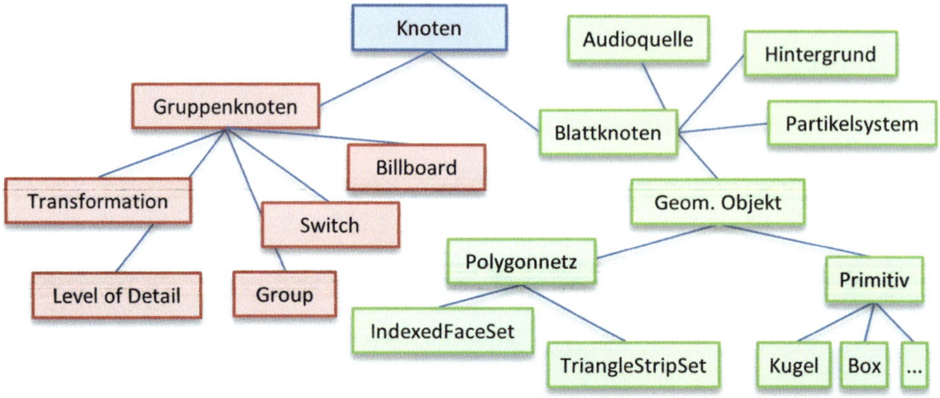

Abb. 3.1 Auswahl typischer Knotentypen in Szenengrapharchitekturen. Die Blattknoten im Szenengraph (*grün*) werden i. d. R visuell oder auditiv dargestellt, Gruppenknoten (*rot*) dienen der Strukturierung

sen sich auch die Räder mitbewegen. Ein Szenengraph, der diese Anforderungen realisiert, ist in Abb. 3.2 zu sehen. Ein Vorteil, den Szenengraphen bieten, ist dadurch begründet, dass es sich um DAGs und nicht zwangsläufig um Baumstrukturen handelt. Somit können Definitionen von 3D-Objekten sehr einfach wiederverwendet werden. So muss im Fahrzeugbeispiel nur ein Radobjekt an Stelle von vier Radobjekten im Speicher gehalten werden.

Neben den eigentlichen geometrischen 3D-Objekten enthält der Szenengraph i. d. R weitere Elemente, wie Audioquellen, Lichtquellen und ein oder mehrere virtuelle Kameras (oder *Viewpoints*). Objektivparameter wie der horizontale und vertikale Öffnungswinkel (das sogenannte horizontale und vertikale *Field of View*) sowie Ausrichtung und Position einer virtuellen Kamera bestimmen den sichtbaren Ausschnitt der Virtuellen Welt.

Eine weitere interessante Möglichkeit besteht darin, ein Objekt im Koordinatensystem eines anderen Objektes (dem Bezugsobjekt) darzustellen. Beispielsweise können so die Eckpunktkoordinaten eines geometrischen Objektes in das Koordinatensystem der virtuellen Kamera überführt werden. Dafür muss ein Pfad im Graphen vom Knoten des Bezugsobjektes zum jeweiligen Objektknoten traversiert werden. Kanten dürfen dabei auch in umgekehrter Richtung durchlaufen werden. Wie zuvor müssen auch hier die auf dem Pfad auftretenden Transformationsmatrizen multipliziert werden, allerdings ist zu beachten, dass mit der inversen Matrix zu multiplizieren ist, falls die entsprechende Transformationsgruppe über eine Kante in umgekehrter Richtung erreicht wurde.

Als Beispiel soll die Transformationsmatrix $M_{Nagel \rightarrow Rad1}$ bestimmt werden, welche die Objektkoordinaten des ersten Rades eines Fahrzeugs in das Koordinatensystem eines Nagels überführt, der auf der Straße liegt (vgl. Abb. 3.2). Es ergibt sich folgende Matrixmultiplikation:

$$M_{Nagel \rightarrow Rad1} = M_{Nagel}^{-1} \bullet M_{Strasse}^{-1} \bullet M_{Fahrzeug} \bullet M_{Rad1}$$

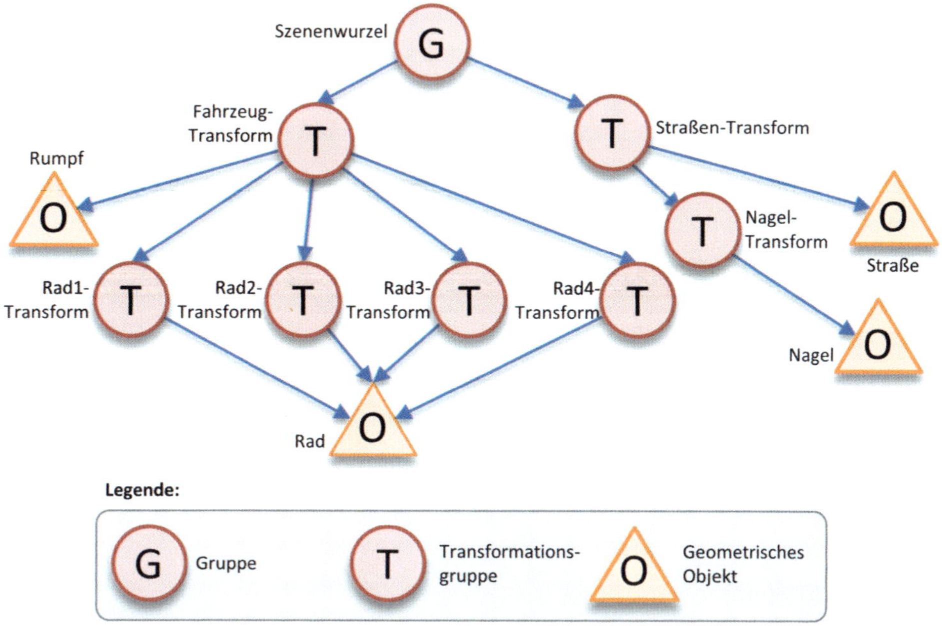

Abb. 3.2 Beispiel für einen Szenengraphen. Die Szene besteht aus einem Fahrzeug mit vier Rädern sowie einer Straße, auf der ein Nagel liegt. Das 3D-Objekt für das Rad muss nur einmal in den Speicher geladen werden, wird aber mehrfach wiederverwendet

Populäre quelloffene Szenengraphsysteme sind OpenSceneGraph und OpenSG, die u. a. für die Entwicklung immersiver VR-Systeme geeignet sind, sowie Java3D. Mit dem ebenfalls quelloffenen X3DOM-Framework können X3D-basierte Virtuelle Welten in Web-Browsern dargestellt werden.

3.3 3D Objekte

3D-Objekte sind der vielleicht wichtigste Bestandteil Virtueller Welten. Um 3D-Objekte visualisieren zu können, werden zunächst Modelle benötigt, welche die Geometrie der Objekte möglichst genau und in einer Form beschreiben, die sich von einem Computer leicht verarbeiten lässt. Einige dieser Modelle werden nachfolgend vorgestellt. Grundlegend lassen sich Oberflächen- und Festkörpermodelle unterscheiden. Oberflächenmodelle eignen sich – wie der Name bereits erkennen lässt – zur Beschreibung von Oberflächen (engl. *Surfaces*). Mittels Festkörpermodellen (engl. *Solids*) können Objekte beschrieben werden, die ein Volumen einschließen. An dieser Stelle sollen Polygonnetze stellvertretend für Oberflächenmodelle und B-Reps sowie das Primitive Instancing als Beispiele für Festkörpermodellierung betrachtet werden.

3.3.1 Oberflächenmodelle

Die Bereitstellung geeigneter Methoden zur Beschreibung von *Oberflächen* (*Surfaces*) ist von zentraler Bedeutung. Die reale Welt enthält viele gekrümmte Flächen. Beispiele dafür sind etwa das menschliche Gesicht oder Hügellandschaften. Die Oberfläche eines Objektes ist das, was unmittelbar wahrnehmbar ist.

Polygonbasierte Repräsentationen

Polygonbasierte Flächenbeschreibungen gehören zu den am häufigsten vorkommenden, da sich damit beliebig geformte Oberflächen einfach nachbilden lassen. Ein Nachteil ist allerdings, dass die Geometrie gekrümmter Oberflächen sich nur annähernd und nicht genau wiedergeben lässt, da sie durch ein Netz planarer Polygone modelliert wird. Um eine gekrümmte Oberfläche ausreichend genau zu beschreiben, ist daher eine hohe Polygonanzahl nötig, was wiederum einen hohen Speicherbedarf nach sich zieht und das Rendering aufwändiger macht.

> Auf moderner Graphik-Hardware stehen mittlerweile sog. Tessellation-Shader zu Verfügung, welche die Erzeugung von Polygonen direkt auf der GPU ermöglichen. Mithilfe der Tessellation-Shader können gekrümmte Oberflächen mit geringem Speicherbedarf repräsentiert und effizient gerendert werden. Allerdings werden Tessellation-Shader von vielen Modellierungswerkzeugen noch nicht unterstützt: Beim Export von 3D-Modellen mit gekrümmten Oberflächen werden typischerweise Polygonnetze mit hoher Polygonanzahl erzeugt.

Polygone

Ein Polygon ist ein Vieleck. Es besteht aus *Eckpunkten* (engl. *Vertices*), die mit *Kanten* (engl. *Edges*) verbunden sind. Es sind hier ausschließlich planare Polygone von Interesse, deren Eckpunkte in einer Ebene liegen. Das einfachste und zwangsläufig immer planare Polygon ist das Dreieck. Komplexere Polygone werden für das Echtzeit-Rendering typischerweise in Dreiecke zerlegt (*Triangulierung*), da die Graphik-Hardware Dreiecke besonders effizient verarbeiten kann. Polygone, die Bestandteil einer Objektoberfläche sind, werden auch als *Flächen* (engl. *Faces*) bezeichnet. Abbildung 3.3 zeigt den konzeptuellen Zusammenhang zwischen Objekten, Flächen, Dreiecken, Kanten und Eckpunkten.

Polygonnetze (Polygon Meshes)

Der Begriff Polygonnetz bezeichnet eine Anzahl zusammenhängender Polygone, die eine Oberfläche beschreiben. Da Eckpunkte in einem Polygonnetz von verschiedenen Flächen geteilt werden, empfiehlt sich die *indizierte Flächenliste* als Datenstruktur zur Ablage des Netzes. Hierbei werden zwei separate Listen für Flächen und Eckpunkte definiert (Szenengraphknotentyp *IndexedFaceSet*). Eine Fläche wird dann durch Verweise (Indizes) in die Eckpunktliste festgelegt (Abb. 3.4). Im Vergleich zu einer unabhängigen Definition der

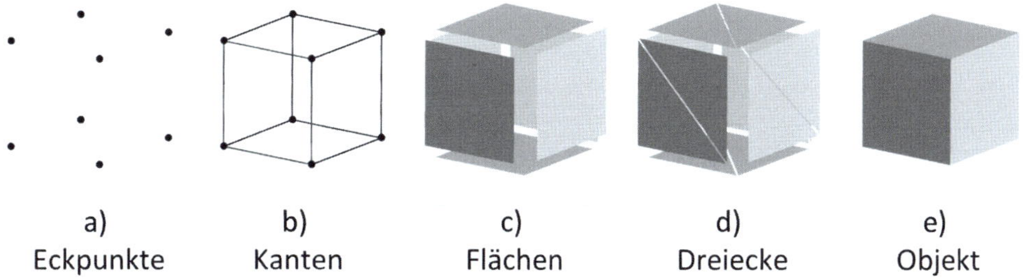

Abb. 3.3 Elemente polygonbasierter Objektrepräsentationen

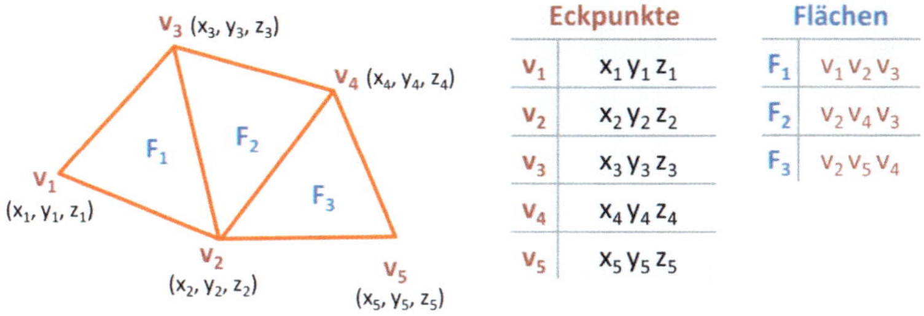

Abb. 3.4 Repräsentation eines Polygonnetzes durch separate Listen für Eckpunkte (*Vertices*) und Flächen als IndexedFaceSet

einzelnen Flächen spart die indizierte Ablage Speicherplatz. Zudem können Topologie-Informationen (Zusammenhänge zwischen Eckpunkten, Kanten und Flächen) aus der Datenstruktur abgeleitet werden.

Triangle Strips

Eine noch speichereffizientere Repräsentation von Polygonnetzen, bzw. genauer: Dreiecksnetzen, ergibt sich durch die sogenannten *Triangle Strips* (dt. Dreiecksstreifen). Hierbei wird nur das erste Dreieck durch explizite Angabe von drei Eckpunkten festgelegt. Jeder weitere Eckpunkt erzeugt dann ein neues Dreieck, indem zwei der zuvor definierten Eckpunkte wiederverwendet werden (Abb. 3.5). Damit müssen bei N Dreiecken statt $3 \cdot N$ Eckpunkten nur $N+2$ Eckpunkte definiert werden. Neben der Speicherplatzersparnis wird die zügige Verarbeitung der Triangle Strips durch Hardware gestützt. Szenengrapharchitekturen können spezielle Geometrieknoten, sog. *TriangleStripSets*, bereitstellen, die Objekte als Menge von Triangle Strips beschreiben. Bedeutung für VR-Systeme erhält die Triangle Strip Darstellung auch dadurch, dass effiziente Algorithmen für die Konversion indizierter Flächenlisten zu Triangle Strips existieren. Der Konvertierungsprozess kann einmal beim Laden von 3D-Objekten ohne größeren Zeitaufwand erfolgen, um das folgende, bei jedem Zeitschritt anfallende Rendering der Objekte zu beschleunigen.

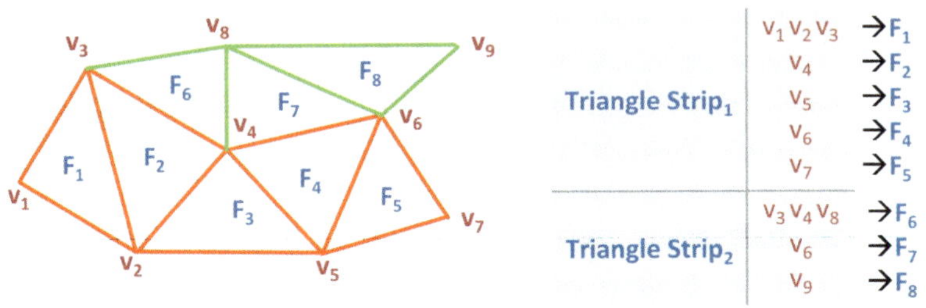

Abb. 3.5 Repräsentation eines Dreiecknetzes durch *Triangle* Strips. Das erste *Dreieck* jedes Strips wird durch drei Eckpunkte (*Vertices*), folgende Dreiecke durch nur einen Eckpunkt spezifiziert. z. B. wird das erste *Dreieck* F_1 durch die Eckpunkte v_1, v_2 und v_3 festgelegt. Durch den folgenden Eckpunkt v_4 wird das *Dreieck* F_2 mit den Eckpunkten v_2, v_3, v_4 spezifiziert, durch den Eckpunkt v_5 das *Dreieck* v_3, v_4, v_5, usw

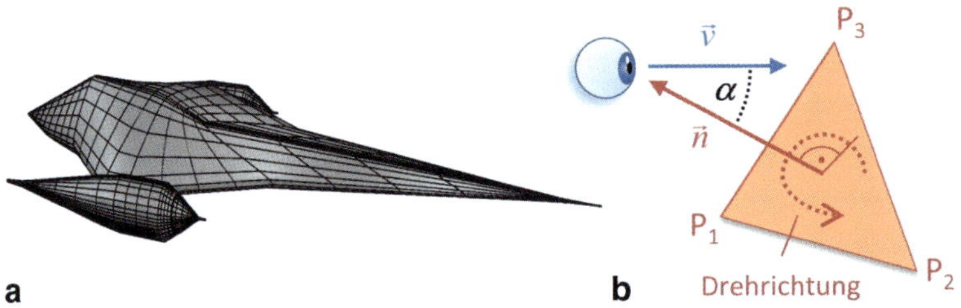

Abb. 3.6 **a** Beispiel eines B-Rep-Solids. **b** Bestimmung der Vorderseite bzw. Rückseite eines Polygons. Sind der Normalenvektor $\vec{n}$ auf der Polygonfläche mit dem Blickrichtungsvektor $\vec{v}$ des Betrachters ungefähr entgegengesetzt, oder genauer: wenn $\vec{n}$ und $\vec{v}$ einen Winkel zwischen 90° und 270° bilden, schaut der Betrachter auf die Vorderseite des Polygons

3.3.2 Festkörpermodelle

Eine Oberfläche muss noch kein Volumen umschließen, d. h. sie muss nicht zwangsläufig einen *Festkörper*, einen sogenannten *Solid*, beschreiben. In vielen Fällen ist es aber notwendig, mit Festköpern zu arbeiten, z. B. in einer physikalischen Simulation, um das Volumen oder den Masseschwerpunkt eines Objektes zu berechnen. Auch zur Feststellung von Kollisionen zwischen Objekten kann es aus Effizienzgründen von Vorteil sein, wenn man die Objekte durch ihre konvexe Hüllen annähert, also durch geschlossene konvexe Polygonnetze.

Boundary Representations (B-Reps)

Ein B-Rep-Solid wird durch die begrenzenden Flächen modelliert (Abb. 3.6a). Ein einfaches Beispiel hierfür wäre ein Polygonnetz, das ein Volumen einschließt. Um Algorithmen, z. B. zur Prüfung der Gültigkeit des Volumens (also der „Geschlossenheit" des Polygonnetzes), effizient auszuführen, werden Datenstrukturen benötigt, die Informationen über die Topologie der Objektoberfläche (als die Zusammenhänge von Kanten, Eckpunkten und Flächen) bereitstellen. Hier kommen Datenstrukturen wie die bereits erwähnten indizierten Flächenlisten ins Spiel. Außerdem muss die Unterscheidung der Innen- und Außenseite (bzw. Rück- und Vorderseite) einer begrenzenden Fläche möglich sein. Dafür werden Eckpunkte bzw. Kanten der Flächen in einer bestimmten Reihenfolge, z. B. gegen den Uhrzeigersinn, definiert. Durch die Reihenfolge der Eckpunkte wird der *Normalenvektor* bestimmt, welcher senkrecht auf der Polygonvorderseite steht. Alternativ kann der Normalenvektor auch explizit modelliert werden. Ein Betrachter sieht also genau dann die Vorderseite eines Polygons, wenn dessen Normalenvektor ungefähr in Richtung des Betrachters zeigt (Abb. 3.6b). Bei B-Reps (und Solids im Allgemeinen) kann auf das Zeichnen der Polygonrückseiten verzichtet werden, da diese niemals sichtbar werden. In vielen Szenengraphbibliotheken enthalten die Knotenklassen für Polygonnetze ein binäres Attribut, das beschreibt, ob es sich bei dem Polygonnetz um einen Solid handelt.

Primitive Instancing

Primitive Instancing basiert, wie der Name bereits andeutet, auf der Instanziierung sogenannter Primitive. Dies sind vordefinierte Solid-Objekte, wie Kugel, Zylinder, Torus oder z. T. auch komplexere Objekte, wie Zahnräder. Die Eigenschaften einer Primitivinstanz (z. B. der Radius im Fall einer Kugel) können über Parameter eingestellt werden. Viele Szenengraphbibliotheken bieten Unterstützung zumindest für einfache primitive Objekte wie Kugeln, Quader, Zylinder und Kegel an.

3.3.3 Erscheinungsbild

Ein Objekt allein durch eine Anzahl von Polygonen zu beschreiben, ist nicht ausreichend, um das äußere Erscheinungsbild des Objektes festzulegen. Hierzu ist es notwendig, das „Material“ zu definieren, aus dem das Objekt beschaffen ist, sowie die „Musterung“ (Textur) der Objektoberfläche.

Materialien

Ein Material wird bzgl. der äußeren Anmutung einer Objektoberfläche vor allem durch seine Emissions-, Reflexions- und Transparenzeigenschaften charakterisiert. Emission tritt bei Objekten auf, welche selbst Licht einer definierten Farbe abstrahlen. Die Berechnung von Lichtreflexionen folgt in VR-Systemen aufgrund der Echtzeitanforderungen typischerweise dem Modell vom Phong (1975). Bei den Reflexionscharakteristika unterscheidet man dabei die Reflexion von Umgebungslicht sowie die diffuse und die spiegelnde Reflexion. Der Anteil des reflektierten Umgebungslichts äußert sich in der Grundfarbe bzw. -helligkeit des Objekts. Weiterhin kann entsprechend definiert werden, welche Anteile des auf die Objektoberfläche treffenden Lichts diffus oder spiegelnd reflektiert werden. Während die spiegelende Reflexion bei glänzenden Oberflächen auftritt, entsteht diffuse Reflexion bei matten Oberflächen. Letztendlich hängt die vom Betrachter wahrgenommene Intensität bzw. Helligkeit eines Punktes der Objektoberfläche nicht nur von den Mate-

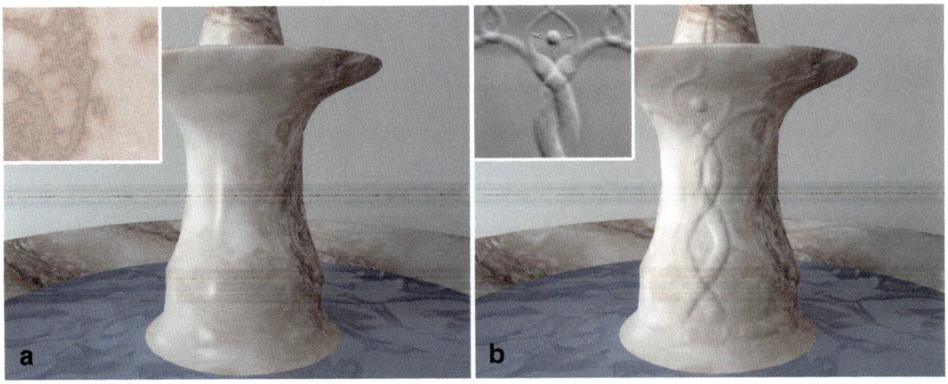

Abb. 3.7 **a** Objekt mit Bildtextur, Ausschnitt aus der Textur links oben im Bild, **b** Objekt mit Bildtextur und Bump-Map, Ausschnitt aus der Bump-Map links oben im Bild

rialparametern ab, sondern ebenso von den Eigenschaften der beleuchtenden Lichtquellen und der Entfernung zu diesen Lichtquellen, dem Auftreffwinkel des Lichts auf der Oberfläche sowie bei spiegelnder Reflexion zusätzlich vom Standpunkt des Betrachters selbst.

Im Gegensatz zu reflektierendem Material lässt *transparentes* Material das Licht teilweise passieren. Dabei gibt der Transparenzwert den Grad der Durchsichtigkeit der Objektoberfläche an. Falls eine Virtuelle Welt transparente Objekte enthält, so sollte das Rendering in zwei Durchgängen erfolgen: Im ersten Durchgang werden die nichttransparenten Objekte dargestellt, im zweiten Durchgang die transparenten Objekte, deren sichtbare Farbe ja von den dahinterliegenden Objekten abhängt. Die transparenten Objekte, bzw. genauer: die transparenten Flächen von Objekten, werden zudem von hinten nach vorne gezeichnet, was eine vorangehende Sortierung dieser Flächen nach ihrem Abstand zur virtuellen Kamera erfordert. Das Vorhandensein transparenter Objekte in der Virtuellen Welt erhöht somit den Aufwand für das Rendering und kann sich negativ auf die Echtzeitfähigkeit der VR-Anwendung auswirken.

Texturen

Um Oberflächenstrukturen wie Stein, Holz usw. nachzubilden, ohne jedes Detail geometrisch modellieren zu müssen, bedient man sich des „Tricks" der Texturierung. *Texturen* sind Rasterbilder, die auf die Objektoberflächen gelegt werden. Die genaue Abbildung von Pixeln der Textur auf Punkte der Objektoberfläche erfolgt über die Zuordnung von normierten Texturkoordinaten (also Rasterbildkoordinaten) zu den Eckpunktkoordinaten der Polygone einer Oberfläche. Beim Rendering werden Texturkoordinaten für Pixel, die zwischen den Eckpunkten eines Polygons liegen, von der Graphikhardware mittels Interpolation berechnet (Abb. 3.7).

Noch weitaus realistischere Oberflächenstrukturen lassen sich durch Verfahren wie *Bump-Mapping*, *Normal-Mapping* oder *Displacement-Mapping* erzeugen, die auch mit dem herkömmlichen Texture-Mapping kombinierbar sind. Beim Bump-Mapping werden die Pixelfarben der Objektoberfläche auf Basis eines Graustufenbildes (der Bump- oder Height-Map) modifiziert. Die Bump-Map repräsentiert das „Höhenprofil" der Objektoberfläche, wobei kleine (d. h. „dunkle") Werte meist für abgesenkte Bereiche und große (also „helle") Werte für herausgehobene Bereiche der Objektoberfläche stehen. Eine Bump-Map wird wie eine herkömmliche Textur auf die Objektoberfläche gelegt, allerdings werden die Werte der Bump-Map nicht als Farben interpretiert sondern modifizieren die Normalen in den entsprechenden Punkten auf der Objektoberfläche. Somit kann die Helligkeit pixelweise variiert werden, da die Normalen bei der Beleuchtungsberechnung eine wesentliche Rolle spielen. Das Normal-Mapping stellt eine Variante des Bump-Mappings mit dem Unterschied dar, dass hierbei Normalenvektoren direkt in einer sogenannten Normal-Map gespeichert werden. Dennoch handelt es sich sowohl beim Bump- als auch beim Normal-Mapping um „Darstellungstricks", die den visuellen Effekt rauer Oberflächen auch bei grob aufgelösten Polygonmodellen erzeugen, ohne dabei die Objektgeometrie zu verändern. Demgegenüber wird beim Displacement-Mapping tatsächlich die Mikrogeometrie der Objektoberflächen manipuliert. Gegebenenfalls muss dafür das Polygonnetz verfeinert werden.

Shader

Um eine noch vielfältigere Gestaltung von Objektoberflächen zu ermöglichen, kommen so genannte *Shader* zum Einsatz. Shader sind kleine Programme, welche bei entsprechender Hardwareunterstützung auf der Graphikkarte ausgeführt werden können (Hardware-Shader). Shader werden i. d. R in einer speziellen Shader-Sprache geschrieben. So kommen u. a. die Sprachen Cg (C for Graphics) von NVIDIA, die OpenGL Shading Language (GLSL) oder die High Level Shading Language (HLSL) von Microsoft zum Einsatz. Die am häufigsten verwendeten Shader-Typen sind *Vertex-Shader*, welche Eckpunktinformationen verändern, und *Fragment-Shader* (die häufig auch als *Pixel-Shader* bezeichnet werden), welche die Manipulation von Farbwerten im gerasterten Bild einer Objektoberfläche erlauben. So ließe sich beispielsweise Displacement-Mapping auf Basis eines Vertex-Shaders und Bump-Mapping auf Basis eines Fragment-Shaders realisieren. Die endgültige Farbe eines Pixels auf dem Bildschirm kann sich dabei auch aus Farbfragmenten mehrerer Objekte ergeben, z. B. wenn ein halbtransparentes Objekt aus Sicht des Betrachters vor einem weiter entfernten Objekt liegt.

3.3.4 Optimierungstechniken für 3D-Objekte

Die Rendering-Effizienz ist für das Einhalten von Echtzeitbedingungen und damit für ein überzeugendes VR-Erlebnis ein ausschlaggebender Faktor. Sie kann durch die Vereinfachung komplexer Objektgeometrien erheblich verbessert werden. In diesem Abschnitt werden beispielhaft wichtige Optimierungsansätze vorgestellt, wie die Vereinfachung von Polygonnetzen und das Ersetzen von Geometrie durch Texturen.

Vereinfachung von Polygonnetzen

Eine wichtige Maßnahme, um echtzeitfähige 3D-Modelle zu erhalten, ist die Reduktion der Zahl der Polygone. Eine gebräuchliche Methode, die nachfolgend kurz für Dreiecksnetze betrachtet wird, besteht im Entfernen von Eckpunkten (Vertices). Soll z. B. Eckpunkt V_1 aus dem Netz entfernt werden, wählt man eine vom Eckpunkt V_1 ausgehende Kante zu einem Eckpunkt V_2. Es werden zunächst die beiden Dreiecke aus dem Netz entfernt, welche sich die betrachtete Kante (V_1, V_2) teilen. Anschließend wird der Eckpunkt V_1 bei allen Dreiecken, die ihn enthalten, durch V_2 ersetzt. Zuletzt wird der Eckpunkt V_1 gelöscht. Da bei diesem Verfahren durch das Ersetzen bzw. die „Verschmelzung" des Eckpunktes V_1 mit dem Eckpunkt V_2 auch die Kante (V_1, V_2) verloren geht, wird es als *Edge Collapse* bezeichnet.

Eine Frage, die sich jedoch stellt, ist, nach welchen Kriterien die zu löschenden Eckpunkte durch ein automatisiertes Verfahren gewählt werden. Intuitiv betrachtet kann die Zahl der Polygone eines Netzes an Stellen reduziert werden, an denen die Oberfläche relativ „flach" ist. Bei einem Dreiecksnetz etwa kann für einen Eckpunkt geprüft werden, wie groß die Varianz der Oberflächennormalen der Dreiecke ist, die sich den Eckpunkt teilen (Schroeder et al. 1992). Ist die Varianz eher klein, handelt es sich zumindest in der lokalen Umgebung des Eckpunktes um eine „flache" Oberfläche und der Eckpunkt kann gelöscht werden. Je nach Wahl des Schwellwertes für die Varianz kann die Dreiecksreduktion stärker oder schwächer ausfallen.

Darstellung unterschiedlicher Detailgrade

Mit steigender Entfernung eines 3D-Objektes zum Betrachter sind immer weniger Details wahrnehmbar. Diese Gegebenheit lässt sich nutzen, um die Rendering-Effizienz zu optimieren. Dabei wird ein 3D-Objekt in mehreren Detailgraden (*Level of Detail, LOD*) abgelegt. Die unterschiedlich detaillierten Objekte können z. B. durch die schrittweise Vereinfachung eines Polygonnetzes – wie oben beschrieben – entstehen. Zur Laufzeit wird abhängig von der Distanz zum Betrachter durch das VR-System ein geeigneter Detailgrad ausgewählt. Ist das Objekt beispielsweise weiter entfernt, wird ein 3D-Modell angezeigt, welches aus relativ wenigen Polygonen besteht oder kleinere, weniger detailreiche Texturen verwendet, und sich daher schneller rendern lässt. Im Gegensatz dazu wird bei kleineren Distanzen ein detaillierteres Modell gerendert. Einige Szenengrapharchitekturen unterstützen diesen Mechanismus direkt durch einen eigenen *LOD*-Knotentyp (z. B. in X3D), andere verwenden dafür speziell gesteuerte *Switch*-Knoten (z. B. in Java3D). Ein Switch-Knoten ist ein Gruppenknoten, bei dem jedoch nur einer der Kindknoten des Switch-Knotens dargestellt wird. Der darzustellende Kindknoten kann zur Laufzeit gewählt werden (vgl. auch 3.3.3 zur Verwendung von Switch-Knoten zur Darstellung von Zustandsänderungen dynamischer Objekte).

Texture Baking

Häufig ist es notwendig, die Anzahl der Polygone eines hochauflösenden 3D-Objektes zu reduzieren, um die bei einer interaktiven VR-Anwendung obligatorischen Echtzeitanforderungen garantieren zu können. Um dennoch den Eindruck einer detailreichen Dar-

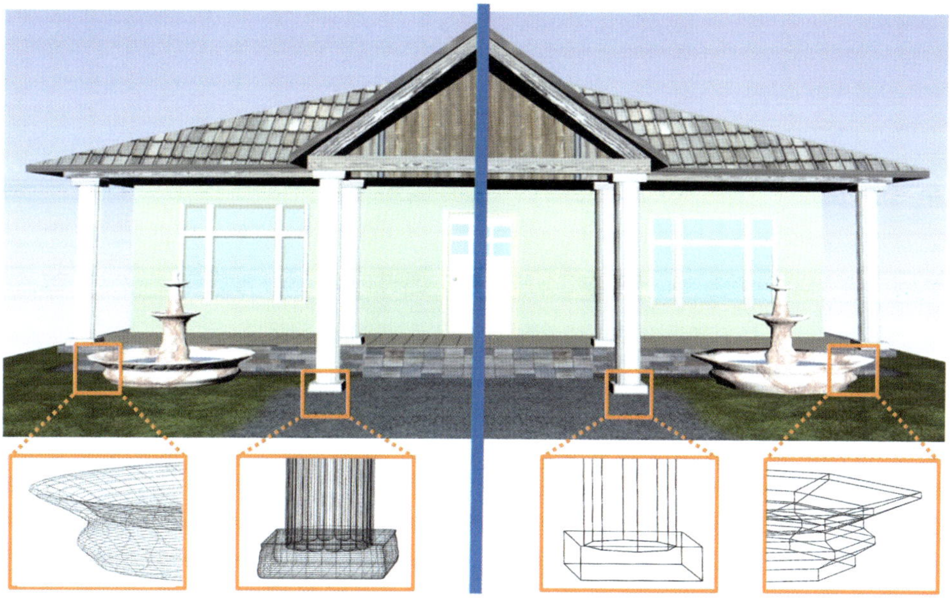

Abb. 3.8 Beispiel für Texture Baking. *Links*: hoch aufgelöste Originalszene. *Rechts*: Szene mit vereinfachter Geometrie und gebackenen Texturen für Farbe und Bump-Mapping

stellung zu erhalten, kommt die Technik des *Texture Baking* zum Einsatz. Hierbei wird die Farbinformation der beleuchteten Oberfläche eines hochauflösenden 3D-Modells in eine Textur gespeichert. Die so „gebackene" Textur wird dann auf die niedrig aufgelöste, polygonreduzierte Modellversion übertragen. Anstatt einer Farbtextur kann diese Technik in ähnlicher Form verwendet werden, um aus einem hoch aufgelösten Modell eine Bump-Map oder Normal-Map für das entsprechende niedrig aufgelöste Modell zu erzeugen (Abb. 3.8).

Billboards

Billboards (dt. Plakatwand) sind spezielle Transformationsgruppen, die automatisch auf den Nutzer ausgerichtet werden. Oft enthalten Billboards sehr einfache Geometrien wie texturierte Vierecke. So ist es beispielsweise erheblich effizienter, ein Billboard mit dem Bild eines Baumes mit transparentem Hintergrund als Textur darzustellen, als ein detailliertes geometrisches Baummodell zu rendern. Ein weiterer typischer Anwendungsfall dient der Darstellung einzelner Partikel in Partikelsystemen für Feuer, Rauch, Explosionen o.ä. (vgl. Abb. 3.13). Im Vergleich zu einem „echten" geometrischen Modell hat das Billboard den Nachteil, dass der Betrachter das entsprechende Objekt immer von derselben Seite sieht. Daher empfiehlt es sich, Billboards eher für weiter entfernte oder sehr kleine Objekte einzusetzen, deren Details weniger gut erkennbar sind.

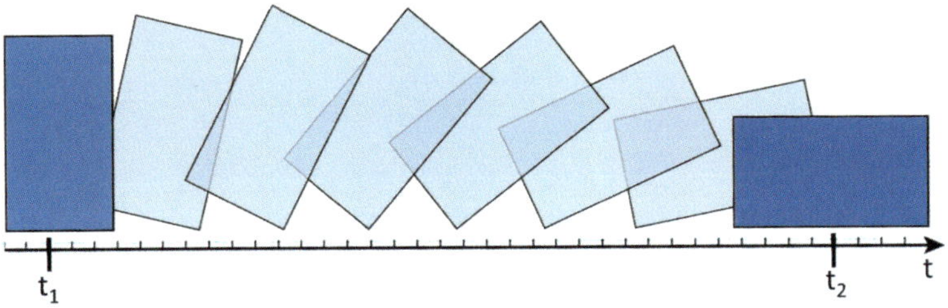

Abb. 3.9 Keyframes zu den Zeitpunkten t_1 und t_2, interpolierte Frames dazwischen. Im Beispiel wird der Rotationswinkel des Objektes animiert

3.4 Animation und Objektverhalten

Ändern sich Eigenschaften von Objekten der Virtuellen Welt über die Zeit, spricht man von animierten Objekten. Dabei können verschiedenste Eigenschaften modifiziert werden, wie u. a. Farbe, Größe, Position, Orientierung, Geometrie (Eckpunktkoordinaten). An dieser Stelle sollen zunächst zwei grundlegende Animationsarten betrachtet werden: keyframe- und physikbasierte Animation.

3.4.1 Keyframe-Animation

Eine häufig verwendete Möglichkeit der Animation von 3D-Objekten ist die *Keyframe-Animation*. Dabei werden bestimmte Schlüsselzeitpunkte (*Keyframes*) festgelegt, zu denen eine Eigenschaft des zu animierenden Objektes, beispielsweise die Position, jeweils einen bestimmten Wert (Schlüsselwert) aufweist. Werte zu Zeitpunkten zwischen zwei Keyframes werden durch Interpolation der Schlüsselwerte bestimmt (Abb. 3.9). Dabei können verschiedene Interpolationsverfahren zum Tragen kommen, wie lineare, quadratische oder kubische Interpolation.

3.4.2 Physikbasierte Animation starrer Körper

Häufig ist es wünschenswert, Bewegungen eines Objektes zumindest annähernd realistisch wiederzugeben. Bei der physikbasierten Animation werden die Eigenschaften Position und Orientierung eines 3D-Objekts auf Basis physikalischer Gesetze modifiziert. Das zu animierende Objekt wird dabei als *starrer Körper* (engl. *Rigid Body*) betrachtet und weist daher auch physikalische Eigenschaften auf. Wichtige Eigenschaften sind:

- die Masse, um Beschleunigungen bei der Einwirkung von Kräften oder Drehmomenten auf das Objekt oder die resultierende Geschwindigkeit nach einer Kollision zu bestimmen,
- die lineare Geschwindigkeit und (bei Drehung) die Winkelgeschwindigkeit des Objektes,

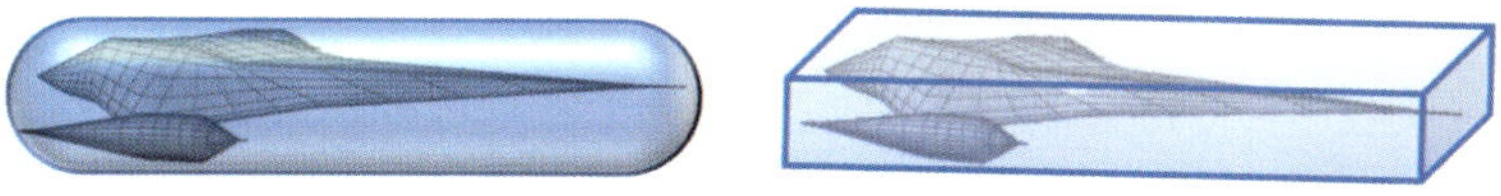

Abb. 3.10 Beispiel für Hüllkörper: Die komplexe Geometrie des Objektes wird durch zwei verschiedene Hüllkörper angenähert, eine Kapsel bzw. eine Box. Hüllkörper werden anstelle der tatsächlichen Geometrie verwendet, um effizient Kollisionen zwischen Objekten festzustellen

- materialbezogene Dämpfungsparameter, um die Bewegung des Objektes aufgrund von Reibung zu dämpfen,
- sowie Elastizitätswerte, um die Verringerung der Geschwindigkeit aufgrund des Verlustes kinetischer Energie nach einer Kollision zu simulieren.

Weiterhin müssen die Kräfte und Drehmomente, die zu Beginn der Simulation auf einen Körper einwirken, definiert werden. Auch globale Parameter, wie die permanent auf alle Körper wirkende Schwerkraft, sind bei der Simulation zu berücksichtigen. In jedem Simulationsschritt müssen auf Basis der zugrunde liegenden physikalischen Gesetze Position und Orientierung der animierten Objekte neu bestimmt werden.

Ein weitere wichtige Aufgabe bei der physikbasierten Animation ist die Erkennung der Kollision von Körpern. Hierfür wird die eigentliche Geometrie des Körpers in der Regel durch einen Hüllkörper (engl. *Collision Proxy*) angenähert (Abb. 3.10), um die Überprüfung auf Kollisionen zu erleichtern. Der Collision Proxy wird nicht gerendert und bleibt somit unsichtbar. Einfache Hüllkörper sind etwa Kugeln, Quader oder Kapseln. Eine genauere Annäherung an die Detailform eines Objekts ist dessen konvexe Hülle, die durch ein Polygonnetz abgebildet werden kann (die konvexe Hülle ist dabei auch ein B-Rep-Solid, vgl. Abschn. 3.2.2). Ob einfachere oder exaktere Collision Proxies sinnvoll sind, ist stark anwendungsabhängig. Die Anreicherung geometrischer Objekte um geeignete Collision Proxies ist daher typischerweise eine Aufgabe bei der Modellierung der Virtuellen Welt. Für eine weiterführende Darstellung des Themas Kollisionserkennung sei auf Kap. 7.2 verwiesen.

Die Berechnung von Position und Orientierung der Körper wird in der Regel durch eine sogenannte *Physik-Engine* in einer „Physikwelt" durchgeführt, die parallel zur eigentlichen darstellbaren Szene, der „Geometriewelt", existiert. Für die Berechnung von Kollisionen kommt teilweise noch eine spezielle Kollisions-Engine zum Einsatz, die aber oft auch Teil der Physik-Engine ist. Nicht jedes geometrische Objekt der visuell dargestellten Szene muss dabei zwangsläufig durch ein entsprechendes physikalisches Objekt repräsentiert werden. Zum Beispiel ist es überflüssig, weit entfernte Hintergrundobjekte in die Physiksimulation aufzunehmen, falls anwendungsbedingt im Voraus klar ist, dass diese Objekte nie mit anderen Objekten kollidieren können. Bei der Anreicherung der „Geometriewelt" um physikalische Objekte ist zudem eine geeignete Zusammenfassung von Einzelgeometrien vorzunehmen. So kann z. B. ein Auto aus mehreren Einzelobjekten zusammengesetzt sein, z. B. Karosserie und vier Räder (vgl. Abb. 3.2), wobei es für den speziellen Anwendungsfall genügen mag, das Auto als Ganzes durch ein einzelnes physikalisches Ob-

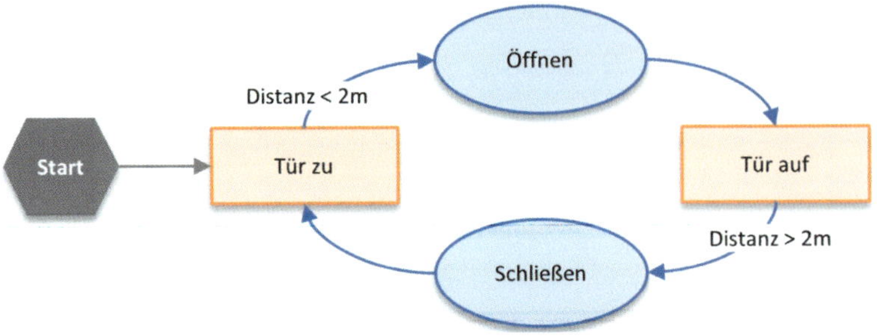

Abb. 3.11 Zustandsautomat zur Definition des Verhaltens einer Tür: Unterschreitet die Distanz zwischen VR-Nutzer und Tür zwei Meter, wird die Tür geöffnet und im umgekehrten Fall wieder geschlossen

jekt zu simulieren. Die in jedem Simulationsschritt durch die Physik-Engine berechneten Positions- und Orientierungswerte werden auf die entsprechenden Eigenschaftsfelder der geometrischen Objekte in der Szene übertragen. Z. B. würde in Szenengrapharchitekturen dazu die Transformationsmatrix eines Transformationsknotens über dem geometrischen Objekt aktualisiert. Nach dem Rendering der Szene werden Bewegungen somit sichtbar.

In einigen Fällen ist die Bewegungsfreiheit von Körpern eingeschränkt, da sie über *Gelenke* (engl. *Joints*) miteinander verbunden sind. Typische Gelenkarten sind Schubgelenke, Kugelgelenke und Drehgelenke (Scharniere). Etwas vereinfacht ließe sich beispielsweise die Verbindung zwischen Ober- und Unterarm als Drehgelenk modellieren. Weiterhin wäre der maximale „Öffnungswinkel" des Gelenks in diesem Beispiel mit etwa 180 Grad definiert. Derartige Bewegungseinschränkungen (engl. *Constraints*) werden bei der Simulation von den meisten Physik-Engines berücksichtigt.

3.4.3 Objektverhalten

3D-Objekte können ein spezifisches Verhalten (engl. *Behavior*) aufweisen. Unter Verhalten versteht man, dass Objekte ihren Zustand ändern können, wenn ein bestimmtes Ereignis eintritt. Daher lässt sich das Verhalten eines Objektes formell gut durch einen Zustandsautomaten beschreiben. Hierfür existieren auch spezielle Beschreibungssprachen, wie SSIML/Behaviour (Vitzthum 2005). Zustandsänderungen können sich auf verschiedene Eigenschaften des 3D-Objektes beziehen, wie Farbe, Form, Position oder Orientierung. Ein Beispiel wäre ein Fahrzeug, dessen Geometrie nach einer Kollision ausgetauscht wird. Ein solcher Geometrieaustausch ließe sich u. a. durch einen *Switch-Knoten* mit zwei Kindknoten realisieren: einen Geometrieknoten für das Fahrzeug vor und einen weiteren für das Fahrzeug nach der Kollision.

Neben der diskreten Änderung einer Objekteigenschaft kann ein Zustandsübergang ebenso den Ablauf einer komplexeren Animation auslösen. Diese Animation kann sich auch wiederholen, bis durch ein weiteres Ereignis der nächste Zustandsübergang ausgelöst wird. Das Beispiel in Abb. 3.11 illustriert einen Zustandsautomaten für das Verhalten einer

Tür. Hierbei laufen in den entsprechenden Zuständen Keyframe-Animationen für das Öffnen und Schließen der Tür ab.

Auslöser oder *Trigger* für Zustandsübergänge können Ereignisse verschiedener Art sein. Im einfachsten Fall kann ein Zustandsübergang nach Ablauf einer definierten Zeitdauer erfolgen (*Time*-Ereignis). Ein weiteres typisches Ereignis wäre die Selektion eines Objektes durch den Nutzer (*Touch*-Ereignis). Auch das Unterschreiten einer bestimmten Distanz zwischen Nutzer und dem mit dem Verhalten assoziierten 3D-Objekt (*Proximity*-Ereignis) kann als Auslöser dienen. Beispielsweise könnte das Öffnen einer (virtuellen) Tür erfolgen, sobald der Nutzer in ihre Nähe navigiert. Eine andere Möglichkeit ist der Übergang eines 3D-Objektes in einen „aktiven“ Zustand (z. B. einen Zustand, in dem eine Animation abläuft), sobald es sichtbar wird (*Visibility*-Ereignis). Ein so gesteuertes Verhalten spart Rechenzeit, da Rechenkapazität erfordernde Zustände nur dann eingenommen werden, wenn das Objekt tatsächlich gesehen wird.

3.4.4 Verhalten und Animation in Szenengraphen

Um Animationen und Verhalten umzusetzen, muss der Szenengraph in jedem Simulationsschritt vor dem Rendering dynamisch angepasst werden. Neben der naheliegenden Möglichkeit der Modifikation der Szene „von außen“ z. B. durch eine externe Physik-Engine (Abschn. 3.4.2) oder durch andere Prozeduren zur Simulation von Objektverhaltens (Abschn. 3.4.3), werden in manchen Szenengrapharchitekturen Keyframe-basierte Animationen (Abschn. 3.3.1) bereits durch spezielle Knotentypen unterstützt. So existieren in X3D beispielsweise Knoten, die bestimmte Ereignisse generieren (z. B. Proximity-Sensoren, Touch-Sensoren) und im Zusammenspiel mit Zeitgebern und Interpolationsknoten Keyframe-Animationen erzeugen. Für die Aktualisierung des Szenengraphen vor der Darstellung müssen alle neuen bzw. noch nicht behandelten Ereignisse ausgewertet werden, entsprechende Interpolationswerte berechnet und damit verbundene animationsbezogene Aktionen ausgeführt werden. Das geschilderte Programmiermodell von X3D und anderen Szenengrapharchitekturen ermöglicht oft elegante Spezifikationen von Animationen und Verhalten. Andererseits ist die Verteilung der relevanten Ereignisse durch i.a. mehrere Knoten des Szenengraphen mit vergleichsweise hohen Laufzeitkosten verbunden, weshalb in leistungsoptimierten Szenengrapharchitekturen darauf verzichtet wird.

3.5 Beleuchtung, Sound und Hintergründe

Dieses Teilkapitel gibt einen kurzen Überblick über verschiedene weitere Objekte, die typischerweise Bestandteil Virtueller Welten sind: Beleuchtung, Sound und Hintergründe. Aufgrund der häufigen Verwendung dieser Objekte, stellen gängige Szenengrapharchitekturen bereits spezielle Knoten zu deren Einbindung in die Szene bereit.

3.5.1 Beleuchtung

Um 3D-Objekte überhaupt sehen zu können, sind Lichtquellen unabdingbar. Typischerweise unterscheidet man direktionales Licht (engl. *Directional Light*) von *Punkt-* (engl. *Point Light*) und *Scheinwerferlicht* (engl. *Spot Light*). Direktionales Licht ist z. B. Licht einer sehr oder gar unendlich weit entfernten Lichtquelle (etwa der Sonne), deren Strahlen quasi parallel in der 3D-Welt ankommen. Eine Punktlichtquelle strahlt vergleichbar mit einer Glühlampe Licht kugelförmig in alle Richtungen ab, während ein Scheinwerferlicht (bspw. eine Taschenlampe) einen Lichtkegel erzeugt. Bei allen Arten von Lichtquellen lassen sich die Lichtfarbe und die Intensität der Lichtquelle definieren. Bei Punkt- und Scheinwerferlicht nimmt mit steigender Entfernung zur Lichtquelle auch die Lichtintensität z. B. aufgrund von Staub- oder anderen Partikeln in der Luft ab (atmosphärische Dämpfung). Bei direktionalem Licht ergibt eine entfernungsabhängige Intensitätsabnahme keinen Sinn, da die Entfernung zur Lichtquelle nicht bekannt bzw. unendlich groß ist. Bei Punktlichtquellen kommt aufgrund des mit steigender Entfernung auf eine immer größer werdende Fläche verteilten Lichts zur linearen noch eine quadratische Intensitätsabnahme hinzu. Bei Scheinwerferlicht nimmt die Lichtintensität hingegen nicht nur mit zunehmender Entfernung, sondern auch zum Rand des Lichtkegels hin ab. Die Stärke dieses Effekts lässt sich in der Regel einstellen, genau wie der Öffnungswinkel des Scheinwerfers. Häufig kann um eine Punkt- oder Scheinwerferlichtquelle noch ein Einflussradius definiert werden. Nur Objekte, die innerhalb der durch den Radius definierten Kugel liegen, werden durch die Lichtquelle beleuchtet.

Eine besondere Lichtquelle in VR/AR-Anwendungen ist das *Headlight* (dt. Stirnlampe, auch Autoscheinwerfer), das sich mit dem Betrachter bewegt. Das Headlight ist typischerweise als direktionale Lichtquelle realisiert, deren Strahlenverlauf immer mit der Blickrichtung des Betrachters übereinstimmt. Damit sind die Objekte im Blickfeld des Betrachters gut sichtbar, selbst wenn sie durch andere Lichtquellen nur unzureichend beleuchtet werden – ähnlich wie bei einer realen Kopf- oder Taschenlampe, selbst wenn eine solche streng genommen als Scheinwerferlicht modelliert werden müsste. Ein möglicher Nachteil der Verwendung des Headlights ist, dass dadurch die Beleuchtungsverhältnisse einer Virtuellen Welt mit sorgfältig modellierten Lichtquellen verändert werden. In solchen Fällen sollte das Headlight also explizit ausgeschaltet werden.

3.5.2 Sound

Neben Lichtquellen können auch Audioquellen Bestandteil der Virtuellen Welt sein. Diese können wie andere Objekte in die Welt integriert werden. In Szenengraphsystemen ist diese Integration in Form von Audioknoten gegeben. Umfang und Art der Sound-Unterstützung differieren allerdings von System zu System. Nachfolgend werden typische Arten von Audioquellen vorgestellt.

Ganz grundlegend muss für eine Audioquelle zunächst spezifiziert werden, welcher Sound erzeugt wird (auf Basis eines Audio-Clips oder eines Audio-Streams) und ob der Sound im Falle eines Clips in einer Schleife wiederholt werden soll. Die wohl einfachste Audioquellenart ist Hintergrund-Sound (z. B. Vogelgezwitscher). Dieser geht von keiner definierten Position aus. Im Gegensatz dazu gibt es Audioquellen, die eine bestimmte Position in der 3D-Welt haben. Dazu gehören u. a. Punktquellen, die Schallwellen kugelförmig aussenden, ähnlich wie Punktlichtquellen Licht nach allen Seiten abstrahlen. Ebenso kann es in Analogie zu den Scheinwerferlichtquellen Audioquellen geben, die Schallwellen kegelförmig aussenden. Da eine rein kegelförmige Abstrahlung in der Realität kaum vorkommt, empfiehlt es sich, einen Sound-Kegel mit einer punktförmigen Quelle zu kombinieren, wodurch eine annähernd realistische Schallausbreitung modelliert wird.

Da auch Schallwellen gedämpft werden, nimmt die Lautstärke bei den meisten Audioquellen mit steigender Entfernung zum Hörer ab. Diese Abnahme kann näherungsweise z. B. durch eine stückweise lineare, monoton fallende Funktion modelliert werden. Hintergrund-Sound bildet eine Ausnahme, da hier die Position der Audioquelle undefiniert ist und somit keine Entfernung zum Hörer berechnet werden kann.

Eine wichtige Orientierungshilfe in VR-Welten und eine Beitrag zur Erhöhung der Immersion ist die Nachbildung der räumlichen Wahrnehmung des Schalls (*Richtungshören*). Diese wird durch das beidohrige (binaurale) Hören möglich. Dasjenige Ohr, welches näher an der Schallquelle positioniert ist, hört das Schallsignal ein klein wenig eher als das andere Ohr. Zudem wird das Schallsignal durch den Kopf etwas gedämpft, so dass auch der Schallpegel zwischen beiden Ohren leicht variiert. Diese Situation lässt sich bei Ausgabe des Sounds über zwei (Stereo) oder auch mehr Kanäle gut nachbilden, indem der Sound über die Kanäle jeweils mit einem leichten zeitlichen Versatz und ggf. mit einer leichten Pegeldifferenz ausgegeben wird. Als Alternative zu Mehrkanaltonverfahren, die mit einer festen Anzahl von Kanälen bzw. Lautsprechern arbeiten, existieren Verfahren wie Ambisonics (Gerzon 1985) und Wellenfeldsynthese (Berkhout 1988), bei denen die Anzahl der eingesetzten Lautsprecher nicht festgelegt ist. Beispielsweise werden bei Ambisonics die auf den einzelnen Lautsprechern auszugebenden Audiosignale basierend auf den Schalleigenschaftswerten an der jeweiligen Lautsprecherposition berechnet.

Eine physikalisch exakte echtzeitfähige Berechnung der Schallabsorption, -reflexion und -beugung durch beliebige Hindernisse stellt – ähnlich wie die Reflexion und Brechung von Lichtstrahlen – sehr hohe Performanzanforderungen und wird daher von Szenengraphsystemen nicht unterstützt. Allerdings existieren für einige Szenengraphsysteme, darunter OpenSceneGraph, Zusatzbibliotheken, die Low-Level-Programmierschnittstellen für Echtzeit-3D-Audio wie FMOD oder OpenAL nutzen, welche wiederum einige fortgeschrittene Audio-Effekte implementieren. Hierzu gehören u. a. die Simulation der Veränderung des Schallsignals durch Hindernisse zwischen Schallquelle und Hörer und die Simulation des Dopplereffekts. Letzterer bewirkt eine Zunahme der Schallfrequenz (Tonhöhe), wenn sich die Soundquelle auf den Hörer zubewegt und umgekehrt bei Distanzvergrößerung eine Frequenzabnahme.

3.5.3 Hintergründe

Neben den eigentlichen Objekten der Szene muss auch der Szenenhintergrund, z. B. der Himmel, dargestellt werden. Hierfür kann im einfachsten Fall ein statisches Bild dienen. Eine andere Möglichkeit ist die Verwendung eines dreidimensionalen Körpers, wie einer großen Kugel (engl. *Sky Sphere*) oder Box (engl. *Sky Box*), dessen Innenflächen mit der Hintergrundgraphik texturiert sind. Alle Objekte der 3D-Welt befinden sich innerhalb des Körpers. Lässt man den Körper rotieren, kann man Effekte wie vorbeiziehende Wolken simulieren.

3.6 Spezialsysteme

Zum Abschluss des Kapitels werden besondere 3D-Objekte behandelt, die Virtuelle Welten interessanter machen, aber deren Modellierung und Animation besondere Herausforderungen mit sich bringen. Konkret werden virtuelle Menschen, Partikelsysteme, Landschaften sowie Vegetation, z. B. Bäume, betrachtet. Bei heutigen Szenengraphsystemen kann nicht unbedingt von einer Unterstützung dieser Spezialsysteme ausgegangen werden, so dass in der Praxis gegebenenfalls die Installation zusätzlicher Softwarepakte notwendig wird. Die Darstellung der einzelnen Spezialsysteme hat einen überblicksartigen Charakter, wobei auf weiterführende Literatur verwiesen wird.

3.6.1 Virtuelle Menschen

Häufig werden Virtuelle Welten mit *virtuellen Menschen* (engl. *Virtual Humans*, auch *Virtual Characters*) bevölkert. Die Funktion dieser virtuellen Menschen kann sich dabei je nach Anwendungsbereich der jeweiligen Virtuellen Welten stark unterscheiden. In spieleorientierten Szenarien fungieren virtuelle Menschen etwa als autonome Gegen- oder Mitspieler (Nicht-Spieler-Charaktere, engl. *Non-Player Character, NPC*). In Multi-Player-Spielen und sozialen Virtuellen Welten dienen sog. *Avatare* als virtuelle Repräsentanten der verschiedenen Teilnehmer. Beim virtuellen Prototyping kommen virtuelle Menschen in Ergonomieuntersuchungen zum Einsatz. Weitere Anwendungsgebiete betreffen u. a. Trainingsszenarien, Architekturanwendungen oder die virtuelle Rekonstruktion historischer Umgebungen. Die folgende Darstellung fokussiert sich auf grundlegende Verfahren zur computergraphischen Modellierung und Animation virtueller Menschen gemäß dem Stand der Technik in heutigen Spiel-Engines bzw. VR-Umgebungen.

Eine einfache Möglichkeit zur Modellierung virtueller Menschen besteht in der Repräsentation der verschiedenen Gliedmaßen wie Oberkörper, Ober- und Unterarme, Hände, Kopf und Beine durch separate, hierarchisch angeordnete 3D-Objekte. Da diese einfache Modellierung oft wenig realistisch wirkt, z. B. entstehen bei der Animation solcher Modelle oft unnatürliche Lücken an den Gelenken, hat sich eine andere Methode, die *skelettbasierte Animation*, durchgesetzt, bei der zwischen der zugrunde liegenden „Skelettstruktur“

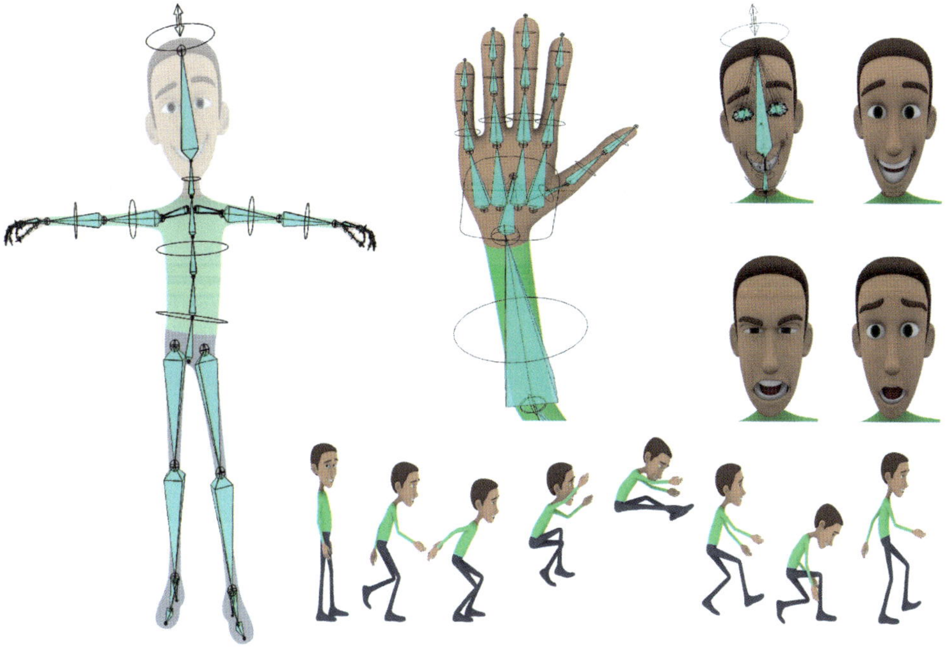

Abb. 3.12 Modellierung und Animation von Virtual Humans: Durch Bewegen der Skelettknochen können Animationen von Körper, aber auch Gesichtsausdrücke erstellt werden

und einem deformierbaren Oberflächenmodell („Skin") unterschieden wird. Bei der Animation wird das Oberflächenmodell entsprechend der jeweiligen Skelettpose automatisch verformt. Voraussetzung hierfür ist, dass die Eckpunkte des Oberflächenmodells in einem vorangehenden Modellierungsschritt an geeignete Knochen des Skeletts gekoppelt wurden. Abbildung 3.12 verdeutlicht das Prinzip der skelettbasierten Animation.

Die Skelettstruktur definiert den hierarchischen Aufbau von abstrakten *Knochen* (engl. *Bones*) der virtuellen Menschmodelle. Die einzelnen Knochen, z. B. Oberschenkel, Unterschenkel und Fuß, sind dabei über Gelenke verbunden. Eine Rotation des Kniegelenks wirkt sich daher nicht nur auf den Unterschenkel aus, sondern aufgrund der hierarchischen Skelettstruktur auch auf die Position des Fußes. Auch der Gesichtsausdruck virtueller Menschen kann durch die Definition geeigneter „Gesichtsknochen" animiert werden. Gegenüber den Skeletten natürlicher Menschen sind die Skelette virtueller Menschen i. d. R stark vereinfacht. Es existieren verschiedene Konventionen über Anzahl, Benennung und hierarchische Struktur der Knochen. Ein offener Standard ist H-ANIM der Humanoid Animation Working Group des Web 3D Consortium (2005). In kommerziellen Werkzeugen wie z. B. Character Studio des Modellierungswerkzeugs 3DS MAX werden z. T. abweichende Konventionen verwendet.

Die Animation virtueller Menschen beruht oft auf der Kombination verschiedener Einzelmethoden. Basisanimationen wie z. B. für Gehen oder Rennen werden typischerweise mittels *Motion Capturing* erzeugt. Motion Capture-Daten für typische Basisanimationen finden sich z. B. im Internet oder werden mit 3D-Modellierungswerkzeugen mitgeliefert.

Abb. 3.13 Beispiele für Partikelsysteme. Die Animation von Rauch und Feuer erfolgt mittels des im Text dargestellten Algorithmen zur physikalischen Simulation. Gras kann mittels einer Variante erzeugt werden, bei welcher einzelne Grashalme über eine feste Anzahl verbundener Partikel simuliert werden. Der Wasserschwall *rechts* basiert auf einem hybriden Ansatz bestehend aus einer deformierbaren Geometrie und einem Partikelsystem für die wegspritzenden Wassertropfen

Zielgerichtete Animationen, wie Blicken auf ein bewegliches Objekt, Greifen von Objekten oder Platzierung der Füße beim Treppensteigen, müssen dagegen zur Laufzeit berechnet werden. Mittels Algorithmen zur *inversen Kinematik* werden Skelettposturen berechnet, durch welche die Extremitäten (also Hände, Füße, Kopf) eine vorgegebene Position und Orientierung erreichen. Schließlich sollen virtuelle Menschen situativ auf Ereignisse in der Virtuellen Welt bzw. Nutzerinteraktionen reagieren können. Dies erfolgt durch mehr oder weniger komplexe Steuerungsprogramme (in Computerspielen „*Game AI*" genannt), welche u. a. die Basisanimationen und Verfahren zur inversen Kinematik situationsbezogen aufrufen.

Die Erzeugung realitätsnahen Verhaltens von virtuellen Menschen stellt i. a. viele Anforderungen an die Modellierung und Simulation der menschlichen Fähigkeiten zu Wahrnehmung, Planen und Handeln, die auch in der Forschung bei weitem noch nicht vollständig geklärt sind. Forschungsthemen betreffen etwa Fähigkeiten zum Verstehen und zur Generierung natürlicher Sprache einschließlich Fähigkeiten zur nonverbalen Kommunikation, Emotion und Personalität. Ein umfassender Überblick über das Forschungsgebiet der virtuellen Menschen wird z. B. in (Magnenat-Thalmann und Thalmann 2006) gegeben.

3.6.2 Partikelsysteme

Partikelsysteme ermöglichen die Modellierung von Spezialeffekten wie Feuer, Rauch, Explosionen, Wassertropfen oder Schneeflocken in Virtuellen Welten (Reeves 1983). Im Gegensatz zu den bisher betrachteten 3D-Objekten, welche Körper mit fest definierter

Geometrie repräsentieren, können somit Phänomene von unscharfer, fortlaufend veränderlicher Form dargestellt werden. Dementsprechend unterscheiden sich die zugrunde liegenden Konzepte zur Modellierung und Animation von Partikelsystemen grundlegend von den geometriebasierten Repräsentationen starrer Körper. Szenengraphbasierte Systeme zur Modellierung Virtueller Welten stellen typischerweise einen speziellen Knotentypen für Partikelsysteme bereit.

Ein Partikelsystem besteht aus ein Vielzahl einzelner Partikel, in Echtzeit-Anwendungen der VR z. B. mehrere hunderte oder tausende. Bei der Simulation von Partikelsystemen wird jeder Partikel als massebehafteter Punkt verstanden, dessen Position im 3D-Raum zu jedem Zeitschritt auf Grundlage einfacher physikalischer Simulationen der auf den Partikel einwirkenden Kräfte aktualisiert wird. In jedem Zeitschritt werden dabei:

- neue Partikel über einen sog. „Emitter" in das Partikelsystem eingefügt sowie Partikel aus dem Partikelsystem entfernt, deren Lebensdauer abgelaufen ist, oder die einen vordefinierten Aufenthaltsbereich verlassen,
- die auf jeden Partikel einwirkenden Kräfte (z. B. Schwerkraft, Wind, Dämpfung) berechnet und daraus die neue Position und Geschwindigkeit der Partikel berechnet,
- Visualisierungsattribute wie Farbe und Textur für jeden Partikel aktualisiert und die Partikel visuell dargestellt.

Verschiedene Typen von Emittern unterscheiden sich zunächst in der initialen Position der ausgestoßenen Partikel. Zum Beispiel werden je nach Typ des Emitters alle neuen Partikel aus einem einzelnen Punkt, entlang von Linien, 2D-Formen wie Kreisen oder Polygonen oder 3D-Volumen wie Quadern ausgestoßen. Emitter können sich auch bezüglich ihrer Ausstoßrichtung unterscheiden, d. h. ob Partikel in alle Richtungen oder nur innerhalb vordefinierter Richtungen ausgestoßen werden. Ein wesentliches Merkmal der Emitter ist, dass alle Parameter wie Anzahl, initiale Position und Ausstoßgeschwindigkeit (d. h. Richtung und Betrag der Geschwindigkeit) der neu erzeugten Partikel zufällig innerhalb vordefinierter Bereiche variiert werden, um so ein unregelmäßiges Erscheinungsbild der simulierten Phänomene zu erreichen.

In jedem Zeitschritt werden zunächst alle Kräfte berechnet, die auf einen Partikel einwirken. Typische betrachtete Kräfte sind Schwerkraft, globale Windfelder oder Dämpfung (ein Partikel wird langsamer mit der Zeit). Zum Teil, z. B. bei Bekleidungssimulationen oder auch bei der Modellierung von faserähnlichen Objekten wie Haaren und Gras, werden auch Federkräfte betrachtet, indem bei der Erzeugung von Partikeln Federsysteme mit anderen beteiligten Partikeln definiert werden. Aus den aktuellen einwirkenden Kräften und der konstanten Masse eines Partikels wird die Beschleunigung des Partikels berechnet, woraus sich dann die neue Position und Geschwindigkeit des Partikels berechnen lassen.

Zur visuellen Darstellung von Partikeln bestehen ebenfalls verschiedene Möglichkeiten. In Anwendungen mit starken Echtzeitanforderungen wie VR-Systemen werden Partikel typischerweise als Punkte oder texturierte Vierecke dargestellt, die in Blickrichtung des VR-Nutzers ausgerichtet werden. Farbe und Textur der Partikel können sich dabei über die Zeit ändern, z. B. bei Feuer von rotglühend bei Emission zu rauchfarbig in späteren Phasen. Eine alternative Darstellungsform, welche eine bessere Veranschaulichung der Bewegungsrichtung der Partikel ermöglicht, besteht im Rendering als Liniensegmente, z. B. mit aktueller Partikelposition als Startpunkt und aufaddiertem Geschwindigkeitsvektor als Endpunkt. Schließlich können Partikel durch mehr oder weniger komplexe Geometrien dargestellt werden, z. B. Kugeln, Zylinder, oder, falls eine Historie von zurückliegenden Partikelpositionen zusätzlich gespeichert wird, als Linienzüge oder „schlauchförmige" Extrusionsgeometrien. Durch die komplexeren Geometrien kann allerdings ein erheblicher Mehraufwand für das Rendering entstehen, der bei großen Systemen mit sehr vielen Partikeln die Echtzeitfähigkeit beeinträchtigt.

3.6.3 Gelände

Grundlage der Modellierung von Gelände ist eine einfache Datenstruktur, das sog. *Höhenfeld* (engl. *Height Field*, teilweise auch als *Elevation Grid* bezeichnet). Dabei handelt es sich im Kern um ein zweidimensionales Gitter, wobei jedem Gitterpunkt ein Höhenwert zugeordnet wird. Mit einem Höhenfeld, in dem alle Höhenwerte gleich sind, würde z. B. eine vollkommen flache Landschaft modelliert werden. Durch Texturierung des Höhenfelds kann ein realistisches Erscheinungsbild erreicht werden.

Zur Modellierung abwechslungsreicher Geländeformen mit Bergen, Hügeln und Tälern werden den Elementen des Höhenfelds geeignete Höhenwerte zugeordnet. Bei der Modellierung sollte darauf geachtet werden, dass benachbarte Elemente ähnliche Höhenwerte besitzen. Da Höhenfelder oft recht groß werden – z. B. bei Dimensionen von 256×256 sind schon über 65.000 Höhenwerte zu setzen – ist eine Modellierung „von Hand" offensichtlich nicht praktikabel. In verschiedenen 3D-Modellierungswerkzeugen wird daher die Erstellung von Höhenfeldern durch teilautomatisierte Techniken unterstützt. Dabei legt der Nutzer die Höhenwerte für ausgewählte Gegenden fest, z. B. die höchsten Erhebungen von Hügellandschaften, woraufhin die Übergänge zu den umliegenden Geländeteilen automatisch, z. B. mittels eines Gaußfilters, geglättet werden.

Für die Erzeugung von zerklüfteten Landschaften wie Felsformationen, die eine *fraktale* Struktur aufweisen, werden noch stärker automatisierte Verfahren verwendet, man spricht hier von *prozeduraler Modellierung*. Ein einfacher Algorithmus ist das Verfahren der Mittelpunktverschiebung, das in Abb. 3.14 illustriert ist. Ausgehend von den Höhenwerten für die vier Eckpunkte des Höhenfelds, werden zunächst Höhenwerte für die Punkte in der Mitte zwischen den Eckpunkten errechnet. Wie in Abb. 3.14 (links) verdeutlicht, werden dabei genau 5 Mittelpunkte betrachtet. In einem ersten Schritt wird der Höhenwert der fünf Mittelpunkte als Mittelwert der benachbarten Eckpunkte berechnet. In einem zweiten Schritt werden die neuen Höhenwerte dann noch durch Addition eines zufälligen Wertes modifiziert. Die Aufaddition dieses Zufallswerts ist entscheidend für die Erzeugung zerklüfteter Strukturen, da ansonsten ja nur linear interpoliert würde. Die Mittelpunkte, für die nun jeweils neue Höhenwerte berechnet wurden, stellen eine Aufteilung des gesamten Höhenfelds in vier Teilregionen dar. In der folgenden Iteration des Algorithmus werden diese vier Teilregionen (rekursiv) bearbeitet, indem jeweils den Mittelpunkten der vier Teilregionen neue Höhewerte zugewiesen werden. Die rekursive Unterteilung – jede Teil-

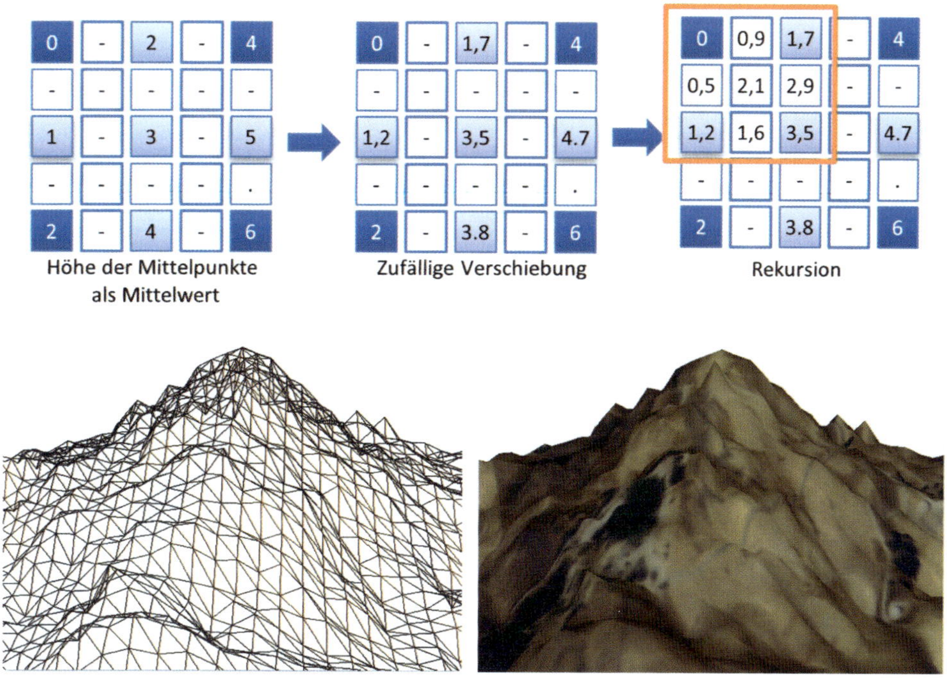

Abb. 3.14 Prozedurale Generierung von Gelände mit dem Verfahren der Mittelpunktverschiebung. *Oben*: Ausgehend von den vier Eckpunkten (einer Teilregion) des Höhenfelds, werden für die 5 Mittelpunkte die Mittelwerte der benachbarten Eckpunkte berechnet und anschließend durch Addition einer Zufallszahl variiert. Danach werden die Höhenwerte für vier Teilregionen (hervorgehoben die Region links *oben*) nach demselben Verfahren rekursiv berechnet. *Unten*: Gittermodell- bzw. texturierte Darstellung eines größeren Höhenfelds

region wird ihrerseits in 4 kleinere Teilregionen zerlegt – wird solange fortgesetzt, bis allen Elementen des Höhenfelds ein neuer Höhenwert zugewiesen wurde. Der Algorithmus kann in verschiedener Weise modifiziert werden, um den Realismus der erzeugten Geländeformen weiter zu erhöhen. So werden z. B. beim Diamond-Square-Algorithmus zusätzlich zur rekursiven Unterteilung der Quadrate („Squares") in Zwischenschritten auch um 45 Grad rotierte Rauten („Diamonds") betrachtet (Fournier et al. 1982).

Eine Optimierungstechnik für sehr große Gelände besteht in der räumlichen Unterteilung in sog. Kacheln (engl. *Tiling*). Bewegt sich der Nutzer durch das Gelände, muss so jeweils nur ein kleinerer Ausschnitt des Geländes in den Speicher geladen werden.

3.6.4 Vegetation

Bäume und andere Pflanzen kommen in der Natur in sehr komplexen, fraktalen Formen vor. Ähnlich zu zerklüftetem Gelände werden sie typischerweise mittels prozeduraler Generierungsmethoden erstellt. Ein umfassender Überblick über gängige Generierungsver-

Abb. 3.15 Prozedurale Generierung von Bäumen. **a** Stamm und Äste, **b** Stamm, Äste und Zweige, **c** mit Blättern, **d** Blätter sind als Rechtecke modelliert, die **e** mit teilweise transparenten Texturen versehen werden

fahren wird in (Deussen und Lintermann 2004) gegeben. Das folgende Beispiel für die Modellierung eines Baums orientiert sich an der Methode von Weber und Penn (1995). Im ersten Schritt werden dabei die Holzanteile, also die Verästelungsstruktur, generiert. Für das Beispiel wird eine dreistufige Verästelungsstruktur aus Stamm, Ästen und Zweigen angenommen, wobei i.a. auch feiner aufgelöste Strukturen möglich sind. Zuerst wird eine parametrisierbare Anzahl von Ästen zufällig am Stamm angebracht, danach mehrere Zweige an den Ästen. Stamm, Äste und Zweige werden jeweils über Linienzüge definiert, die in der späteren graphischen Darstellung noch durch Extrusionsgeometrien ummantelt werden können (Abb. 3.15a–c). Im zweiten Schritt werden den Zweigen die Blätter hinzugefügt. Anstatt die einzelnen Blätter geometrisch als Polygonnetze zu modellieren, was in einer zu hohen Anzahl von Polygonen resultieren würde, werden die Blätter durch stark vereinfachte Geometrien, z. B. Rechtecke, repräsentiert, die bei der graphischen Darstellung um teilweise transparente Blatttexturen ergänzt werden (Abb. 3.15d und e).

In der Praxis erfolgt die Modellierung von Bäumen typischerweise mittels spezialisierter Werkzeuge, die z. T. auch in gängige 3D-Modellierungswerkzeuge integriert sind. Die prozedural erzeugten Bäume können als Objekte in üblichen 3D-Formaten als Polygonnetze exportiert und so in das VR-System eingebunden werden. Da die komplexe Struktur der Bäume typischerweise in einer großen Anzahl von Polygonen resultiert, sollten im Hinblick auf die Echzeitfähigkeit des VR-Systems aber nicht zu viele Bäume in voller Auflösung dargestellt werden. Eine oft verwendete Optimierungstechnik ist, weiter entfernte Bäume, die nur sehr wenige Pixel auf dem Bildschirm belegen, als texturierte Vierecke darzustellen.

Neben Bäumen können auch weitere Vegetationsformen mit ähnlichen Verfahren wie dem oben beschriebenen prozedural erzeugt werden. Büsche können i. d. R durch geeignete Parametrisierungen der Baumgeneratoren erstellt werden. Bei der automatischen Generierung von Efeu und ähnlichen Kletterpflanzen wird zusätzlich noch der Kontakt mit Umgebungsobjekten wie Hauswänden oder Säulen berücksichtigt (vgl. Abb. 3.8). Gras kann z. B. als Variante von Partikelsystemen realisiert werden, wobei jeder Grashalm aus mehreren, über Linienzüge verbundene Partikel dargestellt wird (Reeves und Blau 1985).

Verschiedene moderne, auf visuellen Realismus spezialisierte Spiel-Engines unterstützen bereits die Simulation dynamischen Verhaltens von Bäumen, Gras und anderen Pflanzen unter Windeinfluss. Bei heutigen Szenengraphbibliotheken, die auf die Abdeckung eines weiteren Anwendungsspektrums zielen, ist dies allerdings noch nicht üblich.

3.7 Zusammenfassung und Fragen

Virtuelle Welten sollen einerseits möglichst realistisch wirken, unterliegen andererseits aber harten Echtzeitanforderungen. Ein Hauptanliegen dieses Kapitels bestand darin darzulegen, wie Virtuelle Welten einerseits durch geschickte Modellierung, andererseits durch geeignete Datenstrukturen in Bezug auf Echtzeitaspekte optimiert werden können. Eine grundlegende Möglichkeit zur Beschleunigung des Renderings liegt in der Reduktion der Anzahl der Polygone, die ein 3D-Objekt definieren. Hierzu stellen Szenengraphen eine Reihe von Optimierungsmöglichkeiten bereit. So ermöglicht die hierarchische Struktur als gerichteter azyklischer Graph (Directed Acyclic Graph, DAG) die Wiederverwendung von Geometrien, die somit nur einmal in den Speicher geladen werden müssen. Durch die Konvertierung von Polygonnetzen in Triangle Strips, welche in Szenengraphsystemen auch automatisch beim Laden der Objekte erfolgen kann, wird die Anzahl der Eckpunkte pro Dreieck im Vergleich zu anderen Repräsentation von Polygonnetzen deutlich reduziert. Ein weiterer Knotentyp unterstützt bei entfernten Objekten die Verwendung niedrig aufgelöster Objektrepräsentationen: Level of Detail-Knoten enthalten Geometriemodelle in unterschiedlichen Auflösungsstufen, zwischen denen in Abhängigkeit zur Entfernung zum Nutzer dynamisch gewechselt werden kann. Bump Mapping im Verbund mit Texture Baking sind nützliche Techniken zur Reduktion der Polygonanzahl schon in der Modellierungsphase. Neben dem Ziel der Echtzeitfähigkeit berücksichtigen Szenengraphen zudem Aspekte der Animation, Simulation und Nutzerinteraktion mit 3D-Objekten. In Ergänzung zur Modellierung von 3D-Objekten „von Hand“ kommen bei der Modellierung und Animation komplexer, natürlicher Phänomene auch Methoden der prozeduralen Modellierung zum Einsatz, z. B. bei Partikelsystemen, komplexen Geländeformen sowie Bäumen und anderen Vegetationsformen.

Überprüfen Sie Ihr Verständnis des Kapitels anhand folgender Fragen:

- Wozu dient ein Szenengraph hauptsächlich?
- Nennen Sie bitte fünf Knotentypen, die typischerweise in einem Szenengraph vorkommen.
- Ein Mensch steht auf einem Turm und beobachtet mit einem Fernrohr ein fahrendes Auto. Skizzieren Sie einen Szenengraphen, der die beschriebene Situation widerspiegelt. Welche Transformation überführt die lokalen Eckpunktkoordinaten des Autos in das Koordinatensystem des Fernrohrs?

- Ein Dreiecksnetz besteht aus 15 Dreiecken. Durch wie viele Eckpunkte werden die Dreiecke beschrieben, wenn das Netz durch einen einzigen Triangle Strip dargestellt werden kann?
- Erklären Sie bitte den Unterschied zwischen einer herkömmlichen Farbtextur und einer Bump Map.
- Welche Typen von Lichtquellen gibt es, und wie unterscheiden sich diese voneinander?
- Was bedeutet LOD? Erklären Sie.
- Es soll das Verhalten eines autonom über eine (unendliche) Ebene fahrenden Autos modelliert werden. Das Auto soll nach Möglichkeit den vor ihm auftretenden Hindernissen ausweichen (die Ausweichrichtung spielt keine Rolle). Kommt es dennoch zu einer Kollision mit einem Hindernis, bleibt das Auto stehen. Vom Startzustand aus soll direkt in den fahrenden Zustand übergegangen werden. Entwerfen Sie einen einfachen Zustandsautomaten, um dieses Verhalten zu modellieren.
- Ein typisches Verfahren zur Animation virtueller Menschen ist das Abspielen von Motion Capture-Daten. Diese definieren, für jeden Zeitschritt oder nur für einzelne Keyframes, Position und Orientierung sowie alle Gelenkwinkel des virtuellen Menschen. Soll die Interaktion von virtuellen Menschen unterschiedlicher Größe mit anderen Objekten der Virtuellen Umgebung animiert werden, z. B. bei Ergonomieuntersuchen mit virtuellen Prototypen, tritt dabei das sog. *Retargetting Problem* auf. Erläutern Sie dieses Problem genauer. Berücksichtigen Sie auch, dass die Position des Umgebungsobjekts zum Zeitpunkt der Bewegungsaufzeichnung noch nicht bekannt sein muss.

Literaturempfehlungen

Akenine-Möller T, Haines E, Hoffman N (2008) Real-time rendering, 3rd edn. A K Peters, Natick – *Lehrbuch zu fortgeschrittenen Themen der Computergraphik, das einen umfassenden Überblick über Techniken zur Echtzeit-Darstellung von 3D-Objekten gibt.*

Millington I, Funge J (2009) Artificial intelligence for games, 2nd edn, Morgan Kaufman, San Francisco – *Das Buch gibt einen umfassenden Überblick zu „Game AI"-Techniken, die z. B. für Planung und Steuerung intelligenter Verhaltensweisen bei virtueller Menschen geeignet sind.*

Literatur

Berkhout AJ (1988) A holographic approach to acoustic control, J Audio Eng Soc 36 (12): 977–995

Deussen O, Lintermann B (2004) Digital design of nature: computer generated plants and organics. Springer Verlag, Berlin Heidelberg

Fournier A, Fussell D, Carpenter L (1982) Computer rendering of stochastic models. Commun ACM, 25 (6): 371–384

Gerzon MA (1985). Ambisonics in multichannel broadcasting and video. J Audio Eng Soc, 33(11): 859–871

Magnenat-Thalmann N, Thalmann D (2006) An overview of virtual humans. In: Magnenat-Thalmann N, Thalmann D (ed) Handbook of virtual humans. John Wiley & Sons, Ltd, Chichester

Phong BT (1975) Illumination for computer generated pictures. *Commun ACM* 18(6): 311–317.
Reeves WT (1983) Particle systems – a technique for modeling a class of fuzzy objects. In: ACM Trans Graph 2(2): 91–108.
Reeves WT, Blau R (1985) Approximate and probabilistic algorithms for shading and rendering structured particle systems. In: Proc SIGGRAPH'85, S 313–322.
Schroeder WJ, Zarge JA, Lorenson WE (1992). Decimation of triangular meshes. In Proc SIGGRAPH'92, S 65–70
Vitzthum A (2005) SSIML/Behaviour: designing behaviour and animation of graphical objects in virtual reality and multimedia applications. In: Proc Seventh IEEE Int Symp on Multimedia (ISM 2005), S 159–167
Web 3D Consortium, 2005. Humanoid animation (h-anim). http://www.web3d.org/x3d/specifications/ISO-IEC-19774-HumanoidAnimation/. Zugegriffen 1. August 2013
Web 3D Consortium, 2007. X3d. http://www.web3d.org/x3d/specifications/ISO-IEC-FDIS-19775-1.2/. Zugegriffen 1. August 2013
Weber J, Penn J (1995) Creation and rendering of realistic trees. In Proc SIGGRAPH'95, S 119–128

VR-Eingabegeräte

4

Paul Grimm, Rigo Herold, Johannes Hummel
und Wolfgang Broll

Zusammenfassung

Wie erkennt ein VR-System die Aktionen eines Nutzers? Wie kann ein VR-System Objekte in ihrer Bewegung verfolgen? Welche technischen Möglichkeiten und Einschränkungen gibt es dabei? Wie sehen bewährte VR-Systeme aus, die ein Eintauchen in Virtuelle Welten unterstützen? Aufbauend auf den notwendigen Grundlagen, die Begriffe wie Freiheitsgrade, Genauigkeit, Wiederholraten, Latenz und Kalibrierung einführen, werden optische Verfahren betrachtet, die zur kontinuierlichen *Verfolgung* (engl. *Tracking*) von Objekten genutzt werden. Darüber hinaus werden weitere oft verwendete Eingabegeräte vorgestellt und diskutiert. Abschließend werden beispielhaft spezielle Verfahren wie Finger- und Augen-Tracking vertieft.

Eingabegeräte dienen der sensorischen Erfassung von Nutzerinteraktionen. Die so gewonnenen Daten werden zusammengefasst und an die Weltsimulation weitergeleitet. Die Klassifikation von Eingabegeräten kann unterschiedlich erfolgen. So kann die Unterscheidung anhand der Genauigkeit (fein oder grob) oder Reichweite (vom Handbereich, über alles, was mit einem ausgestrecktem Arm erreichbar ist, bis zu einem Bereich hin, in dem man herumgehen kann) erfolgen. Auch kann man zwischen diskreten Eingabegeräten, die einmalige Ereignisse erzeugen, wie z. B. eine Maustaste oder einen Pinch Glove (ein Handschuh mit Kontakten an den Finderspitzen, siehe Abschn. 4.4) und kontinuierlichen Eingabegeräten unterscheiden, die kontinuierliche Ereignisströme erzeugen. Das physikalische Medium, welches zur Bestimmung verwendet wird (z. B. Schallwellen oder elektromagnetische Felder), kann ebenfalls zur Klassifikation genutzt werden (Bishop et al. 2001)

P. Grimm (✉)
Fachbereich Angewandte Informatik, Hochschule Fulda, Marquardstraße 35,
36039 Fulda, Deutschland
E-Mail: paul.grimm@informatik.hs-fulda.de

R. Dörner et al. (Hrsg.), *Virtual und Augmented Reality (VR/AR)*, eXamen.press,
DOI 10.1007/978-3-642-28903-3_4, © Springer-Verlag Berlin Heidelberg 2013

wie die Eigenschaft, ob das System aktiv oder passiv arbeitet oder ob es absolute oder relative Koordinaten erzeugt (bzw. welche Bezugssysteme verwendet werden).

Im Folgenden werden nun die Grundlagen von Eingabegeräten aufgezeigt. Daran anschließend werden zuerst optische Verfahren, die auf der Auswertung von Kamerabildern basieren, vorgestellt und dann VR-Eingabegeräte, die vielfach in VR-Systemen erfolgreich verwendet werden.

Abschließend werden beispielhaft Verfahren zur Verfolgung von Fingern und Augen vorgestellt, um aufzuzeigen, wie natürliche Interaktionen der Nutzer über spezialisierte Eingabegeräte erkannt werden können.

4.1 Grundlagen

Die Interaktion eines Nutzers mit einem VR-System kann vielfältig sein. Im vielleicht einfachsten Fall erfolgt eine bewusste Handlung des Nutzers in Form eines Knopfdrucks, welche als einmaliges Ereignis vom System derart erkannt wird, dass es darauf eine Reaktion zeigen kann. Schwieriger sind natürliche Interaktionen wie beispielsweise Handbewegungen (z. B. um auf etwas zu zeigen) oder den Blick auf etwas richten. Für diese Interaktionsform werden in diesem Abschnitt die Grundlagen gelegt, um die in diesem Bereich verwendeten Eingabegeräte genauer beschreiben zu können. Bei natürlichen Interaktionen kann unterschieden werden, ob die Interaktion kontinuierlich erfolgen soll (z. B. in einer ständigen Verfolgung eines Fingers, der auf etwas zeigt) oder ob ein Teil einer Bewegung als Geste erkannt werden soll (z. B. beim Zeigen auf ein Objekt in der Virtuellen Welt, um es auszuwählen). In beiden Fällen muss allerdings ein Verfolgen des Nutzers durch das VR-System möglich sein, da Gesten erst in einem nachfolgenden Arbeitsschritt aus aufgenommenen Daten extrahiert werden können. Festzulegen ist dabei, was genau durch das VR-System verfolgt werden soll. Hier können entweder Interaktionsgeräte, wie z. B. ein Flystick (siehe Abb. 4.4) genutzt werden, oder aber der Nutzer direkt. Im letzteren Fall muss dann festgelegt werden, welche Art von Bewegungen ein VR-System erkennen soll bzw. welche Körperteile zur Interaktion Beachtung finden (z. B. nur die fingerlose Hand, der Arm, der Kopf oder vielleicht auch die Bewegung des gesamten Körpers, wie in Abb. 4.1 beispielhaft gezeigt).

Technisch gesehen werden bei der kontinuierlichen Verfolgung durch ein Eingabegerät Position und Orientierung eines Objekts (z. B. Flystick, Hand oder Kopf) fortwährend bestimmt. Dieser Vorgang wird als *Tracking* bezeichnet. Zur Vereinfachung wird üblicherweise ein Objekt als sogenannter starrer Körper, der nicht deformierbar ist, angesehen. Die Bewegung eines starren Körpers kann in eine Verschiebung (Translation) im Raum und eine Drehung (Rotation) um drei senkrecht aufeinander stehenden Achsen zerlegt werden. Somit kann die Bewegung eines starren Körpers durch die Angabe von sechs Werten (drei Koordinaten als Position und drei Winkel zur Beschreibung der Orientierung) für jeden

Abb. 4.1 Aufnahme von Körperbewegungen. (Quelle: ART)

Zeitschritt spezifiziert werden. Diese voneinander unabhängigen Bewegungsmöglichkeiten werden als *Freiheitsgrade* bezeichnet. Allgemein hat ein System mit N Punkten 3•N Freiheitsgrade (jeder Punkt im Raum hat drei Freiheitsgrade, N Punkte im Raum entsprechend 3•N Freiheitsgrade), die wiederrum durch die Anzahl von Zwangsbedingungen reduziert werden. Im Falle von starren Körpern, bei denen alle Abstände zwischen Punkten konstant sind, bleiben immer 6 Freiheitsgrade übrig (Goldstein 1985; Gehrtsen et al. 1992).

Als *Freiheitsgrade* (engl. *Degrees of Freedom* – DOF) werden voneinander unabhängige Bewegungsmöglichkeiten eines physikalischen Systems bezeichnet. Ein starrer Köper besitzt 6 Freiheitsgrade: je 3 für die Translation und Rotation.

Das Ziel des Tracking ist es, die Werte entsprechend dieser sechs Freiheitsgrade der verfolgten Körper für die kontinuierliche Interaktion zu bestimmen bzw. zu schätzen. Dadurch wird die Interaktion mit der Virtuellen Welt mittels verfolgter Körper möglich. Die Datenaufnahme erfolgt meist im Bezugssystem des jeweiligen Trackingsystems. Kommen mehrere oder gar unterschiedliche Systeme zum Einsatz, so müssen die Trackingdaten in ein gemeinsames Bezugssystem überführt werden.

Angefangen von mechanischen Gestängen (siehe Abschn. 4.3.2) über den Einsatz von Dehnmessstreifen bis hin zu kamerabasierten Ansätzen (siehe Abschn. 4.2) erfolgte die Datenaufnahme auf unterschiedlichen Wegen ebenso wie die Datenübertragung mittels Kabel oder Funk. Entsprechend stehen sehr unterschiedliche Eingabegeräte zur Verfügung, die unterschiedliche Vor- und Nachteile aufweisen. Eingabegeräte lassen sich über folgende Charakteristika aus der Sicht der Anwendung beschreiben:

4.1.1 Anzahl der Freiheitsgrade pro verfolgtem Körper

Die Anzahl der bestimmten Freiheitsgrade pro verfolgtem Körper unterscheidet sich je nach Eingabegerät. Üblicherweise ist die Bestimmung aller sechs Freiheitsgrade durch ein Eingabegerät erstrebenswert. Es kommt aber auch vor, dass nur die Position – gleichbedeutend mit den drei Freiheitsgraden der Translation – oder auch nur die Orientierung – gleichbedeutend mit den drei Freiheitsgraden der Rotation – bestimmt wird. Beispiele für die eingeschränkte Bestimmung von Freiheitsgraden sind der Kompass (ein Freiheitsgrad, Bestimmung der Orientierung in der Ebene und das GPS (je nach Anzahl der sichtbaren Satelliten Bestimmung von zwei bis drei Freiheitsgraden der Translation, siehe Abschn. 8.2.1). Auch kann es sein, dass die Genauigkeit der Bestimmung einzelner Freiheitsgrade unterschiedlich ist (im Falle des GPS wird die Position auf der Erde genauer erfasst als die Höhe über ihr).

4.1.2 Anzahl der gleichzeitig verfolgten Körper

Je nach Anwendung muss darauf geachtet werden, wie viele Objekte gleichzeitig verfolgt werden sollen. Neben der Blickverfolgung soll oftmals noch die Verfolgung eines Eingabegeräts erfolgen. Für die Verwendung mehrerer Körper ist es hilfreich, wenn nicht nur mehrere Körper verfolgt werden können, sondern wenn diese eindeutig über eine ID identifiziert werden können. Für die Nutzung ist es hilfreich, wenn diese IDs auch dann erhalten bleiben, wenn der Körper vorübergehend außerhalb der Überwachung war.

4.1.3 Größe der überwachten Fläche bzw. des überwachten Volumens

Die Größe der überwachten Fläche bzw. des überwachten Volumens unterscheidet sich stark je nach eingesetztem Eingabegerät. So muss darauf geachtet werden, dass ausgewählte Eingabegeräte einen entsprechend den Anforderungen großen Bereich zur Verfügung stellen. Je nach Anwendungsfall kann dies bedeuten, dass es ausreicht, einen Bereich abzudecken, der mit dem Arm erreichbar ist, oder den Bewegungen eines Kopfes vor dem Monitor entspricht. Genauso gibt es Anwendungsfälle, in denen ein Herumlaufen möglich sein muss. Der Grund für die Größenbeschränkungen kann daran liegen, dass das Eingabegerät kabelgebunden ist, einen mechanischen Aufbau vorweist oder im Falle von kamerabasierten Eingabegeräten Auflösungen zu gering sind. Je nach verwendeter Technologie kann die Form des überwachten Bereichs unterschiedlich sein (z. B. annäherungsweise rund im Falle von kabelgebunden Technologien oder ähnlich zu einem Pyramidenstumpf im Falle von kamerabasierten).

4.1.4 Genauigkeit

Eine möglichst hohe Genauigkeit ist meistens wünschenswert. Nicht nur aufgrund physikalischer Einschränkungen der Eingabegeräte ist dies nicht immer erreichbar. Manchmal ist es auch eine Frage des Kostenaufwands. So kann der Kameratausch im Falle eines optischen Tracking die Genauigkeit erhöhen. Wird dafür allerdings statt einer einfachen Webcam eine teure Industriekamera verwendet, so kann sich der Preis leicht um den Faktor 100 steigern. Es muss je nach Anwendungsfall betrachtet werden, welche Genauigkeit notwendig ist bzw. welches Budget zur Verfügung steht. Die übliche Spannbreite in der Ortsauflösung liegt zwischen Millimetergenauigkeit (z. B. optisches Finger-Tracking) bis hin zu einer Ungenauigkeit von mehreren Metern (z. B. bei der Nutzung von GPS). Die Genauigkeit kann sich zudem bei unterschiedlichen Freiheitsgraden (Translation oder Rotation) unterscheiden (wie im Falle des GPS, bei dem die Höhenbestimmung nicht so genau ist wie die Positionsbestimmung): z. B. kann die Genauigkeit eines Verfahrens bei der Positionsmessung genau genug sein (für die Anwendung), während es bei der Orientierung zu ungenau ist und umgekehrt. Auch kann die Genauigkeit positionsabhängig sein: Beispielsweise kann am Rand des überwachten Bereiches die Genauigkeit geringer sein als in dessen Zentrum. Bei der Digitalisierung erfolgt zudem eine Quantisierung der Messwerte, z. B. auf 8 Bit oder 16 Bit. Im Sinne der Messtechnik kann im Rahmen der Genauigkeitsbetrachtung auch von Rauschen (Addition eines Störsignals), von Jitter (zeitliche Ungenauigkeit der Abtastzeitpunkte) oder auch Glättungseffekten als Störeinfluss ausgegangen werden.

4.1.5 Wiederholrate

Die *Wiederholrate* (engl. *Update Rate*) beschreibt das Auflösungsvermögen eines Eingabegeräts in der Zeit. Die Bestimmung entsprechend der Freiheitsgrade erfolgt in zeitdiskreten Schritten. Die Anzahl dieser Messpunkte pro Sekunde wird als Wiederholrate bezeichnet. So ergibt die Überwachung der realen kontinuierlichen Bewegung eines Körpers (in Abb. 4.2 als schwarze Linie dargestellt) entsprechende Messpunkte, die als Punkte dargestellt sind.

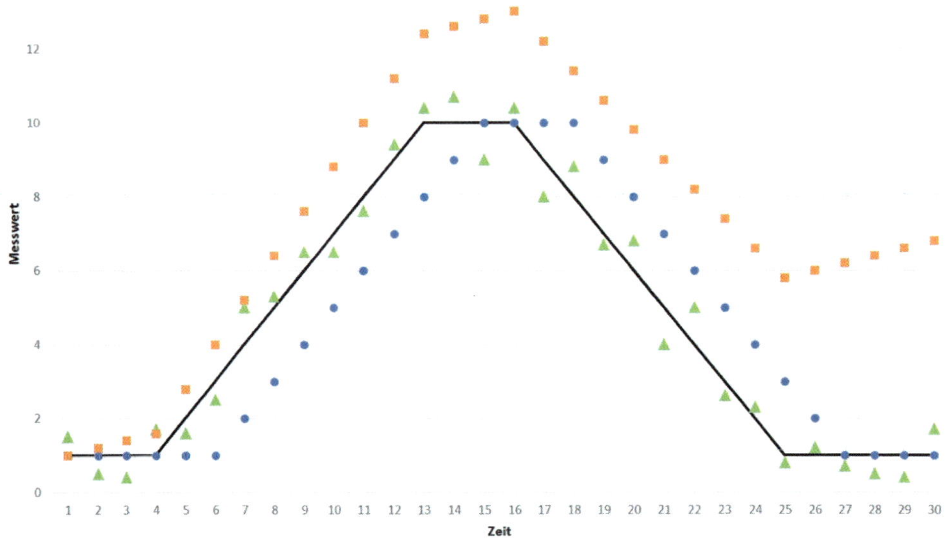

Abb. 4.2 Mögliche Fehler bei der Datenaufnahme der Position eines bewegten Objektes (*schwarze Linie*): Aufnahme mit Latenz (*blau*), mit Drift (*Orange*), mit Rauschen (*grün*) dargestellt über die Zeit (*horizontale Achse*)

Grundsätzlich erhält man hierbei ein zeitdiskretes Signal, welches Fehler aufweisen kann und i. d. R auch Fehler aufweisen wird. In Abb. 4.2 sind einige der möglichen Fehler dargestellt: Die Daten können verrauscht sein, sie können einen Drift aufweisen, oder eine Latenz aufweisen.

4.1.6 Latenz

Jedes Eingabegeräte benötigt eine gewisse Zeitspanne zum Reagieren (z. B. Zeit bis zur nächsten Abtastung, durch Laufzeiten von Signalen in Kabeln oder durch die Verarbeitung von Daten durch Algorithmen), wodurch eine Verzögerung auftritt. Diese wird *Latenz* (engl. *Latency*) genannt. Eine beispielhafte Auswirkung ist in Abb. 4.2 zu sehen. Die Bedeutung der Latenz für VR-Systeme wird in Abschn. 7.1 vertieft betrachtet.

4.1.7 Drift

Sich immer weiter aufaddierende Fehler können einen *Drift* erzeugen. Wenn Eingabegeräte relative Änderungen aufnehmen (z. B. Positionsänderung gegenüber der vorherigen Abtastung bzw. dem vorherigen Messpunkt), dann können Fehler sich über die Zeit aufaddieren, woraus ein fortwährender und anwachsender Fehler folgt. Eine beispielhafte Auswirkung eines Drifts ist in Abb. 4.2 zu sehen.

4.1.8 Empfindlichkeit gegenüber äußeren Rahmenbedingungen

Je nach verwendeter Technologie muss auf die äußeren Rahmenbedingungen geachtet werden. So können Beleuchtung oder Temperatur genauso Einfluss haben wie die Möblierung des Raums, in dem das VR-System aufgebaut ist. Gerade bei optischen Verfahren kann eine gleichmäßige Beleuchtung von großem Vorteil sein gegenüber harten Übergängen von direktem Sonnenschein zu verschatteten Bereichen. Ärgerlich wäre es, eine getestete Anwendung nicht benutzen zu können, weil die Sonne hinter einer Wolke vorgekommen ist. Schön öfters soll ein Problem beim Messebau aufgetreten sein, bei dem vor der Eröffnung meist nur eine Arbeitsbeleuchtung genutzt wurde, und bei dem während des Betriebs oft viele weitere Strahler angemacht werden, die dann zu Problemen führten.

Bei optischen Trackingssystemen hilft es, in abgedunkelten Räumen zu arbeiten, und die gewünschte Beleuchtungssituation mit künstlichem Licht herzustellen. Hierbei ist zu beachten, dass ein direktes Einstrahlen von Lichtquellen Kamerasensoren stören kann. Verfahren, die auf Schall basieren, regieren oftmals anfällig auf unterschiedliche Temperaturen oder unterschiedliche Luftdrücke, da sich hierdurch die Schallgeschwindigkeit (auf der die Messung basiert) ändert. Elektromagnetische Verfahren wiederum reagieren sensibel auf (ferro-)magnetische Stoffe und elektromagnetische Felder in den Räumen (z. B. metallisches Tischgestell oder Netzteile anderer Geräte).

4.1.9 Kalibrierung

Unter *Kalibrierung* wird der Abgleich von Messwerten zu einem gegebenen Modell verstanden. Im Bereich der Virtuellen Realität muss ein Abgleich der Messwerte zu den verwendeten realen Objekten erfolgen, so dass die realen Bewegungen, die verfolgt werden, auch den Maßen in der Virtuellen Welt entspricht. Bei optischen Verfahren gehört hierzu auch die Bestimmung von Abbildungsfehlern der Optiken dazu (z. B. Verzerrungen).

4.1.10 Usability

Für die Anwendung kann es entscheidend sein, inwieweit ein Nutzer durch die Eingabegeräte eingeschränkt ist. So kann es notwendig sein, Handschuhe, Schuhe oder Brillen anzuziehen. Ebenso macht es für die Verwendung einen Unterschied, ob die jeweiligen Geräte kabelgebunden sind oder über Funktechnologien verbunden sind. Auch die Raumgröße, in der der Nutzer interagieren darf, hat Einfluss darauf, ob der Nutzer gedanklich in die Anwendung eintauchen kann, oder ob er dauernd darauf achten muss, vorgegebene Interaktionsbereiche nicht zu überschreiten. Auch kann es notwendig sein, dass der Nutzer immer zum Ausgabegerät hin orientiert ist, damit ein gutes Tracking ermöglicht wird. Eine ausführliche Betrachtung der *Usability* erfolgt im Rahmen der Betrachtung von Grundlagen aus dem Bereich der Mensch-Computer-Interaktion im Abschn. 6.1.

Abb. 4.3 Markenbasiertes Tracking mit ARToolkit-Marken. (ARToolkit 2013)

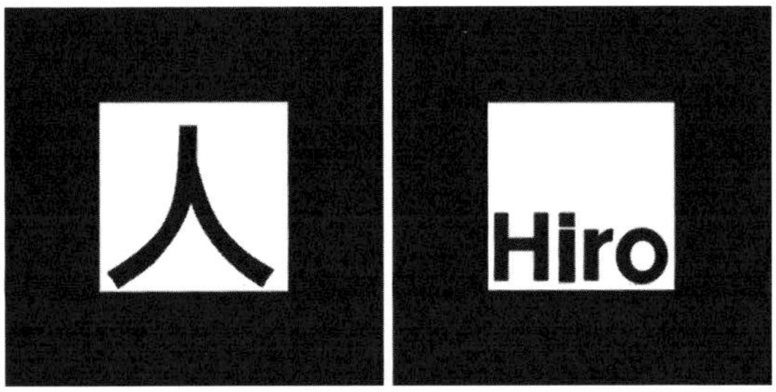

Die *Obtrusiveness* (dt. Aufdringlichkeit) eines Eingabegerätes kann als Maß dafür angesehen werden, inwieweit es als störend empfunden wird. Z. B. ist es ein großer Unterschied, ob sich ein Head-Mounted Display wie eine Sonnenbrille tragen lässt oder ob es aufgrund des Gewichts und der Ausmaße wie ein Fahrradhelm getragen werden muss.

4.2 Optisches Tracking

In den letzten Jahren setzen sich optische Trackingverfahren vermehrt durch, da sie eine hohe Genauigkeit sowie einen flexiblen Einsatz ermöglichen. Im Bereich des optischen Trackings werden unterschiedliche Verfahren verwendet. Ihnen zugrunde liegt die Idee, mit Hilfe von Objekten, die im Videostrom aufgenommen sind, die relative Positionierung und Orientierung der Objekte zur Kamera (die sogenannten extrinsischen Kameraparameter) zu bestimmen (Hartley und Zisserman 2000).

Grundsätzlich können Verfahren danach unterschieden werden, ob *Marken* (engl. *Marker*, vgl. Abb. 4.3) zum Tracking verwendet werden, die leicht im aufgenommen Videostrom erkennbar sind (z. B. durch ihre Farbe, Form, Kontrast, Helligkeit, Reflexionseigenschaften o. ä.), oder ob das Verfahren auch ohne Marken (markenlos) funktioniert.

Auch können Verfahren darin unterschieden werden, ob die Kameras von außen auf das zu überwachende Objekt gerichtet sind (Outside-In), oder ob die Kameras mit dem zu überwachenden Objekt verbunden sind und die Umgebung aufnehmen (Inside-Out).

4.2.1 Markenbasierte Verfahren

Zur Verringerung der Berechnungskomplexität und zur Vermeidung von Fehleranfälligkeit gegenüber unterschiedlichen Beleuchtungssituationen werden für optische Tracking-Verfahren oftmals klar spezifizierte Marken verwendet, deren Bild über Schwellwertfilter schnell im Videostrom gefunden werden können. Grundsätzlich können hierbei aktive und passive Marken unterschieden werden, je nachdem, ob die Marken passiv das Licht reflektieren oder ob sie selbst aktiv Licht abstrahlen.

Bei der Nutzung von RGB-Kameras werden hierfür oft Schwarzweißmarken mit definierten Größen verwendet (siehe Abb. 4.3). Diese Marken lassen sich sehr zuverlässig auch

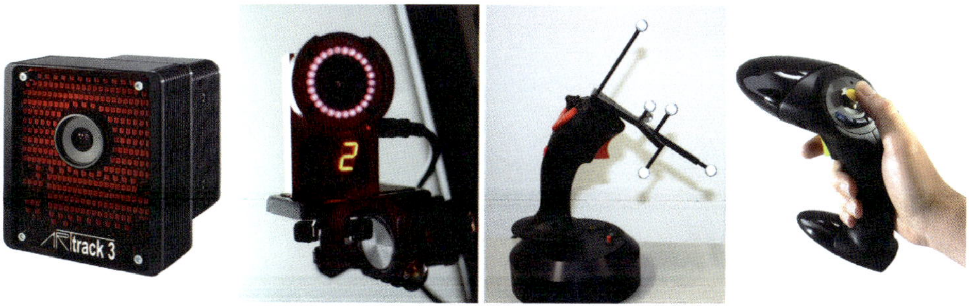

Abb. 4.4 Kameras mit Infrarot-LEDs zur Beleuchtung sowie Flysticks mit Reflexions-Marken

unter Verwendung von sehr einfachen Kameras oder bei unterschiedlichen Beleuchtungssituationen erkennen. Zudem sind die Marken sehr günstig herzustellen (meist reicht ein Ausdrucken), so dass sie massentauglich sind. Diese Verfahren finden große Anwendung im AR-Bereich. Im Abschn. 8.2.3 wird auf diese Verfahren, wie z. B. ARToolkit (Berry et al. 2002) vertieft eingegangen. Unterschiedliche Ansätze mit farbigen Marken existieren auch. Allerdings sind eigentlich einfarbige Flächen aufgrund der Beleuchtungssituation und ggf. auch aufgrund von minderwertigen Kameras im Videostrom meist nicht mehr einfarbig, so dass die Fehleranfälligkeit bei der Suche nach einer einfarbigen Fläche steigt. Bessere Ergebnisse lassen sich im Bereich des farbbasierten Trackings durch aktive Marken, also durch selbstleuchtende Marken erreichen. Gut bewährt haben sich hierfür natürlich elektrische Lichter (mit dem Nachteil der Stromzufuhr) oder auch Leuchtstäbe (auch Knicklichter genannt, die Chemolumineszenz nutzen).

Um eine Szene besser ausleuchten zu können, ohne die Nutzer damit zu blenden, werden im Bereich der VR oftmals Infrarotkameras eingesetzt. Als Marken werden dabei entweder passive Reflektoren in Kombination mit Infrarotleuchten oder aktive Infrarot-LED genutzt wie z. B. bei der Nintendo Wii (Lee 2008). In Abb. 4.4 (linke Seite) sind die zur Beleuchtung genutzten Infrarot-LEDs zu erkennen. Im Videostrom sind so für jede Marke sehr helle runde Bereiche zu sehen. Durch die Sichtbarkeit einer Marke in mehreren Kamerasichten kann so die dreidimensionale Position berechnet werden.

Einzelne Marken sind ausreichend, wenn das Tracking nur die Position liefern soll (3 DOF). Demgegenüber ist ein starrer Körper (bei Tracking-Systemen auch *Starrkörper*, *Rigid Body* oder *Target* genannt) nötig, um Position und Orientierung (6 DOF) zu berechnen. Ein Target setzt sich demzufolge aus mehreren Einzelmarken zusammen. In einem Kalibrierungsschritt muss der geometrische Aufbau der Targets (also die Abstände der einzelnen Reflexionskugeln) dem Tracking-System vermittelt werden. Unterscheiden sich alle Targets in ihrem geometrischen Aufbau, so kann die Identifikation anhand dieser Eigenschaften erfolgen. In Abb. 4.4 (rechte Seite) sind zwei Eingabegeräte dargestellt, die durch den Einsatz von Targets die Funktion eines 3D-Joysticks übernehmen, mit dem der Nutzer Positionen und Orientierungen im 3D-Raum angeben kann (sogenannte *Flysticks*).

Um die Reflexion passiver Marken möglichst effizient zu gestalten, wird meist das Prinzip der *Retroreflexion* genutzt. Dabei wird die Lichtenergie gezielt in Richtung des einfal-

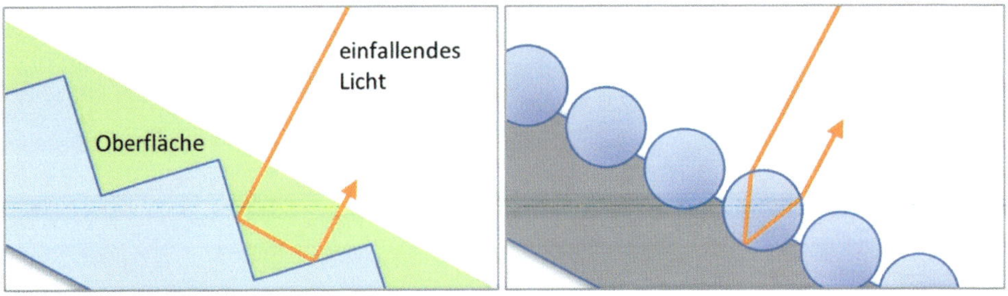

Abb. 4.5 Retroreflexion an geschützten Tripelspiegeln und an Glaskugeln (nach Vorlage von ART)

Abb. 4.6 Tracking eines Targets von zwei Kameras aus

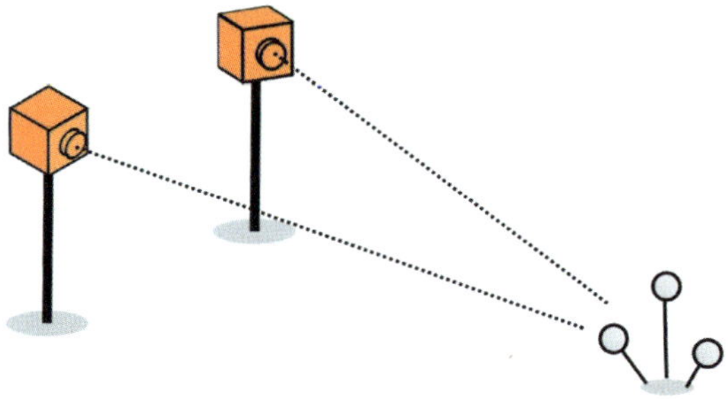

lenden Lichtes reflektiert. Der Retroreflexion liegen zwei grundsätzliche optische Prinzipien zugrunde: Bei der Reflexion an Tripelspiegeln sind die Spiegel so angeordnet, dass ihre Ebenen paarweise rechtwinklig zueinander stehen und das Licht gemäß Abb. 4.5 reflektieren. Bei der Reflexion an Glaskugeln fokussieren die Glaskugeln das eintreffende Licht ungefähr auf die gegenüberliegende Oberfläche der Glaskugel (siehe Abb. 4.5 rechts). Eine Lage von mikroskopisch kleinen Glaskugeln, die auf reflektierendem Material aufgebracht ist, wirkt als Retroreflektor. Diese Folien lassen sich auf flexiblem Trägermaterial herstellen und werden deshalb für die Herstellung von Kugelmarken verwendet.

Aktive Marken verwenden Infrarot LEDs, die zu den Kameras synchronisiert werden müssen. Diese Synchronisation kann bei aktiven Marken über den IR-Blitz der Kameras erfolgen. Die Kameras senden IR-Blitze aus, die von den Marken in Richtung Kameraobjektiv reflektiert werden.

Die Tracking-Kameras, die ein bestimmtes Gebiet abtasten, registrieren die reflektierte Strahlung in einem Graustufenbild. Die Vorverarbeitung dieser Bilddaten erfolgt in der Kamera und liefert 2D-Markenpositionen mit hoher Genauigkeit unter Verwendung von für die Kreisdetektion optimierten Mustererkennungsalgorithmen. Um überhaupt die Koordinaten einer Marke oder Targets im Raum bestimmen zu können, ist es erforderlich, dass mindestens zwei Kameras dasselbe Gebiet gleichzeitig abtasten (siehe Abb. 4.6). Größere Volumina werden entsprechend mit mehr Kameras aufgebaut, wobei zudem darauf zu achten ist, dass Teilbereiche der Überlappungen von weiteren Kameras abgetastet werden. Es ist also auf eine Verkettung der Einzelbereiche zu achten.

Abb. 4.7 Projiziertes Infrarotmuster zur Tiefenerkennung einer RGBD-Kamera. (Quelle: DLR)

4.2.2 Markenlose Verfahren

Die langfristige Zielsetzung beim Tracking ist es natürlich, auch ohne Marken ein ebenfalls zuverlässiges und genaues Tracking zu ermöglichen. Eine Möglichkeit hierfür ist die Extraktion von Eigenschaften (z. B. Kanten, Ecken, skaleninvariante Auffälligkeiten) aus dem Videostrom und die Verfolgung dieser über die Einzelbilder des Videostroms hinweg. Verfahren hierfür werden im Kontext des Augmented Reality im Abschn. 8.2.4 vorgestellt.

Eine andere Möglichkeit ist die kombinierte Verwendung von Farbkameras und Tiefenkameras in Form von sogenannten RGBD-Kameras. Diese Technologie ist insbesondere durch den großen Erfolg der ersten Generation der Kinect, die als Eingabegerät für eine Spielekonsole verkauft wurde, bekannt geworden. Meist verwenden RGBD-Kameras ein mit Infrarot projiziertes Muster (siehe Abb. 4.7) oder Laufzeitverfahren (engl. *Time of Flight, TOF*), bei denen die Laufzeiten des reflektierten Lichts bestimmt werden, zur Tiefenerkennung.

4.2.3 Outside-In-Verfahren

Outside-In-Verfahren zeichnen sich dadurch aus, dass die Kamera bzw. die Kameras von außerhalb des Interaktionsbereichs die Szene aufnehmen und anhand des aufgenommenen Videostroms die Tracking-Daten gewinnen. Meistens kombinieren die Verfahren hierzu mehrere Kameras mit dem Ziel, den Interaktionsbereich zu vergrößern bzw. weniger anfällig gegenüber Verdeckungen zu sein.

Der Vorteil von Outside-In-Verfahren liegt darin, dass der Nutzer keine schweren Kameras inkl. deren Auswerteelektronik mit sich führen muss. In der Kombination mit markenbasierten Verfahren muss der Nutzer aber ggf. Marken tragen (siehe Abb. 4.8).

Die Kalibrierung von Outside-In-Verfahren erfolgt meist mit Hilfe von in der Form und Größe bekannten Testobjekten, die im überwachten Raum bewegt werden. Durch die

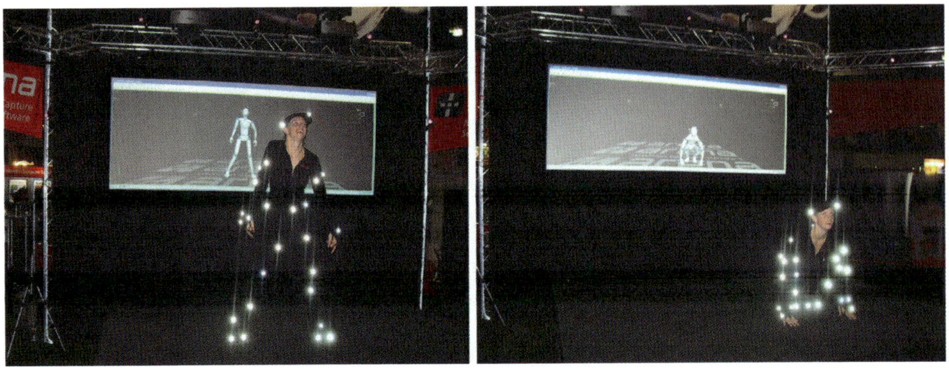

Abb. 4.8 Optisches Tracking einer Person mit Reflexions-Marken und Infrarotkameras (durch das benutzte Blitzlicht leuchten die Marken scheinbar)

so gewonnenen Testdaten können die Koordinatensysteme der einzelnen Kameras derart aufeinander abgeglichen werden, dass verfolgte Objekte in einem einheitlichen Koordinatensystem beschrieben werden können. Der Nachteil von Outside-In-Verfahren ist, dass zur Überwachung von größeren Interaktionsräumen ggf. (sehr) viele Kameras benötigt werden und dass somit die Gesamtkosten insbesondere beim Einsatz von Spezialkameras schnell steigen können. Weitere Probleme können auftreten, wenn die genutzten Kameras sich gegenüberstehen und wenn dabei Blitzlichter zur Aufhellung benutzt werden, da dies zu einer Blendung bei der Aufnahme führen kann. Eine übliche Lösung hierfür ist, die Kameras in sogenannte Blitzgruppen zu unterteilen, die abwechselnd arbeiten, so dass die jeweils gegenüberliegende Kamera bei der Aufnahme inaktiv ist.

Die Daten der Kameras werden an den zentralen Tracking-Controller übermittelt, der daraus durch Triangulation die 3D-Positionen der Marken bzw. die 6D-Daten der Starrkörper berechnet und an den Nutzer weitergibt. Um die Tracking-Software in die Lage zu versetzen, diese Triangulation durchzuführen, müssen die exakten Positionen und Orientierungen der Tracking-Kameras bekannt sein. In einem typischen VR-System ist die Genauigkeitsanforderung hierfür <1 mm in der Position und $<0.1°$ im Winkel. Um Position und Orientierung der Tracking-Kameras mit dieser Präzision zu bestimmen, stellt die Trackingsoftware einen einfachen Kalibrierschritt zur Verfügung, dessen grundlegende Mathematik (*Bündelausgleichung*) aus der Photogrammetrie abgeleitet ist (Hartley und Zisserman 2000) und der die Einmessung in einem kurzen Arbeitsschritt von ca. einer Minute Dauer gestattet.

Um eine ideale Abdeckung (also entsprechend der Anforderung) des Tracking-Volumens zu erreichen können die Tracking-Kameras mit Objektiven unterschiedlicher Brennweiten ausgerüstet werden. Dadurch erreicht man eine Variation in den Öffnungswinkeln (engl. *Field of View*, *FOV*). Um uneingeschränktes Arbeiten vor Powerwalls oder in Mehrseitenprojektionen zu ermöglichen, ist die Wahl großer Bildöffnungswinkel für die Tracking-Kameras sinnvoll. Wichtig ist, dass der Nutzer nahe an die Projektionsscheiben herantreten kann, um eine hohe Immersion zu erreichen.

Ein spezielles Problem stellt optisches Tracking in geschlossenen Mehrseitenprojektionen (wie z. B. 5- oder 6-Seiten-CAVEs, vgl. Abschn. 5.1.3) dar. Optisches Tracking durch die Projektionsscheiben hindurch ist nicht möglich, da diese Scheiben mit einer stark streuenden Oberfläche versehen sind und eine optische Abbildung durch eine streuende Fläche hindurch generell nicht erreicht werden kann. Man ist also oft gezwungen, die Trackingkameras innerhalb der CAVE zu installieren, was zu einer Beeinträchtigung des Raumeindrucks in der virtuellen Umgebung durch diese Fremdkörper führt. Insbesondere für Mehrseitenprojekten gibt es spezielle Kameras, die in den Ecken der Mehrseitenprojektion, durch ein Loch von ca. 40 mm Durchmesser blickend, installiert werden. Hierdurch kann präzises optisches Tracking in CAVEs genutzt werden, wobei die optische Beeinträchtigung durch die Löcher in den Ecken nach Angabe der Nutzer vernachlässigbar ist.

4.2.4 Inside-Out-Verfahren

Bei Inside-Out-Verfahren werden die Kameras mit den Objekten verbunden, deren Bewegung aufgenommen werden sollen (z. B. am Kopf eines Nutzers zur Umsetzung eines Head-Tracking). Aus dem Videostrom, der so von der Umgebung aufgenommen wird, kann die Position und Orientierung der Kamera zu einem oder zu mehreren Referenzpunkten in der Umgebung bestimmt werden.

Der Nachteil von Inside-Out-Verfahren ist, dass der Nutzer Einschränkungen durch das Herumtragen von Kameras in Kauf nehmen muss. Auch wenn Kameramodule heutzutage sehr klein geworden sind, so ist das Gesamtpaket aus Kamera, ggf. Akku und Sende- oder Auswertelogik doch relativ schwer. Der Vorteil ist, dass der Nutzer nicht auf einen bestimmten Interaktionsraum festgelegt ist, und sich somit freier bewegen kann.

4.2.5 Vergleich der optischen Tracking-Systeme

Aus Nutzersicht wäre ein markenloses Outside-In-Verfahren natürlich wünschenswert, da hierbei die Einschränkungen für den Nutzer am geringsten sind. Nutzer müssen nichts in den Händen halten, brauchen keine Markierungen auf der Kleidung und können sich frei bewegen und auch frei durch den Raum gehen. In der Praxis zeigt sich allerdings, dass markenlose Tracking-Systeme gegenüber markenbasierten zum einen anfälliger gegenüber Störungen (z. B. weitere Personen im Raum oder sich wechselnde Lichtverhältnisse) sind und zum anderen, dass die Genauigkeit bei markenbasierten Systemen höher ist. Auch weisen Outside-In-Verfahren den Nachteil auf, dass die Interaktionsfläche durch die Kamerapositionen begrenzt ist. Der Interaktionsbereich kann zwar durch den Einsatz von zusätzlichen Kameras vergrößert werden, dennoch bedeutet ein größerer Interaktionsraum entweder Mehrkosten (für die zusätzlichen Kameras) oder durch den größeren Abstand zu den Kameras eine größere Ungenauigkeit.

Abb. 4.9 Unterschiedliche Varianten einer 3D-Mouse

4.3 Weitere Eingabegeräte

In diesem Abschnitt werden VR-Eingabegeräte betrachtet, die in Ergänzung zu Standardeingabegeräten eines PCs (wie 2D-Maus, Tastatur, Mikrofon, oder Touch-Monitore) oftmals zum Aufbau von VR-Systemen verwendet werden.

4.3.1 3D-Mouse

Eines der einfachsten Eingabegeräte ist die 3D-Mouse (siehe Abb. 4.9). Sie ermöglicht eine direkte Navigation entsprechend der sechs Freiheitsgrade ebenso wie die Interaktion über frei belegbare Buttons. Durch seitliches Verschieben sowie vertikales Drücken und Ziehen kann eine Translation im 3D-Raum erfolgen, durch ein Drehen oder Kippen erfolgt eine entsprechende Rotation.

Versionen der 3D-Mouse unterscheiden sich neben der Größe durch die Integration von zusätzlichen Tasten, die üblicherweise frei belegbar sind. Der Vorteil einer 3D-Mouse liegt insbesondere in der hohen Genauigkeit. Aufgrund der Tatsache, dass die 3D-Mouse üblicherweise auf einem Tisch steht, eignet sie sich eher für den Bereich des Desktop-VR. Manchmal wird sie auch auf einer Säule fest montiert zur Steuerung verwendet, wodurch der Arbeitsbereich eines Nutzers eingeschränkt ist.

4.3.2 Mechanische Eingabegeräte

Mechanische Eingabegeräte nehmen die Bewegungen eines Nutzers über eine Mechanik auf (z. B. über ein Gestänge oder über Seilzüge). Der Vorteil von mechanischen Eingabegeräten ist, dass sie zum einen eine hohe Genauigkeit aufweisen können und zum anderen, dass sie gut dazu geeignet sind, haptisches Feedback an den Nutzer zurück zu geben. Die Nachteile sind, dass zum einen der Nutzer immer etwas in der Hand hat bzw. auf irgendeine Weise mit dem mechanischen Eingabegeräte verbunden sein muss und zum anderen, dass die Mechanik u. U. störend im Weg sein kann. In Abb. 4.10 ist beispielhaft ein mechanisches Eingabegerät dargestellt, bei dem der Nutzer einen Stift in der Hand hält. Durch den Umstand, dass der Nutzer das Halten von Stiften gewohnt ist, kann sich die Nutzung

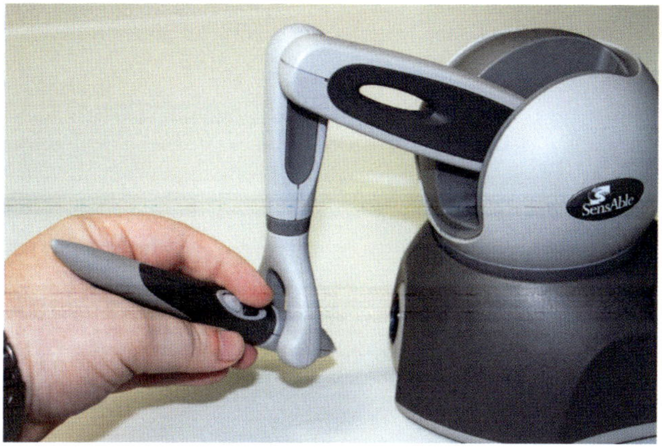

Abb. 4.10 Mechanisches Eingabegeräte in Stiftform mit haptischem Feedback.

in die üblichen Gewohnheiten einfügen, sofern die eigentliche Anwendung dieses Nutzungsszenario unterstützt.

Die Messung von mechanischen Eingabegeräten erfolgt mittels Winkelmessungen an den Gelenken bzw. Rollen sowie an der Abstandsmessung zwischen den Gelenken. Die hohe Genauigkeit wird durch entsprechend genaue Winkelmessungen erreicht, welche meist über Zahnräder bzw. Getriebe, Potentiometer oder Dehnmessstreifen erfolgt. Teilweise werden ähnliche Messverfahren genutzt wie in Computermäusen, die bekanntermaßen eine hohe Auflösung zulassen. Die Latenz bei mechanischen Eingabegeräten ist durch die direkte Messung gering. Für die Nutzung ist insbesondere die Leichtgängigkeit wichtig (Salisbury und Srinivasan 1997), um durch das Eingabegerät nicht eingeschränkt zu sein und es somit als störend zu empfinden. Durch die Integration von haptischem Feedback wird ein mechanisches Eingabegerät gleichzeitig zum Ausgabegerät (siehe Abschn. 5.5).

4.3.3 Akustisches Tracking

Auf Akustik basierende Eingabegeräte nutzen die Unterschiede in der Laufzeit (*Time of Flight, TOF*) oder in der Phase von Schallwellen. Verwendet werden für den Nutzer nicht hörbarer Ultraschall (Schallwellen mit über 20.000 Hz). Die Messung mit Hilfe eines Senders und eines Empfängers (wobei einer von beiden mit dem zu überwachenden Objekt verbunden ist) führt so zur Bestimmung des Abstandes zwischen ihnen. Somit kann die Position eines Objekts auf eine Kugeloberfläche eingegrenzt werden. Durch Hinzufügen eines zweiten Senders oder eines zweiten Empfängers kann die Position bereits auf eine Kreisbahn (als Schnittpunkt von zwei Kugeln) eingegrenzt werden. Die Erweiterung eines dritten Senders oder Empfängers schränkt dann die Position auf zwei Punkte ein (als Schnittpunkte von drei Kugeln bzw. als Schnittpunkte von zwei Kreisen). Mittels Plausibilitätsüberprüfung wird aus diesen beiden die Position bestimmt. Ein Aufbau mit einem Sender und drei Empfängern (oder entsprechend drei Sendern und einem Mikrofon) führt somit zur Bestimmung der drei Freiheitsgrade der Translation (3 DOF). Soll zudem die

Orientierung bestimmt werden (6 DOF), so müssen drei Sender und drei Empfänger eingesetzt werden.

Im Vergleich zu anderen 3D-Tracking-Systemen sind akustische Systeme relativ günstig. Ein Nachteil des akustischen Trackings liegt in der Empfindlichkeit in Bezug auf Temperatur- oder Luftdruckänderungen. Jede Temperatur- oder Luftdruckänderung erfordert eine (Re)-Kalibrierung des Systems.

4.3.4 Elektromagnetisches Tracking

Mit Hilfe von stromdurchflossenen Spulen können Magnetfelder aufgebaut werden, die zum Tracking verwendet werden können. Als Sensoren werden ebenfalls Spulen genutzt, wobei die durch das Magnetfeld induzierten Ströme als Maß für die Position und Orientierung im Magnetfeld (bzw. im Raum) genutzt werden. Damit in den Empfängerspulen fortwährend Strom induziert werden kann, ist ein sich über die Zeit änderndes Magnetfeld nötig. Durch die Kombination von drei orthogonal zueinander stehenden Sendern und ebenfalls drei orthogonal stehenden Empfangsspulen ist eine Bestimmung von Position und Orientierung im Raum möglich (6 DOF). Der Vorteil von elektromagnetischen Tracking-Systemen ist zum einen, dass die Empfänger klein sind, dass Verdeckungen vom Nutzer oder anderen nichtleitenden Objekten unproblematisch sind und dass die Systeme üblicherweise einfach zu nutzen sind. Demgegenüber steht als Nachteil, dass in den Räumen, in denen sie verwendet werden, nach Möglichkeit keine (ferro-)magnetischen Materialien verwendet werden sollten und keine elektromagnetischen Felder existieren dürfen, da diese das Magnetfeld stören und somit die Genauigkeit verringern.

4.3.5 Inertial-Tracker

Inertial-Tracking basiert auf Inertialsensoren (auch Trägheits- oder Beschleunigungssensoren genannt), das heißt auf Sensoren, welche die Beschleunigung messen. Inertial-Tracking wird insbesondere zur Lagebestimmung, d. h. zur Bestimmung der Orientierung eingesetzt. Ein Anwendungsgebiet ist u. a. die Erfassung der Gelenkstellungen eines Nutzers durch Anbringen entsprechender Sensoren auf den einzelnen Gliedmaßen.

Je nach Bauart unterscheidet man lineare Inertialsensoren, welche die Beschleunigung entlang einer Achse erfassen und Beschleunigungssensoren, welche die Winkelbeschleunigung um eine Achse messen. Da letztere sich ähnlich wie ein Kreiselkompass (Gyroskop) verhalten, werden sie mitunter auch als Gyrosensoren bezeichnet.

Lineare Beschleunigungsmesser können lediglich im Ruhezustand zur Lagebestimmung herangezogen werden. Dann kann auf Basis der Erdbeschleunigung die Neigung zu deren Richtung (d. h. der Senkrechten) gemessen werden. Da die Ausrichtung in der Horizontalen (y-Achse) senkrecht zur Gravitation liegt, kann diese mit linearen Inertialsensoren nicht erfasst werden. Es werden somit maximal Rotationen um die beiden in der horizontalen Ebene liegenden Achsen (x-Achse und z-Achse) erfasst. Für Eingabegeräte, die frei bewegt werden können, werden dennoch drei orthogonal zueinander liegende Sensoren verbaut, damit jederzeit mindestens zwei zur Messung verwendet werden können.

Lineare Inertialsensoren können jedoch auch zur Positionsbestimmung eingesetzt werden. Auf Basis der linearen Beschleunigungswerte in den drei senkrecht zueinanderstehenden Sensoren kann durch Integration die aktuelle Geschwindigkeit und durch eine weitere Integration die Positionsänderung geschätzt werden. Aufgrund von Messungenauigkeiten (zumeist verstärkt durch eine verhältnismäßig geringe Genauigkeit bei der Umwandlung der analogen Messwerte in digitale Werte) kommt es hierbei jedoch häufig zu Drifteffekten. Das heißt, wird beispielsweise ein Sensor aus dem Ruhezustand bewegt und anschließend wieder angehalten, so müssten sowohl die Summen der erfassten Beschleunigungswerte wie auch die der errechneten Geschwindigkeitswerte am Ende Null ergeben. Dies ist jedoch in der Regel nicht der Fall, so dass die Messung auch im Ruhezustand eine geringe Restgeschwindigkeit ergibt. Diese führt zu einer zunehmenden Abweichung zwischen der gemessenem und der tatsächlichen Position.

Bei Beschleunigungssensoren zur Messung der Winkelgeschwindigkeit werden analog die Beschleunigungswerte zweifach integriert, um dadurch den Rotationswinkel zu erhalten. Auch hier kommt somit gleichermaßen das Problem der Drift zu tragen. Es empfiehlt sich daher eine Rekalibrierung im Ruhezustand mit Hilfe der linearen Beschleunigungssensoren. Zur Erfassung von Rotationen über alle drei Achsen, werden auch bei Gyrosensoren üblicherweise drei Sensoren orthogonal zueinander verbaut.

4.3.6 Bewegungsplattformen

Aufgrund der eingeschränkten Größe eines VR-Systems ist es schwierig, einem Nutzer das Herumgehen oder Laufen bzw. Rennen in einer Virtuellen Umgebung zu ermöglichen. Denn meistens ist der Nutzer nach wenigen Schritten am Rand des Interaktionsbereiches angelangt. Dementsprechend haben sich Steuerungstechniken zur Navigation etabliert, bei denen unterschiedliche Eingabegeräte wie z. B. ein Flystick eingesetzt werden (vgl. Abschn. 6.4). Darüber hinaus wurden auch Eingabegeräte entwickelt, die ein Laufen oder eine laufähnliche Bewegung zur Navigation in Virtuellen Welten ermöglichen. Viele Ansätze basieren auf der Idee von *Laufbändern* (engl. *Treadmill*), auf denen sich die Nutzer bewegen und deren Geschwindigkeit von dem VR-System gesteuert wird. Über eine Mechanik zum Schrägstellen gibt es die Möglichkeit, bergauf oder bergab zu gehen.

Der Nachteil von Laufbändern, wie sie in ähnlicher Weise auch in Sportstudios verwendet werden, ist, dass mit diesen ein Gehen oder Laufen nur in eine Richtung möglich ist, was eine deutliche Einschränkung für die Verwendung in VR-Systemen darstellt.

Über unterschiedliche Lösungsansätze wurden im Lauf der Zeit sogenannte omnidirektionale Ansätze entwickelt. Eine Möglichkeit ist es, das Laufband aus kleinen Laufbändern aufzubauen, die orthogonal zur Hauptrichtung angeordnet sind. So entsteht eine Fläche, auf der der Nutzer sich in alle Richtungen bewegen kann. Über ein Tracking des Nutzers wird erreicht, dass die einzelnen Laufbänder so gesteuert werden können, dass der Nutzer sich immer in der Mitte der Fläche bewegt. Die CyberWalk Treadmill (Souman et al. 2008)

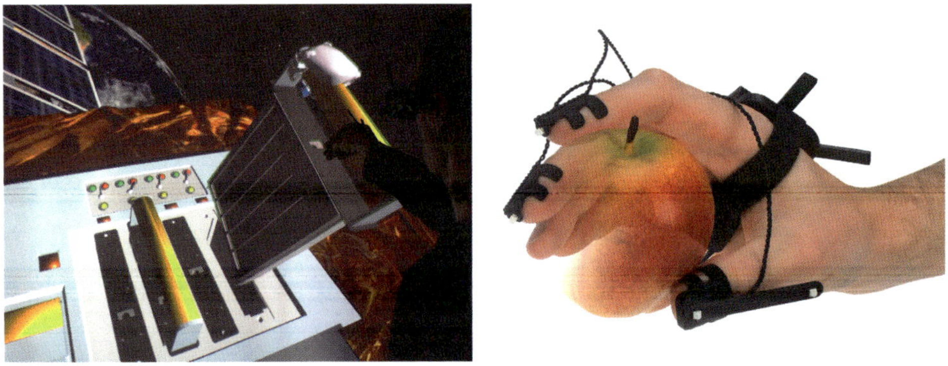

Abb. 4.11 (*links*) Nutzer mit optisch verfolgter 3D-Brille und Finger-Tracking bei einem Einbautest eines Satellitenmoduls in einer virtuellen Montagesimulation (Quelle: DLR). (*rechts*) Greifen eines virtuellen Apfels mit optisch verfolgter Hand (Quelle: ART)

ist ein Beispiel hierfür. Große Kugeln, in denen sich der Nutzer bewegt, und die selbst so gelagert sind, dass sie an einer Stelle bleiben, sind eine weitere Möglichkeit. Das Problem dieses Lösungsansatzes ist, dass der gefühlte Boden für den Nutzer nicht eben sondern durch die Kugelform gekrümmt ist. Hierdurch kann das Laufen erschwert werden. Die Cybersphere (Fernandes et al. 2003) ist ein Beispiel für diese Art. Andere Varianten basieren darauf, den Boden aus entsprechend angeordneten Rollen aufzubauen, und so ein Umhergehen zu ermöglichen. Kostengünstigere Ansätze basieren auf der Idee, den Nutzer über einen Haltering festzuhalten und ihn auf einem glatten bzw. rutschigen Boden laufen zu lassen. Der Virtuis Omni ist ein Beispiel hierfür.

4.4 Finger-Tracking

Obwohl die Interaktion mit Standardeingabegeräten und den entsprechenden Interaktionsmethoden meistens ausreichend ist, bilden diese Geräte und Methoden nur schwer die natürliche Interaktion eines Menschen mit der Virtuellen Welt nach. Neue Interaktionsarten (z. B. durch Zeigegesten) müssen dem Nutzer zuerst erklärt und anschließend von diesem erlernt werden.

Ein Beispiel ist die virtuelle Montagesimulation. Problemlos kann mit einem Standardinteraktionsgerät wie einem Flystick durch Erfassen der Position und Orientierung und mittels eines Knopfdrucks ein Bauteil von einer Stelle zu einer anderen bewegt werden. Jedoch ist es nicht oder nur sehr schwer möglich zu überprüfen, ob ein Nutzer in der Lage ist, ein Bauteil mit nur einer Hand einzubauen oder ob er für diese Aktion beide Hände benötigt. Abb. 4.11 zeigt einen Nutzer vor einem VR-Display bei einer virtuellen Montagesimulation eines Satelliten. Der Nutzer ist mit einer optisch verfolgten 3D-Brille und einem Finger-Tracking-Gerät ausgestattet. Er versucht ein Modul eines Satelliten mit nur einer Hand in den entsprechenden Modulschacht einzuführen. Weitere Szenarien im

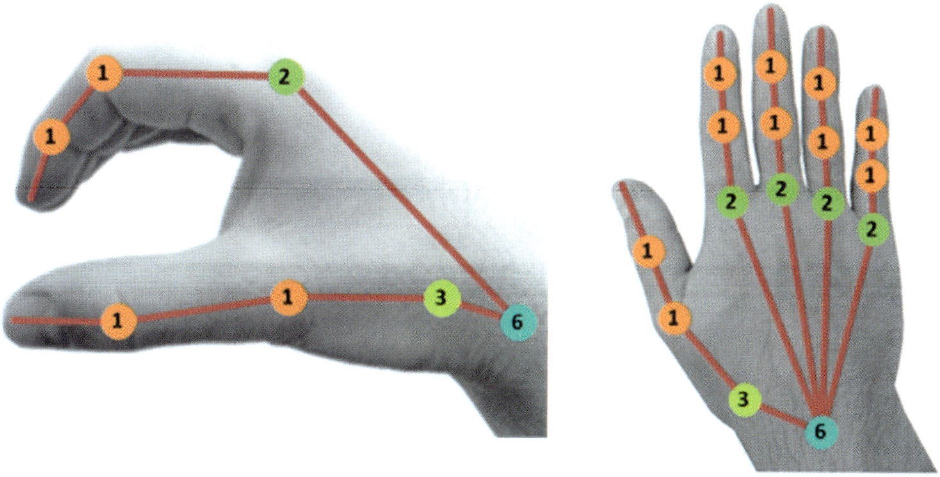

Abb. 4.12 Datenmodell einer Hand zur Umsetzung des Finger-Trackings (die Kreise symbolisieren die Gelenke der Hand und Finger mit ihren jeweiligen Freiheitsgraden, die Linien stellen das Skelett dar)

Bereich der virtuellen Montagesimulation, für die sich Standardinteraktionsgeräte nicht eignen, sind das Testen auf die generelle Greifbarkeit von Objekten oder die Übergabe von Objekten von einer in die andere Hand.

Generell ist die direkte Interaktion eines Nutzers mit seiner Umwelt durch die Abbildung seiner Hände und Finger in der Virtuellen Welt für diesen einfacher und intuitiver (Bowman et al. 2004). Hingegen sind Interaktionen mit der VR bei der Verwendung von indirekten Interaktionsmethoden in Verbindung mit einfachen oder Standardinteraktionsgeräten schneller (Möhring und Fröhlich 2011; Hummel et al. 2012).

Im Allgemeinen versteht man unter dem Begriff Finger-Tracking das Erfassen der Position und meist auch der Orientierung einer Hand und ihrer Finger. Je nach Anwendungsfall ist die erforderliche Genauigkeit unterschiedlich. Eine relativ geringe Genauigkeit und lediglich die Erfassung der Position des Handrückens oder eines Fingers ist bereits ausreichend, um eine Maus zu emulieren oder mit einer Benutzungsschnittstelle in einer Virtuellen Welt zu interagieren. Eine geringe bis mittlere Genauigkeit und die relative Lage einzelner Finger zueinander ist jedoch bereits notwendig, um Gesten zu erkennen. Für Anwendungsgebiete wie die virtuelle Montagesimulation in der Automobil-, Luft- und Raumfahrtindustrie, die eine direkte Interaktion erfordern, ist für das Tracking nicht nur die Position und Orientierung des Handrückens und aller Fingerkuppen wichtig, sondern auch die Längen der einzelnen Fingerglieder und die Winkel der zugehörigen Fingergelenke. Erst diese Genauigkeit ermöglicht eine möglichst perfekte Abbildung der realen Hand.

Im Vergleich zu den bereits vorgestellten Standardinteraktionsgeräten gibt es beim Finger-Tracking zwei zusätzliche Herausforderungen. Einerseits besitzt die menschliche Hand viele Freiheitsgrade. Der Handrücken wird meist als ein starres Standardobjekt gesehen und besitzt sechs DOF, je drei translatorische und rotatorische (siehe Abb. 4.12).

Jeder Finger hat weitere vier DOF, zwei rotatorische an der Fingerwurzel und je einen rotatorischen DOF für die Gelenke zu dem mittleren und äußeren Fingerglied. Der Daumen hat eine Sonderrolle, da er einen zusätzlichen DOF an der Wurzel besitzt. Dadurch sind für den Daumen fünf DOF, drei rotatorische an der Handwurzel und auch je einen für jedes weitere Fingergelenk, notwendig. Aufsummiert ergeben sich so 27 DOF für eine Hand (Lin et al. 2000). Andererseits stellt die dichte Lage der Finger zueinander eine große Herausforderung an das zu benutzende Tracking-System dar. Besonders für optische und mechanische Systeme ist dies wegen der Verdeckung von Marken, dem geringen visuellen Unterschied der Finger und der 27 DOF pro Hand ein nicht trivial zu lösendes Problem.

Zudem darf nicht vergessen werden, dass die Hände und Finger eines jeden Menschen unterschiedlich sind. Dies beinhaltet nicht nur die Länge und die Dicke der einzelnen Fingerglieder, sondern auch die Gelenke und Gelenkwinkel zwischen diesen. Auch eine körperliche Behinderung oder sogar das Fehlen eines oder mehrerer Finger darf nicht außer Acht gelassen werden. Die jeweiligen Tracking-Geräte müssen dies berücksichtigen und darauf anpassbar sein.

Da Finger-Tracking sehr hohe Anforderungen an die verwendete Tracking-Hardware stellt, kommen verschiedenste Techniken zum Einsatz. Am häufigsten werden mechanische Tracking-Verfahren eingesetzt, zum Beispiel Glasfasern, Dehnungsmessstreifen oder Potentiometer (veränderbare Widerstände). Der *Sayre Glove* (DeFanti und Sandin 1977) besitzt biegbare Röhren, die an den einzelnen Fingern innerhalb eines Handschuhes entlang laufen. Beim *Data Glove* (Zimmermann et al. 1986) werden pro Finger zwei Lichtwellenleiter (LWL) benutzt. An einem Ende dieser LWL befindet sich eine Lichtquelle, am anderen Ende eine Fotozelle. Abhängig von der Biegung des Fingers trifft mehr oder weniger Licht auf die Fotozelle. Damit können die Gelenkwinkel der Finger annähernd bestimmt werden. Der *CyberGlove* (Kramer und Leifer 1989) verwendet 22 dünne, metallische Dehnungsmessstreifen zum Erfassen der Gelenkwinkel der Finger. Beim *Dexterous Hand Master* (Bouzit et al. 1993) wird dem Nutzer ein Exoskelet über die Hand und Finger gezogen. Über Seilzüge werden dann Potentiometer angesteuert, aus deren Widerstandswerten durch Analog-/Digitalwandler die Positionen der Finger bestimmt werden können. Mit den mechanischen Methoden ist jedoch nur eine relative Messung der Finger zum Handrücken möglich. Die Position und Orientierung des Handrückens muss mit einer anderen Trackingmethode erfolgen.

Bei den nicht mechanischen Tracking-Verfahren überwiegen die optischen Finger-Tracking Geräte. Der *MIT LED Glove* (Ginsberg und Maxwell 1983) ist mit Leuchtdioden (LEDs) besetzt, welche von einem externen Kamerasystem aufgenommen werden. Um einzelne Finger voneinander unterscheiden zu können, blinken die LEDs abwechselnd hintereinander (Hillebrand et al. 2006). Bei einer Aufnahmerate von zum Beispiel 60 Hz wird so durch das abwechselnde Blinken der LEDs die Wiederholfrequenz auf 20 Hz für ein 3-Finger System und auf 12 Hz für ein 5-Finger System reduziert. Die Verwendung des optischen Tracking ermöglicht eine hohe Genauigkeit und leichte drahtlose Interaktionsgeräte, allerdings sind meist mindestens vier teure Spezialkameras für den Einsatz notwendig, um die Triangulation jeder verwendeten LED zu gewährleisten. Einige optische

Finger-Tracking-Geräte sind zusätzlich mit Inertialsensoren ausgestattet, um Verdeckungen der LEDs, die wegen der geringen Abstände der Finger zueinander häufig auftreten, kurzzeitig zu überbrücken. In (Hackenberg et al. 2011) wurde ein Verfahren vorgestellt, das auf Tiefenkameras basiert und spezielle Merkmalsdetektoren für Fingerglieder und Fingerkuppen nutzt.

Seltener werden magnetische Tracker für das Finger-Tracking eingesetzt. Diese können bis zu 16 einzelne 6-DOF Sensoren erfassen. Damit steht je ein Sensor für jedes der 3 Fingerglieder und ein Sensor für den Handrücken zur Verfügung. Der Nachteil des magnetischen Trackings ist die leichte Störanfälligkeit durch metallische oder elektromagnetische Quellen. Zudem sind die meisten magnetischen Tracker bauartbedingt kabelgebunden.

4.5 Eye-Tracking

4.5.1 Bewegungsabläufe des Auges

Ein zu betrachtendes Bild wird durch Änderung der Linsenbrennweite fokussiert und auf lichtempfindliche Zellen der Netzhaut abgebildet (Schmidt und Thews 1997). Die einfallende Lichtmenge kann durch die Iris variiert werden. Dabei arbeitet die Iris wie eine Blende und verändert den von außen sichtbaren Durchmesser der Pupille. An der Lederhaut setzen die Augenmuskeln an, welche das Auge in der Augenhöhle bewegen. Die Bewegungsarten des Auges werden in Driften, Verfolgen, Zittern, Rotieren, Fixieren und Sakkaden unterschieden. Für eine Blickverfolgung sind jedoch nur die letzten beiden interessant. Während der Fixation, z. B. beim Lesen, konzentriert sich das Auge auf einen Punkt und sammelt Informationen. Sakkaden sind Sprünge, welche zwischen der Fixation stattfinden und ca. 20 ms bis 40 ms andauern (Rickheit et al. 2003).

4.5.2 Verfahren

Unter Eye-Tracking bezeichnet man allgemein die Verfolgung der Blickrichtung des menschlichen Auges. Eye-Tracking kann man wörtlich mit Blickregistrierung übersetzen. Das Verfahren wird zur Erfassung und Auswertung des Blickverlaufes einer Person eingesetzt.

Durch Verfolgung der Blickrichtung kann man über Eyetracker untersuchen, wie gut Werbeelemente vom Nutzer gesichtet werden. Zur Erfassung der Blickrichtung wurden in den letzten Jahrzehnten verschiedene technische Verfahren entwickelt. Eine Übersicht dieser Verfahren und Unterverfahren wird in Abb. 4.13 gegeben. Prinzipiell unterscheidet man zwischen invasiven und nichtinvasiven Verfahren. Bei invasiven Verfahren ist immer ein direkter Eingriff am Körper des Nutzers, z. B. durch Elektroden, erforderlich.

Bei nichtinvasiven Verfahren kann man hingegen berührungslos die Blicke des Nutzers verfolgen. Die ersten entwickelten Eye-Tracking-Verfahren waren rein invasiv. Die Elek-

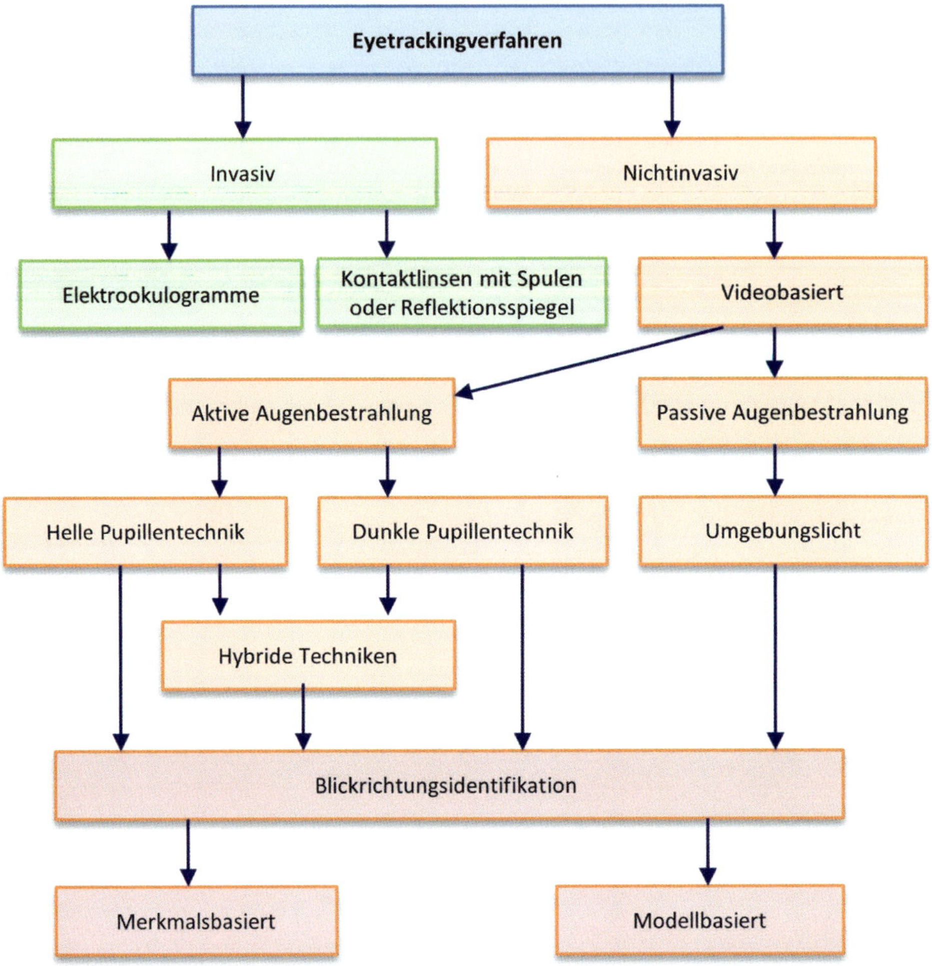

Abb. 4.13 Übersicht von Verfahren für das Eye-Tracking

trookulographie wurde bereits vor über 40 Jahren entwickelt. Bei der Elektrookulographie werden die elektrischen Potentiale der Haut um das Auge gemessen. Diese Potentiale liegen im Bereich von 15 μV bis 200 μV. Die Sensitivität für das Eye-Tracking liegt dabei bei ca. 20 μV/Winkelgrad (Duchowski 2007). Mit dieser Technik kann man die relative Augenbewegung zum Kopf erfassen. Es ist jedoch nicht möglich, einen absoluten Blickpunkt des Auges auf ein Objekt bestimmen zu können. Ein weiteres invasives Eye-Tracking-Verfahren ist die Kontaktlinsenmethodik. Hierbei werden Kontaktlinsen entweder mit kleinen Spulen oder mit Reflektoren eingesetzt. Bei Kontaktlinsen mit Spulen wird die Änderung des magnetischen Feldes gemessen und daraus abgeleitet, welche relative Bewegung das Auge ausführt. Befinden sich auf den Kontaktlinsen Reflektoren kann man durch das reflektierte Licht auf die relative Blickrichtung rückschließen. In den letzten Jahren wurden CCD- und CMOS-Kameras weiterentwickelt und kostengünstig auf den Markt gebracht.

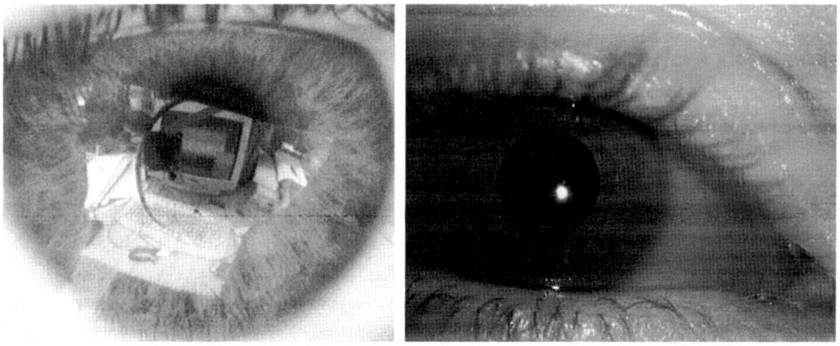

Abb. 4.14 Aufgenommene Augenszene mit passiver und aktiver Bestrahlung

Dadurch wurden nichtinvasive Eye-Tracking-Verfahren eingesetzt und weiterentwickelt. Nichtinvasive Verfahren arbeiten videobasiert. Hierbei wird das Auge von einer Kamera erfasst und über Bildverarbeitungsalgorithmen die Blickrichtung bestimmt. Bei videobasierten Verfahren unterscheidet man zwischen passiver und aktiver Augenbestrahlung. Passive Verfahren nutzen das Umgebungslicht zur Bestrahlung der Augenszene. Aufgrund der undefinierten Bestrahlungsverhältnisse einer Umgebung bestehen hohe Anforderungen für eine präzise Merkmalsidentifikation der Augenbestandteile.

Bei passiver Bestrahlung wird die Kontur zwischen Lederhaut und Iris für eine Identifikation von Merkmalen genutzt. Ein präziseres Verfahren ist die aktive Bestrahlung der Augenszene durch eine Infrarotlichtquelle. Abb. 4.14 veranschaulicht die günstigeren Kontrastverhältnisse des aktiven Verfahrens, welches eine robuste Merkmalidentifikation zwischen Pupille und Iris ermöglicht.

Je nach Anordnung der IR-Bestrahlungsquelle unterscheidet man bei aktiven Bestrahlungsverfahren zwischen der hellen und der dunklen Pupillentechnik. Befindet sich die Bestrahlungsquelle außerhalb der optischen Achse der Eye-Trackingkamera, wird die Strahlung durch Iris und Lederhaut reflektiert; somit ist die Pupille das dunkelste Objekt innerhalb der aufgenommenen Augenszene. Ordnet man Lichtquelle und Kamera in gleicher optischer Achse an, erfolgt eine Reflexion der Strahlung an der Netzhaut im Inneren des Auges, somit erscheint die Pupille als hellstes Objekt. Eye-Tracking-Algorithmen nutzen zur Bestimmung der Blickrichtung entweder die helle oder die dunkle Pupillentechnik.

Hybride Verfahren erfordern eine Optik mit verschiedenen Anordnungen der IR-Bestrahlungsquellen. Unabhängig davon, ob man die aktive oder passive Augenbestrahlung einsetzt, erfolgt die Auswertung der Blickrichtung einerseits merkmalsbasiert und auf der anderen Seite modellbasiert. Kombinierte Verfahren kommen ebenfalls zum Einsatz. Merkmalsbasierte Verfahren detektieren Konturen, z. B. die Pupillengeometrie, und berechnen daraus den Mittelpunkt und die relativen Blickkoordinaten. Durch auftretende Nebeneffekte, wie z. B. Reflexionen, können andere Merkmale als Pupille interpretiert werden; diese Eigenschaft vermindert die Genauigkeit merkmalsbasierter Verfahren. Modellbasierte Verfahren hingegen vergleichen die Bildinformationen der aufgenommenen Augenszene mit einer modellierten Augenszene. Mittels Parametervariation wird iterativ versucht, das Modell der realen Augenszene anzupassen. Wenn das Modell mit einem ge-

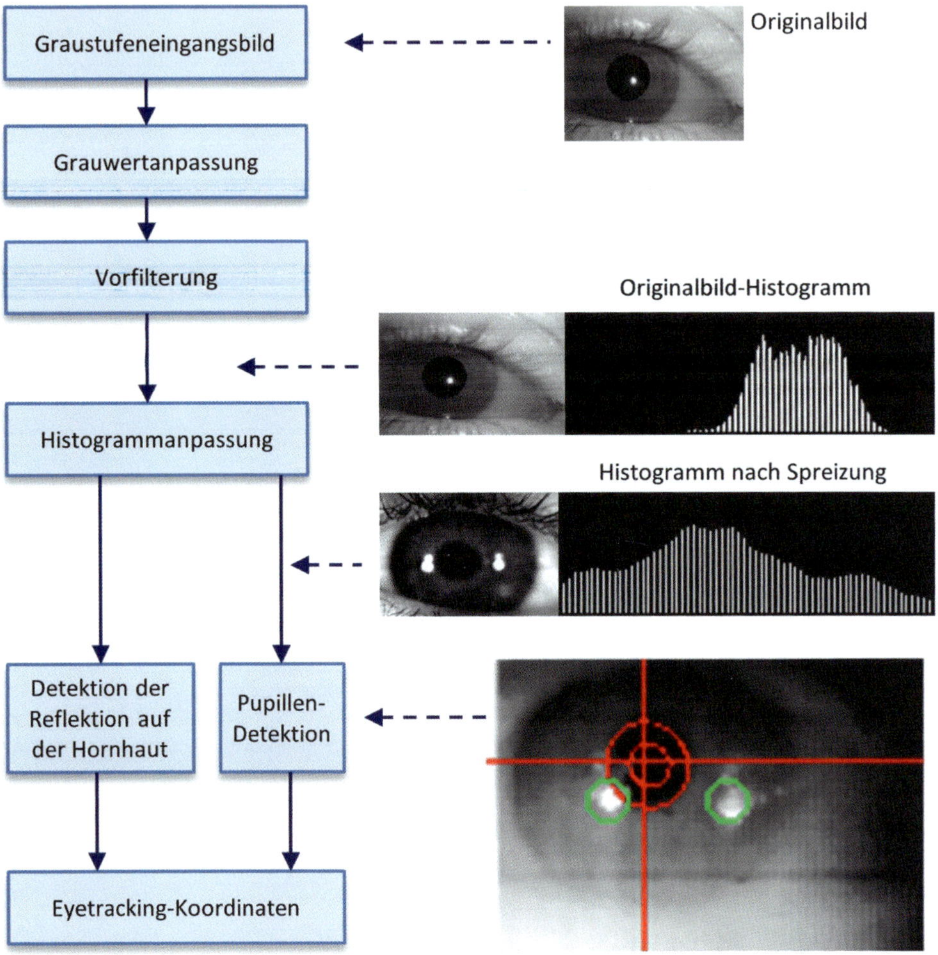

Abb. 4.15 Bildverarbeitungsprozess für das Eye-Tracking

wissen Fehler angepasst werden konnte, werden daraus die relativen Blickkoordinaten gewonnen. Modellbasierte Verfahren gehören zu den genaueren, jedoch auch zu den rechenintensiveren Herangehensweisen. Videobasierte Eye-Tracking-Verfahren ermöglichen nicht nur die relative Blickrichtungsbestimmung. Mit einer Kalibrierung kann ein Punkt im virtuellen Bild betrachtet werden wie z. B. ein Button.

4.5.3 Funktionsweise eines Eye-Trackers

Abbildung 4.15 zeigt den prinzipiellen Ablauf einer Eye-Tracking-Routine mit aktiver Beleuchtung bei heller Pupillentechnik. Eine Eye-Tracking-Kamera, die auf das Auge des Nutzers fokussiert ist, nimmt ein digitales Graustufenbild auf. Dieses Bild wird der

Eye-Tracking-Bildverarbeitung übergeben. Zuerst wird eine Anpassung der Grauwerte durchgeführt und anschließend wird das Bild vorgefiltert, um z. B. ein verrauschtes Bild zu verbessern. Weiterhin wird eine Histogrammspreizung durchgeführt, damit die Objektkonturen des Auges wie die Pupille oder die Iris hervorgehoben werden. Im nächsten Schritt wird z. B. durch Kantendetektionen die Kontur der Pupille detektiert und das Pupillenzentrum berechnet. Weiterhin nutzt man bei einer aktiven Beleuchtung als Zusatzinformationen die Reflexionen an der Hornhaut. Bei einem Head-Mounted Display (HMD) (vgl. Abschn. 5.3) mit integriertem Eye-Tracking werden diese Reflexionen oft als Referenzpunkt genutzt. Die Eye-Tracking-Bildverarbeitung gibt zum Schluss die Koordinaten des Pupillenmittelpunktes in horizontaler und vertikaler Richtung aus. Werden ebenfalls die Hornhautreflexionen mit ausgewertet, so gibt die Eye-Tracking-Bildverarbeitung einen Differenzvektor zwischen Pupillenmittelpunkt und Mittelpunkt der Hornhautreflexion aus, woraus geschlossen werden kann, worauf der Nutzer fokussiert.

4.5.4 Kalibrierung

Um neben dem eigentlichen Eye-Tracking auch die Nutzerinteraktion mit virtuellen Objekten ermöglichen zu können, ist eine Zuordnung zwischen dem Erfassungsbereich der Kamera und dem virtuell angezeigten Bild erforderlich. Es ergibt sich die Forderung, dass man den Zusammenhang zwischen dem Kamerakoordinatensystem und dem Koordinatensystem des virtuellen Bildes analytisch herstellen muss.

Abbildung 4.16 zeigt die verschachtelten Koordinatensysteme der Eye-Tracking-Kamera und des virtuellen Bildes. Um nun konkret den Zusammenhang zwischen dem Koordinatenpaar im Kamera-Koordinatensystem x_k, y_k und den Koordinaten des virtuellen Bildes x_{virt}, y_{virt} herstellen zu können, gibt es verschiedenste Zuordnungsverfahren. In (Duchowski 2007) wird eine einfache lineare analytische Zuordnungsfunktion vorgestellt. Die Gl. (4.1) und (4.2) beschreiben die linearen Zuordnungsfunktionen für die horizontale und vertikale Richtung. In Gl. (4.1) wird die horizontale Koordinate x_k durch die Subtraktion von x_{k_min} auf ihren Ursprung gesetzt. Anschließend wird diese Koordinate durch das horizontale Auflösungsverhältnis zwischen dem virtuellen Koordinatensystem und dem Kamera-Koordinatensystem auf das virtuelle Bild skaliert. Anschließend wird durch die Addition der minimalen Koordinate des virtuellen Bildes x_{virt_min} die relative Position im virtuellen Bild berechnet. Für die vertikale Koordinatenzuordnung ist das in Gl. (4.2) beschriebene Berechnungsverfahren analog zu Gl. (4.1).

$$x_{virt} = x_{virt\_min} + \frac{(x_k - x_{k\_min})(x_{virt\_max} - x_{virt\_min})}{(x_{k\_max} - x_{k\_min})} \tag{4.1}$$

$$y_{virt} = y_{virt\_min} + \frac{(y_k - y_{k\_min})(y_{virt\_max} - y_{virt\_min})}{(y_{k\_max} - y_{k\_min})} \tag{4.2}$$

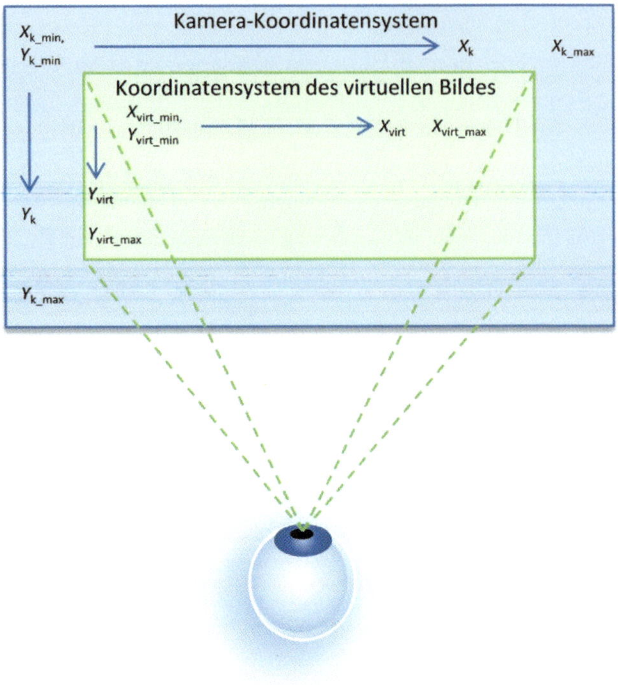

Abb. 4.16 Kamerakoordinatensystem des virtuellen Bildes und der Kamera

In der Praxis werden meist komplexere Zuordnungsverfahren wie das Polynomverfahren der zweiten und dritten Ordnung oder das homografische Verfahren eingesetzt. Diese Zuordnungsverfahren erfordern mehrere Parameter. Die Parameter werden durch eine Kalibrierungsroutine gewonnen. Bei dieser Kalibrierungsroutine werden dem Nutzer über das virtuelle Bild verteilt (z. B. in den Ecken und in der Mitte) Punkte angezeigt. Der Nutzer muss diese Punkte nun nacheinander anvisieren. Mittels dieser gewonnenen Parameter kann die Kalibrierungsroutine nun die Parameter für die komplexen Zuordnungsfunktionen bestimmen.

4.5.5 Eye-Tracking in Head-Mounted Displays

Möchte man die Blicksteuerung einsetzen, kann man ein Eye-Tracking-HMD nutzen. In solchen HMDs wird fast nur das nichtinvasive Eye-Tracking-Verfahren eingesetzt. Abb. 4.17 zeigt den prinzipiellen Aufbau eines Eye-Tracking-HMDs. Wie im Abschn. 4.5.2 schon erwähnt wurde, braucht man für ein videobasiertes Verfahren eine Kamera. Die Kamera ist am HMD so angebracht, dass diese auf das Auge fokussieren kann. Das aufgenommene Bild der Augenszene wird nun zum Computer übertragen und ein Eye-Tracking-Algorithmus berechnet daraus die Blickrichtung des Auges, vgl. Abschn. 4.5.3.

Bei Eye-Tracking-HMDs werden entweder beide Augen gleichzeitig oder nur ein Auge ausgewertet. Berechnet man z. B. die Blickrichtung beider Augen und ermittelt von jedem

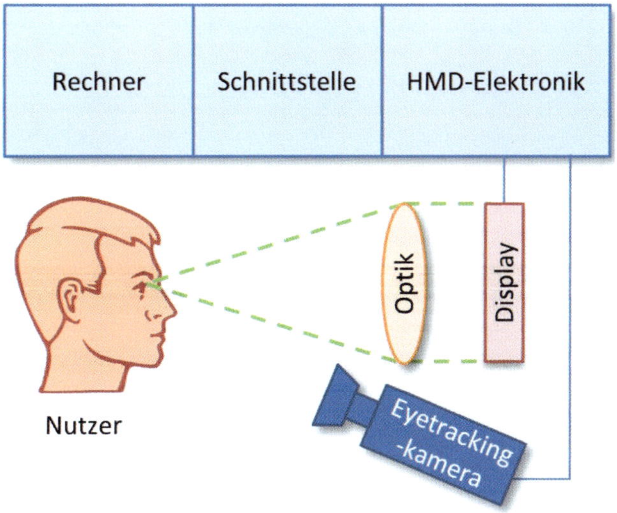

Abb. 4.17 Prinzipieller Aufbau eines Eye-Tracking-HMDs

Auge den Blickrichtungs-Vektor, so kann man aus dem Schnittpunkt beider Vektoren den 3D-Blickpunkt des Nutzers bestimmen. Möchte man bei Eye-Tracking-HMDs mit virtuell angezeigten Informationen interagieren, so ist eine im HMD integrierte Anzeige erforderlich. Prinzipiell braucht man dazu eine miniaturisierte Anzeige und eine Optik, die das kleine Bild für den Nutzer vergrößert. Im Kapitel 5 werden technische Ansätze zur Anzeige von virtuellen Informationen in HMDs vorgestellt.

Wie es im Abschn. 4.5.4 schon diskutiert wurde, hat man nun einerseits den Erfassungsbereich der Kamera und auf der anderen Seite den Anzeigebereich der virtuellen Projektion. Es muss deshalb eine Kalibrierung durchgeführt werden. Im Vergleich zu den im Abschn. 4.5.6 vorgestellten Remote-Eyetrackern ergeben sich bei Eye-Tracking-HMDs bessere Bedingungen hinsichtlich einer Nachkalibrierung. Ein HMD hat in den meisten Fällen einen guten Sitz am Kopf. Dadurch gibt es während der Benutzung nur geringe Verschiebungen zwischen dem Auge sowie der Eye-Trackingkamera und der Projektionseinheit. Verschiebt sich das HMD nur geringfügig zum Kopf, so muss die Kalibrierung im Betrieb nicht noch einmal wiederholt werden.

4.5.6 Remote-Eyetracker

Ein Remote-Eyetracker besitzt im Wesentlichen die gleichen Komponenten wie das im Abschn. 4.5.5 vorgestellte Eye-Tracking-HMD. Bei einem Remote-Eyetracker sitzt der Nutzer vor einem Monitor. In der Nähe des Monitors ist eine Kamera angebracht, welche den Kopf des Nutzers fokussiert. Um ein Auge bzw. beide Augen erfassen zu können, gibt es zwei Methoden. Einerseits erfasst die Kamera einen großen Bereich, worin sich der Kopf des Nutzers befindet. Die Bildverarbeitung lokalisiert darin den Bereich des Auges und berechnet in diesem Ausschnitt die Position der Pupille. Bei dieser Methode stehen dann nur wenige Pixel zur Berechnung der Pupillenposition zur Verfügung. Durch diese geringe Auflösung des Pupillenbereiches wird auch die Genauigkeit herabgesetzt. Bei einer zweiten Methode erfasst die Eye-Trackingkamera nur einen kleinen Bereich, diesen jedoch mit einer hohen Auflösung. Diese Kamera richtet sich automatisch aus, sodass die aktuelle Position des Auges erfasst wird. Wie beim Eye-Tracking-HMD muss auch beim Remote-Eyetracker die im Abschn. 4.5.4 erwähnte Kalibrierung durchgeführt werden, um die berechneten Koordinaten der Blickrichtung dem Anzeigebereich des Monitors zuordnen zu können. Im Gegensatz zu Eye-Tracking-HMDs muss man Remote-Eyetracker im Betrieb oft neu kalibrieren, da der Nutzer seine relative Sitzposition zum Monitor und zur Eye-Trackingkamera ändert.

4.6 Zusammenfassung und Fragen

Sie haben in diesem Kapitel grundlegende Kenntnisse aus dem Bereich der VR-Eingabegeräte erworben. Ausgehend von der Betrachtung, welche Freiheitsgrade ein Objekt hat, wurden grundlegenden Begriffe wie Genauigkeit, Wiederholraten, Latenz und Kalibrierung mit Bezug auf die Einsatzfähigkeit im Bereich VR eingeführt. Ausgehend von optischen VR-Eingabegeräten zur kontinuierlichen Bestimmung von 3D-Daten wurden weitere oft verwendete Eingabegeräte ebenso vorgestellt wie spezielle Verfahren zum Finger- und Eye-Tracking.

Überprüfen Sie Ihr Verständnis des Kapitels anhand der folgenden Fragen:

- Warum reicht eine hohe Genauigkeit als Anforderung an VR-Eingabegeräte nicht aus? Welche Effekte können bei der Datenaufnahme Probleme bereiten?
- Welche Effekte können ein Tracking-System stören?
- Was wird über ein Tracking-System bestimmt und welche Charakteristiken zeichnen Tracking-Systeme aus?
- Was ist der Unterschied zwischen Inside-Out- und Outside-In-Verfahren und welche Vor- und Nachteile besitzen diese?
- Warum ist es sinnvoll, beim Eye-Tracking die Augen des Nutzers aktiv zu beleuchten und was ist dabei zu beachten?
- Wieviele Freiheitsgrade müssen beim Finger-Tracking bestimmt werden?

Literaturempfehlungen

Bishop G, Allen D, Welch G (2001) Tracking: beyond 15 min of thought, SIGGRAPH 2001, Course 11, http://www.cs.unc.edu/~tracker/media/pdf/SIGGRAPH2001_CoursePack_11.pdf. Accessed 1 August 2013– *Als Kurs auf der angesehenen Konferenz SIGGRAPH geben die Autoren einen guten Einblick in die technischen Grundlagen von VR-Eingabegeräten.*

Literatur

Berry R, Billinghurst M, Cheok AD, Geiger C, Grimm P, Haller M, Kato H, Leyman R, Paelke V, Reimann C, Schmalstieg D, Thomas B (2002) The first ieee international augmented reality toolkit workshop. IEEE Catalog Number 02EX632

Bishop G, Allen D, Welch G (2001) Tracking: beyond 15 minutes of thought, SIGGRAPH 2001, Course 11. http://www.cs.unc.edu/~tracker/media/pdf/SIGGRAPH2001_CoursePack_11.pdf. Accessed 1 August 2013

Bouzit M, Coiffet P, Burdea G (1993) The lrp dextrous hand master. Proceedings of the Virtual Reality Systems Fall'93, New York

Bowman DA, Kruijff E, LaViola JJ, Poupyrev I (2004) 3d-user interfaces: theory and practice. Addison Wesley Longman Publishing Co., Inc., Redwood City

DeFanti IA und Sandin DJ (1977) Final report to the national endowment of the arts. US NEA R60-34-163, University of Illinois at Chicago Circle, Chicago, Ill.

Duchowski A (2007) Eye tracking methodology: theory and practice. Springer, London

Fernandes KJ, Raja V, Eyre J (2003) Cybersphere: the fully immersive spherical projection system. Communications of the ACM Volume 46 Issue 9. 141–146. ACM New York

Gehrtsen C, Kneser H, Vodel H (1992) Physik – ein Lehrbuch zum Gebrauch neben Vorlesungen, Springer Verlag, Berlin, Heidelberg, New York

Ginsberg CM und Maxwell D (1983) Graphical marionette. Proc. SIGGRAPH Comput. Graph. 18, 1, 26-27

Goldstein H (1985) Klassische Mechanik. aus dem engl. übersetzt von Günter Gliemann. Aula Verlag, Wiesbaden

Hackenberg G, McCall R, Broll W (2011) Lightweight palm and finger tracking for real-time 3d gesture control. In Proc. of IEEE Virtual Reality Symposium 2011 (IEEE VR 2011). 19-26. ISBN 978-1-4577-0039-2

Hartley R und Zisserman A (2000) Multiple view geometry in computer vision, Cambridge University Press, Cambridge

Hillebrand G, Bauer M, Achatz K, Klinker G (2006) Inverse kinematic infrared optical finger tracking. 9th International Conference on Humans and Computers (HC 2006). Key 1045432

Hummel J, Wolff R, Dodiya J, Gerndt A, Kuhlen T (2012) Towards interacting with force-sensitive thin deformable virtual objects. Joint Virtual Reality Conference of ICAT – EGVE – EuroVR, 2012 Eurographics Association, 17-20, doi: 10.2312/EGVE/JVRC12/017-020

Kramer J und Leifer L (1989) The talking glove: an expressive and receptive ‚verbal' commu-nication aid for the deaf, deaf-blind, and non-vocal. Proc. of the 3rd Annual Conf. on Computer Technology, Special Education, Rehabilitation. California State University Press, Northridge

Lee JC (2008) Hacking the nintendo wii remote. Pervasive Computing (Volume: 7, Issue: 3). IEEE Computer Society, 39-45, 10.1109/MPRV.2008.53

Lin J, Wu Y, Huang TS (2000) Modeling the constraints of human hand motion. In Proceedings of the Workshop on Human Motion (HUMO'00), IEEE Computer Society, Washington, DC, USA

Möhring M, Fröhlich B (2011) Effective manipulation of virtual objects within arm's reach. Proc. Virtual Reality Conference (VR), 131,138, IEEE, doi: 10.1109/VR.2011.5759451

Rickheit G, Herrmann T, Deutsch S (2003) Handbuch der Psycholinguistik. De Gruyter, Berlin

Salisbury JK und Srinivasan MA (1997) Phantom-based haptic interaction with virtual objects. Computer Graphics and Applications. IEEE, doi 10.1109/MCG.1997.1626171

Schmidt R, Thews G (1997) Physiologie des Menschen. Springer, Heidelberg

Souman JL, Robuffo Giordano P, Schwaiger M, Frissen I, Thümmel T, Ulbrich H, Bülthoff HH, Erst MO (2008) Cyberwalk: enabling unconstrained omnidirectional walking through virtual environments. ACM Transactions on Applied Perception. doi 10.1145/2043603.2043607

Zimmerman TG, Lanier J, Blanchard C, Bryson S, Harvill Y (1986) A hand gesture interface device. Proc. SIGCHI Bull. 17, SI (May 1987), 189–192

5 VR-Ausgabegeräte

Paul Grimm, Rigo Herold, Dirk Reiners und Carolina Cruz-Neira

Zusammenfassung

Wie kann das Modell einer Virtuellen Umgebung in etwas sinnlich Erfahrbares umgewandelt und ausgegeben werden? Ausgabegeräte dienen dazu, dem Nutzer über eine entsprechende Reizerzeugung die Virtuelle Welt darzustellen. In diesem Kapitel werden VR-Ausgaberäte vorgestellt. Dabei wird beschrieben, welche Anforderungen an die genutzten Technologien existieren und auf welche Weise diese Anforderungen erfüllt werden können. Ausgehend von den Möglichkeiten unterschiedlicher Displaytechnologien werden spezielle Fragestellungen betrachtet wie die stereoskopische Ausgabe oder Aufbau von Displaysystemen, die aus mehreren oder vielen Einzeldisplays bestehen. Abschließend werden akustische und haptische Ausgabegeräte betrachtet.

In diesem Kapitel werden Ausgabetechnologien vorgestellt und diskutiert. Das Ziel der Nutzung von Ausgabegeräten ist es, dem Nutzer ein Eintauchen in die Virtuelle Welt zu ermöglichen, also eine möglichst hohe Immersion zu erreichen, so dass er sich präsent fühlt in der Virtuellen Welt. Präsenz wird erreicht, wenn der Benutzer sich bewusst in der Virtuellen Welt befindet und sich wie in der realen Welt verhält (vgl. Abschn. 2.3.5). Dies bedeutet, dass neben der Reaktion des VR-Systems auf Nutzeraktionen, die durch Verwendung geeigneter Eingabegeräte erkannt werden (vgl. Kap. 4), auch ein ausreichend großer Aktionsradius geboten werden muss, damit die räumlichen Einschränkungen des VR-Systems nicht dauernd dem Nutzer vor Augen geführt werden. Die wichtigsten Sinne der Wahrnehmung eines Nutzers sind der visuelle, der akustische sowie der haptische Sinn (vgl. Abschn. 2.1). Dies spiegelt sich auch in der Verwendung von Ausgabegeräten wieder.

P. Grimm (✉)
Fachbereich Angewandte Informatik, Hochschule Fulda, Marquardstraße 35,
36039 Fulda, Deutschland
E-Mail: paul.grimm@informatik.hs-fulda.de

R. Dörner et al. (Hrsg.), *Virtual und Augmented Reality (VR/AR)*, eXamen.press,
DOI 10.1007/978-3-642-28903-3_5,

Abb. 5.1 Mehrkanalprojektion in Form einer CAVE, genutzt zur Visualisierung einer Designstudie

Zwar gibt es spezielle Demonstratoren, kommerzielle Geräte und sogar Kinos, die weitere Sinne ansprechen, wie z. B. zum zeitgesteuerten Erzeugen von Wind oder zum Spritzen von Wasser, die in geeigneten Momenten von hinten auf den Nutzer treffen, dennoch verwenden VR-Systeme meist nur Ausgabegeräte, die die aufgelisteten Sinne ansprechen. Dementsprechend liegen hierauf auch die Schwerpunkte in diesem Kapitel.

Die Klassifikation von Ausgabegeräten kann unterschiedlich erfolgen. Aus Anwendungssicht kann sie anhand der jeweiligen Abdeckung des Sichtfelds (engl. *Field of View, FOV*) oder anhand der Größe des Aktionsradius, indem der Nutzer sich aufhalten kann bzw. darf, erfolgen. Aus technischer Sicht können Ausgabegeräte anhand von Auflösungen, Wiedergaberaten oder im Falle von visuellen Ausgabegeräten anhand von Stereofähigkeit unterschieden werden. Auch zwischen stationären und mobilen Ausgabegeräten kann unterschieden werden und bei letzteren auch zwischen kabelgebundenen und kabellosen Ausgabegeräten. Aus Sicht des genutzten VR-Systems kann auch eine Unterscheidung in der Hinsicht getroffen werden, ob die Ausgabe über ein einzelnes Ausgabegerät erfolgt oder über das Zusammenschalten von mehreren (im Falle der visuellen Ausgabe *Tiled Displays* genannt). Grundsätzlich kann zwischen persönlichen Ausgabegeräten (z. B. Kopfhörer oder Head-Mounted Display) und Mehrbenutzerausgabegeräten (z. B. Lautsprecher oder Projektion) unterschieden werden.

Die Kosten für ein VR-System können sehr unterschiedlich sein. Von wenigen hundert Euro für eine kleine desktopbasierte Lösung bis zu einem sechsstelligen Betrag, wenn höchste Ansprüche bestehen (siehe Abb. 5.1).

5.1 Visuelle Ausgabe

Das Ziel der visuellen Ausgabe ist es, dem Nutzer die Virtuelle Welt so visuell darzustellen, dass er sie in der gleichen Art wahrnehmen kann wie die reale Welt. Hierfür muss das zugrundeliegende 3D-Modell einer Virtuellen Welt in ein Bild überführt werden, welches über ein Einzeldisplay oder ein Displaysystem ausgegeben wird. Der Begriff *Display* wird im Folgenden als Überbegriff für Monitore, Projektionssysteme (also Projektor mit Projektionsfläche) oder *Head-Mounted Displays* (*HMDs*) verwendet. Die Bilderzeugung erfolgt mit Hilfe einer virtuellen Kamera, die genau die Objekte darstellt, die im sogenannten *Sichtvolumen* (engl. *View Frustum*) dieser Kamera liegen. Die Form dieses Sichtvolumens entspricht einem Pyramidenstumpf, dessen Form von den Kameraeigenschaften (*intrinsischen Kameraparametern* wie insbesondere Öffnungswinkel bzw. Brennweite der Kamera) und dessen Lage von der Position und Ausrichtung der Kamera (*extrinsischen Kameraparametern*) abhängt (Hartley und Zisserman 2000).

5.1.1 Verwendete Technologien

Aus Anwendersicht sind die Anforderungen an das Display, aus allen Perspektiven eine Darstellung mit möglichst guter Auflösung und hohem Kontrast zu erhalten. Zudem sollte ein möglichst großer Sichtbereich durch das Display abgedeckt sein. Leider erfüllt keine der drei genannten Darstellungstechnologien (Monitor, Projektion, HMD) diese Anforderungen komplett. Monitore sind zwar meist hell und bieten ein gutes Kontrastverhältnis, sind aber in der Displaygröße eingeschränkter als ein Projektionssystem. Diese wiederum sind zumeist dunkler bzw. sehr teuer, wenn Projektoren mit einer hohen Lichtleistung für ein VR-System ausgewählt werden. Teilweise können durch die gleichzeitige Nutzung mehrerer Monitore bzw. Projektoren die Schwächen ausgeglichen werden, worauf vertiefend im Abschn. 5.2 über Tiled Displays eingegangen wird. Bei Projektionsystemen kann zwischen Aufprojektionen und *Rückprojektionen* (Kurzform Rückpro) unterschieden werden. Bei *Aufprojektionen* besteht das Problem bei VR-Systemen, dass der Nutzer leicht im Strahlengang des Projektors steht, was im Fall einer Rückprojektion nicht der Fall ist. Dafür wird für ein Rückprojektionssystem deutlich mehr Raum benötigt. Über die Nutzung eines Spiegels kann der Raumbedarf einer Rückprojektion verringert werden. Während Monitore und Projektionssysteme nur als stationäre Installationen genutzt werden können, bieten HMDs den Vorteil, sie auch in mobilen Aufbauten nutzen zu können. Eine vertiefende Betrachtung von HMDs erfolgt in Abschn. 5.3.

5.1.2 Räumliche Darstellung

Zur Unterstützung des Stereosehens (vgl. Abschn. 2.2.1) mit dem Ziel, dem Benutzer eine Virtuelle Welt dreidimensional zur Verfügung zu stellen, existieren auch Stereovarianten der Displays. Grundsätzlich muss zur Unterstützung des Stereosehens jedem Auge eines

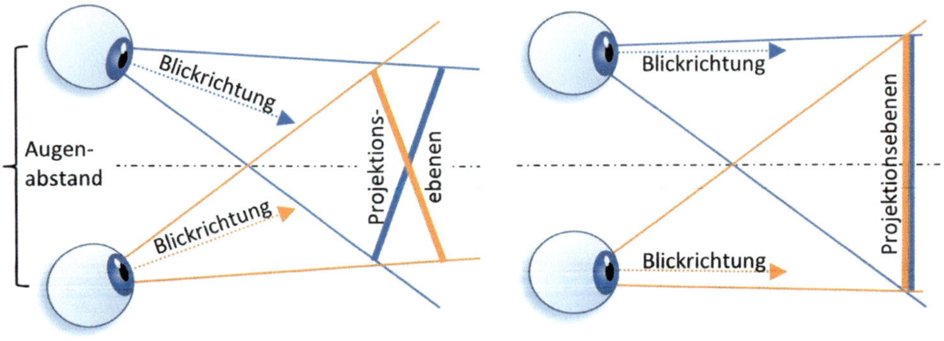

Abb. 5.2 Toe-In – Methode mit Tiefenfehlern am Rand und korrekte Methode der Stereobildberechnung mit asymmetrischen Sichtvolumina

Nutzers jeweils ein individuelles Bild zur Verfügung gestellt werden. Zur Berechnung dieser Bilder muss die virtuelle Kamera, die als Grundlage einer computergenerierten Darstellung genutzt wird, in zwei Kameras aufgeteilt werden, so dass für das linke und das rechte Auge jeweils ein passendes Bild berechnet werden kann. Bei der sogenannten *Toe-In-Methode* werden die Kameras der beiden Augen so gedreht, dass beide auf den gleichen Punkt im Raum hin ausgerichtet sind (siehe Abb. 5.2 links).

Das Problem der Toe-In-Methode ist, dass die Tiefenberechnung nur in der Bildmitte korrekt ist, da die Projektionsebenen der Kameras verdreht zueinander sind und sich nur in der Mitte kreuzen. Je weiter ein Objekt von der Bildmitte entfernt ist, desto größere Tiefenfehler entstehen bei der Darstellung dieses Objekts. Somit ist die Toe-In-Methode nur sehr eingeschränkt nutzbar. Zur korrekten Tiefenberechnung müssen die Sichtvolumina der Kameras für das linke und rechte Auge geschert werden, so dass die Blickrichtungen für beide Augen parallel bleiben kann während eine gemeinsame Projektionsebene genutzt wird (siehe Abb. 5.2 rechts).

Die korrekte Berechnung der Stereobildpaare ist nur der erste Schritt. Die visuellen Ausgaberäte müssen diese Bilder getrennt an das jeweils richtige Auge liefern. Es existieren Monitore, Projektoren und HMDs mit Stereofähigkeiten, die auf unterschiedliche Ansätzen basieren. Eine Möglichkeit, Stereofähigkeit zu erreichen, ist die Nutzung des (*Farb-*)*Anaglyphverfahrens*. Hierbei werden die Bilder für das rechte Auge in rot und für das linke Auge in grün dargestellt. Mit Hilfe einer Rotgrün-Brille, bei der vor dem rechten Auge ein Rotfilter sitzt und vor dem linken Auge ein Grünfilter, ist der Nutzer in der Lage die getrennten Bilder für die beiden Augen zu sehen und so die dargestellte Szene in 3D wahrzunehmen. Trotz der Verwendung von Rot und Grün erscheint das Bild dem Nutzer als Schwarzweißbild (grüne Bildpunkte sehen durch den grünen Filter weiß aus, rote Bildpunkte schwarz – entsprechendes gilt für den roten Filter) bzw. als Graustufenbild, da sich durch geeignete Auswahl Rot und Grün zu Grauwerten mischen lassen. Natürlich können die Farben auch umgekehrt angeordnet werden. Der Vorteil dieses Verfahrens ist, dass es mit allen Monitoren und Projektoren funktioniert und dass die Brillen sehr günstig sind. Der Nachteil ist, dass auf die Art nur Graustufenbilder darstellbar sind, da nur zwei Farben des RGB-Farbraums verwendet werden. Durch die Verwendung von Rot-Cyan-Brillen sind mit Einschränkungen auch farbige Bilder möglich, da Cyan eine Mischfarbe aus Grün und Blau ist.

Ähnlich funktioniert das Wellenlängen-Multiplex-Verfahren (engl. wavelength multiplex visualization system), welches mit dem Ziel entwickelt wurde RGB-Farbbilder darzustellen. Das Verfahren basiert auf der Idee, für jedes Auge Filter zu benutzen, die sowohl im Rot- wie auch im Grün- und Blau-Bereich Licht durchlassen. Das Besondere dabei ist, dass für die beiden Augen unterschiedliche Rot-, Grün- und Blaubereiche benutzt werden. So kann getrennt für jedes Auge ein Farbbild dargestellt werden. Die Darstellung muss über zwei Projektoren erfolgen, wobei sich die Filter, die in die jeweiligen Strahlengänge eingefügt werden, wie eben beschrieben unterscheiden müssen. Die Brillen, die die Nutzer zum Betrachten aufsetzen müssen, enthalten die gleichen Filter, so dass ein Stereosehen möglich wird.

Weit verbreitet im Bereich der Virtuellen Realität aber auch im Consumerbereich sind Ansätze der Stereodarstellung, die auf polarisiertem Licht basieren. Hier werden Polarisationsfilter in den Strahlengang der Projektoren bzw. vor die Pixel eines Monitors eingefügt. Die gleichen Filter werden als Brille verwendet, so dass darüber eine Trennung der Bilder für das linke und rechte Auge möglich ist. Der Vorteil der Kanaltrennung durch Polarisationsfilter liegt darin, dass die Brillen sehr günstig sind, was insbesondere bei größeren Nutzergruppen ein Vorteil ist. Bei der Verwendung von linear polarisierenden Filtern muss allerdings der Kopf gerade gehalten werden, um die Kanaltrennung aufrecht zu halten. Dieser Nachteil entfällt bei zirkular polarisierenden Filtern. Der Nachteil des Einsatzes von Polarisationsfiltern ist, dass durch die Filter min. 50 % der Lichtleistung geschluckt werden. Bei Projektionssystemen kommt hinzu, dass zwei Projektoren eingesetzt werden müssen (die zudem für ein polarisiertes Bild geeignet sein müssen), wodurch die Kosten erhöht werden. Auch muss darauf geachtet werden, dass – im Falle einer Aufprojektion – die Polarisation durch die Leinwand erhalten bleibt.

Die bisher angesprochenen Methoden zur Erzeugung von Stereobildern werden auch als *Passiv-Stereo-Methoden* bezeichnet, da die eingesetzten Filter und Brillen passive Elemente sind. Im Gegensatz dazu erfordert die aktive Methode der Shutterbrillen, dass eine aktive Brille genutzt wird. Die Augen sehen damit abwechselnd die Bilder der Darstellung, so dass jedes Auge jeweils nur jedes zweite Bild (engl. Frame) sieht. Dies wird erreicht, indem die eine Seite der Brille mit Hilfe von Flüssigkristallen schwarz (also undurchsichtig) geschaltet wird während die andere Seite die Sicht nicht beeinflusst. Das Ausgabegerät (Monitor oder Projektor) muss dementsprechend nacheinander die Bilder für das rechte und linke Auge darstellen. Zudem muss das Wechseln der Bilder mit dem Seitenwechsel der Brille synchronisiert sein, was zumeist über ein Infrarotsignal erreicht wird. Der Vorteil von Aktiv-Stereo ist, dass ein normales Monitordisplay bzw. dass ein einzelner Projektor genutzt werden kann. Um allerdings die übliche Bildwiederholrate von 60 Hz zu erhalten muss das Ausgabegerät entsprechend die Wiedergaberate verdoppeln, also auf üblicherweise 120 Hz. Problematisch wird der Einsatz von Verfahren mit Aktiv-Stereo, wenn größere Nutzergruppen damit arbeiten sollen, da die aktiven Brillen deutlich teurer sind als die der passiven Systeme.

Im Bereich der Displays existieren über die vorgestellten Systeme hinaus noch sogenannte *Autostereoskopische Displays*, bei denen es nicht notwendig ist, eine Brille zu nutzen. Sie basieren auf der Idee, dass aus der Perspektive des rechten Auges ein anderes Bild auf einem Display zu sehen ist als aus der Perspektive des linken Auges. Erreicht wird dies, indem auf jedem einzelnen Pixel des Displays ein Prisma oder eine Linse derart positioniert wird, dass jeder Pixel nur entweder vom rechten oder vom linken Auge aus gesehen werden kann. Meist werden die Prismen bzw. Linsen so angeordnet, dass die Pixel abwechselnd für die Darstellung des linken und des rechten Bildes genutzt werden. Das Ergebnis ist ein sogenanntes *Lentikular-* oder *Prismenraster*-Bild. Da das Auftragen einzelner Prismen oder Linsen zu aufwendig wäre, werden Folien genutzt, auf die die Prismen aufgebracht sind, und die pixelgenau auf die Bildschirme geklebt werden. Eine Voraussetzung zur Nutzung Autostereoskopischer Displays ist, dass die Augen des Nutzers sich an den Positionen befinden, zu denen die Prismen die Bilder hinlenken. Stereosehen mit autostereoskopischen Displays ist dementsprechend nur aus der richtigen Perspektive möglich. Wird der Kopf um mehr als den halben Augenabstand zur Seite bewegt, so ist die Kanaltrennung nicht mehr möglich. Über ein Verfolgen (engl. Tracking) der Augen kann der Bereich, indem die Trennung der Bilder möglich ist, vergrößert werden, indem vorausberechnet wird, welche Pixel aus welcher Perspektive sichtbar sein werden, so dass diese jeweils für die einzelnen Augen genutzt werden. Ein weiterer Nachteil autostereoskopischer Displays ist, dass die effektive Auflösung halbiert wird. In Ye et al. (2010) ist eine Technologie vorgestellt, bei der vor das Display ein Lochblech montiert ist, bei dem die Verteilung der Löcher zufällig aber bekannt ist. Durch die Kenntnis, wo die Löcher sich befinden, kann für jede Betrachterperspektive berechnet werden, welche Pixel des Displays ausschließlich für diesen Nutzer sichtbar sind. Werden zwei oder mehr Nutzer verfolgt (und sind dementsprechend die Betrachterperspektiven bekannt), so ist es möglich, jedem Nutzer ein individuelles Bild auf einem gemeinsamen Display darzustellen. In der gleichen Weise ist es auch möglich, Bilder in Stereo darzustellen.

5.1.3 Aufbau von Displaysystemen mit mehreren Displays

Meist werden Displays senkrecht stehend vor dem Nutzer oder – je nach Anwendungsfall – auch als Tisch verwendet. Wenn Projektoren genutzt werden, so kann es hilfreich oder notwendig sein, Rückprojektionen zu nutzen. Mit einzelnen Displays ist es schwierig, eine große Abdeckung des Sichtfelds zu erreichen. So wird es z. B. schwierig bis unmöglich, mit nur einem Display das Sichtfeld soweit abzudecken, dass es für den Nutzer möglich ist, sowohl beim Blick nach vorne als auch beim Blick nach unten ausschließlich die Virtuelle Welt zu sehen. Entsprechend wurde früh damit begonnen, Systeme aus mehreren Einzeldisplays zusammenzusetzen.

Abb. 5.3 Beispiel einer Curved-Screen-Projektion. (Quelle: Fraunhofer IFF)

Typische Formen hierfür sind die *L-Shapes*, *Curved-Screens* oder die CAVE. Bei einem L-Shape werden zwei Displays genutzt. Das erste Display steht senkrecht vor dem Nutzer während das zweite Display liegend unterhalb des ersten angebracht ist (die Seitenansicht ähnelt dem Buchstaben L; daher auch der Name). Bei größeren L-Shapes kann es notwendig sein, dass der Nutzer auf dem unteren Display steht. Hier besteht die Herausforderung, dass das Display zusätzlich zur Optimierung der optischen Eigenschaften (vgl. Abschn. 5.2.2) auch statisch so stabil sein muss, um einen oder mehrere Nutzer zuverlässig tragen zu können. Um den Boden in solchen Fällen nicht zu beschädigen, werden Nutzer zumeist gebeten, Überschuhe zu nutzen. Curved-Screens (oder auch Domprojektion genannt, wenn der Curved-Screen 360° abdeckt) bestehen aus einer gebogenen Leinwand, auf die mit Hilfe mehrerer Projektoren das Bild dargestellt wird (siehe Abb. 5.3). Die Herausforderung dabei ist, die Übergänge von einem Projektorbild zum nächsten so umsetzen zu können, dass sie nicht für die Nutzer sichtbar sind (siehe Lösungsansätze in Abschn. 5.2.2 und 5.2.3). Eine CAVE ist ein Würfel, in dem der Nutzer steht und auf dessen Seiten aus Displays (meist Rückprojektionen) bestehen (Cruz-Neira et al. 1992). Abbildung 5.4 zeigt beispielhaft eine CAVE. Es gibt CAVEs mit 3, 4, 5 oder sogar 6 aktiven Displayseiten. Im Fallbeispiel 9.1 sind die Herausforderungen beim Aufbau beschrieben. Der Vorteil einer CAVE ist, dass der Anwender in alle Blickrichtungen ausschließlich die Virtuelle Welt wahrnimmt und dass er sich darin wie gewohnt bewegen kann (zumindest in den vorgegebenen Grenzen).

Abb. 5.4 CAVE C6 im Virtual Reality Applications Center (VRAC) an der Iowa State University

5.2 Ausgabe über Tiled Displays

VR-Displays müssen den Ansprüchen an ein hochqualitatives, immersives Darstellungssystem genügen. Sie sollen einen möglichst großen Blickwinkel abdecken, um eine starke Immersion auch durch Abdeckung des peripheren Sichtbereichs zu erlauben. Bei Projektionssystemen lässt sich dies durch eine Vergrößerung der Leinwand erreichen oder indem der Benutzer einfach dichter am Display sitzt. Letztere Methode funktioniert auch für monitor- oder helmbasierte Systeme. Der Nachteil dieses Ansatzes liegt in der Bildqualität. Um eine hohe Bildqualität zu erreichen müssen die Pixel möglichst klein erscheinen, im besten Fall klein genug, so dass das Auge sie nicht mehr unterscheiden kann. Je näher der Betrachter am Display sitzt desto größer erscheinen die Pixel, bis zu dem Punkt, an dem der Eindruck eines zusammenhängenden Bildes verloren geht und nur eine Ansammlung farbiger Punkte wahrgenommen wird. Eine möglichst hohe Auflösung ist also ein kritisches Kriterium, um hochqualitative VR erzeugen zu können.

Leider lässt sich die Auflösung eines Displaysystems nicht einfach beliebig steigern. Die Mikrospiegel (Digital Micromirror Device – DMD) in DLP-Projektoren (Digital Light Processing) und die Flüssigkristalldisplays (LCD) in LCD-Projektoren, HMDs oder auch Monitoren werden nur in bestimmten Größen und Auflösungen angeboten. Diese Größen richten sich nach dem Bedarf des Massenmarktes und ändern sich daher nur langsam. Der größte Fortschritt in der Auflösungsentwicklung war der Schritt zu High-Definition und 4k-Video, der die Standardauflösung für Projektoren und Monitore erhöht hat. Spezialanfertigungen für höhere Auflösungen sind prinzipiell möglich, sind aber aufgrund der benötigten Entwicklungs- und Fertigungsprozesse aus Kostengründen für praktisch alle

Abb. 5.5 Tiled Wall am Beispiel der HEyeWall mit 48 Projektoren. (Quelle: Fraunhofer IGD)

Anwendungen unrealistisch. Um trotzdem mit verfügbaren Mitteln höhere Auflösungen zu erreichen, bietet sich das Kachelverfahren an.

Die Hauptidee dabei ist, mehrere Displaysysteme mit leicht verfügbaren Auflösungen so dicht aneinander zu setzen, dass sie als ein einziges, größeres System wahrgenommen werden. Die Idee als solche ist nicht neu und wird schon seit langer Zeit in militärischen Flugsimulatoren (hier zur vollständigen Abdeckung einer Domprojektion) oder als sog. Videowalls verwendet. Mithilfe dieses Ansatzes können die Begrenzungen von Einzeldisplays umgangen werden, um extrem hohe Auflösungen zu erreichen. Abbildung 5.4 zeigt die C6, die 2006 an der Iowa State University eingeweiht wurde. Sie benutzt 24 Projektoren mit je 4096 × 2160 Pixel (4 pro Seite, 2 vertikal übereinander für jeweils linkes und rechtes Auge), die zusammengenommen ein Stereobild mit über 100 Mio. Pixel darstellen können. Jedes einzelne Pixel ist dabei nur 0,7 mm groß, eine Größe die schon bei normalen Betrachtungsentfernungen von 1–5 m an die Auflösung des menschlichen Auges heranreicht.

Dieser Ansatz ist auch insbesondere dann attraktiv, wenn anstelle der teuren High-End-Komponenten wie sehr hoch aufgelösten Projektoren deutlich billigere Komponenten mit geringerer Auflösung (wie z. B. Projektoren für Konferenzräume oder Heimkinos) eingesetzt werden können. Die Kosten für High-End-Projektoren bewegen sich typischerweise im hohen fünf- bis sechsstelligen Preisbereich, während Standardprojektoren mit Auflösungen, die einen Faktor 2–4 darunter liegen, sich im vierstelligen Bereich bewegen. Dadurch lässt sich die Pixelzahl eines High-End-Projektors mit Standardkomponenten für einen Bruchteil des Preises erreichen. Viele Universitäten und Forschungseinrichtungen haben solche Systeme installiert, da der Preisvorteil sie sehr attraktiv macht. Abbildung 5.5 zeigt die HEyeWall, ein System mit 48 Standard-Projektoren, das 2003 am Fraunhofer IGD in Darmstadt installiert wurde und Abb. 5.6 den Blick hinter die Leinwand, um den Aufbau zu verdeutlichen und einen Eindruck des Aufwandes zu vermitteln. Wenn das Hauptziel wirklich nur die Anzahl der Pixel ist, ergibt sich eine weitere Möglichkeit, mit begrenzten Mitteln extrem hohe Auflösungen zu erreichen. Die Grundidee ist die Gleiche wie bisher, nur werden anstelle von Projektionen Monitore eingesetzt. Monitore haben im Vergleich zu Projektoren einen deutlich geringeren Preis pro Pixel und ermöglichen wegen ihrer geringen Einbautiefe große Systeme in kleinere Räumen zu installieren. Das

Abb. 5.6 HEyeWall Aufbau. (Quelle: Fraunhofer IGD)

erlaubt große Pixelzahlen. Abbildung 5.7 zeigt das Reality Deck an der Stony Brook University, das 2012 eingeweiht wurde. Das System verwendet 416 Standardmonitore mit jeweils 2560 × 1440 Pixeln, zusammengenommen kann das Gesamtsystem also *1,5 Mrd. Pixel* gleichzeitig darstellen.

Die Idee der Kachelung kann neben großen auch in kleinen Systemen, wie Head-Mounted Displays verwendet werden, um das Problem der begrenzten Auflösung zu umgehen. Abbildung 5.8 zeigt einen HMD Prototyp, welcher 12 LCD Panels und eine ausgeklügelte Optik verwendet, um einen großen Blickwinkel bei gleichzeitig hoher Auflösung präsentieren zu können.

Abb. 5.7 Tiled Wall aus Monitoren am Beispiel des Stony Brook's Reality Deck

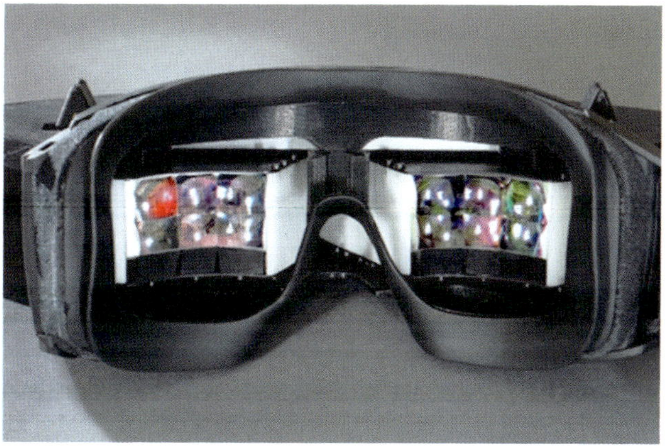

Abb. 5.8 Beispiel eines gekachelten HMDs. (Quelle: Sensics)

Wenn Kachelung also die Lösung ist, die es erlaubt, beliebig hochaufgelöste Displaysysteme zu vertretbaren Preisen zu bauen, warum basiert dann nicht jedes Display auf dem Kachelungsprinzip? In der Praxis ist es nicht einfach, das Kachelungsprinzip effektiv einzusetzen, es gibt eine Anzahl ernster technischer Hürden, die daher rühren, dass insbesondere preisgünstige Systeme dafür entwickelt werden, allein zu stehen. Die folgenden Beschreibungen beziehen sich primär auf gekachelte Projektionssystem, da hier die Probleme am deutlichsten auftreten. Die gleichen Prinzipien treffen aber auch auf andere Kachelsysteme zu.

5.2.1 Geometrische Kalibration

Sobald mehrere Einzeldisplays gekachelt werden sollen, ist eine geometrische Konsistenz nicht mehr automatisch gegeben. Eine horizontale Linie, die ein Pixel breit ist und die über alle Displaykacheln verläuft, ist nicht automatisch auf jeder Kachel auf der gleichen Höhe. Diese Kontinuität muss explizit hergestellt werden.

Unter guten Bedingungen kann die geometrische Kalibrierung rein mechanisch gelöst werden. Dazu wird eine Halterung verwendet, die eine genaue mechanische Positionierung und Orientierung der Displaykachel erlaubt. Hierbei sind Genauigkeiten im Sub-Millimeterbereich erforderlich, da bei hochaufgelösten Displays die Pixelgrößen in diesem Bereich liegen. Diese mechanische Genauigkeit über ein großes Display wie z. B. eine HEyeWall zu erhalten, ist ein erheblicher Arbeitsaufwand, der einen Teil des Preisvorteils durch Installationskosten wieder zunichte machen kann.

Diese Aufgabe wird noch deutlich erschwert durch die inhärente Annahme, dass die Displaykachel in sich geometrisch korrekt ist. In einem Konferenzraum ist es praktisch unmöglich zu sehen, ob die Mitte der Projektion ein paar Pixel höher oder tiefer liegt als die Ränder, oder ob der linke Rand ein paar Millimeter größer ist als der rechte. Wenn mehrere Projektionen aneinandergesetzt werden, werden solche Ungenauigkeiten schnell offensichtlich. Eine rein geometrisch-mechanische Kalibrierung kann solche Fehler nicht immer korrigieren, da viele Variablen wie Bildrandgröße, Rechtwinkligkeit, Liniengeradheit etc. voneinander abhängen und nicht unabhängig verändert werden können.

Dies ist insbesondere der Fall, wenn auf eine unebene Fläche projiziert werden soll. Eine mechanische Korrektur ist hier nicht mehr möglich. Die Alternative ist eine Korrektur in der Bilderzeugungssoftware. Hier sind verschiedene Ansätze möglich. Am häufigsten wird die Texturverzerrungsmethode eingesetzt, bei der das darzustellende Bild zuerst in eine Textur gerendert wird und diese dann auf einem Gitter dargestellt wird, das die geometrischen Ungenauigkeiten des Displays korrigiert. Diese Methode ist extrem flexibel und kann eine breite Palette von geometrischen Problemen korrigieren. Allerdings hat sie auch einige Nachteile. Zum einen muss die Korrektur innerhalb der Bilderzeugungssoftware geschehen, d. h. nur Software, die Kenntnisse über das Display hat, kann eingesetzt werden. Zum anderen ist sie mit (leicht) erhöhtem Rendering-Aufwand verbunden, da das Bild zuerst in eine Textur gerendert und dann dargestellt werden muss. In vielen modernen Systemen geschieht dies zur Erzeugung von hochqualitativen Bildern (z. B. beim High Dynamic Range Rendering), was sogar ohne Verringerung der Bildwiederholrate möglich ist. Durch die Tatsache, dass das Bild über eine Textur dargestellt wird, muss eine Texturfilterung durchgeführt werden, was zu einer Ungenauigkeit und Bildunschärfe führen kann.

Die größte Herausforderung liegt allerdings in der Erzeugung des Korrekturgitters. Für kleine Systeme kann dies von Hand erfolgen (und insbesondere im Bereich der Flugsimulatoren ist dies nicht unüblich). Für größere Systeme wird der Aufwand schnell untragbar hoch. In solchen Fällen können Bildverarbeitungsmethoden helfen, die automatisch aus Testbildern entsprechende Korrekturgitter erzeugen. Dies ist allerdings kein triviales Problem und entsprechende Kalibrierungssysteme sind ein nicht zu unterschätzender Preisfaktor.

Ein besonderer Fall geometrischer Diskontinuitäten findet sich bei der Benutzung von Monitoren anstelle von Projektionen (siehe Abb. 5.7). Selbst gute Monitore haben einen Rahmen um den Displaybereich. Wenn nun Monitore gekachelt werden entsteht unweigerlich ein Rand zwischen Nachbarkacheln, der eine Dicke des doppelten des Monitorrandes hat. Für den Benutzer ergibt sich der Eindruck als würde die Virtuelle Welt sich hinter einem Lattenrost verstecken. Je nach Anwendungsfall mag das akzeptabel sein, und mit längerer Benutzung reduziert sich der Effekt dieses Rasters auch deutlich. Als generelle Lösung für hochimmersive Systeme ist die Kachelung von Monitoren trotz ihrer Preis- und Leistungsvorteil daher nicht zu sehen.

Nach all diesen Schritten ist das System nun geometrisch korrekt. Gerade Linien sind gerade, gleich große Objekte auf allen Kacheln sind gleich groß etc. Dennoch müssen weitere Probleme gelöst werden, um ein einheitliches Display zu erhalten.

5.2.2 Helligkeitsuniformität

Neben geometrischen Problemen haben Projektoren auch Probleme mit der Uniformität ihrer Helligkeitsverteilung. Diese rühren aus geometrischen Eigenschaften des Lichtquelle-Display-Linse-Leinwand Systems wie z. B. der Vignettierung, bei der das Bild zum Rand hin dunkler wird. Bei einem einzelnen Projektor fällt dieser Effekt wesentlich weniger

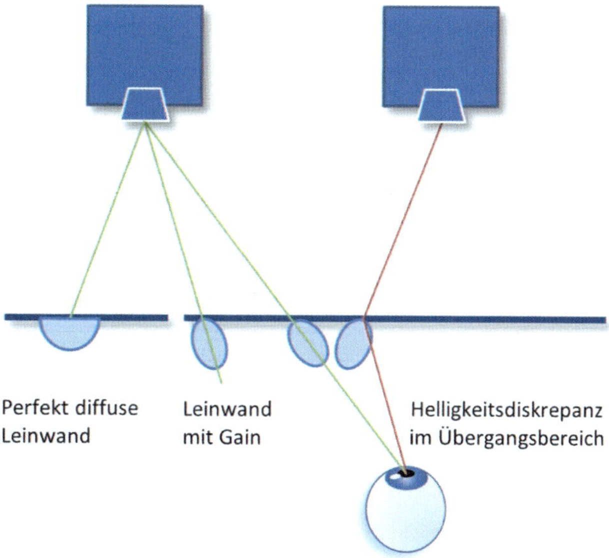

Abb. 5.9 Helligkeitsdiskrepanz durch nicht-diffuse Leinwand

auf, da sich an den Rand des Bildes nichts mehr anschließt. Wenn aber mehrere Kacheln nebeneinander angeordnet sind wird der Hell-Dunkel-Hell Übergang deutlich stärker sichtbar. Die Vignettierung ist nur durch Projektor und Linse bedingt, sie ist unabhängig vom Standpunkt des Betrachters.

Die Vignettierung tritt bereits bei einem einzelnen Projektor auf. Wenn mehrere Projektoren zusammen verwendet werden, kommen noch Produktionsstreuungen bei den Projektoren und insbesondere den Lampen hinzu. Zwei baugleiche Projektoren, die nebeneinander aufgestellt und mit den gleichen Einstellungen versehen sind, müssen nicht unbedingt gleich hell sein (und im Normalfall werden sie das auch nicht). Um eine gleichmäßige Helligkeit zu erreichen, muss jeder Projektor individuell eingestellt werden. Mit bloßem Auge ist das zwar möglich, wird aber keine sehr genauen Ergebnisse liefern, da das Auge sich sehr schnell verschiedenen Helligkeiten anpassen kann. Gute Ergebnisse lassen sich hier nur mit speziellen Lichtmessgeräten erreichen.

Ein weiterer Helligkeitseffekt rührt von den Eigenschaften der Leinwand her. Die meisten Leinwände für Projektionen sind nicht perfekt diffus, d. h. das von hinten kommendes Licht wird nicht gleichmäßig in alle Richtungen abgestrahlt (siehe Abb. 5.9). Fast alle kommerziell genutzten Leinwände haben einen *Verstärkungsfaktor* (*Gain*), der dafür sorgt, dass mehr Licht nach vorne als zur Seite abgestrahlt wird.

Da der Betrachter einer normalen Projektion praktisch nie sehr schräg von der Seite auf die Projektion sieht, macht diese Anordnung Sinn, da so mehr Licht beim Betrachter ankommt. Bei gekachelten Projektionen sorgt dies allerdings dafür, dass im Übergangsbereich zwischen zwei Kacheln sehr deutliche Helligkeitsunterschiede auftreten, selbst wenn beide Projektoren genau gleich viel Licht abstrahlen. Der Betrachter sieht in den linken

Projektor auf der Abb. 5.9 quasi direkt hinein, und sieht daher einen Bereich der Leinwand mit hohem Gain. Der Bereich des rechten Projektors wird in einem viel stärkeren Winkel gesehen und daher in einem Bereich der Leinwand mit niedrigem Gain. An der Stelle, wo die Projektionsbereiche zusammentreffen, wird ein deutlicher Helligkeitsunterschied sichtbar. Erschwerend kommt noch hinzu, dass dieser Unterschied blinkwinkelabhängig ist: Wenn der Betrachter sich vor der Leinwand bewegt, wird ein Bereich heller während der andere dunkler wird. Ein uniformer Bildeindruck wird dadurch praktisch unmöglich, die einzige Lösung ist der Einsatz extrem diffuser Leinwände, die dann aber zu einer relativ dunklen Projektion führen.

Der Übergangsbereich zwischen Kacheln ist auch für einen anderen Aspekt kritisch, den der Überlappung. Es gibt zwei Alternativen, den Übergang zwischen zwei Kacheln zu gestalten: entweder ohne Überlappung (engl. *Hard Edge*) oder mit Überlappung (engl. *soft edge* oder *blending*). Beim Hard Edge sind die Projektoren so angeordnet, dass der Übergang von einem zum nächsten Projektor hart ist: Auf den letzten Pixel des einen folgt sofort der erste Pixel des anderen Projektors. Um dies zu ermöglichen, müssen alle Komponenten des Systems (Projektoren, Projektorhalterungen, Leinwand etc.) extrem stabil sein. Schon kleinste Bewegungen im Submillimeterbereich können dafür sorgen, dass ein Spalt zwischen den beiden Projektionen entsteht, der als schwarze Linie deutlich sichtbar wird, oder dass die Projektoren überlappen und das Ergebnis als helle Linie im Bild sichtbar wird. Die HEyeWall (Abb. 5.5) ist ein Hard-Edge-System, bei dem Wert auf Stabilität der Leinwand gelegt werden musste. Es wurde mit präzise einstellbaren Blenden aufgebaut, um Überlappungen zu vermeiden. Das Ergebnis ist ein hochqualitatives Bild wobei aber der Aufwand hoch ist.

Die Alternative ist, eine Überlappung der Projektionsbereiche zuzulassen. Dabei entsteht ein Bereich, in dem beide Projektoren auf die Leinwand strahlen. Um diesen Bereich nicht künstlich heller erscheinen zu lassen, muss das dargestellte Bild angepasst werden, so dass im Überlappungsbereich ein Projektor ein- und der andere ausgeblendet wird. Diese Anpassung wird meistens durch eine Blendmaske erreicht, die am Ende des Rendering-Vorgangs über das Bild gelegt wird. Die C6 ist ein Soft-Edge System, bei dem sich die zwei Projektoren pro Seite um ca. 220 Pixel überlappen.

Durch die Überlappung wird die Spaltentstehung bei Verformungen oder Bewegungen der Leinwand vermieden, und das Gain-Problem reduziert, da der Benutzer nicht mehr so extrem in einen Projektor sieht und die Projektorbilder fließend ineinander übergehen. Das Hauptproblem bei der Überlappung liegt bei der Darstellung dunkler Bilder oder Hintergründe. Moderne LCD oder DLP Projektoren können kein exaktes Schwarz darstellen, da sie auf Filtern beruhen, die das Licht der Lampe abschwächen. Diese Filter sind nie perfekt, ein gewisses Restlicht dringt immer durch. In den Überlappungsbereichen ist daher ein doppeltes (an den inneren Ecken ein vierfaches) Restlicht sichtbar. Solange nur helle Bilder dargestellt werden, kann dies verdeckt werden, aber sobald dunkle Bereiche auf den Kanten/Ecken zu liegen kommen wird die Überlappung und somit die Kachelung deutlich sichtbar, was einen uniformen Bildeindruck deutlich stört.

5.2.3 Farbuniformität

Während die Helligkeit nur ein eindimensionales Problem ist, müssen bei der Farbuniformität drei Dimensionen aufeinander abgeglichen werden. Das zeigt sich schon innerhalb eines einzelnen Projektors. Insbesondere LCD-Projektoren weisen oft deutliche Farbunterschiede zwischen verschiedenen Bereichen eines Bildes auf. Wenn schon innerhalb eines Bildes Farbunterschiede auftreten, kann es nicht überraschen, dass zwischen mehreren Projektoren oft massive Farbunterschiede entstehen. Um ein hochqualitatives Ergebnis zu erzielen, müssen diese ausgeglichen werden. Dies ist ein wesentlich aufwendigerer Prozess als die Helligkeitskalibrierung und von Hand praktisch nicht mehr effektiv machbar.

5.2.4 Hard- und Software für die Bilderzeugung

Eine letzte Herausforderung bei der Verwendung gekachelter Displaysysteme ist die Bilderzeugung. Es wurden bereits einige Anforderungen bezüglich Bildkorrektur erwähnt. In vielen Fällen ist es am effektivsten, diese Korrekturen bei der Bilderzeugung durchzuführen. Aber ein fundamentales Problem bleibt dennoch bestehen: Wenn eine große Anzahl von Projektoren/Monitoren zu betreiben ist, kann dies nicht mehr von einer einzelnen Graphikkarte erledigt werden. Selbst mit allen technischen Möglichkeiten kann eine einzelne Graphikkarte nicht die notwendigen 1,5 Milliarden Pixel erzeugen. Das Reality Deck benutzt Graphikkarten mit 6 Ausgängen und betreibt vier davon in einem Rechner. So kann das gesamte System mit nur 18 Rechnern betrieben werden. Der Nachteil dieser Konfiguration ist, dass jeder Rechner dafür verantwortlich ist, 88 Megapixel zu generieren. Wenn die Berechnung durch anspruchsvolle Renderingeffekte oder hohe Komplexität aufwändig wird, kann dies eine wahrnehmbare Reduktion der Update-Rate hervorrufen. Andere Systeme wie die HEyeWall oder die C6 verwenden daher mehr Rechner, im Extremfall für jeden Kanal einen dedizierten Rechner mit nur einer Graphikkarte. Selbst bei Benutzung handelsüblicher Rechner und Graphikkarten kommt schnell ein respektabler Cluster zusammen, der sich in den Kosten des Gesamtsystems stark niederschlägt.

Aber die Hardware ist nur die eine Seite des Problems, sie muss auch von geeigneter Software getrieben werden. Diese Software muss in der Lage sein, auf einem Cluster ein zusammenhängendes Bild zu erzeugen und Änderungen und Interaktionen der Anwendung korrekt zu synchronisieren, damit immer ein konsistentes Bild auf allen Kacheln dargestellt wird. Es gibt verschiedene Ansätze für solche Softwaresysteme, die in verschiedenen Bibliotheken realisiert sind und die es ermöglichen, solche verteilten Graphiksysteme mit vertretbarem Aufwand zu realisieren. Die bekanntesten dieser Bibliotheken sind VRJuggler (Bierbaum et al. 2001), OpenSG (OpenSG 2013) und Equalizer (Equalizer 2013).

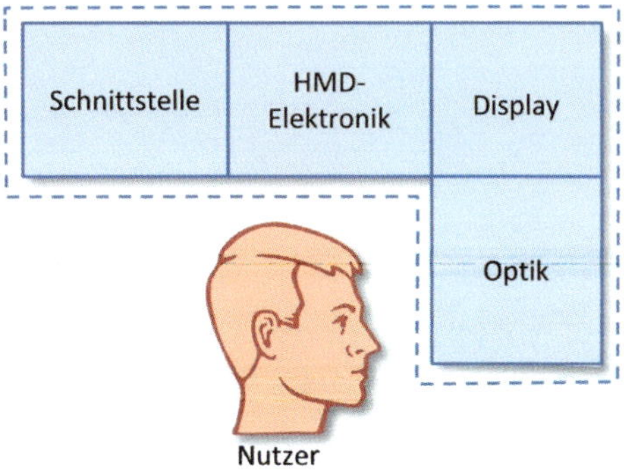

Abb. 5.10 Prinzipielle Bestandteile eines HMDs

5.2.5 Fazit

Der Kachelansatz ist grundsätzlich sehr gut geeignet, die Begrenzungen einzelner Displaysysteme in Bezug auf Auflösung, Helligkeit oder Preis zu überwinden. Doch während die Grundidee sehr einfach ist erfordern die Details viel Aufwand, so dass der Einsatz von Kachelsystemen für hochqualitative Anwendungen entweder einschränkt ist oder sich relativ aufwändig gestaltet. Insbesondere die gegenseitige Kalibrierung der verschiedenen Displaykacheln kann sehr schnell ein wesentlicher Zeit- und Kostenfaktor werden, der schnell übersehen oder unterschätzt wird. Aber wenn die Methode korrekt und sorgfältig angewendet wird, können extrem beeindruckende Displaysysteme entwickelt werden, die zeigen können, wohin die Reise in Virtuelle Welten gehen kann.

5.3 Head-Mounted Displays

5.3.1 Allgemeine Kenngrößen und Eigenschaften

Head-Mounted Displays (*HMDs*) könnte man ins Deutsche als „am Kopf angebrachte Anzeigen“ übersetzen. Das bedeutet, dass man mobile Visualisierungs- und Interaktionssysteme in Form eines Helms oder einer Datenbrille am Kopf trägt. Abbildung 5.10 zeigt die prinzipiellen Bestandteile eines HMDs. Ein miniaturisiertes Display erzeugt ein Bild, welches dem Nutzer vergrößert über eine Optik dargestellt wird. Eine umfangreiche Übersicht von miniaturisierten Displays, den sogenannten Mikrodisplays, wird in (Herold 2011) gegeben.

Das Display sowie die im HMD integrierten Sensoren werden über eine HMD-Elektronik angesteuert. Eine Schnittstelle verbindet das HMD mit einem Rechner, um Videodaten übertragen zu können. Eine Haltevorrichtung in Form einer Brille oder eines Helmes trägt alle im HMD integrierten Funktionselemente.

Da es ein sehr breites Spektrum an HMDs für vielfältige Anwendungsbereiche gibt, sollen folgend allgemeingültige Kenngrößen und Eigenschaften aufgeführt und erläutert werden. Der Leser soll dadurch sensibilisiert werden, welche Eigenschaften berücksichtigt

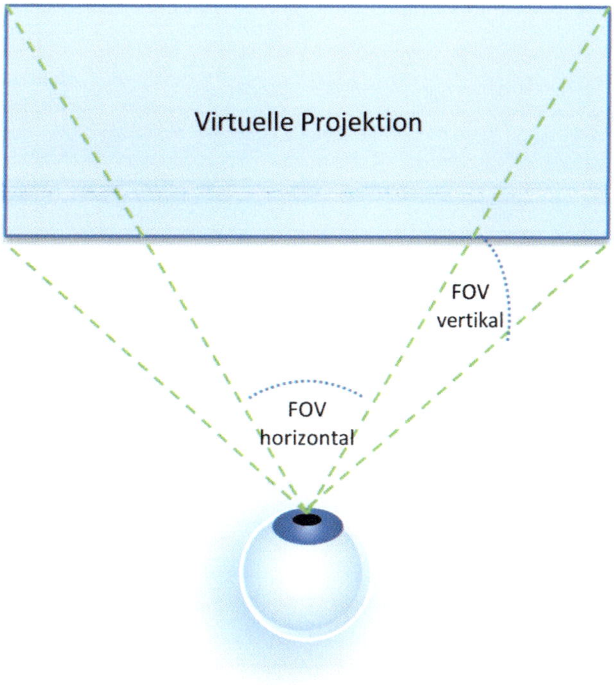

Abb. 5.11 Prinzipskizze des FOV ausgehend vom Nutzerauge

werden müssen, um HMDs für eigene Applikationen auswählen zu können. Wie in Kap. 1 bereits einführend erläutert wurde, ist die Hauptaufgabe eines HMDs, den Nutzer in eine Virtuelle oder Augmentierte Realität zu versetzen. Einen großen Einfluss auf das Gefühl der Präsenz hat hierbei das sogenannte *Field of View* (*FOV*) auf die virtuell angezeigten Informationen. Unter FOV versteht man den horizontalen und vertikalen Winkel ausgehend vom Auge des Nutzers, von dem die virtuellen Informationen wahrgenommen werden (vgl. Abb. 5.11). Je größer das FOV ist, desto stärker ist die Wahrnehmung des Nutzers, in eine Virtuelle Welt versetzt zu werden, da diese umso weiträumiger angezeigt wird. Im Abschn. 5.4.2 werden die technischen und analytischen Zusammenhänge anhand einer einfachen HMD-Optik weiterführend betrachtet. Bei *Durchsicht-HMDs* (engl. *See-Through HMD*), mit dem gleichzeitig reale und virtuelle Objekte sichtbar sind, gibt man zusätzlich das FOV auf die reale Welt an. Dieser Parameter drückt aus, wie stark die Sicht des Nutzers auf seine reale Umgebung durch das technische System eingeschränkt wird.

Die vorher aufgeführten Erläuterungen zum FOV beziehen sich auf monokulare HMDs. Neben monokularen HMDs gibt es noch bi-okulare und binokulare HMDs. Bi-okular bedeutet, dass man mit beiden Augen, ähnlich wie bei Mikroskopen, durch eine Optik ein Objekt betrachtet. Auf bi-okulare HMDs soll jedoch nicht weiter eingegangen werden, da diese nicht signifikant eingesetzt werden. Eine größere Bedeutung besitzen binokulare HMDs. Ein binokulares HMD besteht im Grunde aus zwei separaten monokularen Optiken. Jedes Auge blickt deshalb über eine eigene Optik auf ein Objekt, ähnlich wie bei einem Stereo-Fernglas. Wenn wir jetzt die Definition des FOV von monokularen auf

Abb. 5.12 FOV bei binokularen HMDs

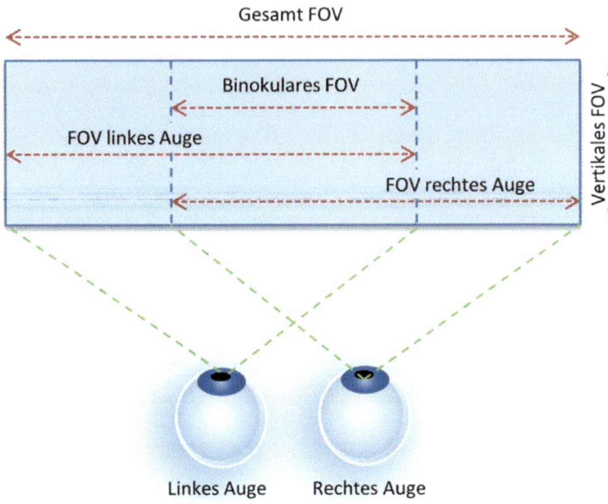

binokulare HMDs übertragen, so muss man mehrere FOV-Bereiche berücksichtigen. Abbildung 5.12 zeigt diese verschiedenen Bereiche eines binokularen HMDs mit parallelen optischen Achsen. Für den Nutzer entsteht eine binokulare Überlappung, das sogenannte binokulare FOV. Das Gehirn des Nutzers setzt dann das linke und das rechte projizierte Bild zu einem zusammen. Dabei nehmen beide Augen einen gemeinsamen mittleren Teil des Bildes war. Weiterhin sieht jedes Auge den äußeren Bildrand des zugeordneten Displays. Insgesamt entsteht für den Nutzer ein gemeinsames FOV, welches sich aus dem Bildrand des rechten und linken Auges sowie des überlappten FOVs zusammensetzt (vgl. Abb. 5.12).

Die Frontleuchtdichte L_{front} gibt an, wie hell das eingeblendete Bild zu sehen ist. Die Frontleuchtdichte ist ein weiterer Parameter, welcher die Stärke der Wahrnehmung von Virtuellen Umgebungen bestimmt. Diese Kenngröße gibt an, wie hell das projizierte Bild dem Nutzer erscheint. Dieser Parameter ist vergleichbar mit der Helligkeitsangabe von Computermonitoren. Der Unterschied besteht darin, dass man bei Monitoren direkt auf das Display schaut und bei HMDs das Bild vom Display über optische Elemente vergrößert virtuell dargestellt wird. Eng verknüpft mit der Leuchtdichte ist der Kontrast. Allgemein wird der Kontrast als Verhältnis zwischen hell und dunkel definiert. Bei Monitoren gibt der Kontrast das Verhältnis zwischen einem maximal leuchtenden und einem dunklen Pixel an. Überträgt man diese Definition auf HMDs, so ist einerseits das Verhältnis zwischen einem maximal hellen und dunklen Pixel des virtuell projizierten Bildes von Interesse. Messtechnisch wird die Leuchtdichte des jeweiligen Pixels betrachtet.

$$K_{\text{front}} = \frac{L_{\text{max\_pixel}}}{L_{\text{min\_pixel}}} \tag{5.1}$$

Auf der anderen Seite ist bei See-Through-HMDs (vgl. Abschn. 5.3.4), der Kontrast der virtuellen Informationen bezogen auf den Hintergrund der realen Welt von besonderer

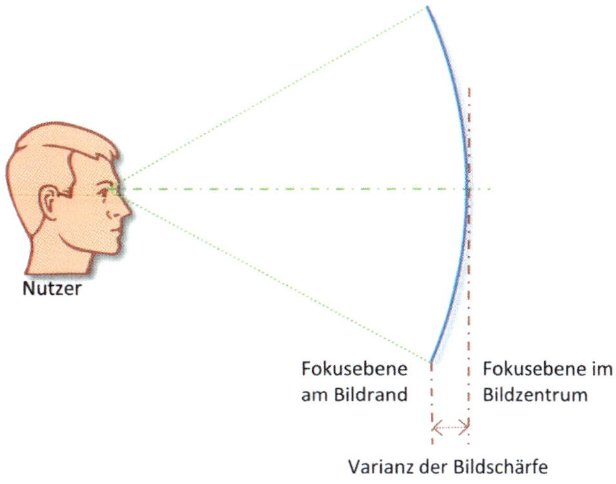

Abb. 5.13 Bildfeldwölbung des virtuell projizierten Bildes

Bedeutung. Das Kontrastverhältnis des Hintergrundes K_{hint} ist aus dem Verhältnis von Frontleuchtdichte abzüglich der Hintergrundhelligkeit L_{hint} zur Hintergrundhelligkeit definiert.

$$K_{hint} = \frac{L_{front} - L_{hint}}{L_{hint}} \tag{5.2}$$

Setzt man ein See-Through-HMD im Außenbereich ein, insbesondere bei einem hellen unbedeckten Himmel (z. B. im Pilotenhelm bei Kampfflugzeugen), so muss die Helligkeit des projizierten Bildes entsprechend hoch sein, damit sich die virtuellen Informationen vom Hintergrund abheben. Hingegen bei Innenanwendungen, z. B. AR-gestützte Montagearbeiten im Flugzeugrumpf, reicht eine geringere Frontleuchtdichte aus, um den gleichen Kontrast auf die Umgebung bereitstellen zu können. Bei See-Through-HMDs kennzeichnet die Durchsichttransparenz T_{durch}, wie hell der Nutzer die reale Umgebung wahrnehmen kann bzw. um wie viel Prozent die Helligkeit der Umgebung durch das HMD reduziert wird, ähnlich wie bei einer Sonnenbrille. Um die Abbildungsqualität des virtuell projizierten Bildes beurteilen zu können, gibt man die horizontale, vertikale und diagonale Verzerrung des virtuellen Bildes in Bezug zum Originalbild an. Verzerrungen entstehen, wenn das virtuelle Bild nicht in jedem Bereich den gleichen Projektions-Maßstab aufweist. Verzerrungen machen sich bemerkbar, indem z. B. das virtuelle Bild die äußere Form eines Kissens hat. Eine entscheidende Qualitätseigenschaft, welche insbesondere die Nutzerakzeptanz beeinflusst, ist die Bildfeldwölbung des dargestellten Bildes (vgl. Abb. 5.13). Je nach Güte und Komplexität der eingesetzten HMD-Optik wird das virtuelle Bild gewölbt abgebildet. Bei stark gewölbten Bildern werden verschiedene Bereiche des virtuellen Bildes mit unterschiedlichen Größen abgebildet. Fokussiert z. B. der Nutzer einen Punkt in der Bildmitte an, können Informationen an den Bildrändern unscharf erscheinen. Besonders kritisch wirkt sich eine starke Bildfeldwölbung bei binokularen HMDs aus. Im mittleren Bereich des gemeinsamen FOVs (vgl. Abb. 5.12), kann es sein, dass beide Augen gleich-

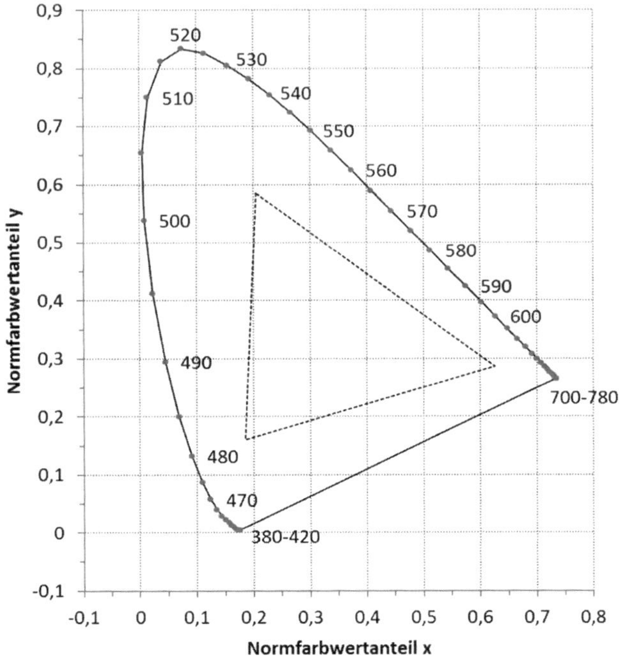

Abb. 5.14 CIE Yxy Farbsystem

zeitig auf das Zentrum des linken sowie auf den Bildrand des rechten virtuell projizierten Bildes schauen. Wenn hier starke Bildfeldwölbungen vorliegen, dann ist es für das Gehirn schwer, beide Bilder zu überlagern.

Ein weiterer Parameter, welcher zur Beurteilung der Qualität des projizierten Bildes genutzt wird, ist die *Homogenität*. Die Homogenität beschreibt, wie gleichmäßig ein Bild angezeigt wird. Stellt man ein Vollbild mit einer einheitlichen Farbe dar, so beschreibt die Homogenität wie gleichmäßig hell alle Pixel dem Nutzer erscheinen. Zur Quantifizierung nutzt man statistische Werte wie z. B. die Standardabweichung σ. Die Akkommodationdistanz gibt an, in welcher Entfernung ausgehend vom Auge des Nutzers das virtuelle Bild erscheint. Bei den meisten See-Through-HMDs liegt das virtuelle Bild im Unendlichen. Im Abschn. 5.4.2 wird die Abhängigkeit der Akkommodationdistanz anhand einer einfachen HMD-Optik betrachtet.

Um bewerten zu können, welche Farben ein HMD darstellen kann, wird das CIE Yxy Farbsystem genutzt. Abbildung 5.14 zeigt diesen Farbraum innerhalb eines Koordinatensystems. Um die darstellbaren Farben des HMDs beschreiben zu können, wird im Farbsystem ein Dreieck eingezeichnet, bei dem die Eckpunkte den Grundvalenzen des Displays entsprechen. Das Dreieck (vgl. Abb. 5.14) schließt alle vom HMD anzeigbaren sowie vom menschlichen Auge wahrnehmbaren Farben ein. Die Angaben im Farbraum sind Wellenlängen: 555 nm entspricht z. B. der Farbe Rot. Man kann somit im Farbsystem mit xy-Koordinaten eine Farbe beschreiben. Ähnlich wie bei Monitoren gibt man bei HMDs die horizontale und vertikale Auflösung in Pixel an. Werden durch die HMD-Optik keine Bildbereiche bedeckt, so ist die Auflösung des im HMD integrierten Displays genau so groß wie die virtuell warnehmbare Auflösung.

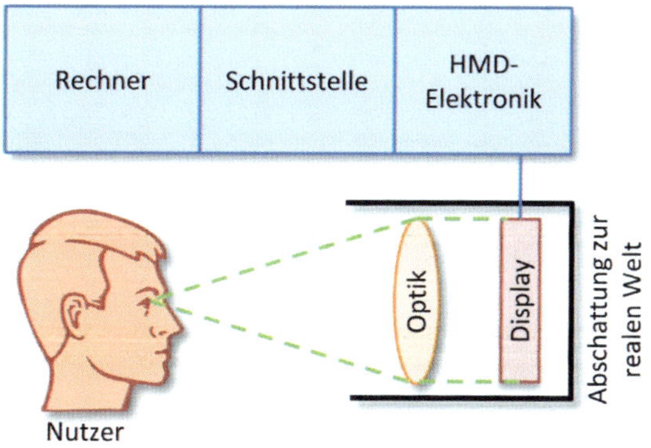

Abb. 5.15 Architektur eines Direktsicht-HMDs

Es gibt auf der optischen Seite zwei prinzipielle Ansätze, um ein HMD zu realisieren. Einerseits werden nicht-pupillenformende HMDs entworfen, welche auf dem Prinzip einer einfachen Lupe basieren. Auf der anderen Seite werden pupillenformende Prinzipien angewendet, welche auf einer Projektion basieren (Cakmakei und Rolland 2006). Ein erster Parameter, welcher sich auf die Handhabung des HMDs bezieht und bei nicht pupillenformenden HMDs angegeben wird, ist die sogenannte *Eye Motion Box* in vertikaler und horizontaler Ausdehnung. Darunter versteht man die Größe der augenseitigen optischen Öffnung des HMDs. Je größer die Eye Motion Box ist, desto weiter kann man das HMD relativ zum Nutzerauge verschieben und weiterhin das virtuelle projizierte Bild sehen. Die Abhängigkeiten der Eye Motion Box werden im Abschn. 5.4.2 anhand eines einfachen Beispiels nochmal erläutert. Hingegen bei pupillenformenden Systemen gibt man in Analogie einen Durchmesser am optischen Eingang des HMDs an, worin man das Virtuelle Bild sehen kann. Diese Kenngröße wird als *Exit Pupil* bezeichnet. Im Gegensatz zur Eye Motion Box bleibt dieser Kreis bei verschiedenen Distanzen zwischen dem Nutzerauge und der HMD-Optik konstant. Ergonomische Kenngrößen sind das Gesamtgewicht des HMDs und die örtliche Verteilung des Schwerpunktes. Diese Kenngrößen beeinflussen neben dem Design des HMDs sehr stark die Nutzerakzeptanz und die Tragedauer. Auf der elektrischen Seite müssen die Schnittstellen vom HMD zu einem Rechner betrachtet werden. Einerseits möchte man Bilder bzw. Videodaten zum HMD übertragen und auf der anderen Seite müssen natürlich auch Informationen vom HMD zum Rechner empfangen werden wie z. B. die Bilder einer Frontkamera oder die Bewegungskoordinaten eines Motion-Trackers.

5.3.2 Direktsicht-HMDs

Die folgenden Erläuterungen bezüglich der HMD-Architekturen beziehen sich auf die reine Datenvisualisierung. Zusätzliche HMD-Komponenten wie z. B. Head- oder Eye-Tracker werden separat im Abschn. 5.4.5 Interaktive-HMDs diskutiert. Die einfachste, am häufigsten vorkommende und günstigste HMD-Architektur ist die der Direktsicht-HMDs.

Der prinzipielle Aufbau eines Direktsicht-HMDs ist in Abb. 5.15 dargestellt. Unter Direktsicht versteht man, dass das Nutzerauge über eine Vergrößerungsoptik (vgl. Abb. 5.16)

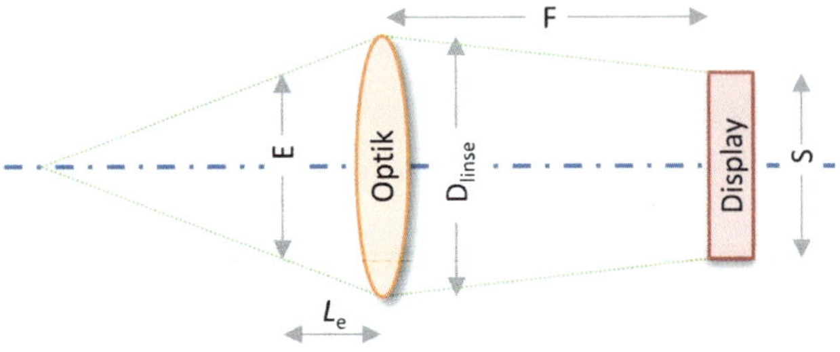

Abb. 5.16 Optische Konzeption eines Direktsicht-HMDs. (Melzer und Moffitt 1997)

auf das im HMD integrierte Display blickt. Aufgrund der optischen Realisierung kann man mit einem reinen Direktsicht-HMD die reale Umgebung nicht betrachten. Man ist dadurch von seiner realen Welt abgeschattet. In Direktsicht-HMDs werden somit nur virtuelle Informationen dargestellt. Der Nutzer wird nur in eine Virtuelle Realität und nicht in eine Augmentierte Realität versetzt. Der Nutzer ist somit visuell komplett von seiner Außenwelt abgeschottet. Direktsicht-HMDs werden z. B. als Visualisierungseinheiten bei Videospielekonsolen oder als mobile Videoplayer eingesetzt. Im Gegensatz zu Notebooks oder mobilen DVD-Playern kann man mit HMDs Bilder in Kinoleinwandgröße darstellen. Man kann also dem Nutzer mit einem Direktsicht-HMD z. B. bei einer Zugfahrt den gleichen Eindruck vermitteln, wie in einem Kino. Ein Vorteil von Direktsicht-HMDs ist die einfachere konstruktive Realisierbarkeit. Aufgrund der Abschattung zur Außenwelt ist die Hintergrundleuchtdichte L_{hint} sehr gering und das Display muss nach Gl. (5.2) nur eine geringe Frontleuchtdichte bereitstellen, was gleichzeitig auch den Energieverbrauch des HMDs senkt.

Da optisch die weiteren HMD-Architekturen auf dem Prinzip aufbauen, ein kleines Displaybild zu vergrößern und virtuell dem Nutzer zu projizieren, soll folgend eine Direktsichtoptik etwas ausführlicher diskutiert werden. Abbildung 5.16 zeigt eine solche einfache Konzeption eines Direktsicht-HMDs basierend auf dem Prinzip einer einfachen Lupe (Melzer und Moffitt 1997). Das Display, auf welches der Nutzer durch eine Linse schaut, wird in einem Abstand gleich der Brennweite zur Linse positioniert.

Das in Abschn. 5.4.1 diskutierte FOV kann für die Horizontale, Vertikale und Diagonale allgemein durch Gl. (5.3) berechnet werden.

$$FOV = 2\arctan\left(\frac{S}{2F}\right) \tag{5.3}$$

Wenn man bei einer Projektion direkt vor der Projektionswand sitzt, hat man in allen Richtungen ein großes Blickfeld. Leider sieht man in diesem Fall bei einer geringen Bildauflösung die einzelnen Pixel sehr gut, was einen gerasterten Eindruck hervorruft. Genauso verhält es sich zwischen dem Display und der Linse bei der in Abb. 5.16 dargestellten Konzeption. Theoretisch ist das nach Gl. (5.3) berechenbare FOV unabhängig vom Durchmesser der Linse. Praktisch besteht jedoch die Problematik, dass bei einem höheren Abstand zwischen dem Auge und der Vergrößerungslinse, das sogenannte Eye Relief L_e, nicht mehr alle Lichtstrahlen des Displays über die Linse das Auge erreichen können. In diesem Fall bestimmen, technisch bedingt, der Linsendurchmesser und das Eye Relief nach Gl. (5.4) das maximal mögliche FOV.

$$FOV = 2\arctan\left(\frac{D_{\text{linse}}}{2L_{\text{e}}}\right) \tag{5.4}$$

Gleichung (5.4) ist gültig für $D_{\text{linse}} < L_{\text{e}}(S/F)$. Wie im Abschn. 5.4.1 schon erläutert wurde, gibt es bei HMDs, welche optisch nach dem einfachen Lupenprinzip arbeiten, die Eye Motion Box E statt ein Exit Pupil. Die Eye Motion Box ist abhängig vom Eye Relief. Ist das Auge von der Linse so weit entfernt, dass die Eye Motion Box kleiner als der Betrachtungsbereich des Auges ist, so erscheint das Virtuelle Bild zum Teil abgeschnitten (vgl. Abb. 5.16). Die Größe der Eye Motion Box für die horizontale, vertikale und diagonale Richtung kann nach Gl. (5.5) ermittelt werden (Melzer und Moffitt 1997).

$$E = D_{\text{linse}} - \frac{L_{\text{e}}S}{F} \tag{5.5}$$

Die Relation zwischen der Linsenposition und der Entfernung des virtuellen Bildes D_{virt} wird durch Gl. (5.6) beschrieben.

$$D_{\text{virt}} = \frac{dF}{F-d} + L_{\text{e}} \tag{5.6}$$

Der Parameter d ist der Abstand zwischen der Linse und dem Display. Liegt das Display in der Brennweite der Linse, wie es in Abb. 5.16 der Fall ist, so wird der Nenner in Gl. (5.6) Null und das virtuelle Bild liegt im Unendlichen. Ist d kleiner als F so wird das virtuelle Bild vergrößert projiziert. Das bedeutet, dass die Projektion größer ist als die Leuchtfläche des Displays. Im Falle, dass d größer als F ist, so wird das virtuelle Bild verkleinert dargestellt.

5.3.3 Video-HMDs

Generell versteht man unter Video-HMDs eine Erweiterung der im Abschn. 5.4.2 diskutierten Direktsicht-HMDs. Der wesentliche Unterschied besteht darin, dass zusätzlich an Direktsicht-HMDs eine Frontkamera montiert wird, vgl. Abb. 5.17. Diese Kamera kann somit Objekte aufnehmen, welche in der Blickrichtung des Nutzers liegen. Der Nutzer selbst kann ja wie bei den Direktsicht-HMDs durch die Abschattung keine realen Objekte wahrnehmen. Die Frontkamera ist an der HMD-Elektronik angeschlossen und überträgt über die HMD-Schnittstelle die aufgenommenen Szenenbilder zu einem angeschlossenen Computer.

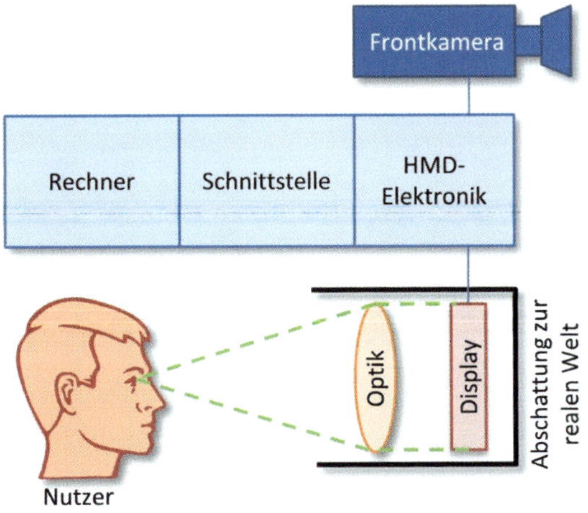

Abb. 5.17 Video-HMD

Bildverarbeitungsroutinen identifizieren reale Objekte, verschmelzen diese mit virtuellen Objekten und geben ein virtuelles Bild aus. Ein Beispiel ist die Erkennung eines Maschinenteils und die zusätzliche Einblendung von Wartungsinformationen, z. B. das Anzugsdrehmoment von Schrauben. Da das menschliche Auge nur die vom Display projizierten Informationen betrachtet, befinden sich alle Objekte in der gleichen Fokussierungsebene. Weiterhin ist eine Wiedergabe der realen Welt nur in verminderter Auflösung möglich, da das menschliche Auge für das Helligkeitsempfinden ca. 120 Mio. Stäbchen und für das Farbempfinden ca. 6,5 Mio. Zapfen besitzt (Putz und Pabst 2004). Aktuelle Kameras und Displays besitzen derzeitig noch ein geringeres Auflösungsvermögen. In Abhängigkeit der Verarbeitungsgeschwindigkeit der Frontkamera und des Bildverarbeitungssystems können zeitliche Verschiebungen zwischen der aktuellen Blickrichtung des Nutzers und der virtuell dargestellten Perspektive auftreten. Wenn der Nutzer z. B. seinen Kopf von links nach rechts bewegt, werden in diesem Fall noch für eine kurze Dauer die Objekte auf der linken Seite angezeigt (Azuma 1997).

5.3.4 See-Through-HMDs

Der wesentliche Unterschied eines See-Through-HMDs im Vergleich zu den in den Abschn. 5.4.2 und 5.4.3 vorgestellten Direktsicht- und Video-HMDs ist, dass der Nutzer die reale Welt mit eigenen Augen wahrnehmen kann. Die reale Welt kann somit, im Gegensatz zu Video-HMDs, in voller Auflösung und ohne zeitliche Verzögerungen betrachtet werden. Abbildung 5.18 zeigt den schematischen Aufbau eines See-Through-HMDs. Ein Strahlteiler gestattet in horizontaler Richtung dem Nutzer die Sicht auf die reale Welt. Wie beim See-Through- oder Video-HMD wird von einem Display ein Virtuelles Bild erzeugt und durch eine Optik vergrößert und über den Strahlteiler zum Nutzerauge projiziert. Zu betrachtende Objekte befinden sich in ihrer realen Fokussierungsebene.

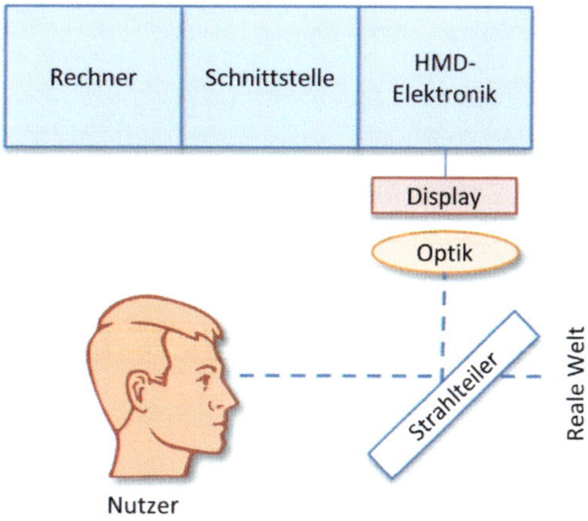

Abb. 5.18 See-Through-HMD

Der Nutzer kann einerseits ohne elektronische Erfassung nur durch die Optik die reale Welt wahrnehmen und bekommt auf der anderen Seite die virtuellen Informationen über das Display eingeblendet. Somit muss das Bildverarbeitungssystem in Echtzeit über eine präzise kalibrierte Frontkamera reale Objekte im Blickfeld des Nutzers erfassen, identifizieren, rendern und virtuelle Objektinformationen darstellen. Man stelle sich vor, dass eine Frontkamera eine reale Schraube erfasst, anschließend identifiziert eine Bildverarbeitungssoftware die Schraube und danach werden virtuelle Informationen zu dieser Schraube im HMD angezeigt. Eine weitere Problematik von See-Through-HMDs ist die bereits im Abschn. 5.4.2 diskutierte Problematik des Hintergrundkontrasts K_{hint} bei hellen Umgebungen. In der Praxis wird bei hellen Umgebungen die Durchsichttransparenz T_{durch} entsprechend reduziert, um bei gegebener Frontleuchtdichte L_{front} den erforderlichen Hintergrundkontrast K_{hint} bereitstellen zu können.

5.3.5 Interaktive HMDs

Bei interaktiven HMDs kann der Nutzer mit den virtuell angezeigten Informationen interagieren. Diese HMDs bestehen technisch aus Eingabegeräten, vgl. Kap. 4, und aus einer der vorher diskutierten HMD-Architekturen als Visualisierungsgerät. Das Eingabegerät ermöglicht die Beeinflussung der virtuell angezeigten Informationen. Zum Beispiel, wenn man am Arm eine Computertastatur befestigt und dieses Gerät als Eingabemedium für das HMD nutzt.

Abbildung 5.19 zeigt eine klassische optische Konzeption eines See-Through-Eye-Tracking-HMDs. Das Auge blickt durch einen halbdurchlässigen Spiegel auf die reale Welt. Ein virtuelles Displaybild wird durch eine Linse vergrößert und über einen halbdurchlässigen Spiegel dem Auge dargestellt. Mit infraroten Bestrahlungsquellen, wie z. B. neben der Linse angeordneten Leuchtdioden, wird das Auge angestrahlt und die Augenszene über einen zweiten halbdurchlässigen Spiegel durch eine Linse auf eine Kamera abgebildet (Rolland et al. 2006).

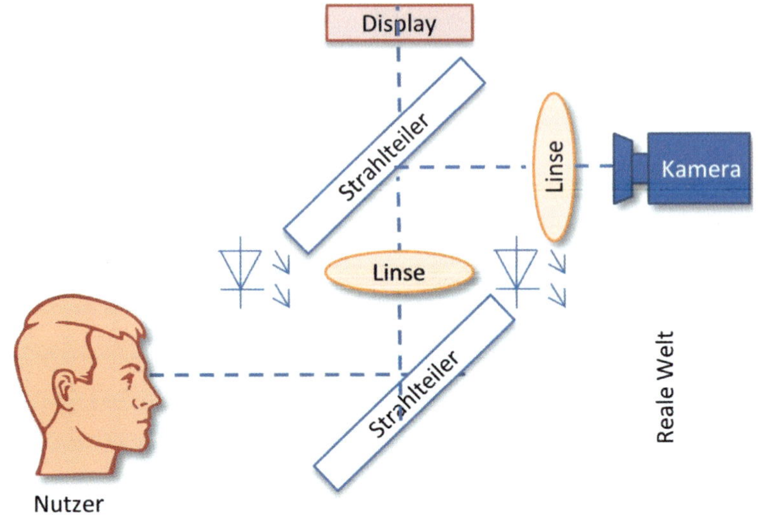

Abb. 5.19 Optische Konzeption eines Eye-Tracking-HMDs nach. (Rolland et al. 2006)

Abb. 5.20 Interaktionsmodell Eye-Tracking-HMD. (Herold 2011)

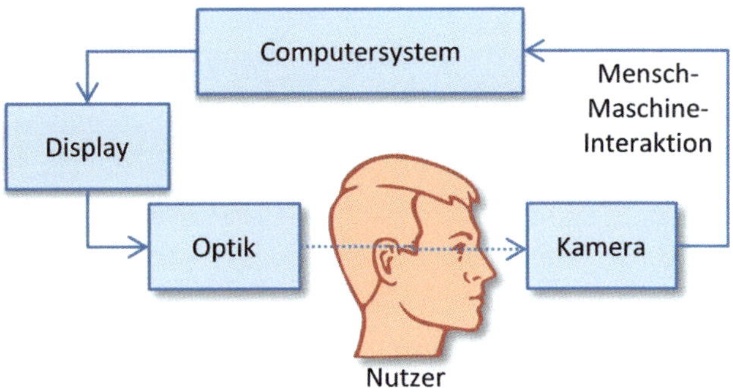

Die Wirkungsweise eines interaktiven HMDs lässt sich beispielsweise anhand des Eye-Tracking-HMDs erläutern. Das Interaktionsmodell des Eye-Tracking-HMDs ist in Abb. 5.20 dargestellt. In diesem Modell wird der Nutzer einerseits durch die Darstellung der virtuellen Informationen beeinflusst und gleichzeitig wird die Blickrichtung des Auges mit einer Eye-Tracking-Kamera aufgenommen. Ein Computersystem wertet die Informationen zur Blickrichtung als Steueranweisung aus und stellt dem Nutzer die angeforderten Informationen durch ein Display bereit (Herold 2011). Somit kann sich ein Wartungstechniker mittels eines HMDs eine virtuelle Bedienungsanleitung einblenden lassen. Es werden ebenfalls zwei virtuelle Tasten für das Vor- und Zurückblättern angezeigt. Schaut der Nutzer auf die virtuelle Taste zum Vorblättern, so erkennt der Eye-Tracker, dass diese Taste durch Blicksteuerung betätigt wurde. Die Anwendung im Computersystem gibt nun als Interaktionsresultat die nächste Seite der Bedienungsanleitung aus. Diese Seite wird zur

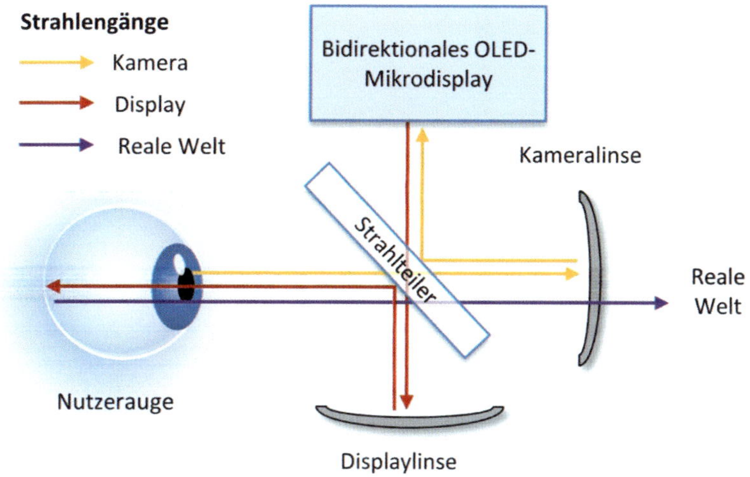

Abb. 5.21 Optische Konzeption eines Eye-Tracking-HMDs mit bidirektionalem OLED-Mikrodisplay. (Herold 2011)

Datenbrille übertragen und virtuell dargestellt. Es ist somit zwischen der Nutzer-Eingabe durch Eye-Tracking und der Ausgabe zum Nutzer durch das Virtuelle Bild eine geschlossene Mensch-Maschine-Schnittstelle gegeben (vgl. Abb. 5.20).

Ein kompakteres Eye-Tracking-HMD (vgl. Abb. 5.21) kann durch den Einsatz eines bidirektionalen OLED-Mikrodisplays realisiert werden (Herold 2011). Ein bidirektionales OLED-Mikrodisplay besteht aus einem Display mit einer innerhalb der Leuchtfläche integrierten Kamera. Als Kernelement wird ein Strahlteiler eingesetzt. Das Display projiziert vertikal nach unten durch den Strahlteiler das Bild auf einen gekrümmten Spiegel; dort wird das Licht im sichtbaren Bereich reflektiert und vertikal zurück auf die Unterseite des Strahlteilers projiziert. Von dort wird das Virtuelle Bild auf die Netzhaut des Nutzerauges projiziert. Die vom Auge reflektierten Strahlen der Infrarotleuchtdioden werden im infraroten Wellenlängenbereich durch den Strahlteiler transmittiert und gelangen zur asphärischen Linse der Kamera. Dieses Element besitzt eine optische Beschichtung, welche die Strahlen im Kamerazweig im infraroten Bereich reflektiert und fokussiert. Die an dieser Linse reflektierte Strahlung wird horizontal zurück zum Strahlteiler geworfen und von der oberen Strahlteilerbeschichtung im infraroten Wellenlängenbereich auf die integrierte Kamera des bidirektionalen OLED-Mikrodisplays geführt. Die Beschichtung der gekrümmten Linse für die Kamera transmittiert Strahlung im sichtbaren Wellenlängenbereich; somit ist die geforderte Durchsichtfunktionalität auf die reale Welt sowie die Projektion eines virtuellen Zwischenbildes möglich (Herold 2011).

Ähnlich wie bei Eye-Tracking-HMDs können auch alle im Kap. 4 aufgeführten Eingabegeräte wie z. B. Motion-Tracker, Finger-Tracker, GPS-Empfänger mit HMDs kombiniert werden. Die Kamera als Sensorelement in Abb. 5.21 kann durch diese Eingabegeräte ersetzt werden, ohne dass dieses Modell an Gültigkeit verliert.

5.4 Akustische Ausgabegeräte

Das Ziel der akustischen Ausgabe ist es, dem Nutzer die Geräusche und Töne der Virtuellen Welt so wiederzugeben, dass er sie in der gleichen Art wahrnehmen kann wie die reale Welt. Auch wenn das räumliche Auflösungsvermögen im Vergleich zum visuellen Sinn geringer ist (vgl. Abschn. 2.3.1), so unterstützt es doch die räumliche Orientierung deutlich. Ein einfaches Audiosystem ist insbesondere für die zeitliche Zuordnung von Ereignissen, die in der Virtuellen Welt geschehen, wichtig: beispielsweise kann dem Nutzer darüber hörbares Feedback bei der Auswahl von Objekten oder bei der Steuerung eines Menüs gegeben werden. Soll auch die räumliche Orientierung über das akustische Ausgabegerät möglich sein, so ist der Einsatz von aufwändigeren Audioinstallationen notwendig. Oftmals reichen Mehrkanal-Audiosysteme aus, um dem Nutzer einer Virtuellen Welt Orientierungshilfen geben zu können. Bei Mehrkanalsystemen stehen meist ein oder mehrere Hauptlautsprecher als eigentliche Schallquelle zur Verfügung, während mehrere Zusatzlautsprecher zur Unterstützung der räumlichen Effekte zum Einsatz kommen. Bei der Installation von Mehrkanalaudiosystemen muss darauf geachtet werden, dass auch hinter dem Nutzer entsprechende Lautsprecher angebracht werden müssen. Der Nachteil von Mehrkanalaudiosystemen ist, dass nur in einem kleinen Bereich (dem Sweet-Spot) die räumliche Wahrnehmung gut ist. Soll der Nutzer sich bewegen können, so sind schnell die Grenzen eines solchen Systems erreicht.

„Echten" Raumklang kann man mit Systemen erzeugen, die das Prinzip der Wellenfeldsynthese umsetzen (Bertino und Ferrari 1998; Brandenburg 2006). Das Ziel der Wellenfeldsynthese ist es, das Wellenfeld einer realen Begebenheit (z. B. das Spielen eines Orchesters) aufzunehmen und jederzeit als synthetisches Wellenfeld wiedergeben zu können. So wird es möglich, innerhalb gegebener Grenzen Schallquellen beliebig positionieren zu können. Das Wellenfeld wird hierfür durch eine große Anzahl von Lautsprechern erzeugt, die um die Wiedergabefläche herum angeordnet sein müssen. Betrieben werden diese Lautsprecher von einem zentralen Rechner aus, der die Wiedergabe der Klänge zusammen mit deren Positionierung steuert.

Für die Akustik ist es am sinnvollsten, die Lautsprecher eines Audiosystems zum Teil hinter das Display zu positionieren. Bei Projektionssystemen mit dünnen Folien als Leinwände ist dies ohne große Einbußen möglich. Bei der Nutzung von Glasscheiben wird dies bereits schwieriger. Auch bei monitorbasierten Lösungen (vgl. Abb. 5.7) kann es notwendig sein, die Lautsprecher unter, über oder neben dem Display anzubringen.

5.5 Haptische Ausgabegeräte

Das Ziel der haptischen Ausgabe ist es, dem Nutzer die Virtuelle Welt in ähnlicher Weise fühlbar zu machen, dass er sie in der gleichen Art wahrnehmen kann wie die reale Welt. Die haptische Wahrnehmung beschreibt die sensorische und/oder motorische Aktivität, die das Erfühlen von Objekteigenschaften ermöglicht. Eine der einfachsten Möglichkeit besteht in der Nutzung von Motoren mit einer Unwucht, die in Eingabegeräte integriert werden können (ähnlich wie der Vibrationsalarm bei einem Handy). Da der Nutzer das Eingabegerät sowieso in der Hand hat (z. B. im Falle eines mechanischen Eingabegeräts, vgl. 4.3.2) empfindet der Nutzer direkt die Vibration. Alternativ zu Vibrationsmotoren können auch Subwoofer verwendet werden, um Vibrationen zu erzeugen. Diese Methode erlaubt auch, den Boden vibrieren zu lassen.

Die geometrischen Modelle, die zur Darstellung verwendet werden, sind normalerweise nicht direkt dazu geeignet, für das haptische Feedback genutzt zu werden, da sie zu detailliert modelliert sind und da dadurch entsprechend notwendige Kollisionsberechnungen zu lange dauern würden. Somit muss zur Nutzung von haptischen Ausgabegeräten, ein entsprechendes Haptikmodell als Teil der Virtuellen Welt aufgebaut und aktuell gehalten werden. Dieses kann dann zur effizienten Ansteuerung der haptischen Ausgabegeräte zum Einsatz kommen. Die Verarbeitung der haptischen Daten muss ebenfalls getrennt erfolgen, da zur realistischen haptischen Ausgabe eine höhere Updaterate notwendig ist, als dass sie für das visuelle System notwendig wäre.

5.6 Zusammenfassung und Fragen

Ausgabegeräte dienen dazu, dem Nutzer über eine entsprechende Reizerzeugung die Virtuelle Welt darzustellen, also das Modell einer virtuellen Umgebung mit Hilfe von VR-Ausgabegeräten in etwas sinnlich Erfahrbares umzuwandeln. Die visuelle Ausgabe kann je nach Anforderungen und finanziellen Mitteln mit Hilfe von Monitoren, Projektionssystemen oder HMDs erfolgen. Zur möglichst großen Abdeckung des Sichtfelds werden Displaysysteme oft aus Einzeldisplays aufgebaut, die in unterschiedlichen Formen angeordnet werden: Beispiele hierfür sind Walls, L-Shapes, Curved-Screens oder CAVEs. Die Kachelung von Displays (in der Form von Tiled Displays) eignet sich oftmals zur kostengünstigen Alternative zur Verbesserung von Auflösung und Lichtstärke eines Displays. Zu beachten sind hierbei Ausgleichsverfahren, um ein in Helligkeit und Farbtreue einheitliches Bild zu erhalten. Über aktive oder passive Verfahren können visuelle Ausgabegeräte die Virtuelle Welt auch in 3D darstellen. Abschließend wurde auf Ausgabegeräte für den Hörsinn und die Haptik eingegangen.

Überprüfen Sie Ihr Verständnis des Kapitels anhand der folgenden Fragen:

- Was muss bei der Berechnung von stereoskopischen Bildern beachtet werden?
- Welche Technologien gibt es, die visuelle Ausgabe stereoskopisch auszugeben? Was sind jeweils die Vor- und Nachteile?
- Welche Schwierigkeiten können bei der Nutzung von Tiled Displays auftreten und wie sehen Lösungen dafür aus?
- Welche Arten von Head-Mounted Displays gibt es? Was sind die Vor- und Nachteile?

Literaturempfehlungen

Burdea GC und Coiffet P (2003) Virtual reality technology, John Wiley & Sons, Hoboken, New Jersey- *englischsprachiges Lehrbuch, das die Grundlagen der Ausgabegeräte vorstellt*

Literatur

Azuma R (1997) A survey of augmented reality. Presence: Teleoperators and Virtual Environments, 355–385

Bertino E und Ferrari E (1998) Temporal synchronization models for multimedia data, TKDE, 10(4):612–631

Bierbaum A, Just C, Hartling P, Meinert K, Baker A, Cruz-Neira C (2001) Vr juggler: a virtual platform for virtual reality application development. Proceedings of Virtual Reality 2001, 89–96, Print ISBN: 0–7695-0948-7, doi:10.1109/VR.2001.913774

Brandenburg K (2006) Digital Entertainment: Media technologies for the future. Second International Conference on Automated Production of Cross Media Content for Multi-Channel Distribution (AXMEDIS '06), 4–5, ISBN: 0-7695-2625-X, INSPEC Accession Number: 9287877

Cakmakci O und Rolland J (2006) Head-worn displays: a review. Journal of display technology, 199 -216. doi:10.1109/JDT.2006.879846

Cruz-Neira C, Sandin DJ, DeFanti TA, Kenyon RV, Hart JC (1992) The cave: audio visual experience automatic virtual environment. Comm. of the ACM, Volume 35 Issue 6, 64–72

Equalizer (2013) Parallel rendering. http://www.equalizergraphics.com/. Accessed 1 August 2013

Hartley R und Zisserman A (2000) Multiple view geometry in computer vision, Cambridge University Press, Cambridge

Herold R (2011) Ein Beitrag zur Realisierung von Systemarchitekturen für Head-Mounted Displays auf Basis bidirektionaler OLED-Mikrodisplays. Dissertation, Universität Duisburg-Essen

Melzer J und Moffitt K (1997) Head-mounted displays: designing for the users, McGraw Hill, New York

OpenSG (2013) Opensg homepage, http://www.opensg.org/. Accessed 1 August 2013

Putz R und Pabst R (2004) Sobotta atlas der anatomie des menschen. Elsevier Urban & Fischer, München Jena

Rolland J, Hua H, Krishnaswamy P (2006) Video-based eyetracking methods and algorithms in head-mounted displays. Optics Express S. 4328–4350. doi:10.1364/OE.14.004328

Ye G, State A, Fuchs H (2010) A practical multi-viewer tabletop autostereoscopic display. Proceedings of the International Symposium on Mixed and Augmented Reality (ISMAR) 2010, Seoul, South Korea, October 13–16, 2010)

Interaktionen in Virtuellen Welten

6

Ralf Dörner, Christian Geiger, Leif Oppermann
und Volker Paelke

Zusammenfassung

In Kap. 1 haben wir schon VR als innovative Form der Mensch-Computer-Interaktion kennengelernt. In diesem Kapitel behandeln wir die Gestaltung und Realisierung von Interaktionen und der daraus resultierenden Benutzungsschnittstelle (engl. *User Interface*) eines VR-Systems detailliert. Ein Nutzer interagiert mit einem VR-System, um virtuelle Objekte auszuwählen (*Selektion*) und zu verändern (*Manipulation*) sowie seine Position und seine Blickrichtung in der Virtuellen Umgebung zu bestimmen (*Navigation*). Dazu kommt die Interaktion mit dem VR-System selbst (*Systemsteuerung*), um auf einer Metaebene Funktionen außerhalb der Virtuellen Umgebung auszuführen (z. B. das Laden einer neuen Virtuellen Welt). Diese Grundaufgaben der Selektion, Manipulation, Navigation und Systemsteuerung werden in je einem Unterkapitel behandelt. Dabei werden Lösungen für die Realisierung dieser Interaktionen vorgestellt. Wesentlich dabei ist, dass eine gute *Usability* (dt. *Gebrauchstauglichkeit*) erreicht wird. Dies ist ein Kern der Mensch-Computer-Interaktion allgemein und wir gehen deshalb auf Grundlagen aus diesem Bereich gleich zu Beginn dieses Kapitels ein. Schließlich betrachten wir in einem Unterkapitel spezielle Entwurfsprozesse, die einen Entwickler bei der Gestaltung und der Realisierung von VR-Interaktionen leiten. Ein wesentlicher Gesichtspunkt dabei ist das wiederholte Validieren der Interaktionen mit Nutzern in Form von *Nutzertests*. Methoden für die Durchführung und Auswertung von Nutzertests werden daher gesondert im letzten Unterkapitel thematisiert.

R. Dörner (✉)
Fachbereich Design, Informatik, Medien, Hochschule RheinMain, Unter den Eichen 5,
65195 Wiesbaden, Deutschland
E-Mail: ralf.doerner@hs-rm.de

R. Dörner et al. (Hrsg.), *Virtual und Augmented Reality (VR/AR)*, eXamen.press,
DOI 10.1007/978-3-642-28903-3_6, © Springer-Verlag Berlin Heidelberg 2013

6.1 Grundlagen aus der Mensch-Computer-Interaktion

Eine Virtuelle Umgebung für den Nutzer interaktiv zu gestalten bedeutet, ihm zu ermöglichen, mit dieser Umgebung unter Echtzeitbedingungen in Wechselwirkung treten zu können. Es geht also um einen Informationsaustausch zwischen dem menschlichen Nutzer und dem Computer, der die Virtuelle Umgebung steuert; sprich: um eine Kommunikation zwischen Mensch und Computer. Fachlich bezeichnet man dies als *Mensch-Computer-Interaktion* (*MCI*, engl. *Human-Computer Interaction, HCI*). MCI befasst sich mit dem Design, der Evaluierung und der Realisierung interaktiver computerbasierter Systeme und darüber hinausgehender Phänomene. Ein wesentlicher Aspekt ist dabei die benutzergerechte Gestaltung der Schnittstellen auf Basis von Erkenntnissen der Informatik, aber auch anderer Gebiete wie der Psychologie und Kognitionswissenschaft, der Arbeitswissenschaft, der Ergonomie, Soziologie und des Designs.

Ein wichtiges Konzept der MCI ist die *Usability*, die am treffendsten mit „Gebrauchstauglichkeit" übersetzt wird und nach ISO 9241 definiert wurde.

Usability ist das Ausmaß, in dem ein Produkt durch bestimmte Nutzer in einem bestimmten Nutzungskontext genutzt werden kann, um bestimmte Ziele effektiv, effizient und zufriedenstellend zu erreichen (Quelle: DIN EN ISO 9241,11: Software Ergonomie)

Aspekte der Usability umfassen Nützlichkeit, Effizienz (Aufwand im Verhältnis zum erreichten Ziel), Effektivität (Zielerreichung, Vermeidung von Fehlern), Erlernbarkeit bzw. Einarbeitungsaufwand sowie subjektive Zufriedenheit. Seit einiger Zeit betrachtet man in der MCI-Forschung die Interaktion mit einem technischen System auch in einem weiteren Kontext und berücksichtigt alle Erfahrungen, die eine Person bei der Nutzung eines interaktiven Produkts macht. Diese *Nutzererfahrung* (engl. *User Experience*) beinhaltet neben der klassischen Gebrauchstauglichkeit z. B. auch die Eleganz und Ästhetik der Schnittstelle oder die Freude bei der Benutzung (engl. *Joy of Use*).

Die Bedeutung guter Mensch-Computer-Interaktion liegt darin, dass dem Nutzer die Erfüllung der von ihm verfolgten Aufgaben durch das technische System bestmöglich gestattet wird. Dabei werden explizit Informationen zwischen Mensch und Computer ausgetauscht. Darüber hinaus gibt es jedoch auch Kontextwissen und Annahmen, die implizit Informationen für die Kommunikation mit dem Rechner bereitstellen. In der MCI nutzt man daher Metaphern und mentale Modelle, um dieses implizite Wissen zu unterstützen. Nach Preim und Dachselt (2010) ist eine *Metapher* ein sprachliches Bild, das zur Erklärung komplizierter Zusammenhänge genutzt wird. Man nutzt das Wissen aus einem bekannten Bereich, z. B. Wasserläufe in der Natur, um einen unbekannten Bereich, z. B. den Datenfluss in Computerprogrammen, zu erklären. Metaphern werden eingesetzt damit ein Nutzer sich eine Vorstellung des technischen Systems machen kann. Die Reaktion des Systems auf eine Aktion des Nutzers soll vorhersehbar oder zumindest erklärbar sein. Eine solche ausschnittshafte Abbildung eines Systems als gedankliche Vorstellung beim Nutzer bzw. als gedankliches Simulationsmodell, um Vorhersagen über das Systemverhalten zu treffen, wird auch *mentales Modell* genannt.

Während man bei klassischen Benutzungsschnittstellen auf Basis des *WIMP-(Windows, Icon, Menu, Pointer-) Paradigma* seit vielen Jahren etablierte Vorgehensweisen und Richtlinien zur Entwicklung effektiver MCI besitzt, existiert in der Virtuellen Realität nichts Vergleichbares. Daher ist man darauf angewiesen, für die jeweiligen Aufgaben der Nutzer Lösungsmöglichkeiten prototypisch zu entwickeln und diese auf ihre Eignung hin zu evaluieren. Der in der MCI gern gewählte Ansatz, hardwareunabhängige Benutzungsschnittstellen zu gestalten, indem die verfügbare Hardware auf ihre Funktion abstrahiert wird, z. B. als *Logical Input Devices* (Foley et al. 1993), trägt bei VR-Benutzungsschnittstellen nur begrenzt. Aufgrund der hohen Spannbreite an VR-Hardware und Wechselwirkungen der Aufgaben, die eine einzelne Hardware umfassen kann, ist eine derartige Abstraktion schwierig. Dennoch werden klassische Benutzungsschnittstellen oft als Ausgangspunkt für VR-Interaktion genommen. Dies kann sinnvoll sein, da Nutzer in der Regel schon bedeutende Kompetenzen mit klassischen Benutzungsschnittstellen erworben haben. Dies gilt auch für Entwickler, die sich bei der Realisierung von Interaktionstechniken in VR auf eigene, echte Erfahrungen im Umgang mit Computern stützen sollten (Winograd und Flores 1986).

Wichtig beim Entwurf der „besten" Interaktionstechnik ist die Überlegung, ob eine Technik möglichst natürlich sein soll oder auch magisch sein kann. Eine *natürliche 3D-Interaktion* in einer Virtuellen Umgebung versucht die aus der realen Welt bekannte Interaktion möglichst exakt zu simulieren. Der Nutzer bewegt sich z. B. durch echtes Laufen mit Schrittgeschwindigkeit durch eine virtuelle Stadt und kann nur Objekte in Reichweite der eigenen Arme manipulieren. Eine *magische 3D-Interaktion* erlaubt hingegen das Teleportieren zu einer beliebigen Position oder die Modifikation von Objekten, die weit entfernt sind durch beliebige Verlängerung der Arme. Folgt man dem Ansatz, dass eine Virtuelle Umgebung die Realität möglichst exakt widerspiegeln soll, ist man geneigt, die 3D-Interaktion eher natürlich zu gestalten. Eine magische 3D-Interaktion gestattet andererseits mehr Möglichkeiten und neue Funktionalitäten. Hier spielt der Nutzungskontext, die Nutzererfahrung und der Grad an Natürlichkeit eine Rolle (Bowman et al. 2004).

Selbst wenn man sich für einen hohen Grad an Natürlichkeit entscheidet, ist meist aufgrund einer vorhandenen technischen Zwischenschicht die Interaktion von Menschen mit virtuellen Objekten niemals wirklich so direkt wie mit realen Objekten. Man spricht bei Benutzungsschnittstellen von *direkter Manipulation*, wenn der Nutzer mit Eingabegeräten eine graphische Repräsentation eines Objekts modifizieren kann sowie unmittelbar und kontinuierlich sichtbares Feedback über seine Aktionen erhält (Shneiderman und Plaisant 2009). Direkte Manipulation ist ein Schlüsselkonzept bei der Gestaltung von Interaktionstechniken in VR.

6.2 Selektion

Selektion ist eine der wesentlichen Grundaufgaben bei der Interaktion eines Nutzers mit einer Virtuellen Welt.

> *Selektion* bedeutet, dass der Nutzer einen Punkt, eine Fläche oder ein Volumen in der Virtuellen Welt bestimmt (z. B. um dort ein Objekt einzufügen) oder eine für ihn semantisch bedeutsame Teilmenge dieser Welt auswählt (z. B. ein bestimmtes virtuelles Objekt oder Teilobjekt, um es zu bewegen).

Diese Aufgabe ist in einem 3D-Kontext erheblich schwieriger für den Nutzer durchzuführen als bei graphischen Benutzungsschnittstellen: Es gibt mehr Freiheitsgrade bei der Eingabe (besonders schwierig kann es sein, mit einem 2D-Eingabegerät eine Selektion im 3D-Raum durchzuführen), es gibt Verdeckungen, der Nutzer hat weniger Erfahrung mit spezifischen VR-Interaktionstechniken, es kann mehr von den Entwicklern unentdeckte Probleme im Bereich Usability geben, da die Benutzungsschnittstellen oft nicht so standardisiert oder ausgetestet wie im 2D-Fall sind. Um diese Schwierigkeiten zu mildern, kann man die Selektion auf eine Interaktionsfläche (parallel zur Bildebene oder räumlich auf eine 2D-Fläche in der Virtuellen Welt eingebettet) beschränken, was aufgrund der Ähnlichkeit zur gewohnten Computerbedienung oft sogar effektiv ist. Jedoch erlaubt VR auch, sich von traditionellen Interaktionstechniken zu lösen und dafür neue Interaktionstechniken einzuführen, die sich mehr an unseren alltäglichen realen Erfahrungen orientieren und sogar darüber hinausgehen.

Im ersten Unterabschnitt gehen wir auf Zeigegeräte, ihre Klassifizierung und die Zielführung genauer ein, da für die Selektion in VR häufig das Zeigen verwendet wird (und nicht z. B. das Benennen etwa durch Spracheingabe eines Namens oder Eintippen von Koordinaten des zu selektierenden Objekts). Bei der Gestaltung der entsprechenden Interaktionstechnik hat man prinzipiell die Wahl, ob man die Freiheitsgrade des Nutzers beschränken und ob man mit unterschiedlichen Modi arbeiten möchte. Diese Wahlmöglichkeiten sind Thema des zweiten Unterabschnitts. Der letzte Unterabschnitt schließlich enthält Beispiele von in der VR häufig eingesetzten Selektionstechniken.

6.2.1 Zeigen in Virtuellen Welten

Vielen Interaktionstechniken für Selektion ist gemeinsam, dass sie ein *Zeigegerät* benötigen, mit dem der Nutzer die Auswahl treffen kann. Dies kann sein Zeigefinger sein oder aber ein spezielles Eingabegerät wie eine 3D-Maus (vgl. Kap. 4). Mit diesem Zeigegerät muss der Nutzer das auszuwählende Ziel anvisieren und die Auswahl durchführen. Im VR-System sind entsprechende Algorithmen aus der Computergraphik zu implementieren, die aus der Eingabe des Nutzers die ausgewählte 3D-Entität identifizieren. Diese Aufgabe ist nicht trivial. Zum einen kann es notwendig sein, von einer 2D-Eingabe in den 3D-Raum zurück zu rechnen. Zum anderen ist zu bestimmen, welches Objekt an der errechneten 3D-Position zu finden ist. Diese Grundaufgabe, aus einer 2D-Interaktion des Nutzers mit dem Bild einer 3D-Szene auf die Selektion im abgebildeten 3D-Raum zu schließen, nennt man *Picking*. Eine einfache Lösung ist hierbei, ein Bild von der 3D-Szene zu erzeugen (welches aber dem Nutzer nicht gezeigt wird), bei dem jedes Objekt mit einer anderen Farbe dargestellt ist und keine Beleuchtungsrechnung durchgeführt wird. Man bestimmt den Pixel im Bild, auf das der Nutzer zeigt und ermittelt die Farbe des Pixels, wodurch ein Rückschluss auf das gewählte Objekt möglich ist („Color-Picking"). Erschwert werden kann das Picking prinzipiell dadurch, dass das VR-System nicht die vom Nutzer gewünschte Granularität bei der Auswahl durchführt, weil es semantische Mehrdeutigkeiten gibt (Beispiel: Der Nutzer zeigt auf den Kopf eines virtuellen Menschen – will er den ganzen Mensch auswählen, nur seinen Kopf oder gar einen Teil des Kopfes wie z. B. das linke Auge?).

Wesentlich ist, den Nutzer während des Selektionsprozesses durch ein visuelles Feedback zu unterstützen. Dies kann durch das Hervorheben des ausgewählten Objekts (bzw. Punkt, Fläche oder Volumen) oder in Form eines Zielpunktes (*Cursor*) realisiert werden. In VR ist der *3D-Cursor* das Pendant zum Mauszeiger der zweidimensionalen Desktop-Metapher und erlaubt das Zeigen auf ein virtuelles Objekt, auch wenn dieses weiter entfernt ist. Typischerweise werden dazu passende Eingabegeräte wie Flystick, 3D-Maus oder Zauberstab (engl. *Wand*) benutzt und deren reale Position und Orientierung auf die Werte des 3D-Cursors abgebildet. Davon abzugrenzen ist die Technik der *virtuellen Hand*, die eine direkte Berührung der zu selektierenden Objekte in der unmittelbaren Umgebung des Benutzers erlaubt. Dazu wird eine 3D-Repräsentation der Benutzerhand in der Virtuellen Welt eingesetzt, um Objekte auszuwählen. Die Selektion mittels einer virtuellen Hand ist eher eine natürliche Selektionstechnik während der Einsatz eines 3D-Cursors stärker in Richtung magischer Interaktionstechniken tendiert.

Die physischen Zeigegeräte der Mensch-Computer-Interaktion lassen sich in die Kategorien „direkt" und „indirekt" unterteilen. Mit direkten Zeigegeräten (z. B. einem Zeigestab) kann ein 3D-Cursor direkt positioniert werden (z. B. an die Spitze des Stabes). Direkte Zeigegeräte sind also in der Lage, absolute Koordinaten festzulegen. Die Bedienung fällt deshalb leicht, ist aber auf Dauer evtl. ermüdend oder ungenau. Dazu kann es vorkommen, dass der Nutzer bei der Bedienung für die Selektionsaufgabe relevante Teile der Virtuellen Welt mit seiner Hand oder seinem Arm verdeckt. Indirekte Zeigegeräte (z. B. eine Maus) können diese Nachteile mindern. Sie verändern die Position eines Cursors durch Richtungsvektoren, d. h. dessen Position wird relativ zur vorherigen Position ermittelt. Indirekte Zeigegeräte erfordern dafür aber eine Einarbeitungszeit, da ein Training der Hand-Auge-Koordination beim Nutzer erforderlich ist. Dabei ist die Aufmerksamkeit des Nutzers immer nur auf einen Teilbereich des Gesamtraums beschränkt, dem *Fokus*. Die Aktivitäten zur Interaktion finden hingegen in einem anderen Teilbereich statt, den wir im Folgenden in Anlehnung an Benford und Fahlen (1993) *Nimbus* nennen. Bei direkten Zeigegeräten stimmen beide Bereiche überein und die Hand-Auge-Koordination ist deswegen einfach. Bei indirekten Zeigegeräten kann jedoch die Schnittmenge beider Bereiche leer sein. Wird die Aktivität im Nimbus gestört, oder führt sie nicht zum gewünschten Ergebnis, dann wird die Aufmerksamkeit abgelenkt und auf das Gerät selbst gerichtet. Der Fokus des Nutzers liegt dann nicht mehr auf der eigentlichen Aufgabe, sondern wendet sich dem Interaktionsgerät zu. Ein alltägliches Beispiel hierfür ist die Maus, die beim Bedienen an ein physisches Hindernis stößt und vom Nutzer neu angesetzt werden muss. Dies ist auch ein gutes Beispiel für ein Phänomen, das in der philosophischen Betrachtung der MCI von Winograd und Flores (1986) formuliert wurde, nämlich, dass wir grundlegende Technologien und Gerätschaften erst dann bewusst wahrnehmen, wenn sie ihren Dienst verweigern.

Bei der Selektion in Virtuellen Umgebungen lassen sich noch nahe und entfernte (engl. *local* und *remote*) Interaktionstechniken unterscheiden. Die nahe Interaktion ermöglicht dem Nutzer auf Grund seiner vorhandenen, alltäglichen Erfahrungen eine schnelle Orientierung, was oft zielführend sein kann. In VR-Systemen lassen sich aber auch Interaktionen über eine virtuelle Distanz realisieren, die normalerweise außerhalb der menschlichen Reichweite läge (als Spezialfälle von magischen 3D-Interaktionen). Bei der Gestaltung dieser Interaktionen auf Distanz kommt es nun hauptsächlich auf ihre Handhabbarkeit an bzw. auf die Treffsicherheit, die man als Anwender damit erzielen kann. Treffsicherheit bei der Selektion von Zielen in Verbindung mit der dafür benötigten Zeit und der Größe des Ziels konnten in der MCI in der Form von *Fitts' Gesetz* in Zusammenhang gebracht werden. Auch wenn es hauptsächlich in der Bewertung traditioneller graphischer 2D-Benutzungsschnittstellen Anwendung findet, so gibt es auch Hinweise für den 3D-Kontext. Das Gesetz von Fitts besagt, dass man umso länger für die Selektion benötigt, je kleiner das Ziel ist und je weiter es von der aktuellen Cursor-Position entfernt ist, wobei für die mathematische Modellierung dieses Zusammenhangs auf eine Logarithmusfunktion zurück gegriffen wird.

6.2.2 Interaktionsgestaltung

Um die Interaktion in Virtuellen Umgebungen zu kontrollieren, bedarf es Eingabegeräte, welche die erforderlichen Freiheitsgrade abdecken. Bei dreidimensionalen Umgebungen sind dies grundsätzlich sechs Freiheitsgrade: drei für die Positionierung entlang der x-Achse, y-Achse und z-Achse sowie drei weitere Freiheitsgrade für die Rotation um diese Achsen. Man kann jedoch in vielen Fällen auch mit weniger Freiheitsgraden auskommen. So sind beispielsweise zum Anvisieren eines beliebigen Punktes B von einem beliebigem Punkt A nicht alle sechs Freiheitsgrade erforderlich (da z. B. die gedachte Verbindungslinie von A nach B um sich selbst rotiert werden kann, ohne dass sich das anvisierte Ziel ändert, ist diese Rotationsachse nicht erheblich). Auch kann es wünschenswert sein, die Anzahl der Freiheitsgrade in einer Interaktion durch Einführung von Beschränkungen (engl. *Constraints*) bewusst zu limitieren, beispielsweise um bei der Verschiebung eines 3D-Cursors nicht auch versehentlich seine Orientierung zu ändern.

Das Midas Touch Problem

Man könnte auf die Idee kommen, die Selektion, gerade auch über größere Entfernungen, mit den Augen vollziehen zu wollen; immerhin kann man weiter schauen als greifen und sehr schnell fokussieren. Es hat sich allerdings herausgestellt, dass eine generelle Selektion nur mit den Augen für den Nutzer nicht komfortabel zu realisieren ist. Denn wenn nun ein VR-System versuchte, diesen Blicken Bedeutung beizumessen, indem es sie fortlaufend zur Selektion von virtuellen Objekten deutet, so könnte der Nutzer nirgendwo hinblicken, ohne dass er unbeabsichtigt etwas selektiert. Dies ist das klassische *Midas Touch Problem* (Jacob 1990). Der Namensgeber für dieses Problem entstammt der Mythologie. König Midas von Phrygien hatte der Sage nach die vermeintliche Gabe, alles in Gold verwandeln zu können, was er berührte. Dies erwies sich jedoch bei der Nahrungsaufnahme als hinderlich, auch verwandelte er angeblich seine Tochter versehentlich in Gold. Zur Umgehung des Problems kann man mit Modi arbeiten – dem Modus „System reagiert auf Blicke" und dem Modus „System reagiert nicht auf Blicke".

Das Midas Touch Problem zeigt, dass in der Gestaltung einiger Interaktionstechniken für die Selektion verschiedene Modi unterschieden werden sollten. Dies kann allerdings die Bedienung komplexer machen. Der Nutzer hat – basierend auf seinen eigenen vorherigen Erfahrungen – oft gewisse Erwartungen an die Bedienung eines Systems. Entspricht die Bedienung seinen Erwartungen bzw. den allgemeinen Konventionen, so ist das System *erwartungskonform*. Tut es das nicht, so ist der Nutzer meist desorientiert, weil er ungewollt Aktionen ausgelöst hat oder gewollte Aktionen nicht auslösen kann. Gibt es mehrere Modi, kann der Nutzer versehentlich das System in einen anderen Modus versetzen oder bekommt eine Änderung des Modus nicht mit, was zu Verwirrung führt. Bei Problemen dieser Art spricht man von sogenannten Modusfehlern. Sie sind keine Fehler im traditionellen softwaretechnischen Sinne, sondern Fehler in der Interaktionsgestaltung. Sie erfordern andere Maßnahmen zum Aufdecken und Beheben als das übliche Debugging von Software. Beim Design von Interaktion versucht man daher den Einsatz von Modi einzuschränken. Einige Designer schlagen vor, dass Modi aus Benutzungsschnittstellen grundsätzlich zu entfernen sind und nur bei Bedarf auf temporär und wissentlich vom Nutzer aktivierte *Quasimodes* zurückgegriffen wird (Raskin 2000). Interaktionsgestalter im VR-Bereich sind für diese und ähnliche Probleme zu sensibilisieren, z. B. über die Frustration des Nutzers, wenn diesem unklar ist, was nicht selektierbar ist und er dies erst durch erfolgloses Ausprobieren herausfinden muss. Belotti et al. (2002) formulierten zu diesem Zweck fünf Fragen, die man sich als Gestalter interaktiver Systeme stellen soll: 1.) Wenn ich das System anspreche, wie weiß das System, dass ich es anspreche?, 2.) Wenn ich das System anspreche, wie weiß ich, dass es mir zuhört?, 3.) Wenn ich ein Kommando gebe, woher weiß das System, worauf es sich bezieht?, 4.) Wie weiß ich, dass das System mich versteht und die von mir gewollte Aktion ausführt?, 5.) Wie kann ich einen Fehler korrigieren?

6.2.3 Beispiele für Selektionstechniken

Betrachten wir im Folgenden einige Beispiele für Selektionstechniken: Ray-Casting, die Flashlight-Technik, die Go-Go-Technik, die HOMER-Technik, die Bildebenen-Technik, sowie die World-In-Miniature-Technik.

Beim *Ray-Casting* werden Objekte anhand eines Strahls ausgewählt, der vom 3D-Cursor in die Umgebung zeigt. Position und Ausrichtung des Strahls werden vom Nutzer kontrolliert, wobei Freiheitsgrade bei der Kontrolle bewusst durch das Setzen von Constraints beschränkt werden können. Alle Objekte, die vom Strahl geschnitten werden, sind Kandidaten für die Selektion. Bei mehr als einem Kandidaten, wird das dem Nutzer am nächsten liegende Objekt ausgewählt. Die handhabbare Genauigkeit von Ray-Casting nimmt mit zunehmender Entfernung ab, weil der an der virtuellen Hand einzustellende Winkel dabei immer kleiner wird und eventuell unter die zu erreichende Auflösung der Eingabemethode sinkt. Ray-Casting gilt als wichtigste und effektivste Selektionstechnik. Für längere Entfernung ist es jedoch weniger geeignet.

Eine Abwandlung des Ray-Casting ist die *Flashlight-Technik*. Hierbei wird anstatt eines Strahls ein Kegel projiziert, der dem einer Taschenlampe ähnelt. Auch hier werden alle Objekte, welche die Geometrie schneiden, als Kandidaten gesammelt. Als zusätzliches Auswahlkriterium wird aber noch die Entfernung vom Zentrum des Kegels zurate gezogen.

Möglicherweise inspiriert von der Fernsehserie „Inspektor Gadget“, erlaubt die *Go-Go-Technik* die stufenlose Verlängerung eines virtuellen Arms, an dem eine virtuelle Hand geknüpft ist. Sie gestattet somit, die Hand an den Ort des Interesses zu verschieben. Innerhalb der normalen Interaktionsdistanz von ca. 50 cm verhält sich die virtuelle Hand dabei analog zur realen Hand, d. h. die Bewegung verläuft linear skaliert. Außerhalb dieser Distanz wird die Bewegung der realen Hand durch eine i. d. R. nicht-lineare Skalierung so auf die Bewegung der virtuellen Hand abgebildet, dass mit steigender Entfernung vom Nutzer immer größere Entfernungen mit der gleichen Handbewegung überbrückt werden. Mit Hilfe der Go-Go-Technik lassen sich Objekte sehr gut verschieben. Ähnlich wie beim Ray-Casting ist sie jedoch aufgrund der Winkelabhängigkeit nur bedingt zur Auswahl in der Ferne gedacht.

Bei der *HOMER-Technik* steht HOMER für „Hand-centered Object Manipulation Extending Ray-casting“. Auch bei HOMER wird ein Strahl aus der momentanen Hand-Position extrapoliert. Trifft der Strahl auf ein Objekt, wird dieses jedoch nicht als Endpunkt des Strahls manipuliert, sondern die virtuelle Hand wird an die Position des Objekts verschoben. Hierdurch löst sich die Abhängigkeit von der Winkelgenauigkeit und feinere Manipulationen des Zielobjekts sind möglich.

Bei der *Bildebenen-Technik* werden virtuelle Bildebenen verwendet, auf denen der Nutzer, ähnlich wie mit einem Mauszeiger, seine Auswahl trifft. Die Objekte hinter der Bildebene werden auf sie projiziert, genauso wie sie auch auf die Bildschirmebene projiziert werden. Die Distanz zwischen Nutzer und Bildebene wird zur Interaktion verringert. Der Nutzer steuert mit seinem Zeigegerät nun einen 2D-Cursor auf dieser virtuellen Ebene in seiner Reichweite, um die dahinterliegenden Objekte in der Szene anhand ihrer Projektion auszuwählen. Weil der Nutzer hierbei nur zwei Freiheitsgrade kontrollieren muss und die Metapher bekannt ist, erlaubt diese Technik eine einfachere Kontrolle bei der Selektion.

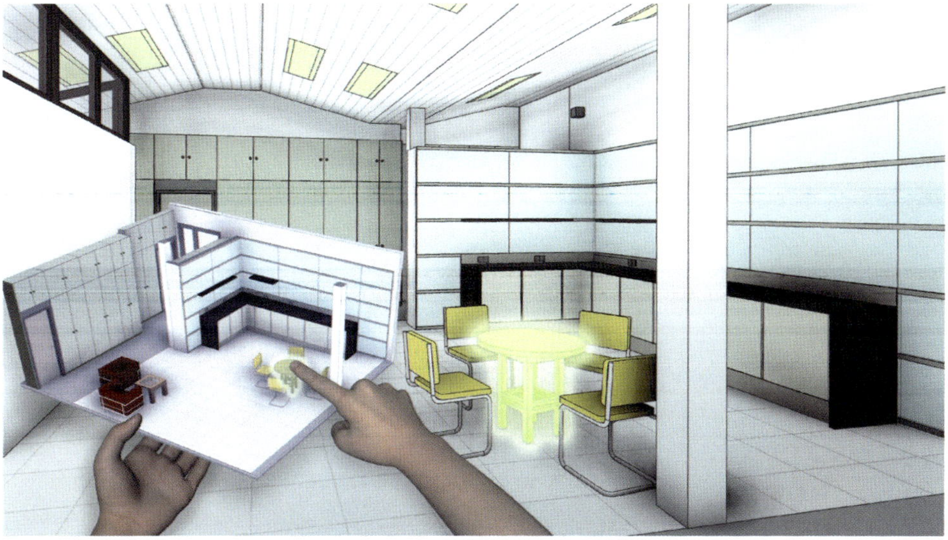

Abb. 6.1 Beispiel für die Selektion auch von entfernt liegenden Objekten durch eine World-In-Miniature. Mit dieser Technik kann man Objekte auch dann auswählen, wenn sie nicht im Sichtfeld liegen.

Ein alternativer Ansatz zur Veränderung der Reichweite des Nutzers ist die *World-In-Miniature (WIM)* Technik. Dabei wird die komplette Virtuelle Umgebung so sehr herunterskaliert, dass sie als Miniaturmodell in das Sichtfeld des Nutzers passt. Der Nutzer kann nun im Modell seine Interaktionsziele selektieren. Da der Nutzer bei dieser Technik seine eigene, egozentrische Perspektive innerhalb der Umgebung verlässt, spricht man hierbei auch von einer *exozentrischen* Technik. Ein Beispiel für WIM ist in Abb. 6.1 gezeigt. Im Gegensatz dazu sind Techniken wie Ray-Casting oder die Flashlight-Technik *egozentrische* Techniken. Es gibt auch Mischformen zwischen egozentrischen und exozentrischen Techniken, diese werden als *tethered* bezeichnet.

6.3 Manipulation von Objekten

Nachdem per Selektion ein geeignetes Objekt ausgewählt wurde, können nun per Manipulation dessen Eigenschaften verändert werden. Selektions- und Manipulationstechniken sollten für den Entwurf einer konkreten VR-Interaktion nicht isoliert betrachtet werden, sondern sind aufeinander abzustimmen.

Manipulation von Objekten in einer Virtuellen Welt definieren wir als interaktive Änderung von den das Objekt charakterisierenden Objektparametern, wie z. B. dessen Ort, dessen Orientierung im Raum, dessen Größe, dessen Form, dessen Gewicht, dessen Geschwindigkeit oder dessen Erscheinung (engl. *Appearance*) bestimmt durch Objektparameter wie Farbe oder Textur.

Manipulationen von virtuellen Objekten müssen keine direkte Entsprechung in der realen Welt haben. So lassen sich z. B. virtuelle Objekte als Manipulation etwa einer beliebigen affinen Abbildung (z. B. Scherung oder Skalierung) unterziehen. Zur Umsetzung der Manipulation können Entwickler entsprechend auf eine weite Bandbreite an Techniken zurückgreifen, die das komplette Spektrum von realistischen, an den Alltagserfahrungen des Nutzers orientierten, Interaktionen bis hin zu magischen Techniken abdecken, welche nur in einer Virtuellen Umgebung realisierbar sind. Die Auswahl einer geeigneten Manipulationstechnik sollte daher von den Entwicklern im Hinblick auf die gewünschte Funktionalität und das einer Anwendung zugrundeliegende Konzept getroffen werden.

So ist beispielsweise bei Simulationen und Trainingsanwendungen oft eine Anlehnung an die Realität wünschenswert, welche auch durch eine realitätsbezogene Interaktionstechnik unterstützt wird. Dies bedeutet, dass sich die virtuellen Objekte möglichst wie reale Objekte verhalten und sich entsprechend die Manipulations-Aktionen des Nutzers auch an den entsprechenden Aktionen in einer realen Umgebung orientieren sollten. Steht hingegen die einfache Interaktion mit den präsentierten Inhalten im Vordergrund, etwa bei Visualisierungs- und Unterhaltungsanwendungen, kann darüber hinaus auf Interaktionstechniken zurückgegriffen werden, die mit realen Objekten nicht möglich sind, z. B. die Manipulation von Objekten, die sich außerhalb der Reichweite des Nutzers befinden.

Die Manipulation von entfernten Objekten hat großes Potential, die Effektivität einer Benutzungsschnittstelle zu verbessern, da sie den zielführenden Teil einer Interaktion (z. B. Änderung der räumlichen Orientierung eines Objektes) von den in einer realen Umgebung unerlässlichen Vorbereitungsaktionen (z. B. Positionierung des Nutzers in Greifreichweite zum Objekt) entkoppelt. Im Idealfall kann ein Nutzer dann seine Aktionen auf den zielführenden Teil einer Interaktion beschränken. Es sind eine Vielzahl von Manipulationstechniken vorgeschlagen und entwickelt worden, die versuchen, diesen potentiellen Vorteil der Interaktion auf Distanz in Virtuellen Umgebungen zu realisieren. Da diese Techniken aber nicht direkt auf der Alltagserfahrung der Nutzer basieren, müssen sie typischerweise erlernt werden. Dabei hat sich oft auch die fehlende Haptik als problematisch erwiesen (De Boeck et al. 2005). Im Entwicklungsprozess sind daher die Aspekte der intuitiven Benutzbarkeit und der effektiven Interaktion abzuwägen.

Ähnlich wie schon bei Selektionstechniken, können bei Manipulationstechniken eine egozentrische und eine exozentrische Interaktion unterschieden werden. Bei der egozentrischen Manipulation ist der Nutzer konzeptionell Teil der Virtuellen Umgebung, die Wahrnehmung erfolgt in der Ich-Form (erste Person). Diese egozentrische Perspektive auf Inhalte und Interaktion ist insbesondere zielführend, wenn der Nutzer sich möglichst präsent in der VR fühlen soll. Die Interaktion mit Zeigegesten erweitert die Manipulation darüber hinaus auf weiter entfernt liegende Objekte (engl. *Action at a Distance*). In der Literatur findet sich eine Vielzahl von auf Zeigegesten basierenden Interaktionstechniken zur Manipulation entfernter Objekte. Interaktionstechniken, die auf einer virtuellen Hand bzw. auf Zeigegesten basieren, zeichnen sich dadurch aus, dass sie generisch auf beliebige Inhalte anwendbar sind. Ergänzend hat sich für spezifische Anwendungen (z. B. in Simulationen und Trainingsanwendungen) auch die Nutzung von speziellen Eingabegeräten etabliert, die als „Werkzeuge" eine spezielle Interaktionsaufgabe unterstützen (z. B. Cubic-Mouse).

Bei der exozentrischen Manipulation steht der Nutzer konzeptionell außerhalb der Virtuellen Umgebung. Die Wahrnehmung der Inhalte erfolgt „von außen" und wird im Englischen auch als „God's Eye View" bezeichnet. Diese exozentrische Perspektive auf Inhalte und Interaktion ist insbesondere zielführend, wenn eine einfache Interaktion mit komplexen räumlichen Inhalten im Vordergrund steht, etwa bei Anwendungen im Bereich Visualisierung. Typische Beispiele sind die bereits im Rahmen der Selektion schon angesprochenen World-In-Miniature (WIM-) Techniken. Zusammenfassend sollen an dieser Stelle kurz einige häufig verwendete Techniken präsentiert werden.

Arcball: Die Arcball-Technik ist ein Beispiel für eine Manipulationstechnik, die nicht der Manipulation beliebiger Objektparameter dient, sondern nur der Orientierung des Objekts. Dabei wird das zu manipulierende Objekt konzeptionell in eine Kugel eingehüllt und Interaktionen des Nutzers werden auf Rotationen dieser Kugel um deren Mittelpunkt übertragen, was wiederum in eine neue Orientierung des Objekts im Raum umgesetzt wird. Dabei kann auch eine 2D-Interaktion auf die Rotation der Kugel abgebildet werden. Eine derartige Beschränkung auf zwei Freiheitsgrade kann von Nutzern als hilfreich empfunden werden.

Virtuelle Hand: Der Nutzer interagiert mit virtuellen Objekten in einer Form, die sich an der Interaktion mit realen Objekten orientiert. Da die Interaktion auf der Alltagserfahrung basiert, sind solche Techniken einfach zu erlernen und erscheinen dem Nutzer „natürlich". Man bezeichnet Benutzungsschnittstellen, die sich derartiger direkter Interaktion wie z. B. Antippen oder Wischen bedienen, als *Natural User Interfaces*. Hier muss nicht die Bedienung künstlicher Eingabegeräte wie z. B. der Maus erst erlernt werden. Sie sind insbesondere für Anwendungen geeignet, in denen ein hoher Grad an Realismus erwünscht ist. Allerdings unterliegen solche Techniken auch zahlreichen Einschränkungen, da der Nutzer nur Objekte in seiner direkten Greifreichweite manipulieren kann. Im Gegensatz zum 3D-Cursor können mit der virtuellen Hand mit den Fingern Gesten ausgeführt werden, die auf die Manipulation von Objektparametern abzubilden sind. Diese Abbildung muss vom Nutzer gelernt werden. Ein Beispiel ist die *Pinch*-Geste, das Aufeinanderzuführen von Daumen und Zeigefinger, das z. B. auf den Objektparameter Größe abgebildet werden kann.

Zeigegesten: Auf Zeigegesten basierende Techniken sind geeignet nicht nur um entfernte Objekte auszuwählen, sondern auch um sie zu manipulieren. Dazu wird die Zeigegeste typischerweise als Zeigestrahl (vgl. Ray Casting) oder als Zeigekegel (vgl. Flashlight-Technik) interpretiert. Da Zeigegesten in der Alltagserfahrung oft im Diskurs genutzt werden um Objekte auszuwählen, sind sie für viele Nutzer eine intuitive Möglichkeit zur Objektauswahl. Die Erweiterung von der Auswahl zur Manipulation ist dann einfach erlernbar. Allerdings ist eine direkte Übertragung von Gesten auf die Manipulation oft schwierig. Die naheliegende Option den Zeigestrahl als „Hebel" zur Manipulation zu nutzen macht eine präzise Positionierung und Orientierung schwierig.

Übertragung der Handbewegungen: Eine einfache Möglichkeit, die Präzision zu erhöhen, ist es, die Auswahl zunächst über eine Zeigegeste zu realisieren, und für die darauf folgende Manipulation die Bewegungen der Hand des Nutzer so zu interpretieren, als ob er das Objekt gegriffen hätte. Konzeptionell kann dies entweder so geschehen, dass sich das Objekt in die Hand des Nutzers bewegt, manipuliert wird und nach Abschluss der Interaktion an seinen Ausgangspunkt zurückkehrt oder dass der Nutzer an den Ort des ausgewählten Objektes „teleportiert" wird und dort dann mit den Techniken der virtuellen Hand das Objekt manipulieren kann.

Voodoo-Dolls: Ein weiteres Beispiel für eine exozentrische Technik ist Vodoo-Dolls. Sie basiert ähnlich wie die WIM-Technik auf Skalierung. Allerdings wird in diesem Fall nicht die gesamte Umgebung skaliert, sondern nur ausgewählte Objekte. Der Nutzer kann mit skalierten Kopien ausgewählter Objekte interagieren. Im Gegensatz zu WIM oder auch Techniken, die direkt Bewegungen der Hand übertragen, kann durch die Skalierung gewährleistet werden, dass der Nutzer effektiv Objekte unterschiedlicher Größe manipulieren kann.

6.4 Navigation

Navigation ist für uns eine fundamentale und oft herausfordernde Aufgabe wie jeder feststellt, der auf einer Reise in einer unbekannten Stadt eine Tankstelle sucht und kein Navigationssystem bei sich hat.

> *Navigation* in der realen Welt lässt sich definieren als das Zurechtfinden in einem Raum durch die Ermittlung der Position und Berechnung einer Route, um einen gewünschten Ort zu erreichen sowie die notwendigen Aktivitäten, das gewählte Ziel zu erreichen.

In der MCI ist die Navigation ebenfalls eine wichtige Nutzeraufgabe: Wir bewegen uns auf Webseiten, in komplexen Textdokumenten oder Tabellen und wandern durch Computerspielwelten. In der virtuellen 3D-Welt ist die Navigation eine universelle Interaktionsaufgabe und von zentraler Bedeutung. Die notwendige Eigenschaft der Immersion in Virtuellen Welten erfordert es dabei auch, dass der Nutzer sich möglichst einfach in der Welt umher bewegen kann. Dabei unterscheiden wir zwei Teilbereiche, *Wegfindung* und *Bewegungskontrolle.*

> Die *Wegfindung* (engl. *Wayfinding*) ist die kognitive Komponente der Navigation und betrachtet auf höherer Abstraktionsebene Analyse, Planung und Entscheidung über Wege in der Virtuellen Umgebung. Dies erfordert räumliches Wissen über die Umgebung, Techniken zur Planung und Entscheidung von Routen und die Nutzung passender Hilfsmittel wie Landmarken, Hinweisschilder oder Karten.

Ziel der Wegfindung ist es stets, eine *kognitive Karte* der Virtuellen Welt zu generieren, also eine vereinfachte mentale Repräsentation des virtuellen Raumes. Der Prozess der Wegfindung läuft meist unbewusst ab und die resultierende kognitive Karte kann bei jedem Nutzer unterschiedlich sein. Es ist daher schwierig, eine zielgerichtete computerbasierte Unterstützung zu entwickeln, damit der Nutzer das notwendige räumliche Wissen erwerben kann. Dieses Wissen unterscheidet man in drei Arten. Das *Landmarkenwissen* beinhaltet das Wissen über hervorstechende, oft einmalige Bezugspunkte im Raum (Landmarken), die sich besser merken lassen als andere Punkte und für die Lokalisation dieser genutzt werden können. Landmarken lassen sich umso besser merken, je länger man sich in der virtuellen Welt befindet und sind dann ein wichtiges Werkzeug für die Entwicklung der kognitiven Karte. In Virtuellen Welten kann man auf einfache Weise Landmarken integrieren, die sich jedoch deutlich von anderen Objekten der Umgebung unterscheiden müssen und an geeigneter Stelle positioniert sein sollten.

Das *Routenwissen* wird auch *prozedurales Wissen* genannt und beschreibt das Wissen über Folgen von Szenepunkten und welche Aktionen notwendig sind, um dieser Route zu folgen. Routenwissen ist also ein handlungsgesteuertes Konzept und benötigt nicht unbedingt umfangreiche visuelle Informationen. In einer Virtuellen Umgebung können Hilfsmittel wie ein digitaler Kompass, Hinweisschilder oder Wegmarkierungen den Erwerb von Routenwissen unterstützen.

Wissen über die topologischen Eigenschaften der Umgebung wird auch als *Übersichtswissen* bezeichnet. Dieses Wissen ist qualitativ das umfangreichste der betrachteten Typen und der Erwerb braucht normalerweise am längsten. Oft wird vorhandenes Landmarken- und Routenwissen verwendet, um eine Übersicht der Virtuellen Umgebung zu erhalten. So nutzt man z. B. verschiedene Wege und unterschiedliche Bezugspunkte, um durch eine umfangreiche kognitive Karte einen Überblick der Virtuellen Welt zu gewinnen. Unterstützt wird dieser Wissenserwerb durch interaktive Übersichtskarten oder die World-in-Miniature-Technik, die in Abschn. 6.2.3 bereits beschrieben wurde.

Bei der Wegfindung in Virtuellen Umgebungen konzentriert man sich meist darauf, die Fähigkeiten des Nutzers durch die technischen Parameter des Systems zu unterstützen. Der Sichtbereich (engl. *Field of View*), Tiefen- und Bewegungshinweise (vgl. Kap. 2) und multimodale Ein-/Ausgabetechniken, die unterschiedliche Sinne ansprechen, können den Nutzer bei der Generierung einer mentalen Karte der Umgebung unterstützen.

Die *Bewegungskontrolle* (engl. *Travelling*) ist die motorische Komponente der Navigation, d. h. man betrachtet nur die grundlegenden Aktionen, die benötigt werden, damit Position und Orientierung des virtuellen Kameraausschnitts passend verändert werden.

Interaktionstechniken für die Bewegungskontrolle gelten als besonders wichtig, da fast jede Virtuelle Umgebung es dem Nutzer erlauben muss, sich in der Welt fortzubewegen oder sich zumindest darin umzuschauen. Die Bewegung des Nutzers ist zudem eine notwendige

Voraussetzung für andere grundlegende 3D-Interaktionstechniken wie Manipulation oder Systemkontrolle. Ohne zu einer bestimmten Stelle in der Virtuellen Welt zu gelangen, kann der Held in einem Computerspiel nicht die Schatzkiste öffnen und der Ingenieur kann den Motorraum des neuen Elektrofahrzeugs nicht virtuell betrachten. Bowman et al. (2004) definiert drei Aufgaben für die Bewegungskontrolle: Exploration, Suche und Manövrieren.

- Bei der *Exploration* besitzt der Nutzer kein konkretes Ziel, sondern erkundet untersuchend die Virtuelle Umgebung. Dies wird besonders in Architekturvisualisierungen, 3D-Computerspielen und in der Informationsvisualisierung eingesetzt. Typischerweise tritt diese Aufgabe oft zu Beginn einer Nutzung auf, wenn eine erste Orientierung notwendig ist. Dabei ist eine direkte Kontrolle der virtuellen Kamera hilfreich, um interaktiv die Umgebung zu erkunden.
- Bei *Suchaufgaben* hat der Nutzer das Ziel, zu einer definierten Position zu gelangen. Ohne zusätzliche Informationen nennt man diese Form „Naive Suche" ansonsten bezeichnet man diese zielgerichtete Suche als „Vorbereitete Suche".
- Beim *Manövrieren* geht es um die Ermittlung einer exakten Position in der direkten Nähe des Nutzers. Manövrieren ist eine Interaktionsaufgabe, die oft zwischen zwei anderen Aufgaben gelöst werden muss. So wird man sich beim Lesen eines Hinweisschilds in einer Virtuellen Umgebung zunächst der Position grob nähern bevor man sich dort exakt ausrichtet. Anschließend kann eine weitere Aufgabe gelöst werden, z. B. die Manipulation eines Objekts auf Basis der auf dem Schild dargestellten Anweisungen.

Wir betrachten in den folgenden vier Unterabschnitten exemplarisch einige Interaktionstechniken zur Bewegungskontrolle in Virtuellen Umgebungen. Der letzte Unterabschnitt beleuchtet Entwurfsempfehlungen für Navigationstechniken.

6.4.1 Steuerungstechniken zur Bewegungskontrolle

Viele VR-Systeme verwenden virtuelle Steuerungstechniken, bei denen die virtuelle Kamera durch die Angabe eines Richtungsvektors kontrolliert wird. Etablierte 3D-Eingabengeräte wie Flystick oder Wand sind besonders gut für die handbasierte Steuerung geeignet, da ihre 3D-Position und Orientierung im Raum effizient von einem Tracking-System erkannt wird. Der Nutzer startet die Bewegung der virtuellen Kamera durch das Eingabegerät, das er in der Hand hält und nutzt oft eine Vehikel-Metapher bei dieser Bewegungsart. Dies bedeutet, dass eine Fortbewegung in der Virtuellen Welt durch ein Gerät wie Fahr- oder Flugzeug erklärt wird, das der Nutzer steuert. Handbasierte Techniken sind einfach zu realisieren, besitzen aber den Nachteil, dass eine Hand für die Bewegungskontrolle genutzt werden muss und so gebunden ist.

Die *blickgerichtete Steuerung* ist das Basisprinzip vieler Ego-Shooter und anderer 3D-Computerspiele. Der Spieler rotiert seinen virtuellen Avatar in der Ego-Perspektive mit einem Eingabegerät in eine bestimmte Richtung und bewegt sich anschließend in diese

Richtung mit einer bestimmten Geschwindigkeit vorwärts. Bei Desktop-Systemen wird dieser Richtungsvektor als Strahl von der virtuellen Kamera durch die Bildschirmmitte bestimmt und normalisiert. Der Nutzer bzw. die virtuelle Kamera in der Egoperspektive wird dann solange entlang dieses Vektors verschoben bis der Nutzer anhält bzw. die Richtung wieder ändert. Bewegt man die virtuelle Kamera orthogonal zur Blickrichtung, so erhält man die aus Computerspielen bekannte Bewegungstechnik „*Strafe*" (eigentlich „beschießen"), bei der man sich seitlich aus einem Versteck bewegt, um den Gegner zu bekämpfen. In einer immersiven Umgebung mit Nutzer-Tracking kann die Bestimmung des Blickvektors durch Kopf-Tracker oder Gesichtserkennung direkt vom Nutzer ermittelt werden. Die blickgesteuerte Steuerung ist sehr natürlich und einfach vom Nutzer anzuwenden, hat aber den Nachteil, dass man nur in die Richtung gehen kann, in die man schaut.

Eine Entkopplung von Blickvektor und Bewegungsrichtung erhält man, indem man den Körper oder die Hand zur Richtungsbestimmung verwendet. Letzteres ist auch die Grundlage der „*Camera-in-Hand*"*-Technik*, bei der man ein physikalisches Objekt mit entsprechender Sensorik ausstattet, das als exakte Referenz für die virtuelle Kamera dient. Ein Nachteil ist dabei jedoch, dass die Bewegung der Kamera mit der Hand für eine egozentrische Kameraperspektive gewöhnungsbedürftig ist.

Steuerungstechniken sind im Allgemeinen einfach zu realisieren und in der VR etabliert. Da die Bewegung in der Virtuellen Welt jedoch vom Nutzer nur visuell wahrgenommen wird, steht dies im Widerspruch zu den verschiedenen Körperwahrnehmungen wie Gleichgewichtssinn und Propriozeption (Wahrnehmung der Eigenbewegung), da der Nutzer sich nicht selbst bewegt. Der Einsatz bestimmter Metaphern wie „Fahren" oder „Fliegen" in der Benutzungsschnittstelle kann die widersprüchlichen Eindrücke nur zum Teil relativieren.

6.4.2 Walking als Technik zur Bewegungskontrolle

Die naheliegende Technik für die Bewegungskontrolle ist das physikalische Laufen (engl. *Walking*). Vorteile dieser natürlichen Technik sind die vestibularen Bewegungshinweise, die das Gleichgewichtsorgan des Menschen bei echter Bewegung liefert. Da viele VR-Systeme jedoch nicht über den notwendigen großen Interaktionsraum verfügen, müssen alternative Abbildungen der realen Benutzerbewegung auf die virtuelle Kameraposition gefunden werden. Ein einfacher Ansatz ist die Skalierung einer kleinen Nutzerbewegung auf große virtuelle Änderungen, jedoch erhält man dann auch recht starke Schwankungen bei kleinen Veränderungen durch Ungenauigkeiten beim Tracking. Ein anderer Ansatz ist unter dem Begriff „*Walking in Place*" bekannt geworden (vgl. Abb. 6.2). Der Nutzer bewegt sich dabei auf der Stelle und wird durch ein geeignetes Tracking-System verfolgt.

Studien haben ergeben, dass Walking in Place das Präsenzgefühl im Vergleich zu einer rein virtuellen Technik ohne Körperbewegung erhöht. Die reale Bewegung im Raum bietet jedoch eine nochmals höhere Präsenz (Usoh et al. 1999), wobei die Gefahr einer erhöhten Cybersickness (vgl. Kap. 2.4.7) in Kauf genommen werden muss (Suma et al. 2009).

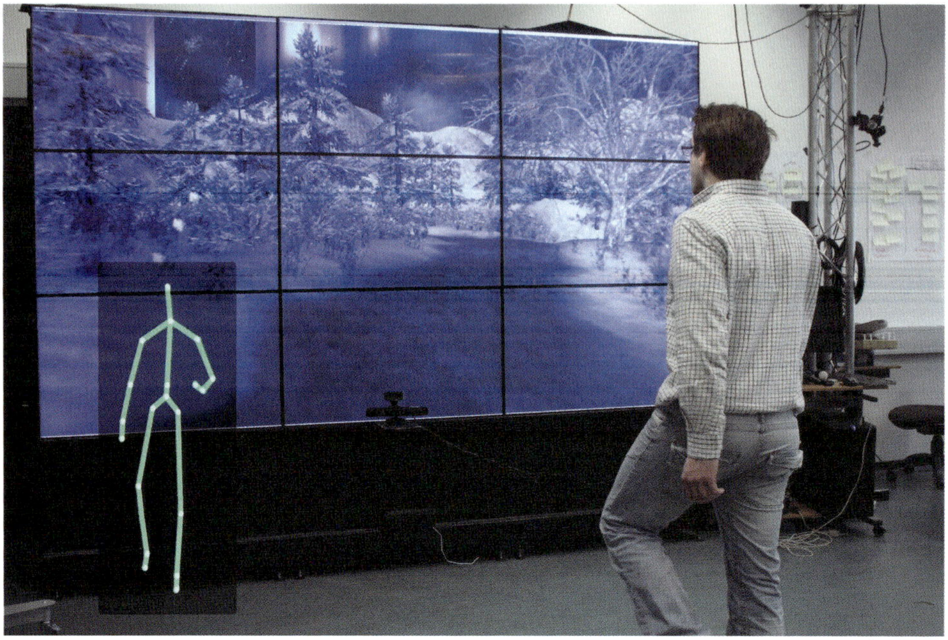

Abb. 6.2 Die Abbildung zeigt eine einfache „Walking in Place" – Methode bei der ein Nutzer durch einen Kinect Tiefensensor erfasst wird. Die Bewegung der Beine wird durch die Skeletterkennung einer Kinect erkannt und steuert die Geschwindigkeit. Die Orientierung des Benutzerskeletts wird direkt auf die Orientierung der virtuellen Kamera übertragen.

Bei HMD-basierten Virtuellen Umgebungen tritt oft das Problem auf, dass der Nutzer sich schnell aus dem Tracking-Bereich bewegen kann. Hier bietet die Technik des *Redirected Walking* (Razzaque 2005) eine Lösung. Während der Nutzer sich physikalisch in eine Richtung bewegt, wird die Szene visuell langsam und für den Nutzer kaum bemerkbar verändert. Dieser passt sich unbewusst an, so dass Redirected Walking dem Nutzer zum Beispiel glaubwürdig eine gerade Bewegung in der Virtuellen Welt simuliert, obwohl dieser in der realen Welt im Kreis gelaufen ist (vgl. Kap. 2). Diese effektive Technik basiert auf der Tatsache, dass visuelles Feedback die Navigation stärker beeinflusst als das Körpergefühl. Gelangt der Nutzer jedoch zu schnell an den Rand des Tracking-Bereichs oder an ein Hindernis, so ist die behutsame Gegenbewegung nicht schnell genug, um Probleme beim Tracking oder Kollisionen zu vermeiden. Bereits in (Razzaque 2005) wurde vorgeschlagen, dass das System in solchen Fällen, den Nutzer in der Navigation „unterbricht", indem er gezwungen wird, den Kopf kurz zu drehen. Da man sich nach einer solchen Ablenkung neu in der Virtuellen Umgebung orientieren muss, kann das System die virtuelle Szene so drehen, dass der Nutzer sich anschließend vom Hindernis oder der Tracking-Grenze weg bewegt.

Peck et al. (2011) hat ein dreistufiges System RFED („Redirected Free Exploration with Distractors") vorgestellt, dass bei der freien Exploration in einer Virtuellen Welt verhindern soll, dass sich Nutzer über Tracking-Grenzen hinaus bewegen oder mit realen

Hindernissen kollidieren. In jedem Frame bestimmt das System die voraussichtliche Benutzerrichtung und rotiert die Szene für den Nutzer unbemerkt so, dass der nächste Schritt real in die Mitte des Tracking-Raums geht. Gelangt der Nutzer durch schnelle Bewegungen zu nah an die Tracking-Grenzen, so wird als zweiter Schritt eine Ablenkung in der VR-Welt generiert. Im Beispiel von Peck fliegt ein Kolibri nah vor dem Nutzer und provoziert die benötigte Kopfbewegung. Reicht auch diese Ablenkung nicht aus, so wird ein Hindernis in Form einer virtuellen Schranke eingeblendet, die deutlich macht, dass es in dieser Richtung nicht weitergeht.

Bei der Bewegung in einer CAVE funktioniert Redirected Walking jedoch nur, wenn der Nutzer von allen Seiten von der Virtuellen Welt umgeben ist. Ist dies nicht der Fall wie beispielsweise bei einer dreiseitigen CAVE, so kann die Kombination der bisher beschriebenen Techniken, das *Redirected Walking in Place* (Razzaque et al. 2002) eingesetzt werden. Dabei rotiert die Virtuelle Welt leicht in Richtung Frontprojektion wenn der Nutzer still steht bzw. rotiert etwas stärker bei einer Bewegung mittels Walking in Place. Dreht sich der Nutzer von der Frontprojektion weg, so dreht sich die Virtuelle Welt umso schneller, je weiter der Nutzer von der idealen „Frontposition" weg orientiert ist. Dies erlaubt sogar eine 360 Grad-Drehung ohne dass der Nutzer sich physikalisch um die eigene Achse dreht. Räumlicher Sound kann hier noch unterstützend wirken, denn Untersuchungen haben gezeigt, dass die Simulation einer rotierenden Schallquelle die Illusion einer Eigenrotation hervorruft, wenn visuelle und akustische Reize übereinstimmen (Bowman et al. 2004).

Walking ermöglicht die natürlichste Bewegung in einer Virtuellen Welt und unterstützt konsistent verschiedene physiologische Hinweise wie Propriozeption und den Gleichgewichtssinn. Ein Problem ist die notwendige Größe des Tracking-Bereichs und die Behandlung von Kollisionen bei der Bewegung. Es gibt eine Reihe von „Walking"-Techniken, die jedoch nur für bestimmte Systeme geeignet sind (z. B. Redirected Walking für HMD-Projektion) oder die Präsenz nur teilweise unterstützen (Walking in Place). Technisch aufwändige Bewegungsplattformen können dies teilweise kompensieren. Durch Tracking-Technologie auf Basis preiswerter 3D-Kameras (z. B. Microsoft Kinect) sind einfache „Walking"-Interfaces kostengünstig zu realisieren.

6.4.3 Leaning-Based Interfaces zur Bewegungskontrolle

In Verbindung mit der Bewegungstechnik des Steuerns existieren spezielle Interaktionstechniken, die stärker den Gleichgewichtssinn stimulieren als es die Bewegung auf der Stelle mittels Walking in Place ermöglicht. Dabei lehnt sich der Nutzer in die gewünschte Bewegungsrichtung und das System berechnet die Fortbewegung. Dieses „Lehnen" ist vergleichbar mit der Steuerung eines Motorrades oder der Bewegung bei Ski- oder Skateboard fahren. *Leaning-Based Interfaces* bieten oft eine freihändige, einfach erlernbare und raum- und kosteneffiziente Bewegungskontrolle, die den Gleichgewichtssinn als physiologisches Feedback nutzt (Wang und Lindeman 2012). Je nach verwendetem Eingabegerät und der Art der aufgewendeten Kraft unterscheidet man verschiedene Typen.

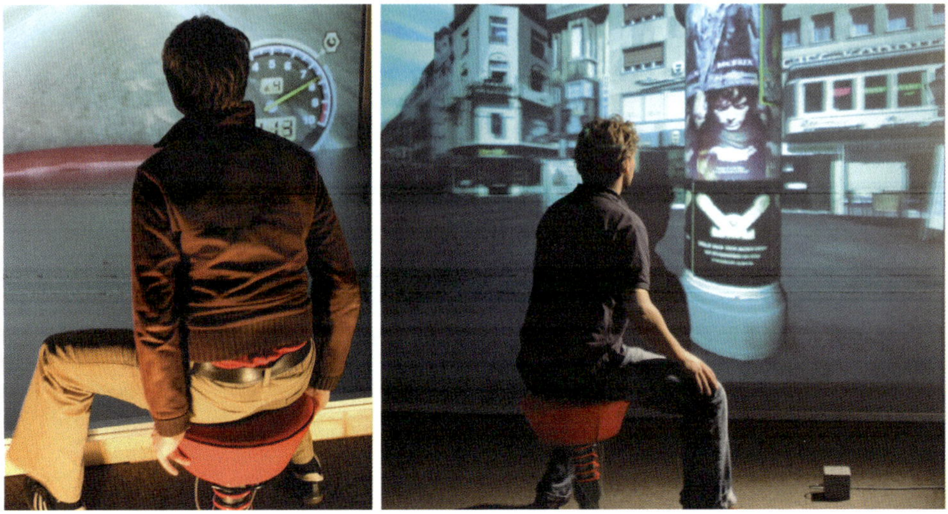

Abb. 6.3 Der ChairIO ermöglicht eine Navigation in einer Virtuellen Welt indem man sich in die gewünschte Bewegungsrichtung lehnt. Dazu wurde ein spezieller Stuhl mit zusätzlicher Sensorik ausgestattet. Nach Beckhaus et al. (2007)

- *Isometrische Interfaces* erfordern eine Haltekraft, d. h. die Muskelspannung wird nicht in Bewegung umgesetzt. Das Wii Balance Board ist ein Beispiel für ein isometrisches Leaning Interface, da es sich bei der Benutzung nicht bewegt.
- *Isotonische Interfaces* besitzen während der Benutzung praktisch keine spürbare Gegenkraft, d. h. es gibt keinen Widerstand und das Eingabegerät bewegt sich mühelos. Ein Beispiel ist das Tony Hawk RIDE game board, mit dem man sich beliebig in alle Richtungen bewegen kann ohne einen Widerstand zu spüren.
- Die Kombination beider Ansätze wird in der VR als *elastisches Interface* bezeichnet und bieten eine bessere Nutzerfahrung und höhere Präsenz als ein rein isometrisches Interface (Wang und Lindeman 2011).

Ein Beispiel für ein solches elastisches Interface ist das Eingabegerät ChairIO (Beckhaus et al. 2007), vgl. Abb. 6.3. Dabei wurde ein spezieller Gesundheitsstuhl mit zusätzlichen Sensoren erweitert. Der Stuhl erlaubt einem sitzenden Nutzer die Navigation entlang von vier Achsen: durch Neigung um die x- und y-Achse, die klassische Stuhlrotation um die z-Achse sowie die Höhenverstellung der Sitzfläche entlang der z-Achse durch Veränderung des Sitzgewichtes. Als geeignete Sensorik wurde ein elektromagnetisches Tracking-System eingesetzt.

Es wurden verschiedene Interaktionstechniken mit dem ChairIO entwickelt und validiert. Die Exploration einer Virtuellen Umgebung ließ sich effizient mit einer Flugmetapher realisieren, bei der die beiden Neigungsachsen wie bei der Steuerung eines einfachen Flugmodells benutzt wurden. Diese natürliche Interaktionstechnik war jedoch nur für flugerfahrene Nutzer einfach zu nutzen, besser bewerteten die Testpersonen die blickgerichtete Steuerung. Für die Steuerung existierender Computerspiele und Desktopanwendungen wurde der ChairIO als Joystick mit verschiedenen Mappings ebenfalls untersucht. Dabei zeigte sich, dass die Genauigkeit mit klassischen Eingabegeräten nicht konkurrieren kann, jedoch die Nutzung Spaß macht und 3D-Interaktionstechniken zur Bewegungskontrolle unerfahrene Nutzer besonders gut unterstützt.

Ein weiterer interessanter Ansatz für ein elastisches Interface ist das „Joyman"-Interface, das die Metapher eines menschlichen Joysticks zur Steuerung verwendet (Marchal et al. 2011). Der Nutzer kann sich auf einem umgebauten Minitrampolin mit integrierter Standplatte und Geländer in die gewünschte Bewegungsrichtung lehnen. Die Navigation erfolgt analog der Bewegung mit einem Joystick und wird durch einen Orientierungssensor unter der Platte erkannt und in eine Bewegung umrechnet.

Leaning-Based Interfaces haben den Vorteil, dass diese nicht viel Platz benötigen, aber im Unterschied zu rein virtuellen Techniken den Gleichgewichtssinn stimulieren und dadurch eine höhere Präsenz ermöglichen. Durch günstige Tracking-Technologien können ungewöhnliche Schnittstellen realisiert werden, die eine attraktive Benutzererfahrung ermöglichen.

6.4.4 Routenplan- und zielbasierte Bewegungstechniken

Die in diesem Abschnitt behandelten Interaktionstechniken unterscheiden sich von den bisher genannten direkten Bewegungssteuerungen, da der Nutzer die Kontrolle über seine Bewegung aufgibt und nur einen Weg zum Ziel spezifiziert, der dann verfolgt wird. Diese zweistufige Vorgehensweise der Pfadplanung und Ausführung der Bewegung ist weniger stark in Virtuellen Umgebungen verbreitet. Der Nutzer definiert den Weg durch direkte Spezifikation des Pfadverlaufs auf einer Karte, der Angabe von Wegpunkten durch die ein Pfad interpoliert wird oder durch Angabe eines Ziels und der automatischen Bestimmung des optimalen Pfades dorthin. Ein Vorteil des Kontrollverlustes über die eigene Bewegung ist dabei, dass die Pfadanimation durch Bewegungsglättung optimiert werden kann. Dies beinhaltet auch zielbasierte Techniken, bei denen der Nutzer nur den gewünschten Endpunkt spezifiziert und das System den Weg dorthin selbst bestimmt und ausführt. Für die einfache Auswahl möglicher Ziele bieten sich 2D-Karten oder die in Abschn. 6.2.3 bereits vorgestellte Technik der dreidimensionalen World-In-Miniature (WIM) an. Besonders bei großen Virtuellen Welten ist eine dreidimensionale Miniatur ein guter Ansatz das gewünschte Ziel auszuwählen. Die Manipulation der WIM muss mit geeigneten Tracking-Technologien erfolgen und die WIM muss auf geeignete Weise in der Virtuellen Welt darstellbar sein. Bei großen Installationen wie CAVE oder Powerwall bleibt meist nur eine Darstellung auf der Projektionsfläche, die weit vom Nutzer entfernt ist. Mit der Verfügbarkeit mobiler Endgeräte und Tabletts mit guten Lagesensoren bietet sich diese Hardware besonders für den Einsatz als WIM an, da die notwendigen Bewegungen einfach registriert werden können, eine direkte Berührung mit Finger, Stift oder Tastendruck möglich ist und die WIM direkt auf einem Bildschirm in der Nähe des Nutzers gerendert werden kann.

6.4.5 Entwurfskriterien für Navigationstechniken

An dieser Stelle geben wir kurz eine Übersicht von wichtigen Designempfehlungen. Diese sind im Wesentlichen an Bowman et al. (2004) angelehnt.

- Virtuelle Landmarken sollen sich visuell deutlich in der Szene hervorheben und sich an geeigneter, gut sichtbarer Position befinden.
- Teleportation, d. h. die unmittelbare Änderung der Kameraposition sollte man vermeiden, da der Nutzer stark irritiert wird. Sanfte Übergänge bei der Bewegung sind hilfreich für die Entwicklung einer mentalen Karte.
- Bei der Bewegungskontrolle sollten Techniken und Eingabegeräte eingesetzt werden, die physiologische Bewegungshinweise unterstützen.
- Karten unterstützen die Orientierung sehr gut, wenn diese lesbar sind, die Umgebung mit der aktuellen Position des Nutzers repräsentieren und geeignet orientiert sind. Wichtig ist die passende Größe, so dass die Karte die Umgebung nicht verdeckt.
- Techniken für das Manövrieren müssen zuerst einfach nutzbar sein, um die grobe Positionierung zu erleichtern und später zusätzlich eine exakte Ausrichtung ermöglichen.
- Die Bewegungskontrolle sollte passend zur Anwendung, dem Ziel des Nutzers und den technischen Rahmenbedingungen (z. B. I/O-Geräte) der Virtuellen Umgebung ausgewählt werden.
- Natürliche und magische Interaktionstechniken können gleichermaßen hilfreich sein. Daher sollte man stets beide Möglichkeiten beim Interaktionsdesign betrachten. Die Kompatibilität zu anderen Techniken (z. B. für Manipulation) sollte dabei beachtet werden.
- Bei unterschiedlichen Aufgaben zur Bewegungskontrolle können auch unterschiedliche Interaktionstechniken sinnvoll sein. Dabei sollte berücksichtigt werden, dass Nutzer unterschiedliche Fähigkeiten besitzen können. Hilfreich ist es, einfache und komplexe Navigationstechniken anzubieten, wenn die Nutzerprofile stark differieren.
- Für Exploration und Suche sind Steuertechniken und Walking gut geeignet, bei zielbasierten Aufgaben („Gehe zu X") sind routenplanbasierte Verfahren besser.
- Wenn die Navigation nur eine begleitende Benutzeraufgabe ist, sollte die Interaktionstechnik so einfach wie möglich sein, damit der Nutzer sich auf die wichtigen Aufgaben konzentrieren kann.
- Bei komplexen Interaktionstechniken sollten Nutzer diese trainieren können, um Übersichtswissen zu generieren.

6.5 Systemsteuerung

Die Systemsteuerung eines VR-Systems dient dazu, Aktionen auszulösen, die den Interaktionsmodus oder den Systemzustand verändern. Dieses können zum Beispiel Kommandos sein, die das System veranlassen, eine neue Szene zu laden, die Navigationsweise durch die Virtuelle Umgebung zu wechseln, oder die Darstellung zu verändern. In herkömmlichen graphischen Benutzungsschnittstellen werden zum Ausführen von derartigen Kommandos vor allem Menüs, Buttons oder Toolbars benutzt. Daneben sind auch Drag&Drop, Textkommandos und Doppelklicks gebräuchliche Techniken. Diese Techniken aus den 2D-Benutzungsschnittstellen lassen sich nur begrenzt auf den Einsatz in Virtuellen Umgebungen übertragen – auf welcher 2D-Fläche in der Virtuellen Welt erscheint z. B. ein Button, mit dem die Lautstärke im VR-System geändert werden kann und wie wird er betätigt? In der folgenden Betrachtung werden Anwendungsfälle in denen die Systemsteuerung von einem weiteren, externen Nutzer vorgenommen wird (z. B. dem Lehrer in einer Flugsimulation) nicht weiter betrachtet, da hierfür auf Techniken aus den 2D- Benutzungsschnittstellen zurückgegriffen werden kann.

Ein konzeptionelles Problem der Systemsteuerung durch den Nutzer einer Virtuellen Umgebung ist der inhärente Konflikt mit der angestrebten „Willful Suspension of Disbelief" (vgl. Kap. 1), da die Kommandos oft keine Entsprechung in der realen Welt haben, oder eine realistische 1:1 Umsetzung nicht praktikabel ist. Vor allem in der Frühphase der VR, als eine möglichst getreue Nachbildung der Realität als anzustrebendes Optimum angesehen wurde, wurde die Entwicklung von Techniken zur Systemkontrolle daher vernachlässigt. Nach wie vor arbeiten viele Systeme mit Ad-hoc-Lösungen, da Selektionstechniken in Kombination mit einer Repräsentation der möglichen Aktionen in einem (3D-) Menü eine mögliche Lösung für die Systemsteuerung darstellen und so der Entwicklungsaufwand minimiert werden kann. So schwebt in einigen Systemen tatsächlich plötzlich ein großer Button mitten in der Virtuellen Welt und durch Selektion mittels Bewegen einer Hand wird er betätigt. Über die Benutzbarkeit derartiger Ansätze liegen nur begrenzt wissenschaftliche Erkenntnisse vor. Die Entwicklung von leistungsfähigen Algorithmen zur Sprach- und Gestenerkennung erweitert das Spektrum der verfügbaren Techniken und ermöglicht eine bessere Anpassung an die Anforderungen der Nutzer. Eine gute Inspirationsquelle für Techniken zur Systemkontrolle sind oft auch Computerspiele, in denen viele interessante Implementierungen von Menütechniken zu finden sind. Weit verbreitet sind fünf Konzepte zur Systemsteuerung: Menüs, 3D-Widgets, Tangibles, Sprachkommandos und Gesten.

Menüs sind die am weitesten verbreitete Technik. Systematisch strukturiert werden können Menütechniken z. B. über ihre Positionierung (bzw. ihr räumliches Bezugssystem), die Darstellungsweise und die verwendete Selektionstechnik. So kann z. B. die Position eines Menüs in der Virtuellen Umgebung fest sein oder sie ist an die Position eines Objektes in der Virtuellen Umgebung gekoppelt (vgl. Kontextmenü) – oder es besteht eine Kopplung an den Nutzer (z. B. an seine Hand) oder an reale Objekte. Die Darstellung kann 1-dimensional strukturiert sein (z. B. Liste, Ring), 2-dimensional (z. B. Farbraum, Tabelle) oder 3-dimensional (z. B. Matrix). Entsprechend der Positionierung und Darstellung können unterschiedliche Techniken zur Selektion eines Menüpunktes genutzt werden. Dachselt und Hübner (2007) geben einen Überblick über entsprechende 3D-Menütechniken.

3D-Widgets sind eng verwandt mit Menütechniken. Dabei handelt es sich um 3D-Objekte in der Virtuellen Umgebung, die mit einem Interaktionsverhalten gekoppelt sind. Sie machen durch ihre 3D-Geometrie interaktive Funktionalität für den Nutzer sichtbar und manipulierbar. Diese 3D-Objekte kommen in der eigentlich darzustellenden Virtuellen Welt nicht vor, sondern sind zusätzlich eingefügt, um das VR-System zu steuern. 3D-Widgets können dabei von realen Objekten inspiriert sein (z. B. existieren Widgets, die auf einer 3D-Darstellung von Lichtquellen oder Kameras basieren – diese werden als 3D-Objekte manipuliert und beeinflussen die Darstellung der Szene entsprechend) oder auch abstrakte Objekte, deren Funktion der Nutzer erlernen muss.

Tangibles (manchmal auch als *Props* bezeichnet) sind reale Objekte, die der Nutzer wie Werkzeuge in der Virtuellen Umgebung nutzen kann. Greift der Nutzer nach einem solchen „Werkzeug" kann die Wahl eines neuen Interaktionsmodus einfach sein und das Tangible selbst dem Nutzer eine unmittelbare physische Rückmeldung über seine Interaktion geben. Ein Beispiel: Der Anwender möchte die Lautstärke des VR-Systems regeln und hat dazu ein reales Fußpedal zur Verfügung. Allerdings ist die Zahl der in einer Anwendung sinnvoll einsetzbaren Tangibles begrenzt und ihre Zuordnung zu Interaktionsaufgaben weniger flexibel.

Sprachkommandos können freihändig benutzt werden und lassen sich daher gut mit anderen Interaktionsstilen kombinieren. Ein Vorteil von Sprachkommandos ist, dass kein Teil der Virtuellen Umgebung von zusätzlichen Interaktionsobjekten verdeckt wird. Allerdings muss der Nutzer die möglichen Kommandos erlernen, da es keine direkte Repräsentation der möglichen Interaktionen in der Virtuellen Umgebung gibt. Die Fortschritte in der Spracherkennung machen die Nutzung von Spracheingabe zunehmend attraktiv, allerdings sollte der Entwickler einer Virtuellen Umgebung auch beachten, dass die permanente Nutzung von Spracheingabe ermüdend sein kann. Auch Umgebungslärm und der Einsatz in kollaborativen Arbeitsumgebungen können problematisch sein.

Gesten stellen eine weitere mächtige Technik zur Systemkontrolle zur Verfügung und lassen sich mit Spracheingabe und anderen Techniken kombinieren. Wie bei der Spracheingabe wird kein Teil der Szene verdeckt, allerding wird die verfügbare Funktionalität dadurch für den Nutzer schwerer „entdeckbar" und muss erlernt werden. Es gibt oft auch keine graphische Repräsentation in der Benutzungsschnittstelle, die als Gedächtnisstütze dienen kann. Die Verfügbarkeit von preiswerten Sensoren und Verbesserungen in den Erkennungsalgorithmen machen die Nutzung von Gesten zur Steuerung von VR-Anwendungen interessant.

6.6 Prozesse für Design und Realisierung von VR-Interaktion

Wesentlich für den Erfolg eines VR-Systems ist, dass die VR-Interaktionstechniken zu einer guten Usability des Systems führen. Wie kann man diese bei der Entwicklung des Systems erreichen? Wie sollte man im Design von VR-Interaktionstechniken vorgehen? Wie kann man sicherstellen, dass in den Entwicklungsprozessen nicht nur technische Anforderungen betrachtet werden? Hier ist es sinnvoll, auf bisherige Erfahrungen und Ergebnisse in der Entwicklung von Mensch-Computer-Schnittstellen im Allgemeinen zurück zu greifen. VR kann als Sonderfall betrachtet werden. Im folgenden Abschnitt stellen wir daher die Besonderheiten von VR heraus, bevor wir im nächsten Abschnitt das allgemeine softwaretechnische Konzept einer *nutzerorientierten Entwicklung* als Ausgangspunkt für eine erfolgreiche Vorgehensweise für das Design und die Entwicklung von VR-Interaktion vorstellen.

6.6.1 Besonderheiten von VR-Benutzungsschnittstellen

Mensch-Computer-Interaktion ist für viele Softwaresysteme, z. B. im Desktop oder Web-Bereich, von Bedeutung. Hier haben sich im Laufe der Zeit Gestaltungsprozesse etabliert, die prinzipiell auch auf die Gestaltung von Benutzungsschnittstellen in der VR anwendbar sind. In der Praxis ergeben sich allerdings einige Besonderheiten. Ein entscheidender Unterschied ist die fehlende Standardisierung. Bei Desktop-Anwendungen und der Gestaltung von Webseiten wird die verfügbare Hardware (und darauf basierend die einsetzbaren Interaktionstechniken) als weitgehend standardisiert vorausgesetzt. Diese Voraussetzungen treffen allerdings auf den Bereich der VR nicht zu. Insbesondere hat sich keine standardisierte Hardware-Plattform durchsetzen können und die Erfahrungen zeigen, dass es einer sorgfältigen Abstimmung zwischen Hardware und Software bedarf, um zu gut benutzbaren Lösungen zu gelangen. Eine dem Desktop-Bereich vergleichbare Vereinheitlichung ist daher für VR-Anwendungen auch in der näheren Zukunft nicht zu erwarten – vielmehr muss die Entwicklung bzw. die Auswahl der Interaktions-Hardware im Entwurfsprozess gleichwertig mit der Softwareentwicklung betrachtet werden. Konkret ergeben sich für VR-Anwendungen folgende Differenzen zu dem sonst verfügbaren Instrumentarium:

- *Entwicklungsprozesse:* Die etablierten nutzerorientierten Entwicklungs-Prozesse lassen sich zwar prinzipiell auf VR-Anwendungen übertragen. Unterschiede ergeben sich vor allem für einzelne Entwurfsaktivitäten innerhalb dieser Prozesse. Darüber hinaus muss die Entwicklung/Auswahl geeigneter Hardware mit in den Prozess einbezogen werden.
- *Baukästen:* Im Bereich Desktop und Web stehen den Entwicklern etablierte und weitgehend vereinheitlichte Baukästen von Interaktions- und Präsentationselementen (Widgets oder Controls) zur Verfügung. Da deren Darstellung und Funktion im Laufe der Jahre optimiert wurde, kann sich der Entwickler auf die aus dem Zusammenwirken mehrerer Widgets in einer Benutzungsschnittstelle entstehenden Probleme konzentrieren. Im Bereich der VR müssen hingegen häufig selbst grundlegende Interaktionstechniken neu implementiert werden, so dass bereits hier mit Interaktionsproblemen gerechnet werden muss.
- *Werkzeuge:* Im Desktop-Bereich sind Rapid-Prototyping-Werkzeuge zur schnellen Erstellung von Entwürfen einer Benutzungsschnittstelle weit verbreitet. Damit lassen sich ohne Programmieraufwand bereits in frühen Phasen verschiedene Designs vergleichen und Endnutzer in den Entwurf einbeziehen. Vergleichbare Werkzeug sind für VR-Anwendungen nur begrenzt verfügbar. Auch existieren kaum spezielle Testwerkzeuge, die den Entwicklern beim Evaluieren und Testen Hilfestellung leisten.

Aufgrund der Besonderheiten sind in der Vergangenheit verschiedene Ansätze entwickelt worden, um den Entwurf speziell von VR-Interaktionen zu unterstützen. Ein verbreitetes Konzept ist es dabei, komplexe Interaktionen auf der Grundlage von einfachen Bausteinen zu entwickeln, die von einem entsprechenden Toolkit bereitgestellt werden. Ein systematisches Vorgehen dazu wurde z. B. von Card et al. (1990) präsentiert. Die Grundlage bilden dabei die verfügbaren Sensordaten und eine Reihe von Operatoren zur Verknüpfung, die zusammen einen Entwurfsraum für Interaktionstechniken aufspannen. Durch dieses Konzept des Entwurfsraumes wird der Entwickler bei der systematischen Betrachtung verschiedener Entwurfsoptionen unterstützt. Dabei werden die physikalischen Eigenschaften, die von Eingabesensoren detektiert werden können (z. B. absolute und relative Position, absolute und relative Kraft) mit Verknüpfungs-Operatoren (z. B. Merge, Layout, Connection) kombiniert. Eine Interaktionstechnik wird durch die Kombination mehrerer physikalischer Sensordaten mit Verknüpfungs-Operatoren und einer Abbildung der resultierenden Daten in die Anwendungsdomäne realisiert. In der Praxis zeigt sich, dass dieses Vorgehen gut geeignet ist, um Interaktionstechniken zu spezifizieren, jedoch wenig Hilfestellung bei der (kreativen) Konzeption und praktischen Implementierung gibt. Ein weiterer bekannter Ansatz zur Systematisierung der Entwicklung von VR-Interaktionen geht auf Bowman und Hodges (1999) zurück. Die Grundlage bildet dabei eine Taxonomie von typischen immer wiederkehrenden Interaktionsaufgaben (wie etwa Auswahl, Positionierung oder Manipulation von 3D-Objekten). Ausgehend von diesen generellen Interaktionsaufgaben wird eine Aufteilung in einzelne Unteraufgaben vorgenommen. Die technische Umsetzung dieser Unteraufgaben kann dann durch eine oder mehrere technische Komponenten erfolgen. So kann die Interaktionsaufgabe „Einfärben eines 3D-Objektes" zum Beispiel in die Untertasks Auswahl eines Objektes, Auswahl eines Färbewerkzeugs und Anwendung des Werkzeugs auf das Objekt unterteilt werden. Die Taxonomie wird durch diverse Metriken ergänzt, welche die Eignung einer speziellen Interaktionstechnik in einem konkreten Anwendungskontext zu beschreiben. Im Beispiel „Einfärben eines 3D-Objektes" können die Metriken den Entwicklern dann zum Beispiel Hinweise auf die Vor- und Nachteile unterschiedlicher technischer Komponenten für die Unteraufgabe „Auswahl eines Objektes" geben.

6.6.2 Nutzerorientierte Entwicklung von VR-Interaktionen

Zentral für die nutzerorientierte Entwicklung ist eine systematische Vorgehensweise, die geeignet ist, sowohl einzelne benutzbare Interaktionstechniken als auch komplette Systeme zu entwickeln. Als „Best-Practice" haben sich dabei iterative Vorgehensweisen etabliert, welche die Entwicklung in mehrere Phasen aufteilen und unter Berücksichtigung der Resultate aus Nutzertests iteriert werden. In der Literatur finden sich verschieden iterative Prozessmodelle, die teilweise den Status von ISO Standards haben (z. B. die DIN EN ISO 9241-210, oft auch als deren überholte Vorgängerfassung ISO-13407 referenziert, oder die ISO/PAS 18152). In der Praxis wird bei VR-Projekten oft eine an die Besonderheiten des aktuellen Projektes angepasste Vorgehensweise verwendet.

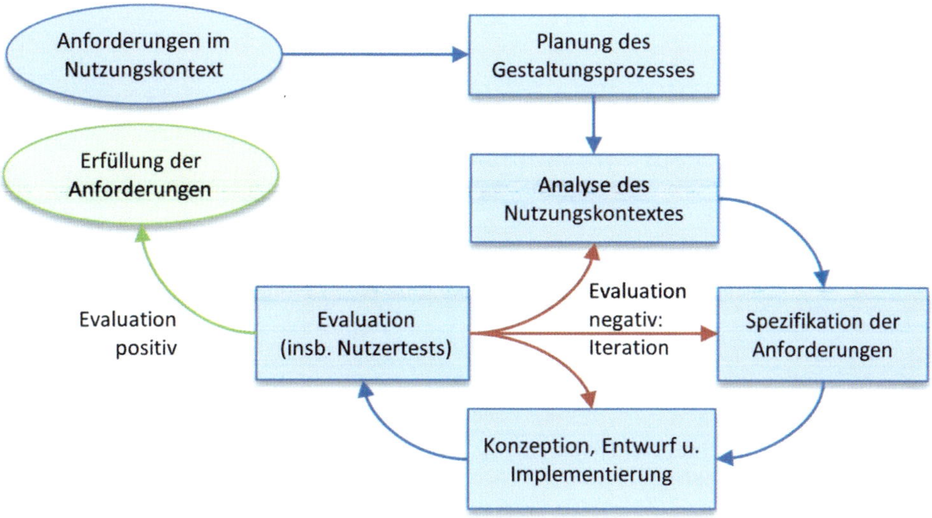

Abb. 6.4 Iterativer Entwicklungsprozess entsprechend ISO 9241-210

Iterative Entwicklungsprozesse basieren auf einer zyklischen Abfolge von *Entwurfsaktivitäten* (vgl. Abb. 6.4). Die Abfolge dieser Aktivitäten wird so oft wiederholt, bis ein zufriedenstellendes Ergebnis erreicht wurde. Ziel ist es, möglichst frühzeitig und wiederholt Feedback von Nutzern einzuholen und sich davon im Entwicklungsprozess leiten zu lassen. Dem eigentlichen iterativen Entwurfsprozess ist oft eine Projektvorbereitung vorgelagert. Während der Projektvorbereitung sollten folgende Punkte adressiert werden:

- Definition des Entwicklungsziels
- Festlegung eines (ggf. angepassten) Entwicklungsprozesses
- Aufstellen des Entwicklungsteams
- Auswahl der Entwicklungswerkzeuge
- Planung von Nutzerbeteiligung
- Festlegen von Qualitätskriterien, z. B. Erlernbarkeit, Effizienz, Effektivität, Fehlerrate, Nutzerzufriedenheit, Nutzererlebnis (User Experience)

In der DIN EN ISO 9241-210 wird das Vorgehen in vier zentrale Entwurfsaktivitäten strukturiert (siehe Abb. 6.4), die wir im Folgenden genauer betrachten wollen:

1. Analyse des Nutzungskontextes
2. Spezifikation von Anforderungen
3. Konzeption, Entwurf und Implementierung
4. Evaluation (insbesondere Nutzertests)

Analyse des Nutzungskontextes Die Analyse und Dokumentation des Nutzungskontextes etwa durch Interviews, Feldstudien und Nutzer-Workshops bildet die Grundlage für die folgende Entwicklung. In dieser Aktivität werden die Nutzergruppen, die zu unterstützenden Aufgaben und die Anwendungsumgebung analysiert und dokumentiert. Wichtig bei der Entwicklung von VR-Anwendungen ist, dass hier auch die technische Umgebung analysiert wird, um z. B. die verfügbaren Sensoren und Eingabemodalitäten zu identifizieren. Die Spezifikation des Nutzungskontextes ist in einem iterativen Prozess kein statisches Dokument, sondern wird während der Entwicklung fortlaufend überprüft, aktualisiert und verfeinert. Gerade in VR-Anwendungen, in denen neue Interaktionstechniken basierend auf zusätzlichen Sensoren integriert werden, können sich hier im Verlauf der Entwicklung signifikante Änderungen ergeben.

Spezifikation von Anforderungen In dieser Entwurfsaktivität werden unter Berücksichtigung des Nutzungskontextes konkrete Anforderungen an das System identifiziert. Dabei sind neben den Anforderungen des Kunden und des Endnutzers auch weitere Rahmenbedingungen, wie Ziele betreffend Usability, Regelungen zur Arbeitssicherheit etc. zu berücksichtigen. Da in der Entwicklung von VR-Systemen oftmals technisches und thematisches Neuland betreten wird, haben sich explorative Techniken wie das *Scenario-Based Design* (Carroll 2000) bewährt. Hier werden kurze Geschichten als „Szenarien" zur Beschreibung einer hypothetischen Interaktion genutzt. Diese schnell erstellbaren und leicht zu ändernden „Prototypen" ermöglichen es potenziellen Nutzern und Inhaltsexperten bereits früh im Entwurf eine Rückmeldung zu den geplanten Abläufen zu geben, auch wenn das System (und möglicherweise sogar die notwendige Technologie) noch gar nicht vorliegt. Da diese Arten von Prototypen sehr schnell erstellt und modifiziert werden können, besteht die Möglichkeit kostengünstig eine Vielzahl von unterschiedlichen Konzepten zu explorieren. Formalere Ansätze wie die *Funktionale Dekomposition* und *Aufgabenanalyse* sind in der VR oft schwieriger anzuwenden, da bei neuartigen Interaktionstechniken und Anwendungen die detaillierten Anforderung oft erst iterativ während der Entwicklung identifiziert werden können.

Das Konzept der *Anwendungsfälle* (engl. *Use Cases*) ist eng mit den Szenarien im Scenario-based-Design verwandt. Auch Anwendungsfälle beschreiben die Interaktion von Nutzern mit einem System. Dabei wird der Begriff Anwendungsfall teilweise unterschiedlich verwendet. Eine (vor allem bei Designern verbreitete) Sichtweise interpretiert Anwendungsfälle im Sinne von Zielen, die von einer Anwendung unterstützt werden: Eine VR-Anwendung eines komplexen technischen Systems könnte demnach z. B. die Anwendungsfälle „Messe-Präsentation" und „Interaktives Training" unterstützen, die jeweils unterschiedliche Funktionalitäten beinhalten. Ein Szenario beschreibt dann einen Interaktionsablauf in einem dieser Anwendungsfälle, also z. B. eine interaktive Sequenz zur Präsentation von Inhalten im Anwendungsfall „Messe-Präsentation".

Die zweite Sichtweise (vor allem im Software Engineering) nutzt Anwendungsfälle zur detaillierten Definition eines interaktiven Systems. In dieser Sichtweise besteht ein Anwendungsfall aus einer Liste von Schritten (sowohl des Nutzers, als auch des Systems) die zum

Erreichen eines Ziels führen. Ein zentraler Unterschied ist die stärkere Formalisierung. Anwendungsfälle im Software Engineering werden oftmals in einem formalen System formuliert, z. B. in einem *UML Use-Case-Diagramm*. Diese Sichtweise von Anwendungsfällen ist daher vor allem von Interesse, wenn die initiale Exploration bereits abgeschlossen ist und ein Interaktionskonzept implementiert werden soll.

Konzeption, Entwurf und Implementierung Die folgende Aktivität dient dem Erstellen von Entwürfen. Bei der Entwicklung von neuartigen VR-Systemen bietet es sich an, im iterativen Prozess eine Rapid-Prototyping-Strategie anzuwenden. Dabei werden in den ersten Iterationen die Entwürfe ohne Implementierung als Skizzen, Storyboards oder Mock-Ups erstellt und (in der folgenden Aktivität) bewertet (Buxton 2007). Skizzen stellen dabei eine einfache graphische Darstellung der Schnittstelle dar, während die aus der Filmproduktion stammenden Storyboards einen dynamischen Interaktionsprozess als comicartige Abfolge von Skizzen repräsentieren. Das Konzept der Mock-Ups wurde aus dem Industriedesign übernommen, wo maßstabsgetreue Modelle eine lange Tradition haben. Im Kontext von Benutzungsschnittstellen kann der Begriff Mock-Up sowohl rein visuelle Attrappen sowie teilfunktionale Prototypen bezeichnen. Ziel ist es, zu vertretbaren Kosten explorativ ein weites Spektrum an Entwurfsalternativen zu untersuchen. Gerade bei neuartigen Benutzungsschnittstellen ist diese Vorgehensweise zentral, da auf weniger Erfahrungswissen zurückgegriffen werden kann, und Entwurfsentscheidungen auf Rückmeldungen von Nutzern basieren sollten – und Nutzer können zu einer rein textuellen Beschreibung einer Benutzungsschnittstelle nur begrenzt Feedback geben. In späteren Iterationen wird die Entwurfsrepräsentation dann zunehmend bis zur eigentlichen Implementierung verfeinert.

Evaluation (insbesondere Nutzertests) In der folgenden Aktivität werden die Entwürfe evaluiert, bzw. die implementierten Lösungen mit realen Nutzern getestet. Basierend auf den Resultaten werden dann alle oder einzelne Entwurfsaktivitäten iteriert, um den Entwurf zu verbessern und zu verfeinern. Da die Evaluation in Form von Nutzertests von zentraler Bedeutung für die Entwicklung von attraktiven VR-Anwendungen ist, wird sie im folgenden Unterkapitel ausführlich behandelt.

6.7 Nutzertests

Interaktionen in Virtuellen Welten im Rahmen von Tests auszuprobieren ist essentiell, insbesondere weil das komplexe Verhalten von Menschen mathematisch nicht so modelliert werden kann, dass die Resultate dieser Tests vorhersagbar wären. Deswegen wird die Interaktion des Nutzers in der Virtuellen Umgebung sowie die Benutzungsschnittstelle als Ganzes meist iterativ konzipiert und entwickelt. Jede Iteration endet mit einem Test. Die Auswertung des Tests gibt Hinweise, was in der nächsten Iteration zu ändern ist. Tests werden also nicht erst mit dem komplett fertig entwickelten VR-System durchgeführt, sondern man führt Tests in allen Entwicklungsphasen durch: Je früher man durch Tests Probleme erkennt, desto einfacher können sie behoben werden. Besondere Bedeutung kommt dem Test der Usability zu. Auch weitere Aspekte der *Software Ergonomie* können durch Tests überprüft werden, z. B. die Belastung des Nutzers durch unnatürliche Körperhaltungen in der VR.

Man benötigt Testnutzer, die sorgfältig ausgewählt werden sollten, damit sie repräsentativ für die späteren Nutzer des VR-Systems sind. Eine Alternative ist die *Heuristische Evaluation*, bei der das VR-System durch mindestens zwei getrennt voneinander arbeitende Experten anhand von Richtlinien (generelle Richtlinien wie Standards und Normen, etwa DIN EN ISO 9421 „Software Ergonomie", oder produktspezifische Richtlinien) bewertet wird.

Damit die einzelnen Tests effektiv durchgeführt werden können und vergleichbar sind, ist ein *Testplan* zu erstellen. Dazu wird der Testablauf in Phasen unterteilt. Begonnen wird mit der *Testvorbereitung*, diese sollte stattfinden, bevor der Testnutzer erscheint. Nach einer *Testeinführung* (Begrüßung, Hinweise zu Zweck, Vorgehen und Testdauer, Einholen der Einwilligung des Testnutzers zur Teilnahme am Test), findet die eigentliche *Testdurchführung* statt. Dabei kann ein Testnutzer mehrere Tests hintereinander durchführen (*Within-Group Design*). Dies hat den Vorteil, dass man weniger Testnutzer benötigt und individuelle Unterschiede sich nicht so stark auswirken. Allerdings ermüdet der Testnutzer so schneller und es treten Lerneffekte ein, z. B. wenn eine Aufgabe mehrfach in verschiedenen Variationen bearbeitet wird. Hier ist ein Test, bei dem jeder Testnutzer nur eine Variante testet (*Between-Group Design*) besser. Ein Between-Group Design ist nicht vermeidbar, wenn man Charakteristika (Alter, Händigkeit, Geschlecht) der Nutzer bei der Untersuchung berücksichtigen möchte – ein Testnutzer kann schließlich nicht den Test einmal als Mann und anschließend als Frau durchführen. Wesentlich ist, den Test *randomisiert* durchzuführen. Bei einem Between-Group Design werden die Testnutzer zufällig den Testvarianten zugeordnet, bei einem Within-Group Design wird die Reihenfolge der Varianten zufällig oder nach einem festen Variationsschema (z. B. einem *lateinischen Quadrat*) festgelegt. Die Testanweisungen sollten konkret sein und keinen Spielraum für Interpretationen zulassen bzw. unterspezifiziert sein (z. B. steht oder sitzt der Testnutzer?). Als letzte Phase des Tests folgt das *Debriefing*, hier sollte neben Dank und evtl. Belohnung auch noch nach freien Kommentaren des Testnutzers gefragt werden. Insgesamt sollte die Testdauer 45 min nicht überschreiten. Bevor der Test mit einer Vielzahl von Testnutzern durchgeführt wird, ist ein *Pilot* (auch *Pre-Test* genannt) mit zwei bis drei Testnutzern durchzuführen. Er dient dazu, die benötigte Zeit besser abzuschätzen und Probleme im Testplan (z. B. Testanweisung ist missverständlich) frühzeitig aufzudecken. Beim gesamten Test sollte der Testleiter sich vor Augen halten, dass *ethische Aspekte* zu berücksichtigen sind, immerhin wird hier ein Versuch mit Menschen gemacht – so ist das Schützen der Privatsphäre, freundlicher Umgang sowie das Erlauben eines sofortigen Testabbruch auf Wunsch des Testnutzers essentiell. Einige Organisationen verlangen, dass ein Nutzertest von einer Ethikkommission genehmigt wird. Auch das Unterschreiben einer *Einverständniserklärung* (die u. a. Hinweise auf Vertraulichkeit, Anonymisierung, Verwertung der

Daten oder mögliche Risiken wie Cybersickness enthält) in der Testeinführung ist ratsam, insbesondere wenn der Test auf Video aufgezeichnet wird.

Bei der Durchführung des Tests und beim Messen treten Fehler auf, die sich kaum vermeiden lassen. Man sollte aber darauf hinwirken, dass *systematische Fehler* (engl. *Bias*) minimiert werden. Allein die Tatsache, dass sich der Testnutzer bewusst ist, dass er gerade getestet wird, verändert sein Verhalten und verfälscht die Testresultate (*Hawthorne-Effekt*). Hier kann man entgegen wirken, indem man für eine ruhige und entspannte Testatmosphäre sorgt. Um Bias zu vermeiden, sollten Tests immer gleich ablaufen – hier hilft es, sich strikt an den Testplan zu halten und die Umgebungsbedingungen (Helligkeit im Raum, Wärme, Lautstärke, Anwesenheit von Publikum etc.) bei allen Tests okonstant zu halten. Der Testleiter sollte sich neutral verhalten, damit seine Meinung nicht die Testnutzer beeinflusst. So sind Bemerkungen wie „An meiner Virtuellen Welt habe ich drei Monate gearbeitet, sie wird Sie begeistern" zu unterlassen. Ein Bias kann auch durch Lerneffekte hervorgerufen werden, die im Laufe des Tests eintreten: Mit der Zeit wird der Testnutzer immer vertrauter mit dem VR-System. Da die Lernkurve meist anfangs steil ist und dann abflacht, ist es sinnvoll, in der Testdurchführung zunächst ein einführendes Training einzuplanen – die ersten deutlichen Lerneffekte finden dann in dieser Phase statt, in der noch nicht gemessen wird.

Ein einfacher Test besteht darin, Testnutzern Aufgaben zu stellen und sie dabei zu beobachten (ggf. auf Video aufzeichnen oder Protokollierungswerkzeuge wie Morae verwenden und dies später analysieren). Besonders effektiv ist, den Testnutzer dabei ständig sagen zu lassen, was er gerade denkt und was er gerade vor hat (*Thinking Aloud Test*). Dies hilft, die Gedankengänge des Testnutzers nachzuvollziehen. Der Testleiter kommentiert die Aussagen des Testnutzers dabei nicht, sondern beschränkt sich darauf, den Testnutzer an das Verbalisieren zu erinnern. Hilfreich ist auch, wenn der Testleiter das Verbalisieren eingangs vormacht, damit es dem Testnutzer nicht unnatürlich oder peinlich erscheint. Bei der Auswertung kann man hier Phänomene bei der Interaktion mit dem VR-System beschreiben (*anektodische Daten*) oder *qualitative Daten* sammeln. Eine Technik für die *qualitative Analyse* ist das *Coding*, hierbei wird für ein Vorkommnis (z. B. Testnutzer ist frustriert) ein Code vergeben und am Ende das Auftreten der Codes analysiert. Führen mehrere Personen das Coding derselben Aufzeichnung eines Nutzertests unabhängig durch und stimmen die Ergebnisse überein, hat man dadurch die Beobachtungen objektiviert. Als Maß für die Übereinstimmung wird *Cohen's Kappa*, ein statistisches Maß, verwendet. Die Analyse qualitativer Daten basiert häufig auf der *Grounded Theory* von Glaser und Strauss (1967).

Interviews und *Fragebögen* sind weitere Techniken, mehr Daten über ein VR-System in einem Test zu sammeln. Dabei kann auf schon bestehende, sorgfältig ausgearbeitete Fragebögen zurückgegriffen werden. Beispiele sind der *ISONORM* Fragebogen für Usability (Prümper 1993), der *AttrakDiff* Fragebogen zur Messung der User Experience (pragmatische sowie hedonistische Qualität), der *QUIS* Fragebogen (*Questionnaire for User Interaction Satisfaction*) oder der *Task Load Index* der NASA (*NASA-TLX*), der die Belastung des Nutzers zum Gegenstand hat. Fragebögen erlauben es, den Test ohne die Anwesenheit eines Testleiters durchzuführen. Dabei ist besonders auf klare Formulierung von Testanweisungen und Fragen zu achten (z. B. keine doppelte Verneinungen), denn Rückfragen sind nicht möglich. Fragen, die den Testnutzer charakterisieren (Alter, Geschlecht, Vorkenntnisse, etc.), sind am Ende des Fragebogens zu stellen, denn diese Fragen kann auch ein am Ende des Tests ermüdeter Testnutzer noch leicht beantworten. Offene Fragen („W-Fragen" wie z. B. „Was hat Sie bei der Bedienung des VR-Systems gestört?") werden oft nicht oder nicht ausführlich beantwortet. Trotzdem sollte man am Ende des Fragebogens mindestens eine offene Frage vorsehen der Art „Haben Sie weitere Kommentare oder Anmerkungen?". Ist ein Testleiter anwesend, kann dieser die offenen Fragen auch in Form eines Interviews stellen, da hier bessere Chancen für eine ausführliche Antwort bestehen. In Fragebögen werden häufig *Multiple-Choice-Fragen* eingesetzt. Eine Sonderform ist die *Likert-Skala*. Hier werden Behauptungen aufgestellt (z. B. „Die Navigation war leicht zu erlernen.") und der Testnutzer kann eine von üblicherweise fünf Möglichkeiten auswählen, die seinen Grad der Zustimmung zu dieser Behauptung ausdrückt (z. B. 1– „stimme voll zu", 2– „stimme zu", 3– „weiß nicht", 4– „stimme nicht zu", 5– „stimme überhaupt nicht zu"). Eine weitere Sonderform ist die *Semantic Differential Scale*. Hier werden in einer Aussage Gegensatzpaare verwendet und der Nutzer kann auf einer Skala (meist 5- oder 7-teilig) seine Position angeben (z. B. „Die Navigation zu erlernen war: leicht _ _ _ _ _ _ _ schwer").

Skalen wie die Likert-Skala in einem Fragebogen erlauben das Sammeln *quantitativer Daten*. Quantitative Daten erhält man auch, wenn man im Test weitere Messungen durchführt etwa die Zeit für das Lösen einer Aufgabe oder die Anzahl der dabei gemachten Fehler. Für die Auswertung dieser Daten unterscheiden wir drei Fälle. Im ersten Fall liegen *nominale Daten* vor, d. h. Daten die sich nicht ordnen lassen (z. B. der Testnutzer war rechtshändig/ linkshändig). In der Auswertung beschreibt man diese Daten durch ihr Verhältnis (z. B. im Nutzertest waren 12 % der Personen männlich, 88 % weiblich), man kann sie mit einem Tortendiagramm visualisieren. Im zweiten Fall sind die Daten entweder *ordinal*, d. h. die Daten kann man in eine Reihenfolge bringen (z. B. Interaktionstechnik A wird besser bewertet als Interaktionstechnik B – es wird aber keine Aussage getroffen, ob sie knapp oder um Längen besser war), oder *rational*, d. h. hier haben Differenzen zwischen den Werten eine Bedeutung und die Werte können so in ein Verhältnis gesetzt werden (z. B. mit 80 s benötigte ein Testnutzer bei Interaktionstechnik A doppelt so lange für die Erfüllung einer Aufgabe als bei Interaktionstechnik B, bei der es 40 s dauerte). Die Daten werden ausgewertet, indem *q%-Quantile* ermittelt werden, wobei *q* im Intervall von 0 bis 100 liegt. Das 30 %-Quantil beispielsweise ist der beobachtete Wert *w*, bei dem 30 % aller Werte kleiner als *w* sind. Stets wird das 50 %-Quantil, der *Median*, ermittelt. Die Daten kann man in einem Balkendiagramm oder einem *Tukey Box-Plot* (vgl. Abb. 6.5) visualisieren. Werte von Skalen aus Fragebögen wie z. B. der Likert-Skala sind ordinal. Es wird kontrovers diskutiert, ob man sie auch als rationale Daten behandeln kann – dies würde z. B. bedeuten, dass der Unterschied an Zustimmung zwischen „stimme voll zu" und „stimme zu" genau so groß ist wie der Unterschied zwischen „weiß nicht" und „stimme nicht zu". Der dritte Fall liegt vor, wenn Daten sowohl rational als auch *normalverteilt* sind, d. h. die

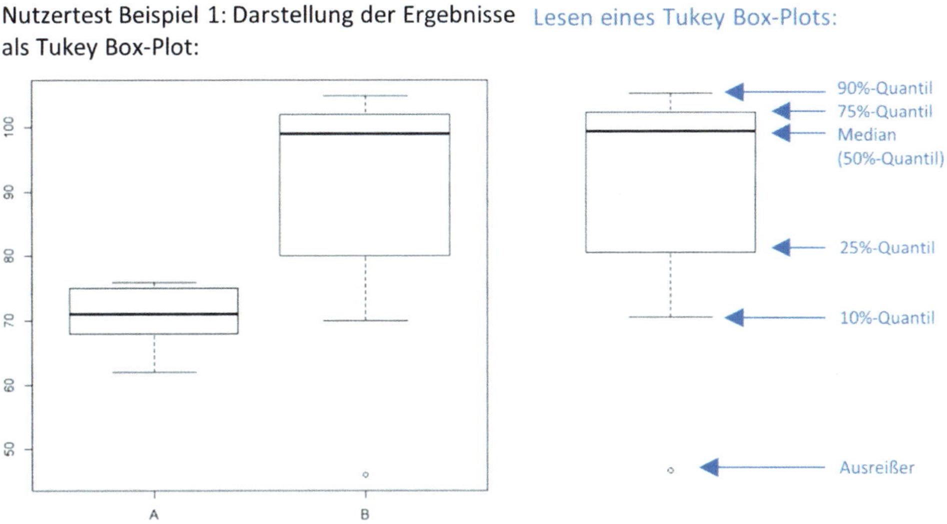

Abb. 6.5 Visualisierung der Testergebnisse mit einem Tukey Box-Plot

Verteilungsfunktion der Daten hat die Form einer *Gaußschen Glockenkurve*. Hier genügt zur Auswertung die Berechnung des *arithmetischen Mittels* μ und der *Standardabweichung* σ. Als Daumenregel kann man eine Normalverteilung annehmen, wenn die Anzahl der gemessenen Werte groß (i.d. R größer als 50) ist oder mehr als 99,7 % aller gemessenen Werte im Intervall $[\mu - 3 \cdot \sigma, \mu + 3 \cdot \sigma]$ liegen. Genauer kann das Vorliegen einer Normalverteilung mit einem statistischen Test, dem *Kolmogoroff-Smirnov-Test*, überprüft werden.

Nutzertest Beispiel 1: In einem Nutzertest hatten 9 Nutzer die Aufgabe, einmal mit VR-System A und einmal mit VR-System B einen Task zu erfüllen (wobei zufällig festgelegt wurde, mit welchem VR-System begonnen wurde). Die Zeiten wurden gemessen und es ergaben sich folgende Resultate (die erste Zahl im Tupel gibt die Zeit in Sekunden für A an, die zweite die Zeit für B): (66,102), (75,80), (62,81), (74,46), (71,105), (76,70), (70,100), (68,99), (75,102). Wir formulieren als Nullhypothese: „Es gibt keinen Unterschied bei der Zeit für die Bearbeitung des Tasks zwischen beiden Systemen". Unsere zu prüfende Behauptung „Mit A geht es schneller als mit B oder mit B geht es schneller als mit A" umfasst zwei Möglichkeiten, wir müssen einen zweiseitigen (engl. *two-tailed*) Test durchführen. Es liegt ein Within-Group Design (verbundene Stichprobe) mit zwei Gruppen und rationalen Daten vor. Wir führen deswegen einen Wilcoxon-Test (engl. *Signed Rank Test*) durch und erhalten einen p-Value von 7,422 %. Der p-Value ist höher als unsere Schranke von 5 %. Wir prüfen mit dem Kolmogoroff-Smirnov-Test, ob die rationalen Daten normalverteilt sind. Dies ist nicht der Fall (p-Value $< 10^{-8}$). Wir dürfen daher den paired t-Test nicht verwenden. Insgesamt ist bei unserem Nutzertest keine Aussage bezüglich der Hypothese zu treffen.

Tab. 6.1 Anwendung statistischer Verfahren in der Auswertung von Nutzertests

Aufgabe	Nominal	Ordinal oder Rational	Rational Normalverteilt
Daten statistisch beschreiben	relative Häufigkeiten	q%-Quantile, insb. Median	Arith. Mittel, Standardabweichung
1 Gruppe mit hypothetischem Wert vergleichen	Chi-Quadrat-Test	Wilcoxon Test	One-sample t-Test
2 Gruppen vergleichen, unverbunden	Fisher's Test	Mann-Whitney-U-Test	Unpaired t-Test
>2 Gruppen vergleichen, unverbunden	Chi-Quadrat-Test	Kruskal-Wallis-Test	One-way ANOVA
2 Gruppen vergleichen, verbunden	McNemar's Test	Wilcoxon Test	Paired t-Test
>2 Gruppen vergleichen, verbunden	Cochrane-Q Test	Friedman Test	Repeated-Measures ANOVA
Verhältnis zweier Variablen quantifizieren	Kontigenzkoeffizient (nach Pearson)	Spearman Korrelation	Pearson Korrelation

Da man meist nicht alle späteren Nutzer des VR-Systems testet, sondern statt einer *Vollerhebung* nur eine *Stichprobe* macht, bleibt die Frage, wie aussagekräftig das Testergebnis ist. Angenommen man hat vier Tests durchgeführt und alle Testnutzer finden das VR-System A besser als B. Kann man daraus schließen, dass A tatsächlich besser ist? Unter der Annahme, dass beide Systeme im Mittel gleichwertig sind (*Nullhypothese*), müssten 50 % aller Nutzer A bevorzugen. Es könnte natürlich sein, dass wir zufällig bei unseren Testnutzern vier Personen erwischt haben, die A bevorzugen – genauso wie man bei einer perfekten Münze auch viermal hintereinander Kopf werfen kann. Die Wahrscheinlichkeit für diesen Fall, falls die Nullhypothese gilt, beträgt $0{,}5^4 = 6{,}25\,\%$. Anders ausgedrückt: Falls wir die Ausgangsfrage mit „ja" beantworten, die Nullhypothese also ablehnen, beträgt die Wahrscheinlichkeit 6,25 %, dass wir uns irren (und A in Wirklichkeit doch nicht besser ist und wir in unserer Stichprobe Pech hatten und zufällig eine nicht repräsentative Auswahl an Nutzern getestet haben). In der Regel fordert man eine *Irrtumswahrscheinlichkeit* (engl. *p-Value*) von höchstens 5 %. In unserem Beispiel können wir auf Grundlage des Tests also nicht *statistisch signifikant* zum *Signifikanzniveau* 5 % nachweisen, dass A besser ist als B. Wir können keine Aussage treffen. Um diesen p-Value zu berechnen, gibt es eine Reihe statistischer Verfahren, die in Tab. 6.1 dargestellt sind. Je nach Datentyp und Fragestellung nutzt man unterschiedliche Tests. Man unterscheidet auch, ob man einen Within-Group Design (verbundene Stichprobe) oder einen Between-Group Design (unverbundene Stichprobe) im Test angewendet hat. Hat man mehr als zwei Gruppen (z. B. fünf Interaktionstechniken), die man miteinander vergleichen will, dann kann man je zwei Gruppen paarweise vergleichen. Allerdings sollte man das Signifikanzniveau durch n dividieren, wenn man Testdaten n-fach statistisch auswertet (*Bonferroni-Korrektur*). Daher gibt es spezielle Tests wie die *Varianzanalyse* (engl. *ANOVA*, *Analysis of Variances*), die mehrere Gruppen gleichzeitig betrachten. Die p-Values für die einzelnen statistischen Tests kann man mit Software berechnen, z. B. mit Tabellenkalkulationsprogrammen wie *Microsoft Excel* oder auch mit Statistikpaketen wie das kommerzielle *SPSS* oder die freie Software *R* (r-project. org).

Nutzertest Beispiel 2: In einem Nutzertest hatten 10 Testnutzer VR-System A getestet und 12 weitere Testnutzer VR-System B. Alle Testnutzer haben das System in einem Fragebogen mit Schulnoten (1 bis 6) bewertet. Als Resultat hat A folgende Noten erhalten: 3x „1", 2x „2", 3x „3", 2x „4", B folgende Noten: 1x „1", 3x „3", 5x „4", 3x „5". Wir formulieren als Hypothese: „A wurde besser bewertet als B". Die Daten sind ordinal, es liegt ein Between-Group Design (unverbundene Stichprobe) vor. Wir wenden den Mann-Whitney-U-Test (engl. *Rank Sum Test*) als einstufigen (engl. *one-tailed*) Test an. Als p-Value erhalten wir 0,789 %, dieser liegt unter 5 %. Wir können damit sagen, dass unser Test die Aussage „A wurde besser bewertet als B" statistisch signifikant bestätigt hat.

Will man feststellen, ob zwei Variablen bei Messungen zusammen hängen (z. B. die Bewertung einer Interaktionstechnik mit der Händigkeit einer Person), dann kann man *Korrelationen* berechnen (vgl. Tab. 6.1), um diesen Zusammenhang zu quantifizieren. Bei mehr als zwei Variablen führt man eine *Regressionsanalyse* durch. Gerade bei wissenschaftlichen Untersuchungen ist man aber nicht nur an Korrelationen interessiert, sondern auch an *Kausalitäten*. Hierzu verwendet man die Methodik des *kontrollierten Experiments*. Dazu werden alle *Faktoren* identifiziert, die ein messbares Ergebnis, den *Score*, beeinflussen können. Im Experiment werden alle Faktoren bis auf einen, den *Treatment Faktor*, konstant gehalten. Dadurch kann man Ursache-Wirkungsbeziehungen zwischen Änderungen des Treatment Faktors und Änderungen des Scores nachweisen.

Nutzertest Beispiel 3: In einem Nutzertest mit zwei Interaktionstechniken A und B erhält man folgende Ergebnisse: 12 Rechtshänder bevorzugen A, 23 Rechtshänder bevorzugen B, 18 Linkshänder bevorzugen A, 9 Linkshänder bevorzugen B. Unsere Hypothese lautet: „Es gibt einen Zusammenhang zwischen Händigkeit und Bevorzugung einer Interaktionstechnik.". Wir haben nominale Daten vorliegen, zwei Gruppen in einer unverbundenen Stichprobe. Wir führen den Exakten Test von Fisher durch und erhalten einen p-Value von 2,036 %. Dieser liegt unter 5 % und unsere Daten zeigen statistisch signifikant, dass es einen Zusammenhang zwischen Händigkeit und Interaktionstechnik gibt. Mit der Berechnung des Kontigenzkoeffizienten (nach Pearson) kann man die Stärke des Zusammenhangs quantifizieren, er hat in unserem Beispiel den Wert 0,306. Ein Wert von 0 würde keinen Zusammenhang bedeuten, ein Wert von 1 maximalen Zusammenhang.

6.8 Zusammenfassung und Fragen

Damit der Nutzer sich nicht wie eine völlig teilnahmslose oder komplett gelähmte Person in einer Virtuellen Umgebung empfindet, ist es essentiell, eine Wechselwirkung zwischen Nutzer und Virtueller Welt zu ermöglichen. Damit ist immer eine Benutzungsschnittstelle zu gestalten und zu realisieren. Diese bedient sich Interaktionstechniken, von denen einige traditionellen Benutzungsschnittstellen entstammen können (mit denen der Nutzer meist schon vertraut ist), von denen andere aber spezifisch für VR sind, wie z. B. die World-In-Miniature Technik oder die Camera-In-Hand Technik. Neu bei VR-Interaktion ist auch, dass sich ungewöhnliche Gestaltungsmöglichkeiten eröffnen, so können Interaktionen natürlich oder magisch sein. In jeder VR sind typische Grundaufgaben vertreten, die durch geeignete Interaktionstechniken zu lösen sind: die Selektion (von Objekten oder Orten, Flächen, Volumina), die Manipulation, die Navigation und die Systemsteuerung. Die einzelnen Grundaufgaben können verfeinert werden, so lässt sich Navigation in Wegefindung und Bewegungskontrolle trennen und Bewegungskontrolle wiederum in Exploration, Suche und Manövrieren zerlegen. Insgesamt sind die gewählten Interaktionstechniken in ein Gesamtkonzept einer konsistenten Benutzungsschnittstelle einzugliedern und Designentscheidungen zu treffen, z. B. ob Constraints oder Modi eingeführt werden. Hierbei kann man auf Ergebnisse aus dem Gebiet der Mensch-Computer-Interaktion zurückgreifen. So lassen sich insbesondere im Bereich der MCI entwickelte Vorgehensmodelle zur Gestaltung und Realisierung von Benutzungsschnittstellen im Allgemeinen auf die Interaktion in VR übertragen. Eine frühzeitige Einbindung der Nutzer, die Durchführung von Nutzertests (und deren sorgfältige Auswertung, insbesondere mit statistischen Methoden) und ein iteratives Vorgehen können auch für VR-Systeme gewinnbringend eingesetzt werden, um eine hohe Usability zu erreichen.

Überprüfen Sie Ihr Verständnis des Kapitels anhand der folgenden Fragen:

- Finden Sie Beispiele von Interaktionstechniken, die man als *tethered* klassifizieren kann!
- Der Nutzer hat die Aufgabe in einem virtuellen Operationsraum aus einem Regal mit Operationsbesteck für den Chirurgen die richtigen Instrumente auszuwählen und diesem passend ausgerichtet zu reichen. Wählen Sie eine geeignete Selektionstechnik und eine dazu passende Manipulationstechnik aus. Wie kann man dem Nutzer Feedback (wie bei der direkten Manipulation gefordert) geben?
- Konzipieren Sie für die in Abb. 6.2 dargestellte Virtuelle Welt verschiedene Bewegungstechniken, die eine egozentrische bzw. exozentrische Sicht bevorzugen. Kombinieren Sie diese Ansätze so geschickt, dass die verschiedenen Aufgaben Exploration, Suche und Manövrieren möglichst gleich gut erfüllt werden können!
- Die in Abschn. 6.2.2 erwähnte Beschränkung auf fünf statt sechs Freiheitsgrade bei der Interaktion in Virtuellen Umgebungen lässt sich auch bei den am Markt verfügbaren Ego-Shooter Computerspielen aufzeigen. Welcher Freiheitsgrad wird hier meist nicht verwendet? Mit Hinblick auf die dabei verwendeten Eingabegeräte: Warum ist dies so und wie würden Sie den sechsten Freiheitsgrad in solche Spiele integrieren? Gibt es weitere Eingabegeräte, die Sie zur Realisierung verwenden könnten?

- Entwickeln Sie eine Navigationstechnik auf Basis der Metapher eines „Fliegenden Teppichs". Welche Constraints führen Sie ein? Welche Modi könnten hier sinnvoll sein? Wie ist diese Navigationstechnik einzuordnen? Welche Navigationsaufgaben können abgedeckt werden?
- Sie entwickeln eine VR-Anwendung zur Raumplanung. Die Benutzer sollen die Möglichkeit haben Möbel in einem Raum frei zu positionieren und ihre Abmessungen und Materialien zu manipulieren. Welche Fragen sind in der „Analyse des Nutzungskontextes" zu beantworten? Erarbeiten Sie eine erste „Spezifikation von Anforderungen"!
- Zwei wichtige Aspekte in Ihrer VR Anwendung zur Raumplanung sind das Laden einer Raumgeometrie und das Einfügen von Möbeln in einen Raum. In welchen Kategorien von Grundaufgaben der Interaktion suchen Sie nach geeigneten Techniken? Welche Techniken wären Ihre erste Wahl, um diese Aufgaben umzusetzen?
- Um sich in einer Virtuellen Welt an ein sehr weit entferntes Ziel zu bewegen, möchte man dem Nutzer nicht zumuten, ein 20 minütiges Walking durchzuführen. Man überlegt a) eine Auswahlliste ständig am unteren Bildrand einzublenden, aus die der Nutzer ein Ziel aus einer Liste auswählen kann oder b) eine Geste (verschränken der Arme hinter dem Kopf) des Nutzers zu erkennen und die darauf folgende Spracheingabe als Ziel zu interpretieren. Welche Vor- und Nachteile haben diese beiden Alternativen? Schlagen Sie eine eigene Realisierungsalternative c) vor. Wie kann man herausfinden, welche der drei Alternativen a), b) und c) das Gefühl der Präsenz von Nutzern in der Virtuellen Welt am wenigsten beeinträchtigt?
- Wie hoch wäre der p-Value im Nutzertest Beispiel 1, wenn die Werte nicht von 9 Nutzern kämen, sondern von 18 Testnutzern von denen jeweils 9 Nutzer System A und 9 Nutzer System B getestet haben? [Lösung: 2,412 %]
- Welchen p-Value hätte man im Nutzertest Beispiel 1 erhalten, wenn man als Hypothese „Mit A ist man schneller als mit B" gewählt hätte (also einen einseitigen Test durchführen würde)? [Lösung: 3,711 %]

Literaturempfehlungen[1]

Preim B, Dachselt R (2010) Interaktive Systeme, Bd. 1 (2. Auflage). Springer, Heidelberg – *Deutschsprachiges Lehrbuch zum Thema Interaktion mit Softwaresystemen*

Bowman DA, Kruijff E, Laviola JJ (2004) 3d user interfaces: theory and practice. Addison-Wesley, Amsterdam – *Klassisches Lehrbuch zum Thema Userinterfaces in 3D*

Tullis T, Albert W (2008) Measuring the user experience. Morgan Kaufman, San Francisco – *Buch, das besonders auf das Messen im Bereich Human-Computer Interaction eingeht und eine Vielfalt von Metriken präsentiert*

[1] Weiterführende Informationen zum Thema Interaktion in VR finden sich neben den zahlreichen Webseiten von Forschungsinstitutionen vor allem in den Konferenzbänden der entsprechenden Konferenzen und Workshops, z. B. IEEE Virtual Reality (IEEE VR), IEEE Symposium on 3D User Interfaces (3DUI), ACM Symposium on Virtual Reality Software and Technology (VRST), ACM Symposium on User Interface Software and Technology (UIST), ACM SIGCHI Conference on Human Factors in Computing Systems (CHI), Eurographics Symposium on Virtual Environments und die EuroVR Conference.

Lazar J, Feng JH, Hochheiser H (2009) Research methods in human-computer-interaction. Wiley Publishers, New York – *Ausführliche Darstellung unterschiedlicher, für Interaktion in VR relevanter Forschungsmethoden,u. a. kontrollierte Experimente und Ethnographie.*

Rubin J, Chisnell D (2008) Handbook of usability testing (2nd Edition) Wiley Publishers, New York – *Praxis-orientiertes Buch, das zeigt, wie man Usability Tests plant, durchführt und auswertet*

Shneiderman B, Plaisant C (2009) Designing the user interface: strategies for effective human-computer interaction (5th revised edition). Addison-Wesley Longman, Amsterdam – *Standardwerk der Mensch-Computer-Interaktion*

Literatur

Beckhaus S, Blom K, Haringer M (2007) ChairIO – the chair-based Interface. In: Magerkurth, Rötzler (eds) Concepts and technologies for pervasive games: A reader for pervasive gaming research. Shaker Verlag, Aachen

Bellotti V, Back M, Edwards WK, Grinter RE, Henderson A, Lopes C (2002) Making sense of sensing systems: five questions for designers and researchers. Proc CHI 2002, 415–422

Benford S, Fahlen L (1993) A spatial model of interaction in large virtual environments. Proc ESCW 1993, 109–124

Buxton B (2007) Sketching user experiences: getting the design right and the right design. Morgan Kaufmann, San Francisco

Bowman DA, Hodges LF (1999) Formalizing the design, evaluation, and application of interaction techniques for immersive virtual environments. J Vis Lang & Comp 10:37–53

Card S, Mackinlay J, Robertson G (1990) The design space of input devices. Proc CHI 1990, 117–124

Carroll JM (2000) Making use: scenario-based design of human-computer interactions. MIT Press, Cambridge

Dachselt R, Hübner A (2007) Virtual environments: three-dimensional menus: a survey and taxonomy. Comp & Graphics, 31(1)53–65

De Boeck J, Raymaekers C, Coninx K (2005) Are existing metaphors in virtual environments suitable for haptic interaction. Proc VRIC 2005, 261–268

Foley JD, van Dam A, Feiner SK, Hughes JF (1993) Computer graphics: principles and practice. Addison-Wesley, Boston

Glaser BG, Strauss AL (1967) The discovery of the grounded theory: strategies for qualitative research. Transaction Publishers, Rutgers

Jacob RJK (1990) What you look at is what you get: eye movement-based interaction techniques. Proc CHI 1990, 11–18

Marchal M, Pettré J, Lécuyer A (2011) Joyman: a human-scale joystick for navigating in virtual worlds. Proc IEEE 3DUI, 19–26

Peck TC, Fuchs H, Whitton MC (2011) An evaluation of navigational ability comparing redirected free exploration with distractors to walking-in-place and joystick locomotion interfaces. Proc IEEE Virtual Reality, 55–62

Prümper J (1993) Software-evaluation based upon ISO 9241 part 10. In Greching T, Tschegli M (eds.) Human computer interaction, Springer, Berlin

Raskin J (2000) The humane interface. New directions for designing interactive systems. Addison-Wesley Longman, Amsterdam

Razzaque S, Swapp D, Slater M, Whitton MC, Steed A. (2002) Redirected walking in place. Proc Eurographics workshop on virtual environments 2002, 123–130

Razzaque S (2005) Redirected Walking. Dissertation, University of North Carolina at Chapel Hill

Suma E, Finkelstein SL, Reid M, Ulinski A, Hodges LF (2009) Real walking increases simulator sickness in navigationally complex virtual environments. Proc IEEE VR 2009, 245–246
Usoh M, Arthur K, Whitton MC, Bastos R, Steed A, Slater M, Brooks Jr FP (1999) Walking > walking-in-place > flying, in virtual environments. Proc SIGGRAPH 1999, 359–364
Wang J, Lindeman RW (2011) Comparing isometric and elastic surfboard interfaces for leaning-based travel in 3D virtual environments. IEEE Symp on 3D User Interfaces, 31–38
Wang J, Lindeman RW (2012) Leaning-based travel interfaces revisited: frontal versus sidewise stances for flying in 3D virtual spaces. Proc VRST 2012, 121–128
Winograd T, Flores F (1986) Understanding computers and cognition: a new foundation for design. Addison-Wesley, Boston

Echtzeitaspekte von VR-Systemen

7

Mathias Buhr, Thies Pfeiffer, Dirk Reiners, Carolina Cruz-Neira
und Bernhard Jung

Zusammenfassung

Der Begriff „Echtzeit" beschreibt die Fähigkeit eines Computersystems (oder hier VR-Systems) Ergebnisse zeitlich vorhersagbar, und damit in konstanten, definierten und in der Regel möglichst kurzen Zeitabständen zu liefern. Echtzeitfähigkeit ist eine der härtesten Anforderungen an VR-Systeme: Nutzer erwarten, dass ein VR-System Auswirkungen von Interaktionen ohne wahrnehmbare Verzögerungen erlebbar macht. Gegenstand dieses Kapitels sind ausgewählte Themen, welche die Echtzeitfähigkeit von VR-Systemen betreffen. Im ersten Teilkapitel wird in einer Gesamtsicht auf VR-Systeme dargestellt, welche Arten von Verzögerungen (*Latenzen*) zwischen Nutzereingaben und der Systemreaktion auftreten. Es wird auch darauf eingegangen, wie Latenzen der Teilkomponenten von VR-Systemen abgeschätzt bzw. gemessen werden können. Das zweite Teilkapitel stellt gängige Methoden für die effiziente *Kollisionserkennung* vor, z. B. den Einsatz von Hüllkörpern und die Aufteilung des Kollisionserkennungsprozesses in Phasen unterschiedlicher Genauigkeit. Das dritte Teilkapitel beschäftigt sich mit Echtzeitaspekten beim Rendering von Virtuellen Welten.

7.1 Latenz in VR-Systemen

Eine wesentliche Eigenschaft von VR-Systemen ist ihre Interaktivität. Für die Immersion eines Nutzers in die Virtuelle Umgebung ist es essentiell, dass er die Konsequenzen seiner Handlungen in der Virtuellen Welt wahrnehmen und seinem eigenen Handeln zuordnen kann. Drückt der Nutzer einen realen Knopf auf einem Eingabegerät oder auch einen vir-

B. Jung (✉)
Fakultät für Mathematik und Informatik, TU Bergakademie Freiberg,
Bernhard-von-Cotta-Straße 2,
09596 Freiberg, Deutschland
E-Mail: jung@informatik-tu-freiberg.de

R. Dörner et al. (Hrsg.), *Virtual und Augmented Reality (VR/AR)*, eXamen.press,
DOI 10.1007/978-3-642-28903-3_7,

tuellen Schalter in der Simulation, dann müssen die Effekte dieser Handlung in einer der Nutzerwartung entsprechenden Reaktionszeit erlebbar sein. Die Zeitspanne, die ein System für die Reaktion auf eine Eingabe benötigt, bezeichnet man dabei als *Latenz* (engl. *Latency*). Je größer die Latenz des Systems, desto größer ist der zeitliche Abstand der wahrnehmbaren Konsequenz einer Handlung und desto dissoziierter ist die Wirkung auf den Nutzer. In der realen Welt lässt sich dieser Effekt ebenfalls beobachten: Zu Beginn der Einführung der Energiesparlampen hatten diese noch eine sehr lange Einschaltverzögerung. In der Übergangsphase ist es z. B. dem Autor dieses Teilkapitels häufiger passiert, dass er nach dem Betätigen des Lichtschalters und der vermeintlich ausbleibenden Reaktion, den Schalter nochmals aus- und wieder einschaltete – dies hatte natürlich den gegenteiligen Effekt: Die Wartezeit auf das Licht, und damit auch die Frustration mit dem System, vergrößerte sich deutlich.

Im Kontext dieses Buches beschreibt auch der häufig verwendete Begriff der Echtzeitfähigkeit diesen Zusammenhang. Ein System wird als echtzeitfähig bezeichnet, wenn es in der Lage ist, Resultate einer Eingabe zuverlässig in vorhersagbaren Zeiträumen zu liefern. Die Latenz des Systems sollte dabei unterhalb der menschlichen Wahrnehmungsschwelle liegen. Andere informationstechnische Systeme legen den Begriff insofern strenger aus, als dass sie eine Zuverlässigkeit ansetzen, die ähnlich einer Garantie verstanden werden kann. Ein System gilt dann als echtzeitfähig, wenn es garantiert, die Eingabeantwort nach einer definierten Zeitspanne ausgeben zu können. Diese Auslegung wäre zwar auch für VR-Systeme wünschenswert, jedoch können konstante Latenzen in der Regel nicht garantiert werden.

Ein Beispiel für einen durch Latenz verursachten Effekt in Virtueller Realität tritt beim Bewegen eines virtuellen Werkzeugs auf, das über ein Tracking-System an die Handbewegungen des Nutzers gekoppelt ist: Aufgrund von Latenzen wird das Werkzeug nicht direkt mit der Hand mitgeführt, sondern, insbesondere bei schnellen Bewegungen, in mehr oder minder großem Abstand nachgezogen. In diesem Fall setzt sich die gesamte Latenz aus Verzögerungen aus dem Messsystem (Tracker), der Netzwerkkommunikation und der graphischen Ausgabe zusammen. Für den Teil der graphischen Ausgabe bedeutet die Echtzeitfähigkeit beispielsweise, dass Bilder stets mit einer solchen Geschwindigkeit erzeugt und ausgeben werden können, dass der Nutzer keine Einzelbildabfolge wahrnehmen kann. Dieser Zustand ist aber in der Praxis schwierig erreichbar, da ein einfacher Perspektivenwechsel des Nutzers zu Situationen führen kann, in welchen das graphische System (die Graphikhardware) nicht mehr in der Lage ist, eine Antwort schnell genug zu berechnen, da die Komplexität der nun sichtbaren Szene zu groß ist.

Das graphische System und das Kommunikationsnetzwerk des Trackers sind nur zwei von vielen Teilen eines VR-Systems, an denen Latenzen auftreten. Um ein interaktives VR-System betreiben zu können, ist es wichtig, alle auftretenden Verzögerungen zu kennen und diese auch quantifizieren zu können. Der Bestimmung der Latenzen der Komponenten eines VR-Systems kommt daher in der Planungs- und in der Evaluierungsphase eine besondere Bedeutung zu. Dieser Abschnitt diskutiert den Latenzbegriff im Kontext von VR-Systemen. Die Abschn. 7.2 und 7.3 zeigen Lösungswege für VR-bezogene Teilprobleme, mit denen echtzeitfähige, und damit latenzarme, VR-Systeme konstruiert werden können.

7.1.1 Welche Anforderungen an Latenz gibt es?

Eine besondere Anforderung an die Latenz in VR-Systemen stellt die Berechnung der dynamischen Perspektive eines Nutzers dar. Dies gilt insbesondere dann, wenn Head-Mounted Displays (HMDs) mit Head-Tracking zum Einsatz kommen. Sobald der Nutzer nur noch die Virtuelle Welt und nicht mehr seinen natürlichen Körper wahrnehmen kann, wirkt sich eine hohe Latenz besonders negativ auf das Wohlbefinden des Nutzers aus. Es kann zu Schwindelgefühlen kommen. Meehan et al. (2003) konnten z. B. eine deutlich höhere Zahl an Personen mit Schwindelgefühlen feststellen, wenn sie die Latenz eines HMDs von 50 ms auf 90 ms erhöhten. Eine Latenz von unter 50 ms wird für HMDs empfohlen (Brooks 1999; Ellis et al. 1997). Für stationäre Projektionssysteme gelten weniger harte Anforderungen, da sich die Szene nicht automatisch mit dem Kopf mit bewegt und damit die Dissonanz zwischen erwartetem Bild und präsentiertem Bild geringer ausfällt. Eine detailliertere Analyse der Interaktion zwischen verschiedenen Parametern einer Simulation und der noch wahrnehmbaren Latenz findet sich in (Jerald 2010).

> When it comes to VR and AR, latency is fundamental – if you don't have low enough latency, it's impossible to deliver good experiences, by which I mean virtual objects that your eyes and brain accept as real. By „real," I don't mean that you can't tell they're virtual by looking at them, but rather that your perception of them as part of the world as you move your eyes, head, and body is indistinguishable from your perception of real objects. […] I can tell you from personal experience that more than 20 ms is too much for VR and especially AR, but research indicates that 15 ms might be the threshold, or even 7 ms. (Abrash 2012)

Der oben zitierte Blogbeitrag von Michael Abrash entstand zu der Zeit (Dezember 2012), in der mit Oculus Rift ein weiterer interessanter Anlauf zur Realisierung eines HMDs für den Gaming-Bereich genommen wurde. Der Beitrag hat viel Aufsehen erregt und etliche umfangreiche Kommentare und Diskussionen angeregt. Unter anderem reagierte auch John Carmack (Mitgründer von id Software) und diskutierte im Detail Probleme und Verbesserungsmöglichkeiten in den Bereichen Generierung/Rendering und Darstellung/Display (Carmack 2013).

Die relativ niedrigen geforderten Latenzen mögen erst verwundern. Eine Latenz von 20 ms ergibt – anders ausgedrückt – eine Aktualisierungsfrequenz von 50 Hz. Dabei heißt es doch, dass man nur 24 Hz braucht, um bewegte Bilder darstellen zu können. Mit dieser Aktualisierungsfrequenz arbeitet typischerweise das Kino. Klassisch werden dort die Bilder aber mit 48 Hz wiederholt (also jeder Inhalt zweimal angezeigt). Tatsächlich reichen bereits mehr als 14 Hz aus, damit wir Menschen aus Einzelbildern die Illusion einer kontinuierlichen Bewegung rekonstruieren können. Das hat allerdings nichts damit zu tun, dass wir keine höheren Frequenzen wahrnehmen oder unterscheiden könnten. Hier muss also zwischen Wiederholrate (auch gleicher Bilder) und Aktualisierungsfrequenz bzw. Framerate (jeweils unterschiedlicher Bilder) unterschieden werden. Die kritische Wiederholrate bei der eine Einzelbildabfolge nicht mehr direkt wahrnehmbar ist, beginnt knapp unter 50 Hz, hängt aber von äußeren Faktoren ab (Bauer et al. 2009). Erst ab 100 Hz gilt ein Bild als wirklich flimmerfrei. Bei HMDs spielt die Aktualisierungsfrequenz eine größere Rolle, da z. B. die Bildelemente (Pixel) von LCDs im Vergleich zu Projektoren und Röhrenbildschirmen nicht so häufig aufgefrischt werden müssen. Hier ist es wichtiger, dass die Reaktionszeit des Bildschirms hoch ist und die Inhalte damit in möglichst kurzer Zeit aktualisiert werden können. Ein weiterer, oft übersehener, wichtiger Faktor ist auch die Schwankung dieser Wiederholraten. 100 Hz (sprich Bilder pro Sekunde) nützen wenig, wenn 99 der Bilder innerhalb der ersten 5 ms erzeugt und angezeigt worden sind und das letzte Bild erst nach weiteren 995 ms zur Anzeige gebracht wird.

Neben den bewusst wahrnehmbaren Effekten von Latenzen spielen auch unbewusste eine Rolle. In einer Simulation können durchaus auf unterschiedlichen Kanälen der Präsentation, also z. B. visuell, auditiv und haptisch, verschiedene Latenzen entstehen. Die Präsentation kann dann asynchron werden. Solche Inkongruenzen können aber vom Menschen wahrgenommen werden und z. B. zu einem Unwohlsein führen. Der vestibulookuläre Reflex sorgt z. B. beim Menschen dafür, dass die Augen bei der Betrachtung von Objekten automatisch einer Kopfbewegung (willentlich oder unwillentlich) entgegen bewegt werden, um eine kontinuierliche Wahrnehmung zu ermöglichen. Hat die Projektion in einem Head-Mounted Display eine zu hohe Latenz, so passt die gelernte Reflexbewegung der Augen nicht mehr und es muss eine Refixierung durchgeführt werden. Dieser Effekt tritt ähnlich auch unter der Wirkung von Alkohol oder Betäubungsmitteln auf, die ebenfalls die Leistung des vestibulookulären Reflexes dämpfen. Bei einigen Menschen führt genau diese Inkongruenz zu Übelkeitsgefühlen.

7.1.2 Wo entstehen eigentlich Latenzen?

Abbildung 7.1 zeigt den Aufbau eines typischen VR-Systems. Links oben ist die Erfassungsseite des Systems dargestellt. Verschiedene Eingabesensorik erfasst das Verhalten des Nutzers. Zwischen dem Zeitpunkt der Bewegung des Nutzers und der Verfügbarmachung der Bewegungsinformationen als Ereignis für die Weltsimulation treten *Tracking-Latenzen* auf. Das Transportmedium kann dabei eine weitere separat betrachtete Latenz, die *Transportlatenz*, aufweisen. Eine wichtige Aufgabe der Sensorfusion ist der Ausgleich bzw. die Berücksichtigung der Latenzunterschiede unterschiedlicher Tracker. Häufig bestimmt damit jedoch das schwächste Glied, d. h. der langsamste Tracker, die Gesamtlatenz des Trackings.

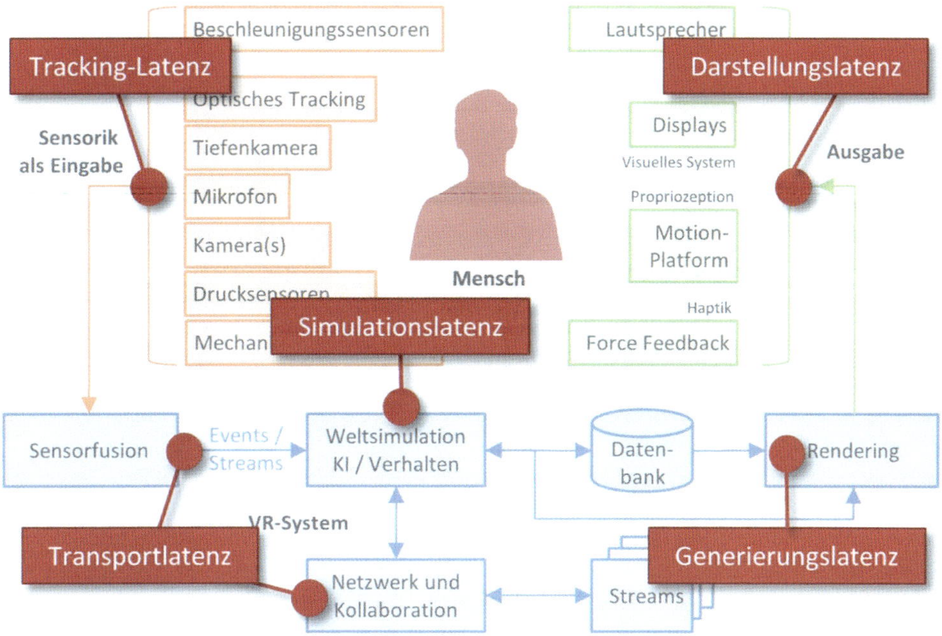

Abb. 7.1 An den unterschiedlichsten Stellen in einem VR-System treten Latenzen auf

In der Weltsimulation werden die eingehenden Ereignisse repräsentiert und die Interaktionseffekte mit den Mitteln des verwendeten VR Frameworks simuliert. Die hier auftretenden *Simulationslatenzen* entstehen durch die erforderlichen Berechnungen und eventuelle Warteprozesse, z. B. auf eingehende Tracking-Daten. Diese Latenzen können je nach Anwendungsfall sehr unterschiedlich ausfallen.

Nachdem von der Simulation ein neuer Weltzustand berechnet wurde, müssen die Ausgaben entsprechend gerendert (*Generierungslatenz*), also für das jeweilige Ausgabegerät aufbereitet, und über einen weiteren Transportweg an die jeweiligen Ausgabegeräte weitergegeben und dargestellt werden (*Darstellungslatenz*). Unter dem Begriff „Ausgabegerät“ sollen dabei explizit auch auditive oder haptische Anzeigen verstanden werden.

Die Gesamtlatenz des Systems wird auch als *Ende-zu-Ende-Latenz* (engl. *End-to-End Latency*) bezeichnet. Eine ähnliche Kategorisierung der Latenzen findet sich in (Mine 1993).

Wird die aufgrund einer Interaktion geänderte Virtuelle Welt dem Nutzer präsentiert, ist schon eine gewisse Zeit vergangen und die Darstellung dadurch bereits veraltet. Da es aufgrund der Aktualisierungsraten des VR-Systems auch noch eine gewisse Zeit dauert, bis das gerade präsentierte mit neuen Inhalten überschrieben wird, „altert“ die Darstellung auch weiterhin (engl. *Frame-Rate Induced Delay*).

Zur Erfassung der Gesamtdauer einer Interaktion müsste eigentlich zusätzlich noch die Reaktionszeit des Nutzers erfasst werden, also die Zeit, die der Nutzer benötigt, um einen neu präsentierten Stimulus zu erfassen, seine Reaktion darauf zu planen und z. B.

in motorische Bewegungen umzusetzen. Hier treten auch größere Schwankungen bei den Latenzen zwischen den Nutzern (z. B. Alter) aber auch bei ein und demselben Nutzer auf (z. B. Müdigkeit). Die Reaktionszeit des Nutzers ist natürlich auch bei Interaktionen in der realen Welt ein relevanter Faktor. Die folgenden Erläuterungen beziehen sich jedoch ausschließlich auf die technisch bedingten Latenzen von VR-Systemen.

7.1.3 Ist die Latenz in einem VR-System konstant?

Die Latenz des gesamten VR-Systems hängt unter anderem mit den Abtastraten oder Aktualisierungsraten der beteiligten diskreten Prozesse zusammen. Weist zum Beispiel ein Tracking-System eine Abtastrate von 60 Hz auf, so liegen die einzelnen Aufnahmezeitpunkte 16,7 ms auseinander. Im Mittel wird dadurch bereits eine Latenz von 8,35 ms erzeugt, da auftretende physikalische Ereignisse (z. B. Bewegungen) bis zu 16,7 ms später erst vom Tracking-System detektiert bzw. weitergegeben werden. Ebenso verhält es sich mit der Aktualisierungsrate. Wenn ein Projektor das Bild mit 100 Hz aktualisieren kann, so wird eine Änderung, die erst kurz nach der letzten Aktualisierung fertig gerendert vorliegt, bis zu 10 ms später dargestellt (im Mittel 5 ms).

Da in einem komplexen VR-System mit vielen nebenläufigen Teilkomponenten sehr unterschiedliche Verarbeitungsraten auftreten können, können die Latenzen des Gesamtsystems deutlichen Schwankungen unterliegen. Neben der Optimierung auf eine minimale Latenz der einzelnen Teilsysteme oder des Gesamtsystems gibt es daher auch noch das Ziel, eine möglichst gleichbleibende Latenz zu gewährleisten. Starke Schwankungen in der Gesamtlatenz können vom Nutzer leicht als Ruckeln wahrgenommen werden und im Effekt störender wirken als eine insgesamt größere, aber gleichbleibende Latenz.

7.1.4 Welche Ansätze zur Latenzbestimmung gibt es?

Im Folgenden werden verschiedene Ansätze zur Latenzbestimmung vorgestellt. Zum einen wird diskutiert, inwieweit sich die Latenz eines Systems aus den Daten über die einzelnen Komponenten abschätzen lässt. Dieser Ansatz ist primär in der Planungsphase von VR-Systemen hilfreich, kann aber auch später noch Hinweise auf Optimierungspotentiale geben. Zum anderen werden verschiedene erprobte Methoden vorgestellt, mit denen sich die Latenz eines laufenden Systems systematisch bestimmen lässt.

Latenzbestimmung durch Berechnung

Für eine Messung der Latenzen müsste das VR-System bereits funktionsfähig und in allen betreffenden Komponenten zugänglich sein. Dies ist aber in der Planungsphase von neuen Installationen nicht zu leisten. In dieser Phase muss sich der Planer daher auf die Angaben von Herstellern, auf Daten von vergleichbaren Systemen und auf seine Vorerfahrungen verlassen.

Tab. 7.1 Übersicht von Aktualisierungsraten und Latenzen von verschiedenen existierenden optischen Tracking-Systemen, die Hersteller wurden anonymisiert

Typ	Aktualisierungsrate	Latenz
Optische Tracking-Systeme		
Beispiel-System A	30 Hz	90 ms – 300 ms
Beispiel-System B	60 Hz	15 ms – 20 ms
Beispiel-System C	Bis zu 10.000 Hz bei reduziertem Öffnungswinkel	4,2 ms
Beispiel-System D	30–2000 Hz je nach Auflösung	ab 2,5 ms

In den folgenden Tabellen sind zu den verschiedenen Kategorien der Latenzen Beispiele aufgeführt. Die aufgeführten Beispiele basieren auf realen Systemdaten und stehen, wie etwa bei den optischen Tracking-Systemen in Tab. 7.1, exemplarisch für kommerziell erhältliche Systeme. Die Daten in der Tabelle beruhen entweder auf den Aussagen professioneller Anwender oder den Angaben der Hersteller in Webseiten oder Produktbroschüren. Eine ähnliche, schon etwas ältere Aufstellung findet sich in (Ellis 1994). Die konkreten Werte sind dabei hauptsächlich als Richtwerte zu verstehen, da insbesondere bei den Tracking-Systemen (Tab. 7.1 und 7.2) keine genaue Vorgabe besteht, wie der Messprozess gestaltet sein soll und wie viele Objekte z. B. gleichzeitig gemessen wurden, um die Werte zu erheben.

Insbesondere bei der Betrachtung der Transportlatenzen wird klar, dass die in Tab. 7.3 angegebenen Werte nicht direkt für die Berechnung von Schätzwerten der Ende-zu-Ende-Latenz von VR-Systemen eingesetzt werden können. Bei den Tracking-Latenzen sind die Ereignisse identisch, auf die sich einerseits die Latenzangaben beziehen, und die andererseits für die Betrachtung des VR-Systems relevant sind, also die zu erfassenden Bewegungen des Nutzers. Dies ist auf der Ebene des Netzwerks nicht mehr der Fall: Ein Ereignis auf der Ebene des Netzwerks ist ein einzelnes Datenpaket, das von A nach B verschickt wird. Im besten Fall passt z. B. die Nachricht, die ein 6 DOF Bewegungsereignis beschreibt, in ein einzelnes solches Datenpaket hinein. Im Allgemeinen ist dies jedoch nicht der Fall, da manche Tracking-Systeme deutlich größere Datenmengen pro Zeitschritt versenden, z. B. 3D-Punktwolken. Für die Berechnung müsste dann die Anzahl der Pakete bekannt sein, die für den Transport einer kompletten Aktualisierung über das Netzwerk verschickt werden. Dabei kann je nach Netzwerktopologie auch ein paralleler Transport möglich sein oder aber eine Kollision mit anderen Datendiensten, z. B. Dateiserverzugriffen, auftreten. Die tatsächliche Latenz auf der Ebene des Netzwerks ist also schwer zu schätzen. Da gerade in der wissenschaftlichen Visualisierung neben der Interaktion auch sehr große Datenmengen bewegt werden müssen, sollten VR-Systeme hier mit Netzwerkkomponenten mit Übertragungsraten im mehrstelligen Gigabit-Bereich ausgelegt werden, die dann i. d. R auch sehr gute Latenzeigenschaften aufweisen.

Tab. 7.2 Übersicht von Aktualisierungsraten und Latenzen von alternativen Tracking-Systemen

Elektromagnetische Tracking-Systeme		
Beispiel-System E, kabellos	120 Hz	<10 ms
Beispiel-System F, kabelgebunden	240 Hz	3,5 ms
Inertiale Tracking-Systeme		
Beispiel-System G	60–120 Hz	10 ms für USB Lösung[a]
Kombinierte Tracking-Systeme		
Beispiel-System H	180 Hz	1–2 ms RS-232; 5–8 ms USB

[a] Skogstad et al. (2011) stellen einen Latenzunterschied von 15 ms zwischen der schnellen USB-Anbindung und der langsameren aber mobilen Anbindung über Bluetooth fest

Tab. 7.3 Übersicht der Übertragungsraten und Latenzen von Netzwerkkomponenten

Typ	Übertragungsrate	Latenz
Bluetooth	1.0, 1.1, 1.2: 1 Mbit/s	>1 ms
	2.0, 2.1: 2–3 Mbit/s	
	3.0: 24 Mbit/s	
Wireless	802.11b: 11 Mbit/s	>1 ms
	802.11a/g: 54 Mbit/s	
	802.11n: 300 Mbit/s	
Ethernet	100 Mbit/s	0,35 ms
	1 Gbit/s	0,05–0,125 ms
	10 Gbit/s	0,005–0,05 ms
	40 Gbit/s	0,000420 ms
InfiniBand		Sub-3
	20/40/56 Gbit/s	0,000001 ms

Die Simulationslatenzen und die dafür noch tolerierbaren Schwellwerte sind stark abhängig von der jeweiligen Anwendung und werden daher an dieser Stelle von der Betrachtung ausgeklammert.

Die Generierungslatenzen hängen jeweils mit der Komplexität der zu rendernden Szene (akustisch, visuell, haptisch) eng zusammen. Ist die Dauer, die für die Generierung benötigt wird, größer als die Latenz von der Benutzerinteraktion bis zum Anstoßen der Generierung, so wird das VR-System zusätzlich durch das Rendering ausgebremst. Dieses Problem kann z. B. durch den Einsatz von sog. *Multipipe-Systemen* abgeschwächt werden: Liegen die Simulationsdaten für die Generierung vor, so können diese parallel zu bereits laufenden Generierungsprozessen angestoßen werden (Sherman und Craig 2003, S. 244).

Ende der 90er Jahre, als Röhrenbildschirme noch Standard waren, war die Darstellungslatenz zumindest am Desktop unproblematisch, da Aktualisierungsraten bis 200 Hz möglich waren. Dies ermöglichte es auch, auf den Bildschirmen Inhalte in Stereo mit Shutter-Verfahren darzustellen. Der Erfolg der Flachbildschirme hat die Röhrenbildschirme jedoch weitgehend vom Markt verdrängt – leider ohne zunächst ähnlich hohe Aktualisierungsraten bieten zu können. Mittlerweile haben Flachbildschirme jedoch ein vergleichbares Leistungsniveau bei den Aktualisierungsraten erreicht, so dass nun auch wieder auf dem Shutter-Verfahren basierende Stereolösungen für Desktop-Systeme angeboten werden. Neben der geringeren Aktualisierungsrate weisen einige LCD-Bildschirme auch noch eine Eingangsverzögerung auf, die mitunter durch das Einschalten eines speziellen Spiele-Modus reduziert werden kann.

Eine genaue Bestimmung der Latenz kann letztendlich nur am realen System erfolgen. Im Folgenden werden daher verschiedene Ansätze vorgestellt, wie die Latenz durch experimentelle Messung bestimmt werden kann.

Bestimmung der Latenz von Tracking-Systemen

In VR-Systemen werden meistens Tracking-Systeme eingesetzt, mindestens um die Kopfposition und -orientierung eines Nutzers zu erfassen und die dynamische Berechnung einer Perspektive zu ermöglichen. Zwischen dem Zeitpunkt der tatsächlichen Bewegung des Nutzers und dem Bereitstellen des korrespondierenden Ereignisses durch das Tracking-System entsteht dabei eine erste Latenz, die Tracking-Latenz.

Eine sehr einfache Möglichkeit der Latenzmessung besteht bei markenbasierten optischen Tracking-Systemen. Diese basieren häufig auf der Detektion von kleinen Kugeln, den Marken, die infrarotes Licht entweder reflektieren oder aktiv ausstrahlen (siehe Tab. 7.1). Steuert man eine Infrarot-LED im Tracking-Bereich über einen Rechner automatisch an und verbindet diesen gleichzeitig mit dem Tracking-System, so kann man die Latenz vom Einschalten der LED bis zur Ankunft des korrespondierenden Ereignisses über das Netzwerk direkt bestimmen.

Während diese Methode sehr leicht umsetzbar ist, hat sie jedoch auch einen Nachteil: Zu einem robusten Tracking-System gehören unter Umständen auch Filtermechanismen, die kurzzeitig auftretende Störungen, z. B. Reflexionen durch Kleidung oder Schmuck, beheben können. Wenn man diese beim zu vermessenden System nicht ausschalten kann, wird die gemessene Latenz höher ausfallen, als später beim laufenden System, wo sich reflektierende Marken in der Regel kontinuierlich und damit erwartungsgemäß bewegen. Eine sinnvolle Erweiterung wäre daher die Verwendung eines ganzen LED-Arrays, bei dem man die LEDs einzeln ansteuern und damit beliebige Bewegungsmuster simulieren kann.

Statt einer Simulation von Bewegungen kann natürlich auch eine reale Bewegung zur Latenzmessung eingesetzt werden. Als besonders geeignet haben sich dabei periodisch schwingende physikalische Systeme erwiesen, wie z. B. Pendelsysteme (siehe (Liang et al. 1991; Mine 1993)). Der grundlegende Aufbau könnte so aussehen wie in Abb. 7.2. Als zentrales Element werden zwei Pendel im Messungsbereich aufgehängt. Ein Pendel dient dabei als Referenz für die Richtung der Schwerkraft. An das zweite Pendel wird eine verfolgbare Marke befestigt. Dieses Pendel wird während der Messung zum Schwingen gebracht.

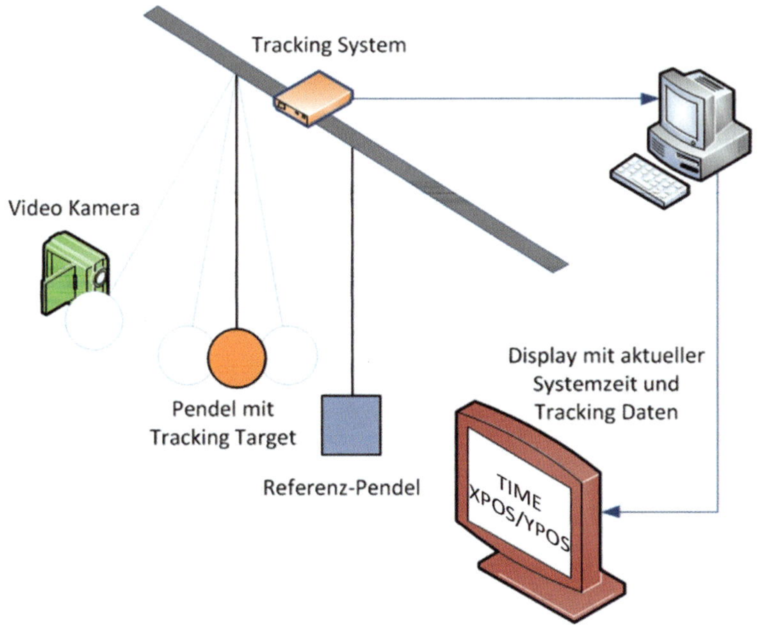

Abb. 7.2 Beispielhafter Aufbau eines Pendelsystems zur Messung der Latenz eines Tracking-Systems

Die gemessenen Positionsdaten der Marke sowie der aktuelle Zeitstempel werden auf einem passenden Gerät, z. B. einer Seite einer CAVE oder einem dedizierten Anzeigegerät dargestellt. Die ganze Installation wird von einer Kamera aufgezeichnet, die so aufgestellt ist, dass sich die beiden Pendel in Ruhelage im Bild verdecken und gleichzeitig der Bildschirm mit den Daten zu sehen ist.

Startet man nun die Datenaufnahme und versetzt das Pendel in Schwingung, dann kann später in der Videoaufnahme leicht zu den Stellen navigiert werden, in denen entweder die angezeigte y-Position (y-Achse in entgegengesetzter Gravitationsrichtung) den niedrigsten Stand hat, oder die beiden Pendel sich verdecken. Der zeitliche Unterschied zwischen der Verdeckung und der dann später folgenden niedrigsten y-Position ist die Latenz des Systems. Alternativ zum rein visuellen Vergleich können statt der Präsentation der Daten vom Tracking-System auch die aufgezeichneten Daten verwendet werden, sofern zuvor eine zeitliche Synchronisation zwischen Videokamera und Tracking-System hergestellt wurde. Das ist unter anderem dann sinnvoll, wenn die Videokamera eine deutlich langsamere Aufzeichnungsrate als das Tracking-System aufweist und die Bewertung der Latenz damit rein optisch nicht sehr genau vorgenommen werden kann.

Bei diesem Aufbau muss bedacht werden, dass durch die Aufzeichnung in der Kamera oder bei der Präsentation des aktuellen Zeitstempels und der aktuellen Tracking-Daten ebenfalls Latenzen entstehen, die das Ergebnis gegebenenfalls beeinflussen.

Hat man noch etwas mehr Technik zur Verfügung, wie z. B. einen präzise steuerbaren Roboterarm, so kann man die Messung auch direkt in einem technisch geschlossenen System durchführen (Adelstein et al. 1996). Mit dem Roboterarm können exakt Positionen im Tracking-Bereich mit einer am Endeffektor angebrachten Marke angefahren werden. Das hat den Vorteil, dass die manuelle Auswertung der Videodaten entfällt und damit leicht größere Mengen an Messwerten aufgezeichnet werden können.

Bestimmung der Ende-zu-Ende-Latenz
Eine gleichmäßige und dazu noch steuerbare periodische Bewegung lässt sich auch mit einem Schallplattenspieler erzeugen. Swindells et al. (2000) nutzten einen solchen Signalgeber zur Evaluation ihres Enhanced Virtual Hand Labs. Die Idee ist ähnlich wie bei dem Pendel (vgl. letzten Abschnitt), nur überlagern sie das reale Bild des Schallplattenspielers mit einer virtuellen Simulation, die aus den am Plattenspielerteller befestigten vermessenen LEDs rekonstruiert wird. Aus den Winkelunterschieden zwischen realem und virtuellem Bild während der Rotation des Tellers lässt sich dann die Latenz des gesamten Aufbaus, also die Ende-zu-Ende-Latenz, bestimmen.

Eine ähnliche Idee verfolgen He et al. (2000) mit ihrem Ansatz zur Bestimmung der Gesamtlatenz in einer CAVE. Sie projizieren die gemessene Trackerposition auf eine der Projektionsebenen und vergleichen dann mit einer entsprechend ausgerichteten Videokamera reale und virtuelle Position. Wichtig ist dann dabei, dass der Abstand hinreichend gut gemessen werden kann. Dazu verwenden die Autoren ein Raster, das über die Aufzeichnung gelegt wird. Ebenso muss man die genaue Geschwindigkeit der Bewegung kennen oder ermitteln.

Diese Methode lässt sich auch leicht mit einem Pendel kombinieren, so dass dann die manuelle Führung der zu vermessenden Marken entfällt. Außerdem lässt sich die Geschwindigkeit des Pendels leichter bestimmen. Steed (2008) beschreibt dabei zwei Ansätze, wie die Latenz zwischen realem und virtuellem Pendel bestimmt werden kann. In der einen Variante zählt er die Anzahl der Videoframes zwischen realem und virtuellem Extremwert, so wie oben für die Messung der Tracking-Latenz und den Vergleich zwischen Pendel und Tracking-Koordinate beschrieben. In der anderen Variante analysiert er die Trajektorien der beiden Pendel mittels Bildverarbeitungsverfahren und versucht eine möglichst genaue mathematische Näherung der jeweiligen Schwingung zu ermitteln. Ist dies geschehen, kann die Phasenverschiebung leicht bestimmt und damit die Latenz ermittelt werden. Steed berichtet, dass er mit dem analytischen Verfahren eine deutlich höhere Genauigkeit erzielt, als mit dem Auszählen der Videoframes.

7.1.5 Zusammenfassung Latenz

In VR-Systemen ist eine geringe Latenz ein entscheidender Faktor für die Erzeugung glaubhafter Erfahrungen von Virtuellen Welten. Besonders wichtig ist eine möglichst niedrige Latenz bei VR-Systemen, die HMDs zur Anzeige verwenden, da hier der dargestellte Szenenausschnitt von der aktuellen Kopforientierung des Nutzers abhängt. Bei projektionsbasierten VR-Systemen, wo der dargestellte Szenenausschnitt nicht von der Kopforientierung abhängt, sind die Anforderungen an die Latenz etwas geringer. Sehr hohe Anforderungen an die Latenz hat das Feld der Augmentierten Realität, da dort virtuelle Objekte in der realen Welt verankert werden sollen.

Ist die Latenz eines optischen Tracking-Systems, wie sie oft in VR-Installationen zu finden sind, zu groß, könnte eine Kombination des optischen Trackingsystems mit einem inertialen Tracking-System mit niedriger Latenz eine Verbesserung bringen (You und Neumann 2001). Zwischen den Phasen stabiler Positionsbestimmung durch das optische Tracking-System kann das inertiale System die notwendigen Daten zur Extrapolation der neuen Positionen und Orientierungen liefern, bis später wieder stabile Daten vom optischen Tracking-System vorliegen. Damit können auch Phasen der Verdeckung von optischen Marken überbrückt werden.

7.2 Effiziente Kollisionserkennung in Virtuellen Welten

Wo ein Körper ist, kann kein anderer sein. Dieser physikalische Sachverhalt, den Archimedes als kurzen Satz zu formulieren vermochte, stellt für VR-Systeme, und Echtzeit-Computergraphik generell, ein ernstzunehmendes Problem dar. Szenenobjekte, die z. B. wie in Kap. 3.2 erläutert, durch einen Szenengraphen angeordnet und positioniert werden, können beliebige Räume einnehmen und dabei auch einander durchdringen. Im Falle von statisch angeordneten Objekten kann der Programmierer, respektive Gestalter, die nötige Sorgfalt walten lassen, so dass keine Durchdringungen für den Beobachter der Szene sichtbar sind. Für eine realitätsnahe und immersive Darstellung dynamischer Inhalte wäre es allerdings hilfreich, wenn die Objekte der Szene ein (näherungsweise) physikalisch korrektes Verhalten aufwiesen. Objekte sollten also miteinander kollidieren und Kräfte aufeinander ausüben können. Im Falle der Simulation der Physik der Realwelt ist dabei oft nicht nur die Frage nach der Existenz einer Kollision relevant. Um eine geeignete Antwort auf die Kollision generieren zu können, müssen neben dem Zeitpunkt der Kollisionen auch weitere Attribute des Kontaktes bestimmt werden (z. B. Abstand der Objekte, Durchdringungsvolumen, etc.). Für anwenderbezogene Einsatzgebiete der Physiksimulation ist es allerdings oftmals ausreichend, wenn die Simulation eine glaubwürdige Approximation der realen Welt liefert. CAD, Prototyping, wissenschaftliche Anwendungen und Problemstellungen der Robotik stellen meist andere Anforderungen an die Kollisionserkennung und -behandlung. In diesen Fällen sind Aspekte wie numerische Stabilität und physikalische Korrektheit oft von höherer Bedeutung als die von VR-Systemen geforderte Echtzeitfähigkeit.

Neben Physiksimulationen gibt es in VR-Systemen andere Gebiete, in denen eine effiziente Kollisionserkennung, insbesondere im Sinne der Echtzeitfähigkeit, wünschenswert ist. Selbst vermeintlich einfache wirkende Aufgaben wie die Selektion eines Szenenobjektes (siehe auch Kap. 6.2) führen zu verwandten Problemstellungen: Hierfür wird z. B. ein vom Zeigegerät des Nutzers ausgehendender Strahl erzeugt, der dann gegen die Szenenobjekte auf eine Kollision hin getestet wird. Unter den mit dem Zeigestrahl kollidierenden Objekten wird dann das Objekt mit der kürzesten Distanz zum Nutzer als Selektion ausgewählt.

Moderne Graphikszenen erreichen eine beachtliche visuelle Qualität. Mit welchen Techniken werden diese Szenen erzeugt? Ein Teil der Begründung lässt sich in der hohen Leistungsfähigkeit moderner GPUs finden. Dennoch wäre diese Qualität nicht zu erreichen, wenn die GPU sämtliche Objekte der Virtuellen Welt für jedes zu erzeugende Bild verarbeiten müsste. Liegt ein Objekt nicht wenigstens teilweise im *Sichtvolumen* (engl. *View Volume*), oder anders ausgedrückt: Liegt keine Kollision zwischen dem Objekt und dem Sichtvolumen vor, so trägt es nicht zum Ergebnis der Bilderzeugung bei und braucht demnach nicht weiter verarbeitet zu werden. Dieser Vorgang wird auch als *View Volume Culling* bezeichnet und ist im Abschn. 7.3.2 näher beschrieben. Bei der gewünschten graphischen Komplexität moderner Anwendungen leistet diese Entfernung nicht sichtbarer Objekte einen wichtigen Beitrag zur Erhaltung der Echtzeitfähigkeit.

Die oben genannten Anwendungsgebiete der Kollisionserkennung stellen im Wesentlichen die Anforderung, dass die dafür benötigten Berechnungen „in Echtzeit", d. h. 1 mal pro Bild (mindestens 25 Hz, ideal 60 Hz), durchgeführt werden können. Das View Volume Culling fügt einen neuen Bearbeitungsschritt in die graphische Ausgabe ein, der zusätzliche Berechnungszeit erfordert. Damit der Einsatz dieser Technik gerechtfertigt ist, muss diese Berechnungszeit geringer ausfallen, als das Rendering der gesamten Szene sonst benötigen würde.

Speziell im Bereich der Virtuellen Realität gibt es ein weiteres Einsatzgebiet, in dem eine Kollisionserkennung benötigt wird, und welches ungleich höhere Anforderungen stellt: Kommt haptische Ein- und Ausgabe zum Einsatz, so werden laut (Weller 2012) Wiederholraten von 1000 Hz benötigt, um eine für den Anwender realistische Rückkopplung zu gewährleisten. Für die Durchführung der Kollisionserkennung stehen in diesem Fall also weniger als 1 ms zur Verfügung.

Effiziente Algorithmen und Verfahren spielen für alle angeführten Einsatzgebiete eine entscheidende Rolle, da die Echtzeitfähigkeit stets eine zentrale Anforderung an VR-Systeme, und damit auch an die Kollisionserkennung, ist.

Dieser Einleitung folgend erklärt der Unterabschn. 7.2.1 gebräuchliche Hüllkörper. Abschn. 7.2.2 diskutiert dann deren Anordnung in effizienten Strukturen. Der nächste Unterabschnitt gibt eine kompakte Zusammenfassung, ordnet die genannten Techniken in einen Kontext ein und zeigt weiterführende Themen auf.

Für eine tiefergehende Lektüre zum Thema seien insbesondere die Bücher (Akenine-Möller et al. 2008), (Lengyel 2002) und (Ericson 2005) empfohlen.

7.2.1 Hüllkörper

Szenenobjekte werden aus Primitiven, insbesondere Dreiecks- oder Polygonnetzen, konstruiert. Bei einem naiven Kollisionstest zwischen zwei Polygonnetzen müsste jedes Polygon des ersten Netzes gegen jedes Polygon des zweiten Netzes getestet werden. Bestehen die beiden Polygonnetze z. B. aus 500 bzw. 1000 Polygonen, dann müssten $500 \cdot 1000 = 500.000$ Tests zwischen Polygonpaaren durchgeführt werden. Bedenkt man, dass Virtuelle Welten nicht nur aus zwei Objekten sondern vielleicht Tausenden Objekten bestehen können, wird klar, dass ein solcher naiver Kollisionstest für große Virtuelle Welten nicht praktikabel ist.

Hüllkörper (engl. *Bounding Volumes, BV*) sind Objekte, die das eigentliche Objekt umschließen und dabei einfach auf Kollisionen zu testen sind. Diese Körper müssen zusätzlich zur sichtbaren Objektgeometrie gespeichert werden und tragen nicht unmittelbar zum Ergebnis der graphischen Ausgabe bei. Die Kosten für die Hüllkörper bestehen demnach in einem zusätzlichen Speicherbedarf, der jedoch durch Zugewinne im verringerten Berechnungsaufwand häufig gerechtfertigt werden kann. Diese umhüllenden Objekte können als Approximation komplexer Polygonnetze verstanden werden. Auf diese Weise können diese Körper Kollisionstests vereinfachen bzw. beschleunigen. Da Szenenobjekte zur Laufzeit transformiert werden können (z. B. Translation, Rotation, Skalierung), ist es auch notwendig, dass die Aktualisierungskosten des Hüllkörper mit in Betracht gezogen werden. Weiterhin sollte der Hüllkörper zu jeder Zeit das Szenenobjekt möglichst eng umschließen, damit nicht unnötig falsche Kontakte durch die Umhüllung verursacht werden. Gleichermaßen muss ein Hüllkörper so gewählt sein, dass alle Kontakte mit dem eingeschlossenen Objekt erkannt werden können.

Für manche Applikationen können Bounding Volumes bereits überzeugend wirkende Kollisionstests ermöglichen. Dies gilt insbesondere dann, wenn die Szenenobjekte die Hüllkörper gut ausfüllen können.

Für den Fall, dass die Approximation für die Anwendung nicht ausreichend ist (z. B. CAD, Prototyping), können Hüllkörper dennoch sinnvoll eingesetzt werden. Stellen beispielsweise Kollisionen während der Applikationslaufzeit eher die Ausnahme als die Regel dar, können schnelle Hüllkörpertests eine Antwort liefern, ob überhaupt ein Kontakt stattfindet. Wurde eine Kollision mit dem Hüllkörper festgestellt, können die Polygonnetze für die Details der Kollision untersucht werden. Über die gesamte Laufzeit der Applikation gesehen, können so die meisten Kollisionstests mit schnellen Hüllkörpertests aufgelöst werden.

Darüber hinaus können Strukturen von Hüllkörpern dazu genutzt werden, um große Gruppen von Szenenobjekten für weitere Kollisionstests auszuschließen. Ein Beispiel für derartige Strukturen sind die im Abschn. 7.2.2 diskutierten Hüllkörperhierarchien (engl. *Bounding Volume Hierarchy, BVH*) sowie die binäre Raumpartitionierung (engl. *Binary Space Partioning, BSP*).

Aus den vorangestellten Erläuterungen ergeben sich einige wünschenswerte Eigenschaften der Hüllkörper:

- einfache, schnelle Kollisionstests (im Vergleich zum eingehüllten Objekt)
- möglichst gute Passform (sonst Falschmeldungen möglich)
- einfache Aktualisierung für dynamische Objekte
- speichereffizient

Diese Eigenschaften stehen zum Teil im Widerspruch zueinander: Zwei Kugeln sind einfach auf eine Kollision hin zu testen und der Speicherbedarf ist minimal (Zentrum und

Radius). Richtet man den Blick jedoch auf die Passform, so ist schnell verständlich, dass nicht jedes Objekt sinnvoll als Kugel approximiert werden kann.

Die folgenden typischen Hüllkörper und ihre wichtigsten Eigenschaften werden in den nächsten Abschnitten diskutiert:

- Achsparalleler Hüllquader (engl. *Axis-Aligned Bounding Box, AABB*)
- Einhüllende Kugel (engl. *Bounding Sphere*)
- Orientierter Hüllquader (engl. *Oriented Bounding Box, OBB*)
- (k-dimensionales) diskret orientiertes Polytop (engl. *Discrete Oriented Polytope, k-DOP*)

Die Ausführungen diskutieren dabei zumeist diese Körper für zwei Dimensionen. Sie können ohne weiteres auf drei Dimensionen erweitert werden.

Axis-Aligned Bounding Box (AABB)

Das AABB ist ein Rechteck bzw. Quader, dessen Kanten parallel zu den Achsen eines globalen Koordinatensystems liegen und das mit minimaler Fläche ein gegebenes Objekt umgibt. Für drei oder mehr Dimensionen wird dieser Körper auch als achsparalleler (Hyper-)Quader bezeichnet. Die Ausrichtung des AABBs ist vom Inhalt unabhängig und stets gleich. Wird der Inhalt des AABBs rotiert, müssen die Eckpunkte bzw. Seitenlängen neu bestimmt werden. Translation können hingegen direkt auf den Hüllkörper angewendet werden. Speicherplatz wird im zweidimensionalen Fall für vier Werte benötigt:

- zwei gegenüberliegende Eckpunkte oder
- ein Eckpunkt + Höhe und Breite oder
- Zentrum + (halbe) Höhe und Breite

Schnitttests zwischen zwei AABBs erfolgen, indem die auf die Achsen projizierten Intervalle der Boxen in jeder Achse separat auf Überlappung getestet werden. Eine Kollision findet nur statt, wenn alle Achsen überlappen. Umgekehrt kann der Kollisionstest abgebrochen werden, wenn eine nicht-überlappende Achse gefunden wurde. Abbildung 7.3 zeigt verschiedene Konfigurationen für AABBs und veranschaulicht den Kollisionstest zwischen zwei AABBs.

Die Konstruktion eines AABB kann auf verschiedenen Wegen erfolgen. Ein einfacher Ansatz ist die Bestimmung der Minima und Maxima aller Eckpunktkoordinaten entlang jeder Achse. Muss der Hüllkörper aufgrund von Rotationen des umschlossenen Objekts häufig aktualisiert werden, dann ist dieser einfache Ansatz bei großen Polygonnetzen jedoch ineffizient. Grundsätzlich müssen für die Konstruktion des AABB nur die Eckpunkte des Polygonnetzes in Betracht gezogen werden, welche die konvexe Hülle bilden. Dieser Umstand kann z. B. ausgenutzt werden, indem die Eckpunkte der konvexen Hülle einmalig berechnet und zusätzlich gespeichert werden. Für die Aktualisierung des AABB genügt dann die Betrachtung der konvexen Hülle. Für nähere Details sei auf (Ericson 2005) verwiesen.

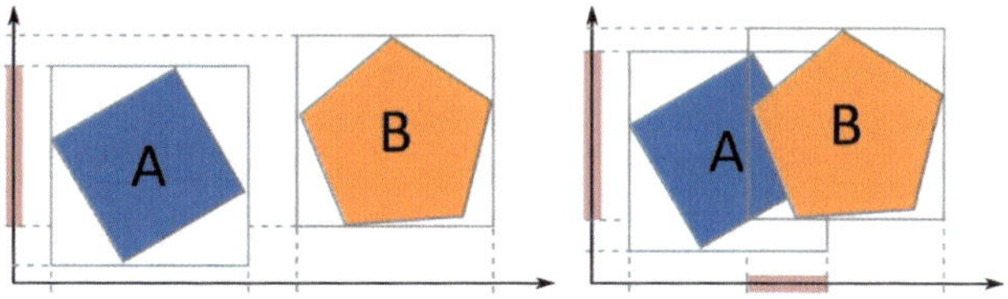

Abb. 7.3 Kollisionstest mit AABB. *Links*: 2D Objekte *A* und *B* mit einachsiger Überlappung. *Rechts*: *A* & *B* mit Überlappung auf beiden Achsen (Kollision)

Bounding Spheres

Kugeln werden aufgrund ihrer Eigenschaften häufig als Hüllkörper eingesetzt. Sie sind nicht nur sehr effizient speicherbar (Radius und Mittelpunkt), sondern auch ein Kollisionstest ist in wenigen Schritten durchführbar. Sollen zwei Kugeln auf eine Kollision getestet werden, muss lediglich der Vektor zwischen beiden Mittelpunkten gebildet werden und dessen Länge mit den aufaddierten Radien verglichen werden. Ist der Vektor länger als die Summe beider Radien, so findet keine Kollision statt.

Die Konstruktion einer Hüllkugel kann mit Hilfe der Konstruktion eines AABBs erfolgen. Der Mittelpunkt des AABBs entspricht dem Sphärenzentrum und dessen Abstand zu einem der Eckpunkte ergibt den gesuchten Radius. Alternativ kann der Mittelpunkt auch als Durchschnitt aller Eckpunkte erzeugt werden. Für beliebige Polygonnetze resultiert dieser Ansatz allerdings nicht zwingend in einem minimalen Hüllkörper. Im ungünstigsten Fall könnte die daraus resultierende Hüllkugel den zweifachen Radius gegenüber einer minimalen Variante aufweisen und würde somit keine optimale Passform darstellen. Die Bestimmung einer minimalen Hüllkugel aus einer Punktmenge ist Gegenstand vieler Forschungsarbeiten gewesen. Welzl (1991) stellt einen Algorithmus vor, mit dem minimale Kreise und Kugeln aus Punktwolken bestimmt werden können.

Aufgrund der Rotationssymmetrie der Kugeln müssen Rotationen des eingeschlossenen Objektes nicht auf den Hüllkörper übertragen werden. Skalierungen und Translationen können direkt auf die Bounding Sphere angewandt werden.

Oriented Bounding Boxes (OBBs)

OBBs können als Erweiterung der AABBs verstanden werden. Die Kanten des Hüllquaders, bzw. im 2D-Fall Hüllrechtecks, werden jedoch nicht achsparallel, sondern so ausgerichtet, dass das Objekt minimal umschlossen wird. Die Ausrichtung eines OBB muss also im Unterschied zu den AABBs explizit gespeichert werden. Dies kann im 2D-Fall u. a. durch eine der folgenden Varianten erfolgen:

- Drei Eckpunkte (der vierte Eckpunkt ergibt sich durch die 3 anderen)
- Eckpunkt + zwei zueinander orthogonale Vektoren
- Mittelpunkt + zwei zueinander orthogonale Vektoren
- Mittelpunkt + Rotation (Rotationsmatrix, Eulerwinkel oder Quarternion) + halbe Seitenlängen

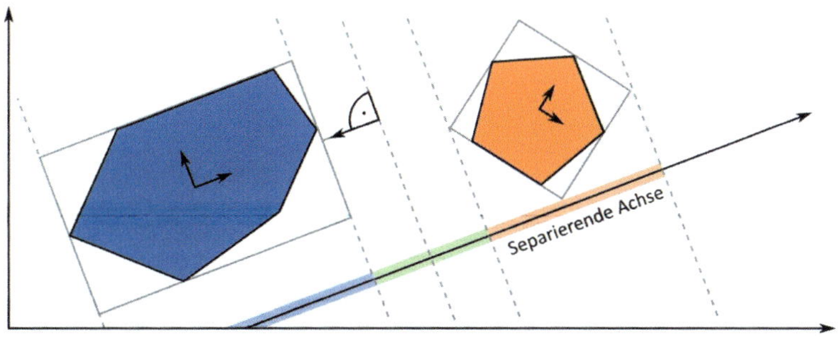

Abb. 7.4 Kollisionstest zweier OBBs mit *einer* eingezeichneten separierenden Achse

Diese Varianten unterscheiden sich neben dem Speicherbedarf auch darin, welcher Aufwand für einen Kollisionstest betrieben werden muss. Um Speicherplatz zu sparen, kann unter Umständen jeweils einer der Vektoren auch zur Laufzeit bestimmt werden (siehe Skalar- bzw. Kreuzprodukt in Kap. 10). Die Länge des Vektors muss jedoch in diesem Fall explizit gespeichert werden.

Ein Kollisionstest für OBBs kann mit Hilfe des *Trennungssatzes* (engl. *Separating Axis Theorem, SAT*) erfolgen. Dabei wird die Idee zu Grunde gelegt, dass zwei konvexe Mengen genau dann keine Schnittmengen haben, wenn zwischen ihnen eine Gerade/Ebene in der Form platziert werden kann, dass je eine Menge im positiven und negativen Halbraum liegt.

Die orthogonale Projektion beider Mengen auf eine Achse parallel zur Normalen dieser Gerade/Ebene wird dann als separierende Achse bezeichnet, da die Projektionen in dieser Achse keine Überlappungen aufweisen (siehe Abb. 7.4). Wenn eine einzige separierende Achse gefunden werden kann, können Kollisionen beider Mengen ausgeschlossen werden.

Für die Anwendung des Theorems muss offensichtlich geklärt werden, wie eine separierende Achse gefunden werden kann. Für *dreidimensionale* OBBs kann gezeigt werden, dass 15 Achskandidaten getestet werden müssen:

- Die sechs Achsen orthogonal zu den Seitenflächen der OBBs (siehe Abb. 7.4, Achsen der Koordinatensysteme der OBBs)
- Die neun Achsen die durch das Kreuzprodukt aus jeweils einer der Koordinatenachsen der beiden OBBs entstehen.

Ähnlich aufwendig wie die Berechnung der Schnitttests, ist die Erzeugung von OBBs mit guter Passform. Exakte Algorithmen zur Erzeugung eines minimalen OBB gehören typischerweise zur Komplexitätsklasse $O(n^3)$ und sind damit kaum praktisch einsetzbar. Daher kommen häufig Algorithmen zur Anwendung, die lediglich eine Approximation des minimalen OBBs liefern, dabei aber einfach und während der Laufzeit berechnet werden können. In (Ericson 2005) werden verschiedene Ansätze zur Lösung diskutiert. Die Aktualisierungskosten für OBBs sind im Vergleich zu AABBs (und *k*-DOPS) geringer, da

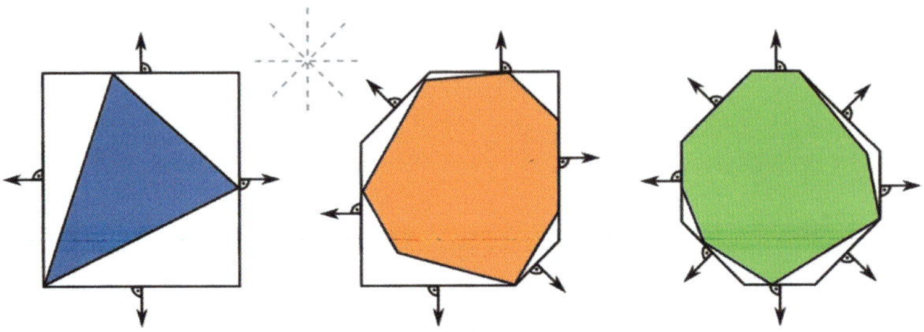

Abb. 7.5 Zweidimensionale *k*-DOPs in verschiedenen Varianten

neben Translationen und Skalierungen auch Rotationen direkt auf OBBs angewandt werden können.

Discrete-Oriented Polytope (k-DOPs)

Die meist als *Discrete-Oriented Polytopes* (*k*-DOPs) oder auch *Fixed-Directions Hull* (FDH) bezeichneten Hüllkörper sind eine Generalisierung der AABBs. Ein solches Polytop wird aus *k* Halbräumen errichtet, deren Normalen jeweils eine von *k* diskreten Orientierungen einnehmen. Gegenüberliegende Halbräume sind dabei antiparallel, d. h. ihre Normalen zeigen in entgegengesetzte Richtungen. Die Normalen werden üblicherweise aus dem Wertebereich $M = \{-1, 0, 1\}$ gebildet. Da nur die Richtung der Normalen und nicht deren Länge für die weiteren Betrachtungen relevant ist, müssen die Normalen nicht in normierter Form (Normaleneinheitsvektor) vorliegen.

Für den zweidimensionalen Fall entspricht ein 4-DOP (6-DOP für 3D) einem AABB, wobei die Normalen parallel zu den Achsen des Koordinatensystems sind. Verschiedene zweidimensionale *k*-DOPs sind in Abb. 7.5 dargestellt.

Da die Normalen für alle *k*-DOPs konstant sind, reduziert sich der Speicherbedarf pro Objekt auf die Ausdehnung entlang jeder Normalen. Für ein 8-DOP müssen beispielsweise 8 Werte gespeichert werden.

Kollisionstests zwischen zwei *k*-DOPs werden ebenfalls mit Hilfe der separierenden Achse durchgeführt. Da die Normalen bekannt und für alle Objekte gleich sind, besteht der große Vorteil der *k*-DOPs gegenüber den OBBs darin, dass nur *k/2* der Normalen (gegenüberliegende Kanten sind antiparallel) als Kandidaten für eine separierende Achse in Frage kommen. Demnach sind für einen 8-DOP höchstens vier potentiell separierende Achsen zu testen. Kollisionstests können also sehr schnell und einfach durchgeführt werden.

Die Konstruktion eines *k*-DOPs erfolgt ähnlich der eines AABBs: Entlang jeder der *k/2* Achsen müssen Minima und Maxima gefunden werden. Obwohl grundsätzlich beliebige Achsen (bzw. Orientierungen) verwendet werden können, werden in der Praxis die Normalen meist aus den o. g. Werten erzeugt. Für die Kollisionstests ist dabei nur wichtig, dass für alle Körper die gleichen Orientierungen der Halbräume gewählt werden müssen.

Ein potentieller Nachteil der k-DOPs ist die aufwendige Aktualisierung bei Rotationen des Polygonnetzes (Translationen können direkt auf das k-DOP übertragen werden), da durch die statische Orientierung der Normalen die Minima und Maxima entlang der $k/2$ Achsen neu bestimmt werden müssen. Um nicht jeden Eckpunkt des Polygonnetzes absuchen zu müssen, werden häufig zusätzliche Optimierungen an dieser Stelle angewendet (z. B. Hill Climbing und Caching, siehe (Ericson 2005)).

k-DOPs bieten also effiziente Kollisionstests und einen geringen Speicherbedarf, ohne dass dabei auf eine gute Passform verzichtet werden muss. Die hohen Aktualisierungskosten führen jedoch dazu, dass k-DOPs für dynamische Objekte nur begrenzt einsetzbar sind.

7.2.2 Techniken zur Strukturbildung

Durch die Einführung der Hüllkörper können zwar einzelne Kollisionstests vereinfacht und beschleunigt werden, die Anzahl der insgesamt nötigen Kollisionstests (Objekt gegen Objekt) bleibt jedoch unverändert. Für eine Szene bestehend aus k Objekten ergeben sich noch immer „n über 2" (Komplexitätsklasse $0(n^2)$) Kollisionstests im ungünstigsten Fall. Zur Reduktion der Testmenge existieren verschiedene Methoden, die im folgenden vorgestellt werden.

Bounding Volume Hierarchies

Anordnungen der Hüllkörper in Bäumen werden als *Bounding Volume Hierarchies* (BVHs) bezeichnet. Diese Hierarchien entstehen, indem für mehrere geometrische Objekte (bzw. deren Hüllkörper) neue Hüllkörper berechnet werden, die diese Objekte umschließen. Diese neuen Hüllkörper können dann ihrerseits mit benachbarten Objekten (oder deren Hüllkörpern) zusammengefasst werden. Die Elternknoten müssen dabei nicht zwingend die Hüllkörper der Kindknoten vollständig umgeben. Es ist ausreichend, wenn die geometrischen Objekte der Äste vollständig eingeschlossen werden. Die Konstruktion der BVHs gestaltet sich in der Praxis jedoch oft einfacher, wenn auf jeder Stufe des Baumes die Hüllkörper für diesen Prozess verwendet werden. Die Granularität bzw. Tiefe des Baumes ist anwendungsspezifisch und kann prinzipiell soweit geführt werden, dass einzelne Polygone und deren Hüllkörper in den Blattknoten gespeichert werden.

Beispiele für BVHs sind AABB-, OBB- und Sphere-Trees. Ein Beispiel für einen Sphere-Tree ist in Abb. 7.6 dargestellt. Der Laufzeitgewinn der BVHs entsteht dadurch, dass der Baum von der Wurzel aus beginnend gegen andere Objekte getestet wird. Für einen komplexen Fahrzeugsimulator, der hochaufgelöste Modelle mit mehreren Millionen Polygonen anzeigen kann, soll beispielsweise ermittelt werden, welche Baugruppe des Fahrzeugs vom Nutzer selektiert wurde. Dazu könnte der Wurzelknoten eines Sphere-Trees um das gesamte Fahrzeug gelegt werden (der Nutzer kann bei der Selektion das Fahrzeug verfehlen). Wurde das Fahrzeug getroffen, dann können auf der 2. Stufe des Baumes große Bauteile, wie etwa Seiten/Türen, Heck/Kofferraum, Front/Motorraum und Reifen eingeordnet

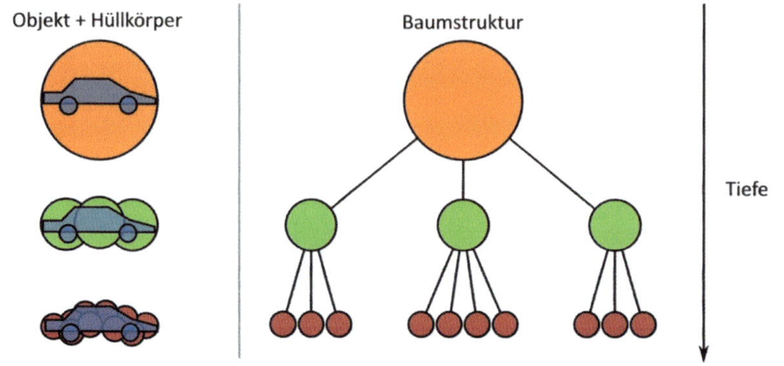

Abb. 7.6 Sphere-Tree für ein komplexes Objekt. *Links*: Geometriedaten und zugehörige Hüllkugeln. *Rechts*: Hierarchie der Hüllkugeln

werden. Auf der 3. Stufe könnten dann Einzelteile des jeweiligen Zweiges angeordnet werden (z. B. für Front/Motorraum: Leuchten, Luftfilter, Batterie, etc.). Auf jeder Stufe muss der Kollisionstest jeweils nur gegen kleine Mengen von Hüllkugeln durchgeführt wurde, wobei die eingeschlossene Polygonmenge stets kleiner wird. Wurde auf einer Stufe (d. h. in allen Zweigen) keine Kollision festgestellt, kann der Test abgebrochen werden, ohne dass darunterliegende Ebenen getestet werden müssen. Sofern es für die Anwendung erforderlich ist, kann als letzter Schritt der verbliebene Teil des Polygonnetzes (eingeschlossene Menge des Blatt-BVs) für eine exakte Kollisionsbestimmung verwendet werden.

BVHs erfordern zusätzlichen Speicher, dessen Größe durch die Tiefe des Baumes und der Art des Hüllkörperss bestimmt wird. Für statische Objekte können BVHs einmalig zu Beginn der Simulation berechnet werden. Kommen dynamische Objekte ins Spiel, kann die Aktualisierung des Baumes ein Problem darstellen. In diesen Fällen ist es ratsam, dynamische und statische Komponenten getrennt zu verwalten, um so Aktualisierungsbedarf zu vermeiden.

Raumzerlegung und Binary Space-Partitioning-Trees

Die räumliche Partitionierung versucht, ähnlich den BVHs, die Anzahl der benötigten Kollisionstests zu minimieren, indem Szenenobjekte räumlichen Regionen zugeordnet werden. Mit gut gewählten Aufteilungsstrategien können Tests z. B. so durchgeführt werden, dass für ein zu testendes Objekt nur Objekte aus unmittelbar benachbarten Regionen geprüft werden müssen.

Die Zerlegung des Raumes kann auf unterschiedliche Art und Weise erfolgen. Reguläre Gitter werden besonders häufig verwendet, da sie einfach zu implementieren sind und da die Zelladressierung mit einfachen Modulooperationen erfolgen kann. Eine Raumzerlegung in ein reguläres Gitter wird auch als *Spatial Hashing* bezeichnet.

Die Auflösung des Gitters ist stark von der Anwendung abhängig. Abb. 7.7 skizziert drei wesentliche Fälle für unterschiedliche Zellgrößen. Zu fein gewählte Auflösungen führen dazu, dass ein Objekt mehreren Zellen zugeordnet werden muss. Dies führt wiederum zu einem erhöhten Aufwand beim Aktualisieren der Zellstruktur, insbesondere dann, wenn

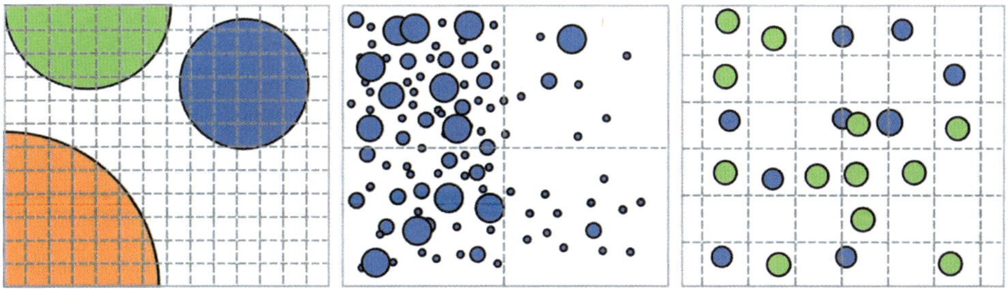

Abb. 7.7 Reguläre Gitter mit verschiedenen Zellgrößen. Von links nach rechts: Gitter zu fein, Gitter zu grob, günstige Gitterzerlegung für die gegebenen Objekte

das Objekt bewegt wird. Demgegenüber liegt der Fall, dass die Zellgröße zu groß gewählt wurde: Es werden potentiell viele Objekte einer Zelle zugeordnet, was zu eben jener Situation führt, welche die Raumzerlegung eigentlich zu vermeiden versuchte. Im Idealfall kann jedes Objekt genau einer Zelle zugeordnet werden. Die Zellgröße ist dabei so gewählt, dass sich stets nur kleine Objektmengen in einer Zelle befinden. Dennoch sei angemerkt, dass auch bei günstigen Zellgrößen Mehrfachzuweisungen (max. vier Zellen für ein Objekt im 2D-Fall) nicht zu vermeiden sind.

Die praktische Anwendbarkeit des Spatial Hashing hängt demnach stark von den Zellgrößen und dem Speicherplatzbedarf für die nötigen Datenstrukturen ab. Für Szenen mit Objekten sehr unterschiedlicher Größe oder größenveränderlichen Objekten ist das Verfahren weniger geeignet. Eine positive Eigenschaft des Spatial Hashing ist, dass es recht einfach implementiert werden kann.

Neben regulären Gittern können auch Hierarchien oder Bäume konstruiert werden. Ein *Binary Space-Partioning Tree* (*BSP-Tree*) ist ein binärer Baum zur Strukturierung einer Raumzerlegung.

Dabei wird der zu partitionierende Raum in jeder Rekursionsstufe durch eine *Hyperebene* in zwei Halbräume zerlegt. Diese beiden Halbräume werden auch als positiver und negativer Halbraum bezeichnet. In der praktischen Anwendung in zwei bzw. drei Dimensionen ist die Hyperebene eine Gerade bzw. eine Ebene. Die inneren Knoten des Baumes stellen demnach Teilungsebenen dar und verfügen jeweils über maximal zwei Kindknoten. Die Rekursion zur Unterteilung des Raum erfolgt meist solange, bis nur noch ein Objekt (Dreieck oder Polygon) einem Knoten zugeordnet werden kann. Wenn Teilungsebenen einzelne Polygone schneiden, werden diese Polygone in Teilflächen unterteilt. Abildung 7.8 zeigt beispielhaft, wie ein Raum mit einem darin befindlichen Polygon zerlegt werden kann. Jede Zerlegung teilt dabei die vom jeweiligen Halbraum eingeschlossene Menge an Eckpunkten, wobei auch neue Eckpunkte/Polygone entstehen können. In Abb. 7.8 werden z. B. die orangefarbenen Eckpunkte bei der Unterteilung neu erzeugt. Das ursprüngliche Polygon in Abb. 7.8 könnte durch zusätzliche Halbräume weiter zerlegt werden. Zugunsten einer besseren Lesbarkeit wurde allerdings darauf verzichtet. Weiterhin sei erwähnt, dass andere Zerlegungen möglich sind bzw. zur Optimierung von Kollisionsprüfungen lohnen könnten.

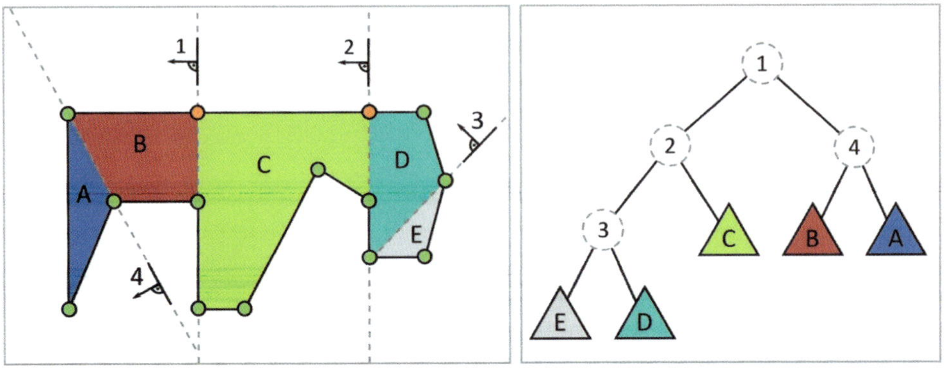

Abb. 7.8 BSP-Tree. *Links*: Binäre Raumzerlegung mit Polygon (grün: Eckpunkte des Polygons, orange: neue Eckpunkte durch die Zerlegung). Rechts: Entstandener Binärbaum durch die Halbräume 1, 2, 3, 4 mit eingeordneten Teilflächen A, B, C, D, E des Polygons

Die Lage der Hyperebenen und die Tiefe (Granularität) des Baumes kann beliebig gewählt werden, wird aber meist durch die Anwendung bestimmt. Werden die Schnittebenen so gewählt, dass sie mit einer Seite des Objektes (Kante des Polygons) koinzidieren, dann wird der Baum auch als *autopartitionierend* bezeichnet, da eine explizite Berechnung der Schnittebenen entfällt.

Je nach Verwendungszweck sind verschiedene Ausprägungen des Baumes denkbar. So können in den Blattknoten beispielsweise jeweils einzelne Polygone oder größere Gruppen von Polygonen gespeichert werden. Des Weiteren sind Ausprägungen möglich, in denen Geometriedaten ausschließlich in den inneren Knoten des Baumes gespeichert werden (engl. *Node-Storing BSP-Trees*). Für Kollisionstests sind jedoch sog. *Leaf-Storing BSP-Trees* von größerer Bedeutung. Wie der Name vermuten lässt, werden Geometriedaten hier in den Blattknoten abgelegt. Letztgenannter ist auch in der Abb. 7.8 dargestellt. Diese Form der Datenhaltung führt zu einer Struktur des Baumes, in der sich die Lagebeziehungen der Geometriedaten in der Anordnung der Baumknoten widerspiegeln. Diese Eigenschaft ist daher für Kollisionsabfragen besonders nützlich.

Generell sollten die Schnittebenen so gewählt werden, dass die folgenden Anforderungen möglichst gut erfüllt sind:

- Das Resultat ist ein ausbalancierter Baum (Äste mit gleicher oder ähnlicher Tiefe; für leaf-storing BSP-Trees: jeder Blattknoten enthält ähnlich viele Objekte).
- Da geschnittene Polygone beiden Ästen zugeordnet werden müssen, erzeugen die gewählten Schnitte die minimale Anzahl neuer Polygone.

BSP-Trees können unterschiedlich konstruiert werden und auch für unterschiedliche Aufgaben eingesetzt werden. Die Bestimmung der Schnittebenen, unter Einbeziehung der o.g. Anforderungen, ist häufig ein nicht-triviales Problem. Die autopartitionierende Variante ist zwar in der Implementierung einfach, führt jedoch nicht zwingend zu optimalen Er-

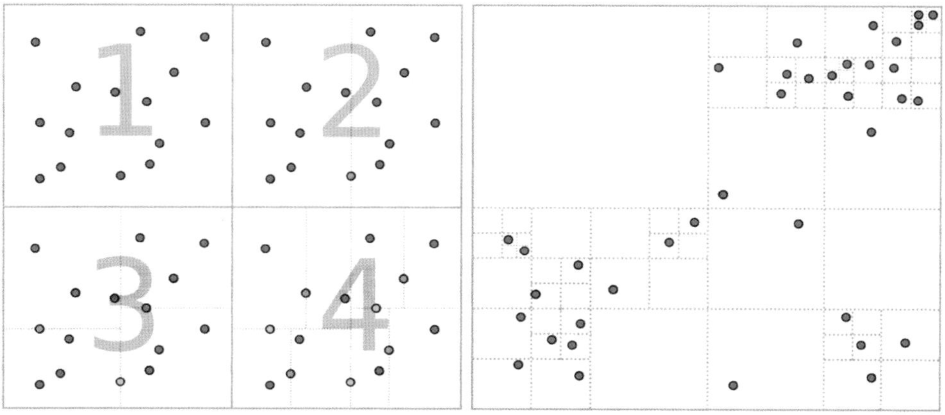

Abb. 7.9 k-d-Tree und Quadtree. *Links*: Die ersten vier Entstehungsstufen eines k-d-Trees. *Rechts*: Vollständiger Quadtree für eine gegebene Punktmenge

gebnissen. Neben der Kollisionserkennung werden BSP-Trees u. a. auch zur Sichbarkeitsbestimmung eingesetzt (siehe (Ericson 2005) für Details).

BSP-Trees können als generalisierte Form eines *k-d-Trees* (siehe Abb. 7.9) verstanden werden. Somit ist auch ein k-d-Tree ein raumzerlegender Binärbaum. Bei der im folgenden vorgestellten Variante eines k-d-Trees erfolgt die Raumzerlegung durch die eingegebenen Daten, eine k-dimensionale Punktemenge. Alle inneren Knoten des Baumes spannen implizit eine teilende Hyperebene (Gerade für 2D) auf. In Abb. 7.9 (links) wird die Konstruktion eines k-d-Trees verdeutlicht: (1) Als Eingabemenge dient eine Menge k-dimensionaler ($k=2$ für das Beispiel) Punkte. Auf jeder Stufe des Baumes wird eine Dimension zur Teilung festgelegt. Die Teilungsebene liegt dann senkrecht zu dieser Dimension. (2) Ein Element der Eingabedaten, in Abb. 7.9 (links) orangefarben dargestellt, wird nun als innerer Knoten des Baumes gespeichert und legt durch seinen Koordinatenwert die Position dieser Teilungsebene fest. (3) und (4) Für jeden neu entstandenen Halbraum erfolgt die weitere Teilung nun so, dass auf jeder Stufe eine andere Dimension zur Trennung verwendet wird (im Beispiel abwechselnd x und y). Damit ein ausbalancierter Baum entsteht, wird die Lage der Teilungsebene jeweils so gewählt, dass in jedem Schritt im positiven und negativen Halbraum (etwa) die gleiche Datenmenge verbleibt. Andere k-d-Tree Varianten erzeugen die Schnitteben explizit und speichern Daten nur in den Blattknoten.

Bei der Traversierung eines k-d-Trees von der Wurzel zu einem Blattknoten muss auf jeder Stufe des Baumes nur ein einzelner Wert verglichen werden. Definiert z. B. ein Knoten des Baums eine Teilungsebene orthogonal zur x-Achse, dann muss nur die x-Koordinate des angefragten Punktes mit dem im Knoten gespeicherten Wert verglichen werden. Dieser Vorgang ist damit wesentlich einfacher zu realisieren als für einen BSP-Tree. Da die Teilungsdimension im Traversierungsalgorithmus verankert werden kann, z. B. Teilungsdimension = Tiefe modulo k, muss diese auch nicht gespeichert werden.

Quadtrees (oder *Octrees* für 3D) verwenden zwei (bzw. drei) achsparallele Schnittebenen pro Rekursionsstufe und erzeugen somit jeweils vier (bzw. acht) Kindknoten. Diese

Zerlegung erfolgt meist so, dass eine vorgegebene maximale Anzahl an Objekten einem Quadranten zugeordnet wird. Abbildung 7.9 (rechts) zeigt einen zweidimensionalen Quadtree für eine vorgegebene Punktmenge.

Die angeführten Baumvarianten unterscheiden sich in ihrem Speicherplatzbedarf, ihren Aktualisierungskosten und dem Berechnungsaufwand für Kollisionsabfragen. Im Falle der BSP-Trees muss beispielsweise Lage und Orientierung der Teilungsebenen gespeichert werden, während für einen k-d-Tree nur ein einzelner Wert (Lage der Ebene, Orientierung kann implizit sein) zusätzlich gespeichert werden muss. Gleichermaßen muss für eine Abfrage im k-d-Tree auf jeder Baumebene nur ein einzelner Vergleich durchgeführt werden (ist der Betrag der Abfragekoordinate in dieser Dimension größer oder kleiner?).

Häufig werden dynamische Objekte nicht in die genannten Raumzerlegungen integriert, da der Berechnungsaufwand zur Konstruktion bzw. zur Aktualisierung zu groß wäre. Dynamische Objekte werden meist separat verwaltet.

7.2.3 Kollisionserkennung für große Umgebungen

Die angesprochenen Techniken und Verfahren wurden bisher präsentiert, ohne sie in einem größeren Kontext einzuordnen. Je nach Anwendung und Einsatzgebiet sind jeweils unterschiedliche Szenarien denkbar. Während in einer einfachen Bowling-Simulation vielleicht direkt Polygonnetze gegeneinander getestet werden können, benötigt ein komplexer Fahrzeugsimulator sowohl Hüllkörper als auch Raumzerlegungen, um die Echtzeitfähigkeit gewährleisten zu können.

Um auch in Situationen mit großen Objektmengen oder komplexen Geometrien schnell Ergebnisse liefern zu können, wird die Kollisionserkennung oftmals in zwei Phasen zerlegt: eine breit angelegte, globale Phase (engl. *Broad Phase*) und eine lokale Nahphase (engl. *Narrow Phase*).

Broad Phase Collision Detection

Das Ziel der Broad Phase ist es, möglichst große Teile der Objektmenge für weitere Kollisionstests auszuschließen. Das Ergebnis dieser Phase ist also eine Menge, die mindestens die Menge aller kollidierenden Objekte einschließt. Nicht kollidierende Objekte können noch in der Menge enthalten sein.

Neben den BVHs und den Raumzerlegungen können, je nach Granularität und Größe der Objektmenge, auch Hüllkörper als eine Methode der Broad Phase angesehen werden. Nur wenn die Hüllkörper zweier Objekte kollidieren, muss dieses Objektpaar in einer Detailphase näher untersucht werden. Zu den klassischen Algorithmen der Broad Phase zählen jedoch die Raumzerlegung (Spatial Hashing), die Hüllkörperhierarchien und insbesondere der *Sort & Sweep* (oder auch *Sweep & Prune*) Algorithmus von David Baraff (1992). Die erstgenannten Techniken wurden bereits in den vorangegangenen Abschnitten näher erläutert.

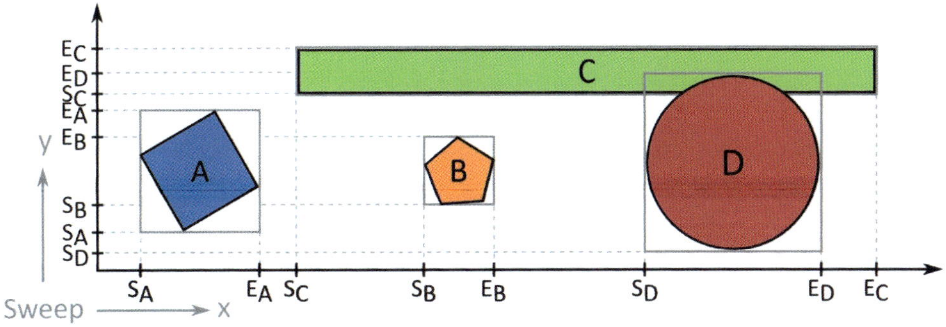

Abb. 7.10 Sweep & Prune: Objekte A, B, C und D mit AABB und eingezeichneten Intervallen (S_i, E_i)

Sweep & Prune projiziert zunächst die Ausdehnungen der AABBs eines jeden Szenenobjektes auf eine Achse eines globalen Koordinatensystems. Da die Achsen für AABBs konstant und gleich sind, ist dieser Vorgang trivial. Für jedes Objekt *i* ergibt sich auf dieser Achse ein Intervall mit dem Startwert S_i und dem Endwert E_i. Alle so erzeugten Start- und Endwerte werden in eine Liste eingefügt, welche anschließend dem Wert nach sortiert (Sort) wird. Zwei Objekte bilden nur dann ein Kollisionspaar, wenn sich die projizierten Intervalle überlappen. Diese Kollisionskandidaten können der Liste sehr einfach entnommen werden, indem über jedes Listenelement iteriert wird (Sweep). Ein Startwert S_i markiert den Anfang eines „aktiven" Objektes *i*. Das Objekt wird „inaktiv" beim Auftreten des Endwerts E_i. Tritt während der aktiven Phase eines Objekts ein zweiter Startwert auf, so bilden die Objekte *i* und *j* ein Kollisionspaar. Höherdimensionale Objekte bilden nur dann Kollisionspaare, wenn sie in allen Achsen nach Iteration über alle Objekte aktiv verblieben sind. Die Ergebnismenge des Algorithmus ist demnach eine Liste mit potentiell kollidierenden Polygonnetzen, die in einem Folgeschritt mit aufwendigeren (Polygontest oder GJK, siehe Abschnitt unten zur Narrow Phase) Methoden genauer untersucht werden können. Abbildung 7.10 zeigt schematisch die Vorgehensweise des Sweep & Prune Algorithmus.

Ein weiterer wichtiger Leitgedanke von Sweep & Prune ist die Ausnutzung zeitlicher Kohärenz. Unter der Annahme, dass Objekte nicht sprunghaft bewegt werden, können die Listen von Zeitschritt zu Zeitschritt übernommen werden. Die Listen liegen nach anfänglicher und einmaliger Sortierung in einem neuen Zeitschritt vorsortiert vor, sofern keine chaotischen Bewegungsmuster enthalten sind. Mit angepassten Sortieralgorithmen können die Listen dann sehr effizient aktualisiert werden. *Insertion Sort* weist beispielsweise in diesen Situationen fast lineares Laufzeitverhalten auf und ist damit besonders geeignet.

Genau diese temporale Kohärenz kann allerdings auch Probleme verursachen, wenn Szenenobjekte Haufen bilden. In diesen Situationen können kleine Objektbewegungen dazu führen, dass die Listenpositionen der Intervalle starken Änderungen unterliegen. Somit müssen Sortiervorgänge häufig in vollem Umfang durchgeführt werden und eine zeitliche Kohärenz kann kaum ausgenutzt werden. In Abb. 7.10 ist dieser Zustand auf der y-Achse erkennbar.

Narrow Phase Collision Detection

Nachdem in einer Vorverarbeitung mit einem geeigneten Verfahren Kollisionspaare oder -gruppen gefunden bzw. nicht kollidierende Objekte entfernt worden sind, versucht die zweite Phase (*Nahphase*, engl. *Narrow Phase*), die Details der einzelnen Kollisionen zu bestimmen. Dazu müssen im Allgemeinen Polygonnetze gegeneinander getestet werden. Dieser Schritt fällt erneut in die Komplexitätsklasse $0(n^2)$. Daher könnte auch für komplexe Geometrien mit hoher Polygonanzahl eine mittleren Phase mit BVHs eingefügt werden, um Teile der Polygonmenge durch Hüllkörper zu approximieren. Auf diesem Wege kann die zu testende Polygonmenge schnell auf einen relevanten Teil beschränkt werden. Je nach Art und Zielstellung der Anwendung können jedoch auch andere Strategien bzw. Narrow/ Broad Phase-Zuordnungen sinnvoll sein.

Die Nahphase selbst kann ebenfalls in Teilprobleme zerlegt werden:

- Entfernen aller Falschmeldungen aus der Broad Phase
- Bestimmen der anwendungsrelevanten Kollisionsparameter (Kontaktpunkte, Durchdringungsvolumen, …)

In der Praxis kann noch ein drittes Teilproblem bedacht werden: Objekte können unter Umständen beständig kollidieren. Dieser Zustand tritt beispielsweise ein, wenn ein geworfenes Objekt auf dem virtuellen Fußboden zur Ruhe kommt. Ohne äußere Krafteinwirkung bleibt dieser Zustand unverändert und das Objekt wäre, unter dem Einfluss der Gravitation, in jedem Zeitschritt ein Teil der Ergebnismenge der Broad Phase. Kontakte, die verglichen mit vorherigen Zeitschritten ähnliche Kontaktinformationen aufweisen, sollten also für die weitere Simulation als inaktiv bzw. statisch erkannt und markiert werden können, um nicht in jedem Zeitschritt erneut Ziel der Nahphase zu sein.

Ein Algorithmus der häufig mit der Narrow Phase in Zusammenhang gebracht wird, ist der nach seinen Autoren, Gilbert, Johnson und Keerthi, benannte GJK-Algorithmus (Gilbert et al. 1998). Dieses Verfahren bestimmt den minimalen Abstand der konvexen Hüllen zweier gegebener Punktmengen. Ist dieser Abstand kleiner oder gleich Null, kollidieren beide Punktmengen.

Die Minkowski-Summe ist definiert als: $A+B=\{\vec{a}+\vec{b} \mid \vec{a}\in A,\vec{b}\in B\}$,
die *Minkowski-Differenz* ist definiert als: $A-B=\{\vec{a}-\vec{b} \mid \vec{a}\in A,\vec{b}\in B\}$,
wobei *A* und *B* zwei Teilmengen eines Vektorraumes sind.
Das Resultat der Minkowski-Summe ist somit eine Menge, welche die Summe eines jeden Elementes aus *A* mit jedem Element aus *B* beinhaltet. Dabei enthält die Ergebnismenge kein Element doppelt. Anschaulich ausgedrückt entsteht $A+B$ durch Abfahren von *B* entlang des Rands von *A*. In Abb. 7.11 ist eine graphische Interpre-

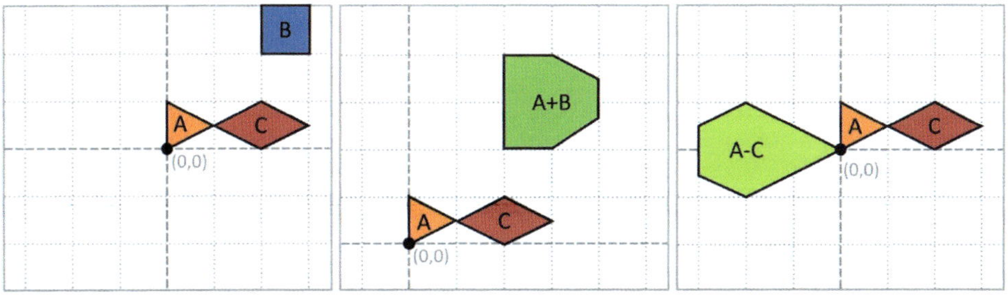

Abb. 7.11 Minkowski-Summe und -Differenz: (v.l.n.r.) Objekte A, B, C definiert in einem 2D-Koordinatensystem, Minkowski-Summe $A + B$, Minkowski-Differenz $A - C$

tation sowohl der Minkowski-Summe als auch der Minkowski–Differenz gegeben. Letztere findet im Bereich der Kollisionserkennung häufig Anwendung, da eine der Eigenschaften der Minkowski-Differenz besonders nützlich ist: Die Minkowski-Differenz enthält den Koordinatenursprung, wenn die Schnittmenge beider Teilmengen nicht der Nullmenge entspricht.

Dabei macht es sich eine Eigenschaft der *Minkowski-Differenz* (siehe Abb. 7.11 sowie Erklärung Minkowski-Summe und -Differenz) zu Nutze, die nur dann den Koordinatenursprung enthält, wenn die konvexen Hüllen Überlappungen aufweisen. Auf diese Weise kann die Kollisionserkennung zwischen zwei Punktmengen der Größe n bzw. m (Polygonnetzen) auf eine Abstandsbestimmung einer einzelnen Punktmenge (der $n \cdot m$ großen Minkowski-Differenz) zum Koordinatenursprung reduziert werden. Die explizite Berechnung dieser großen Punktmenge wird vermieden, indem iterativ geprüft wird, ob die Differenz den Koordinatenursprung enthalten kann. Dazu wird von einem beliebigen Punkt der Differenz ausgehend in jedem Schritt einer neuer Punkt gesucht, der näher am Koordinatenursprung liegt. Wurde eine Punktmenge gefunden, die den Ursprung enthält, kann eine Kollision bestätigt und der Algorithmus beendet werden. Durch diese Methode kann auch der euklidische Abstand der konvexen Hüllen sowie eine Menge von Punkten der Hüllkörpermenge mit minimalem Abstand bestimmt werden. Letzeres kann für die Bestimmung der Kollisionsparameter verwendet werden. In der Fachwelt existieren viele Publikationen rund um diesen Algorithmus. Einige verbessern Teilaspekte, z. B. Hill-Climbing für Eckpunktsuche (Cameron 1997; Lin und Canny 1991), während andere beispielsweise Lösungsstrategien für bewegte Objekte liefern (Xavier 1997).

GJK kann nicht nur zur Beantwortung der Frage benutzt werden, ob eine Kollision stattgefunden hat. Zusätzlich kann die Methode Kontaktparameter liefern, die zur Erzeugung einer geeigneten Kollisionsantwort genutzt werden können. Dabei ist das Verfahren sehr effizient und flexibel für unterschiedlichste Objektkonfigurationen anwendbar.

Wie am Beispiel des GJK zu erkennen ist, ist das Ergebnis der Narrow Phase eine Liste, die nun mit definitiv kollidierenden Objekten und zugehörigen Kontaktinformationen befüllt ist. Im Anschluss können diese Resultate dazu verwendet werden, die Kollisionen aufzulösen. Dieser Vorgang wird als *Collision Response* bezeichnet. Nicht jedes Anwendungsgebiet der Kollisionserkennung benötigt jedoch die Bestimmung einer Kollisionsantwort. Im Falle des View Volume Culling werden mit dem Sichtvolumen kollidierende Objekte visuell dargestellt. Alle anderen Objekte werden hingegen nicht gerendert. Eine Separation der Objekte, respektive die Auflösung des Kontaktes, ist dabei nicht erforderlich. Eine Physiksimulation könnte hingegen die Kontaktinformationen verwenden, um schlussendlich Kräfte zu bestimmen, welche die kollidierenden Körper von einander trennen.

7.2.4 Zusammenfassung und weitergehende Techniken

In diesem Teilkapitel wurden grundlegende Verfahren und Strategien zur Kollisionserkennung zwischen Starrkörpern vorgestellt. Dabei wurden verschiedene Arten von Hüllkörpern vorgestellt und deren Eigenschaften diskutiert. Weiterhin wurde gezeigt, wie Raumzerlegungen und Objekthierarchien dazu verwendet werden können, die Anzahl der insgesamt benötigten Kollisionstests zu reduzieren. Im Abschn. 7.2.3 wurden dann die theoretischen Methoden in einen größeren Kontext eingeordnet.

Die vorangegangenen Abschnitte lassen erahnen, wie umfangreich die Thematik verstanden werden kann. Bei der Diskussion wurde dabei stets davon ausgegangen, dass die Simulation der Objekte schrittweise (diskret) durchgeführt wird. Dieses Vorgehen ist zwar leicht verständlich und einfach implementierbar, birgt aber einige Risiken. Ist die Bewegung eines Objektes in einem Zeitschritt größer als dessen Ausdehnung, so können Situationen entstehen, in denen ein Tunneleffekt beobachtet werden kann. Als praktisches Beispiel kann ein Fußballschuss auf eine Torwand dienen: Im Zeitschritt t befindet sich der abgeschossene Fußball vor der Torwand. Aufgrund der hohen Geschwindigkeit des Balls ist die Wahrscheinlichkeit jedoch groß, dass sich der Ball im Zeitschritt $t+1$ bereits vollständig hinter der Torwand befindet. Die vorgestellten Verfahren zur Kollisionserkennung liefern für beide Zeitschritte keine Kollision. Der Ball hat die Torwand „durchtunnelt." Um diesen Effekt zu vermeiden, existieren verschiedene weiterführende Lösungsansätze:

- kleinere Zeitschritte (= mehr Aufwand zur Laufzeit)
- Bewegungsvolumen oder -vektor bestimmen und auf Kollision testen
- kontinuierliche Kollisionserkennung

Der letztgenannte Ansatz wählt dabei eine vollkommen andere Perspektive auf die Problematik: Statt in jedem Zeitschritt vorhandene Objekte auf eine Kollision hin zu untersuchen, geht die kontinuierliche Kollisionserkennung den Weg, den exakten Ort und Zeitpunkt einer Kollision zu ermitteln. Die Ansätze werden daher auch als a priori (kontinuierlich) und a posteriori (diskret) bezeichnet. Eine Implementierung dieser Technik findet sich unter anderem in der frei verfügbaren 2D-Physiksimulation *box2d* (Catto 2013).

Moderne Anwendungen und Simulationen benötigen mehr und mehr auch Methoden, die nicht nur starre Körper, sondern auch weiche, veränderliche Objekte (engl. *Soft Bodies*), wie etwa Kleidung und Fluide, behandeln können. Diese Objekte stellen vollkommen andere Anforderungen. So sind Hüllkörperhierarchien für veränderliche Objekte selten anwendbar, da die Konstruktion und wiederholte Neuberechnung während der Laufzeit zu hohe Kosten verursachen würde. Dieser Problematik kommen allerdings programmierbare GPUs und Physikbeschleuniger entgegen, die für komplexe Simulationen mit einer hohen Anzahl von Objekten verwendet werden können. Forschungsarbeiten zu diesem Thema existieren bereits seit einiger Zeit, z. B. (Sathe und Lake 2006).

7.3 Echtzeit-Rendering Virtueller Welten

Ein Großteil der menschlichen Wahrnehmung erfolgt über unser visuelles System. Im Kontext von VR-Systemen lässt sich daraus ableiten, dass an die graphische Darstellung besonders hohe Anforderungen gestellt werden müssen, da Grad der Immersion des Benutzers der Virtuellen Welt in hohem Maße von den Eigenschaften dieses Subsystems abhängig ist. In der Literatur wird im Allgemeinen davon ausgegangen, dass die zeitliche Auflösung unseres visuellen Systems bei 60–90 Hz liegt. Ein Darstellungssystem sollte also mindestens 60 Bilder pro Sekunde für seinen Nutzer bereitstellen können, damit dieser nicht in der Lage ist, die Einzelbildabfolge zu erkennen.

Gegenwärtig verfügen typische Anzeigegeräte über Auflösungen von 1920×1080 Bildpunkten (Pixel). Sollen diese 60 mal pro Sekunde neu gezeichnet werden, müssen demnach fast 125 Mio. Pixel pro Sekunde berechnet werden. Diese Menge erfordert also sehr leistungsfähige Hardware, damit die Ausgabe hochaufgelöster Inhalte in Echtzeit erfolgen kann. Das grundlegende Problem besteht darin, diese Matrix aus Bildelementen in kurzen Zeitabständen zu befüllen bzw. einzufärben. Da das Problem, vereinfacht ausgedrückt, für jedes Bildelement unabhängig gelöst werden kann, werden für diese Aufgabe spezielle Parallelrechner eingesetzt: die Graphikprozessoren (engl. Graphics Processing Unit, GPU). Diese sind mittlerweile weitläufig im Einsatz und übertreffen CPUs in ihrer Leistungsfähigkeit häufig um ein Vielfaches.

Ein naives Programm zur Darstellung Virtueller Welten könnte dem folgenden Ablauf folgen:

1. Laden der Szenenobjekte, Aufbauen der Welt
2. Solange Programm nicht beendet wird:
   a. Einlesen der Nutzereingaben
   b. Welt entsprechend der Eingaben verändern
   c. Szene an die GPU übergeben
   d. Zeichnen

Für jedes zu zeichnende Bild muss der gesamte Inhalt der Virtuellen Welt manipuliert, an die GPU übergeben und gezeichnet werden. Trotz der beeindruckenden Rechenkapazität der Graphikhardware ist es im Allgemeinen nicht möglich, einen adäquaten Detailgrad bzw. eine ausreichend hohe Darstellungsgeschwindigkeit mit diesem naiven Vorgehen zu erreichen. Ein VR-System muss an dieser Stelle Hilfestellung leisten, um die Echtzeitfähigkeit auch für hochaufgelöste Inhalte und hohe Auflösungen bereitstellen zu können.

Generell gibt es drei Ansatzpunkte, die visuelle Darstellung so effizient wie möglich zu gestalten:

- Nur notwendige, sichtbare oder wahrnehmbare Daten zeichnen.
- Möglichst kompakte Repräsentation der Daten verwenden und Speicherbewegung der Daten vermeiden (Zeit- und Energiekosten).
- Verfügbare Hardware möglichst effektiv einsetzen.

Dieses Teilkapitel zeigt einige Methoden, wie diese Ansatzpunkte umgesetzt werden können.

7.3.1 Algorithmische Strategien

Aus der Sicht der Graphikhardware und deren Auslastung sind die besten Szenenobjekte solche, die nicht gezeichnet werden müssen. In der o.g. naiven Methode werden grundsätzlich alle Inhalte durch die gesamte Rendering-Pipeline geführt, ganz gleich, ob sie vom Betrachter überhaupt gesehen werden können. Viele Virtuelle Welten bilden Szenen aus der Realität nach. Für diese Szenen ist es nicht untypisch, dass große Teile der Virtuellen Welt hinter dem Betrachter liegen, von anderen Objekten verdeckt werden oder einfach zu weit entfernt sind, um in vollem Detail wahrgenommen werden zu können.

View Volume Culling

Beim Rendering muss für jedes Auge ein Volumen bestimmt und angegeben werden, welches die Abbildung von 3D-Koordinaten auf zweidimensionale Bildkoordinaten beschreibt. Im Falle der gebräuchlichen perspektivischen Projektion wird dieses Sichtvolumen als *Frustum* (siehe Abb. 7.12 links) bezeichnet. Die Grundidee des *View Volume Culling* (oder auch *View Frustum Culling*) ist nun, dass nur Objekte gezeichnet werden müssen, die wenigsten zum Teil im Inneren des View Volume liegen.

Es gibt verschiedene Ansätze und Methoden, um festzustellen, welche Objekte im Blickfeld liegen und welche nicht. Auf der Ebene der Graphikhardware wird dieser Vorgang für Primitive (d. h. Punkte, Linien oder Dreiecke) durchgeführt (Clipping). Zu diesem Zeitpunkt wurden aber Teile der Graphikpipeline, namentlich die Vertex, Tessellation und Geometry Shader, bereits ausgeführt. Es könnte also der Gedanke nahe liegen, diesen polygonbasierten Test (das Clipping) auf der CPU zu erledigen. Graphikprozessoren zeichnen jene Dreiecke allerdings wesentlich schneller, als die CPU die nötigen Sichtbarkeitstests durchführen könnte.

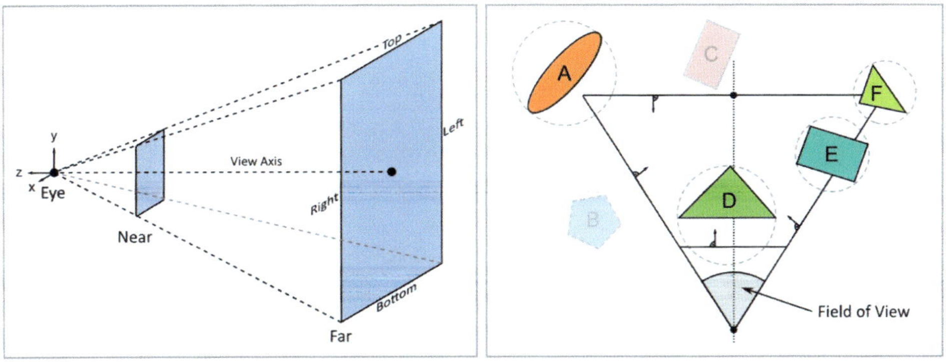

Abb. 7.12 View Volume Culling. *Links*: Perspektivische Ansicht eines Frustums. *Rechts*: Aufsicht des View Volume Cullings mit Objekten und Hüllkugeln (Objekte *A*, *D*, *E* und *F* sind als sichtbar erkannt)

Eine sinnvollere Abstraktionsstufe zur Durchführung des Cullings ist die Objektebene. Dadurch können zwar Primitive an die Graphikhardware geschickt werden, die nicht zum Ergebnisbild beitragen, aber die Kosten für den Test werden meist über eine große Menge von nicht übertragenen Primitiven amortisiert. Die optimale Balance, d. h. welche Testkosten akzeptabel und wie viele überflüssig übertragene Primitive hinnehmbar sind, hängt vom Szenario und der Anwendung ab. Wichtig ist allerdings, dass der Test stets *konservativ* ausgelegt werden sollte: Unsichtbar gekennzeichnete Objekte sollten mit Sicherheit und vollständig unsichtbar sein. Andernfalls droht die Gefahr, ergebnisrelevante Inhalte zu entfernen.

Abschnitt 7.2 stellte bereits einige Hilfsmittel vor, speziell die Hüllkörper und die zugehörigen Hüllkörperhierarchien, um diesen Test effizient zu implementieren. Da das Sichtvolumen im Allgemeinen kein Quader, sondern ein Pyramidenstumpf (ein Frustum) ist, sind Kollisionstests für diesen Körper typischerweise nicht einfach zu bestimmen. Gregory (2009) skizziert jedoch für Hüllkugeln einen einfach Test: Für jede zu testende Hüllkugel wird jede das Frustum bestimmende Ebene um den Radius der Kugel nach außen verschoben (bei nach innen zeigenden Normalen, siehe auch Abb. 7.12 rechts). Befindet sich das Zentrum der Hüllkugel nun für alle 6 Ebenen im positiven Halbraum, so ist die Hüllkugel ganz oder teilweise im Sichtbereich. In der Abb. 7.12 (rechts) ist eine Aufsicht des View Volume Cullings gegeben, wobei die Szenenobjekte von Hüllkugeln umgeben sind. Die Approximation mit Hüllkugeln führt auch dazu, dass das Objekt A als sichtbar erkannt wird, obwohl das eigentliche Objekt außerhalb des Frustums liegt.

Werden andere Hüllkörper verwendet, so kann die folgende Methode für konservatives View Volume Culling verwendet werden (Assarsson und Möller 2000): Die sechs Ebenen des Frustum können als Matrix beschrieben werden. Diese wird dann auch als Projektionsmatrix bezeichnet und beschreibt die Abbildung des Inhaltes des Pyramidenstumpfes auf einen Einheitsquader. Zu dieser Matrix kann eine inverse Matrix gebildet werden. Mit dieser inversen Matrix werden nun auch alle Hüllkörper der Szenenobjekte transformiert.

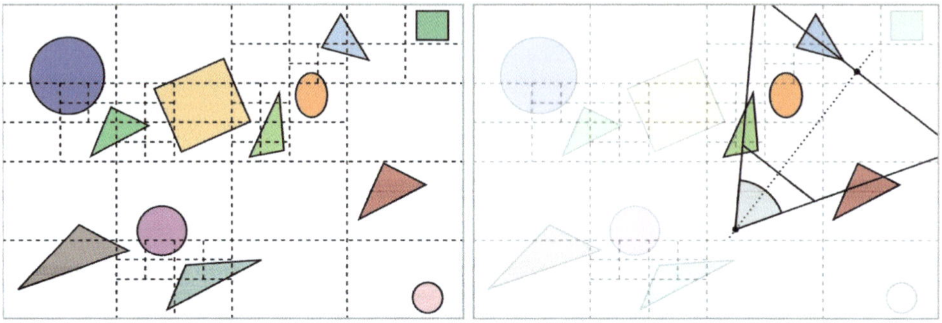

Abb. 7.13 Hierarchical View Volume Culling. *Links*: Szene mit Quadtree. *Rechts*: hierarchisches View Volume Culling durch den Quadtree (hervorgehobene Objekte sind sichtbar)

AABBs „deformieren" dadurch zu Pyramidenstümpfen. Für diese deformierten Hüllkörper können nun erneut AABBs bestimmt werden, welche dann zu einem Schnitttest herangezogen werden. Auf diese Weise müssen nur AABBs gegeneinander verglichen werden. Eine Neuberechnung dieser Körper muss erfolgen, wenn das Frustum manipuliert wird.

Hierarchical View Volume Culling

Diese Variante des Cullings ist unter Einbeziehung der Bounding Volume Hierarchies die logische Erweiterung des View Volume Cullings. Wird für jedes Szenenobjekt ein eigener Hüllkörper verwendet, so kann selbst dieser Test für umfangreiche Szenen mit vielen Hunderten von Objekten einen signifikanten Teil der verfügbaren Rechenzeit einnehmen. Die im Abschn. 7.2.2 vorgestellten Techniken können in diesen Fällen zu wesentlichen Verbesserungen führen. Statt einer Liste mit allen Szenenobjekten kann z. B. ein Baum konstruiert werden, der sämtliche Szenenobjekte (bzw. deren Hüllkörper) in jeweils größer werdenden Hüllkörpern zusammenfasst. Dafür wird eine geeignete Methode benötigt, die Gruppen bzw. Haufen von Objekten ausfindig machen und um diese Gruppe einen neuen Hüllkörper berechnen kann. Schlussendlich wird die gesamte Szene von einem einzelnen Hüllkörper umschlossen. Für das Culling wird nun zunächst dieser Körper für einen Test herangezogen. Sofern dieser nicht sichtbar ist, ist kein Szenenobjekt sichtbar und der Cull-Vorgang ist beendet. Andernfalls können nach und nach tieferliegende Stufen und Zweige des Baumes getestet werden, um die Menge der sichtbaren Objekte zu bestimmen.

Andere Hierarchiebildungsalgorithmen aus der Computergraphik, wie etwa k-d-Trees und Quadtrees, sind hier ebenso anwendbar und weit verbreitet. In der Abb. 7.13 ist das hierarchische View Volume Culling anhand eines Quadtrees dargestellt.

Occlusion Culling

Nur weil die bisher besprochenen Varianten des Cullings ein Objekt als sichtbar markiert haben, muss es nicht automatisch zum Ergebnis des Renderings beitragen. So ist in Virtuellen Welten der Fall nicht unwahrscheinlich, dass das Objekt verdeckt wird, da andere Objekte näher am Betrachter liegen. Je nach Umgebung kann ein Großteil der Objekte innerhalb des Frustums liegen, aber von anderen Objekten, wie etwa virtuellen Wänden, verdeckt werden. Der Test, diese verdeckten Objekte herauszufiltern, wird als *Occlusion Culling* bezeichnet. Da ein exakter Test mit der kompletten Objektgeometrie erneut zu aufwendig ist, macht man sich eine Eigenschaft moderner GPUs zu Nutze: Ohne besondere Vorkehrungen werden Szenenobjekte in beliebiger Reihenfolge an die Graphikhardware geschickt und gezeichnet. Jedes Primitiv der Szenenobjekte durchläuft dabei die gleiche (vereinfachte) Pipeline:

1. Projektion/Abbildung der dreidimensionalen Eingangsdaten
2. Rasterisierung des Primitivs und Erzeugen eines Fragmentes (Fragment: Daten für ein Pixel; d. h. Tiefe, interpolierte Farben und Normalen, Textur, etc.)
3. Berechnungen auf Fragmentbasis und Schreiben des Pixels in den Ausgabepuffer

Dies könnte dazu führen, dass Szenenobjekte, welche frühzeitig gezeichnet worden sind, von später gezeichneten Objekte verdeckt bzw. überschrieben werden. Um diesen Effekt zu vermeiden, verfügt die Hardware über einen sog. *Z-Puffer* (engl. *Z-Buffer*). Dieser speichert für jedes Pixel die Z-Koordinaten des zuletzt eingezeichneten Fragmentes. Weist das gegenwärtig zu zeichnende Fragment einen höheren z-Wert auf, so liegt es aus der Sicht des Betrachters „tiefer" in der Szenen und darf nicht in den Ausgabepuffer übernommen werden. Transparente Objekte müssen gesondert behandelt und vor dem Zeichnen entsprechend ihre Tiefe sortiert werden.

Dieses Z-Buffering kann nun auch für das Occlusion Culling eingesetzt werden. Dazu wird die Szene in einem Vorverarbeitungsschritt einmalig gerendert, wobei die rechenintensiven Schritte der Pipeline vorher deaktiviert worden sind (Visuelle Effekte, Postprocessing, Unschärfe, Beleuchtung, etc.) und nur der Tiefenpuffer beschrieben wird. Der eigentliche Zeichendurchlauf manipuliert dann den Tiefenpuffer nicht, sondern testet nur gegen die eingetragenen Werte. Der Vorteil dieses Vorgehens besteht nun darin, dass kostenintensive Operationen (z. B. Beleuchtung) nur für Fragmente vorgenommen werden, die auch tatsächlich einen Anteil am Ergebnis haben. In der Literatur wird der beschriebene Test auch als *Early-Z Rejection* oder *Z Pre-Pass* beschrieben.

Eine ebenfalls hardwareseitig unterstützte Alternative dazu ist die sog. *Occlusion Query*. Für diese Anfrage werden nicht die Primitive der Objektgeometrie durch die Pipeline geschickt, sondern nur die Primitive des zugehörigen Hüllkörpers. Visuelle Effekte brauchen nicht berechnet werden. Ohne Farb- oder Tiefenpuffer zu manipulieren, zählt die Graphikhardware die theoretisch geschrieben Pixel. Diesen Wert kann der Anwender nach der Durchführung der Anfrage von der GPU wieder anfordern. Beträgt die Anzahl der von einem Hüllkörper manipulierten Pixel Null, wird er von einem anderen Objekt verdeckt (Occlusion). Das Szenenobjekt muss nicht aufwendig (d. h. inkl. Beleuchtung etc.) gezeichnet werden. Das Problem dieser Technik ist allerdings, dass dafür CPU-seitig auf die Abarbeitung einer jeden Anfrage gewartet werden muss. Zusätzlich zur reinen Bearbeitungszeit muss auch mit einer Verzögerung durch die vergleichsweise langsamen Kommunikationskanäle zur GPU gerechnet werden. Glücklicherweise können diese Anfragen aber auch asynchron an die Hardware übergeben werden, so dass mehre Tests zur gleichen Zeit in der GPU bearbeitet werden können. Weiterhin kann die CPU in der Wartezeit andere Aufgaben der Virtuellen Welt bearbeiten.

Zusammenfassend lässt sich sagen, dass das Occlusion Culling besonders für solche Anwendungen interessant ist, deren Laufzeitverhalten in hohem Maße von der Berechnungszeit des Fragment Shaders (Texturierung, Beleuchtung, Postprocessing) bestimmt wird.

Backface Culling

Das *Backface Culling* behandelt die Entfernung „rückwärtsgerichteter" Primitive. Im Allgemeinen werden für jedes Polygon auch zugehörige Normalen abgespeichert. Falls diese nicht explizit gespeichert werden, kann auch die Richtung der Normale aus einer Konvention hervorgehen (siehe Abschn. 7.3.2 „Stripping"). In diesen Fällen legt dann die Reihenfolge der Eckpunkte eines Polygons die Richtung der Normalen fest. Für das Backface Culling werden die lokal definierten Primitive und ihre Normalen in das globale Koordinatensystem der Kamera transformiert. Nun werden die Normalen der Polygone mit der Sichtachse der Kamera verglichen. Ist das Skalarprodukt beider Normalen kleiner als Null, so zeigen die Vektoren in entgegengesetzte Richtungen und die Vorderseite des zugehörigen Polygons ist von der Kamera aus sichtbar. Das Backface Culling findet mittlerweile fast ausschließlich auf Seiten der GPU statt, da der Schritt der Transformation ein integraler Bestandteil der Graphikpipeline ist. Für gewöhnlich kann durch die Programmierschnittstelle der GPU festgelegt werden, welche Seite des Polygons als Außenseite behandelt werden soll (engl. *Front/Back Face*) oder ob es sich um zweiseitige Polygone handelt (engl. *Two Sided Polygons*).

Small Feature Culling

In vielen Fällen können Details einer Szene weggelassen werden, ohne dass deren Fehlen vom Betrachter bemerkt oder als störend empfunden wird. Der Grundgedanke des Small Feature Culling ist, dass sehr kleine oder auch entfernte Objekte nur wenige Pixel im Ergebnisbild manipulieren. Um festzustellen, ob dies für ein gegebenes Objekt zutrifft, kann der Hüllkörper projiziert und dessen Größe gemessen werden. Liegt die Größe unter einem festgelegten Schwellwert, wird das Objekt nicht gezeichnet. Dieser Vorgang lässt sich besonders einfach in Verbindung mit der Occlusion Query (siehe Occlusion Culling) lösen.

Das Resultat dieser Methode ist im Grunde ein fehlerhaftes Ergebnisbild. Insbesondere in bewegten Szenarien (z. B. auch Head-Tracking) ist die Wahrscheinlichkeit allerdings groß, dass die Differenz keine wahrnehmbaren Unterschiede aber eine verbesserte Bildwiederholrate zur Konsequenz hat.

Portal Culling

Diese Methode eignet sich besonders für Virtuelle Welten, die geschlossene Räumlichkeiten oder Gebäude simulieren. Dazu wird die Welt in Sektoren (Räume) eingeteilt. Der

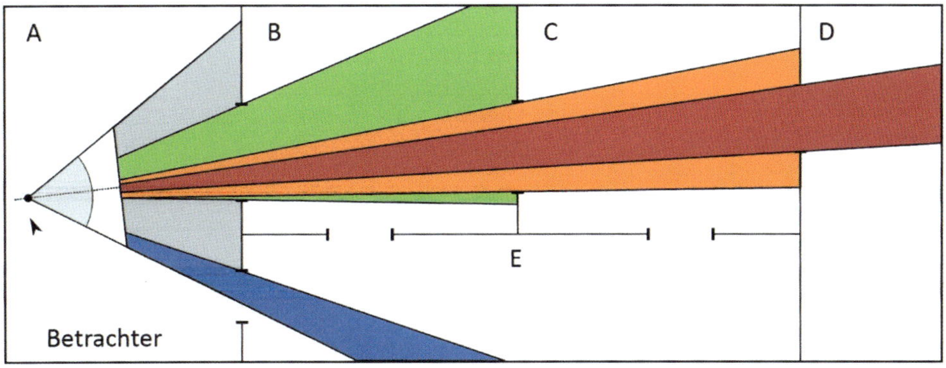

Abb. 7.14 Portal Culling: Der Betrachter befindet sich im Sektor *A* (View Volume/Frustum des Betrachters eingezeichnet). Für jedes sichtbares Portal ist der Sichtbereich farblich hervorgehoben

Anwender kann sich durch festgelegte Portale (Türen/Durchgänge) von einem Sektor zum nächsten Sektor bewegen. Die Sektoren müssen dabei nicht zwangsläufig räumlich mit einander verbunden sein. Für das Portal Culling ist lediglich wichtig, dass das das Portal beschreibende Polygon als solches markiert ist.

Zu einem gegebenen Zeitpunkt befindet sich der Anwender (die Kamera) in einem Sektor. Dieser wird ganz normal durch das spezifizierte Frustum gezeichnet. Für jedes sich im Sichtfeld befindende Portal wird ein neues Frustum bestimmt, welches durch die Betrachterposition und die Kanten des jeweiligen Portals definiert wird. Mit diesem Frustum wird nun der zugehörige Sektor gezeichnet (Abb. 7.14).

So beschränkt sich die Anzahl der für ein Ergebnisbild benötigten Sektoren automatisch auf jene Menge, die überhaupt durch ein Portal sichtbar sind. Weiterhin müssen unter Einsatz des View Volume Cullings aus diesen Sektoren auch wiederrum nur jene Objekte gezeichnet werden, die sich in diesem, dann verkleinerten, Frustum befinden.

Da diese Methode dem View Volume Culling sehr ähnelt, können diese Techniken ohne große Mühen kombiniert werden. Damit ist das Portal Culling nicht nur einfach implementierbar, sondern für o. g. Szenen auch sehr effizient.

Level of Detail

Das Small Feature Culling entfernt kleine, und damit kaum sichtbare, Objekte aus Szene. Die Technik löst allerdings noch nicht das Problem, welches schnell mit hochaufgelösten Objekten entsteht: Mit zunehmender Entfernung diese Objekte zum Beobachter sind die Details des Objektes schlechter wahrnehmbar. Selbst entfernte detailreiche Objekte müssen der Graphikhardware übergeben und vollständig gezeichnet werden, damit ihr Beitrag zum Ergebnisbild erfasst werden kann. Diese Situation kann vermieden werden, indem Ersatzobjekte nach dem *Level of Detail-Verfahren* (*LOD*) eingeführt werden (siehe auch Kap. 3.3.4 und Luebke et al. 2003).

Nach diesem Verfahren werden für komplexe Objekte eine oder mehrere vereinfachte Versionen zusätzlich gespeichert. Sobald das Objekt eine bestimmte Entfernung vom

Betrachter unter- oder überschreitet, wird auf eine detailreichere oder -ärmere Version umgeschaltet. Alternativ kann statt der Entfernung auch die projizierte Objektgröße als Indikator für die zu wählende LOD-Stufe verwendet werden.

Die Vereinfachung des Objektes kann verschiedene Formen annehmen. So sind polygonreduzierte Versionen genauso denkbar wie Versionen mit niedrigaufgelösten Texturen oder qualitätsverminderter Beleuchtung. Sofern die Umschaltzeitpunkte und die Qualitätsstufen richtig gewählt sind, kann der Austausch der Stufen praktisch nicht erkennbar sein. Das LOD-Verfahren leistet insbesondere für Objekte mit „unendlichem" Detailgrad, wie z. B. Terraindaten, einen entscheidenden Beitrag, um interaktive Bildwiederholraten zu erzeugen. Generell lässt sich sagen, dass Szenen mit mehreren komplexen Objekten vom Einsatz der LOD-Technik profitieren.

Ein offensichtlicher Nachteil der LODs ist der zusätzliche Speicherbedarf, da neben dem eigentlichen Modell auch die verschiedenen Detailstufen gespeichert werden müssen. Da die Detailstufen jedoch ohnehin weniger Informationen enthalten, relativieren sich diese Kosten in der Praxis etwas. Ein größeres Problem stellt für gewöhnlich die Erzeugung der LOD-Stufen dar. Gerade die Berechnung visuell ansprechender vereinfachter Versionen für ein detailliertes Polygonnetz gilt als nicht-triviales Problem. Es gibt Algorithmen, die die Polygonanzahl gegebener Netze verringern können. Allerdings sei erwähnt, dass sie häufig Kontrolle und manuelle Korrekturen benötigen, um sinnvolle Ergebnisse zu erzielen.

In der Praxis werden die Detailstufen daher häufig explizit modelliert, was aber den Erstellungsaufwand und die damit verbundenen Kosten merklich erhöht. Modelle auf parametrischer Basis, wie etwas Freiformflächen, erlauben eine automatische Erstellung von unterschiedlich aufgelösten Versionen. Netzbasierte Erstellungswerkzeuge sind allerdings wesentlich weiter verbreitet und auch intuitiver zu bedienen. Ein umfassender Überblick über LOD-Techniken wird in (Luebke et al. 2003) gegeben.

7.3.2 Hardwarebezogene Strategien

Es gibt ein begründetes Bestreben, die Komplexität heutiger (Graphik-) Hardware und deren Besonderheiten zu abstrahieren und diese vor dem Anwendungsentwickler zu verbergen. Dies soll dem Entwickler die Möglichkeit geben, Programme gleichermaßen effizient für verschiedene Endgeräte zu schreiben. Trotz dieser Bemühungen gibt es einige Punkte, an denen die Kenntnis der Besonderheiten der verwendeten Hardware Ansatzpunkte liefern kann, welche die Leistungsfähigkeit der Anwendung verbessern können.

Die folgenden Strategien für Echtzeit-Rendering Virtueller Welten zeigen Wege, um den Speicherverbrauch zu minimieren, hardwareseitige Ausführungseinheiten auszulasten oder die programmseitige Verwendung der Hardware-Caches zu optimieren.

Objektgröße

Aktuelle Graphikhardware kann mehrere hundert Millionen Dreiecke pro Sekunde darstellen. Diese Verarbeitungsgeschwindigkeit wird erreicht, da das Problem der Bilderzeugung für jedes Bildelement unabhängig gelöst werden kann, und da die Graphikprozessoren an diese Aufgabestellung angepasst sind. Diese Prozessoren verfügen üblicherweise über Gruppen von Rechenwerken, die gleichzeitig an unterschiedlichen Indizes der Eingangsdaten die gleichen Operationen ausführen können (z. B. Eckpunkte in *NDC* (engl. *Normalized Device Coordinates*) projizieren). Es ist die Aufgabe des Graphiktreibers (oder auch der Hardware) die Eingangsdaten (z. B. Polygonnetze) in Gruppen aufzuteilen und sie den jeweils verfügbaren Ausführungseinheiten zu zuweisen. Ein Beispiel: Es sei eine GPU mit 4 Ausführungseinheiten mit je 32 parallelen Rechenwerken gegeben. Nun soll ein Szenenobjekt, bestehend aus 100 Eckpunkten, transformiert werden. Dazu müssen 4 Teilaufgaben erzeugt werden, die dann den 4 verfügbaren Ausführungseinheiten zugewiesen werden. Da alle Rechenwerke innerhalb einer Ausführungseinheit die gleichen Operationen ausführen, berechnet eine Ausführungseinheit 28 ungültige Ergebnisse. Dieses Problem wird auch anders sichtbar: Es sollen 100 Würfel einer Szene gezeichnet werden. Da die Würfel jeweils aus nur 8 Eckpunkte bestehen und jeder Würfel einer Ausführungseinheit zugewiesen werden muss (jeder Würfel wird anders transformiert/projiziert), ist die Auslastung über die Gesamtheit der Rechenwerke gesehen sehr ungünstig. Daraus kann geschlussfolgert werden, dass Szenenobjekte ausreichend detailliert modelliert werden müssen, damit die Graphikprozessoren von ihren parallelen Rechenwerken profitieren können. Weiterhin bedeutet dies, dass einfache Szenenobjekte soweit wie möglich zu größeren Objekten zusammengefasst werden sollten, damit diese als Gesamtheit der GPU übergeben und vom Graphiktreiber (oder auch der Graphikhardware) verteilt werden können.

Indizierung

Meist liegen Geometriedaten einer Virtuellen Welt als unsortiertes Dreiecksnetz vor. Diese Form ist auch bekannt als *Triangle Soup* oder *Polygon Soup* und ist häufig das Ergebnis der Modellierung. Der Begriff stammt daher, dass die Polygone des Netzes vollkommen unstrukturiert vorliegen und keinerlei Bezug zueinander aufweisen. Sie „schwimmen" also an willkürlichen Stellen in der Suppe. Für die rechentechnische Datenverarbeitung bedeutet dies, dass jeweils drei Eckpunkte des Datenvektors ein Dreieck aufspannen. Iteriert man über alle Elemente/Dreiecke des Datenvektors, so liegen in der Virtuellen Welt benachbarte Dreiecke nicht notwendigerweise auch nebeneinander im Datenvektor. Weiterhin hat dies auch zur Konsequenz, dass Eckpunkte eines zusammenhängenden Dreiecksnetzes mehrfach im Datenvektor enthalten sind. Der Speicherbedarf des Datenvektors beträgt das Dreifache gegenüber einer speicheroptimalen Variante (siehe unten „Stripping"). Denkt man an die Pipeline der Graphikprozessoren, so müssen mehrfach vorhandene Eckpunkte auch mehrfach transformiert und projiziert werden. Ohne zusätzliche Maßnahmen kann ein zuvor berechnetes Ergebnis nicht wiederverwendet werden.

Um diese Ineffizienzen zu vermeiden, wird eine Indizierungsebene (siehe auch Kap. 3.3.1) eingeführt. Alle Eckpunkte (meist 3 oder 4 Gleitkommawerte mit je 4–8 Byte)

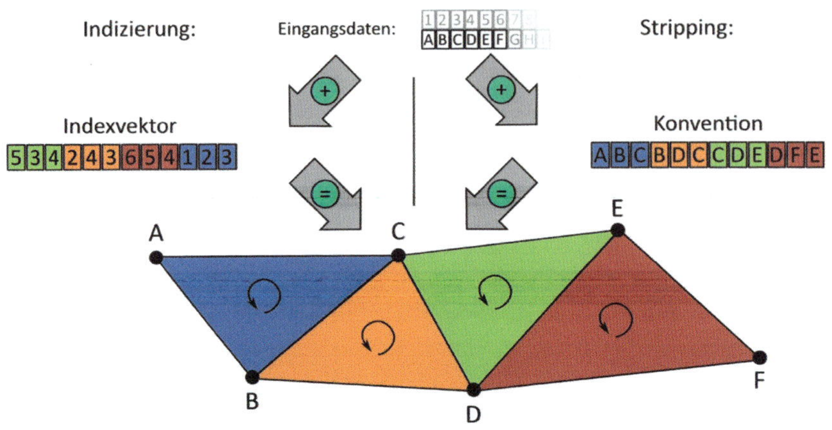

Abb. 7.15 Dreiecksdarstellung durch Indizierung und Stripping. *Links*: Eckpunktdaten und Indizes definieren Dreiecksnetz. *Rechts*: Eckpunktdaten werden in geg. Reihenfolge interpretiert und ergeben so das Netz

eines Netzes werden dann ohne Struktur in einem Datenvektor gespeichert. Die Vermaschung der Punkte zur Ausbildung der Dreiecke/Polygone erfolgt über einen Indexvektor (ganzzahlig mit 2–4 Byte pro Wert). Der Indexvektor benötigt zwar ebenfalls Speicherplatz, aber durch das Fehlen von Doppelgängern im Eckpunktvektor wird dies mehr als ausgeglichen. Insgesamt kann der Speicherbedarf eines Polygonnetzes dadurch signifikant reduziert werden. Abbildung 7.15 stellt die Indizierung und Vermaschung im linken Teilbild dar.

Softwaresysteme für die graphische Datenverarbeitung verwenden gelegentlich nicht nur einen Indexvektor, sondern jeweils einen Vektor für Eckpunkte, Normalen und andere Attribute (z. B. Farben). Dieses Vorgehen kann sinnvoll sein, wenn ein Eckpunkt unterschiedliche Attribute verwenden soll, je nachdem, von welchem Dreieck er referenziert wird. Diese Mehrfachindizierung wird jedoch von typischer Graphikhardware nicht unterstützt. Falls Modelle in einer solchen Darstellung vorliegen, müssen sie vor der Weitergabe an die Hardware auf einen Einzelindex umsortiert werden.

Caching

Die Indizierung allein löst das Problem der Wiederverwendung bereits berechneter Daten nicht. Nach wie vor können geometrisch benachbarte Dreiecke an unterschiedlichen Stellen des Indexvektors beschrieben werden (siehe Abb. 7.15: die geometrische Lage der Eckpunkte spiegelt sich nicht im Indexvektor wider). Somit muss im Normalfall jeder Eckpunkt eines Dreiecks innerhalb der GPU vollständig berechnet werden. Dies gilt insbesondere dann, wenn der Indexvektor bzw. der Datenvektor keine Lokalität, d. h. in den Daten benachbarte Objekte sind nicht räumlich benachbart, beinhält.

Das typische Modell eines Rechners sieht vor, dass sich Daten und Anweisungen dem gleichen Speicher bedienen (Von-Neumann-Architektur). Aus der Sicht des Programmierers ist dadurch den Ablauf eines Programmes streng sequentiell. Problematisch ist dadurch jedoch die Anbindung des Speichers, welche heutzutage um ein Vielfaches mehr Zeit für den Transport eines Datums benötigt, als eine CPU zum Verarbeiten dieses Datums aufwenden muss. Ohne weitere Maßnahmen könnte demnach eine moderne CPU niemals ausgelastet werden. Um diese Speicherlatenzen zu kompensieren, wurden Caches eingeführt. Dies sind schnelle Zwischenspeicher, die Daten in Form eines assoziativen Feldes (Abbildung Schlüssel/Wert auf Adresse/Inhalt) speichern. Derartiges Caches werden auch auf der Graphikhardware verwendet, um dort auftretende Speicherlatenzen zu verbergen. Eine wichtige Einschränkung dieser Caches sind ihre Speicherkapazitäten. Damit die Zugriffszeiten auf diese Caches möglichst gering sind, werden sie in der Nähe der eigentlichen Rechenwerke platziert. Gerade dort ist aber die dafür nötige Chipfläche ein teures Gut. Somit sind die Kapazitäten (im Vergleich zum RAM/VRAM) meist sehr gering und es können nur wenige Einträge im Cache gehalten werden. Genaue Daten sind für GPUs schwer zugänglich aber die Kapazitäten liegen typischerweise im Kilobyte-Bereich. Da die Cachegröße meist wesentlich kleiner als der eigentliche Datenspeicher ist, kann nicht jedes Datum zwischengespeichert werden. Es muss eine Strategie eingeführt werden, die die Zuordnung von Cacheeinträgen zu Speichereinträgen definiert. Oftmals kann ein Speichereintrag nicht an beliebigen Positionen im Cache platziert werden (Vollassoziativität), sondern es werden mehrere Speichereinträge/-bereiche auf den gleichen Cacheeintrag abgebildet (Satz- oder Mengenassoziativität). Am praktischen Beispiel bedeutet dies: Wird ein Eckpunkt zur Projektion eines Dreiecks A benötigt, so muss dieser zunächst aus dem langsamen Graphikspeicher organisiert werden. Greift nun direkt im Anschluss ein weiteres Dreieck B auf eben diesen Eckpunkt zu, so ist die Wahrscheinlichkeit hoch, dass der Wert dem schnellen Zwischenspeicher entnommen werden kann. Werden jedoch zwischenzeitlich Berechnungen angestellt, die andere Daten benötigen, so können diese den Eckpunkt aus dem Zwischenspeicher verdrängen. Für die Projektion des Dreiecks B muss der Eckpunkt erneut aus dem Graphikspeicher geladen werden.

Da die Cacheeigenschaften generell sehr hardwarespezifisch sind, lassen sich an dieser Stelle keine allgemeingültigen Vorgehensweisen festlegen. Als Konsequenz für die Echtzeitdarstellung Virtueller Welten lässt sich jedoch festhalten, dass ein Dreiecksgitter möglichst so sortiert werden sollte, dass es die Lokalitätseigenschaft gut erfüllt. Weiterhin sollte der Programmcode (auch Shadercode) ebenfalls die Eigenschaften der verfügbaren Caches beachten und Speicherzugriffe nach Möglichkeit sequentiell durchführen (keine zufälligen Zugriffe).

Wenn die Cachegröße bekannt ist, kann sehr gut optimiert werden (Hoppe 1999). Wie Bogomjakov und Gotsman (2002) zeigen konnten, sind jedoch auch bei unbekannter Cachegröße gute Ergebnisse möglich. Eine prägnante Diskussion mit Beispielcode findet sich bei (Forsyth 2006).

Stripping

Eine Möglichkeit, Polygondaten in eine Cache-optimierte Form zu übertragen, ist das *Stripping*. Stripping bzw. Strips wurden bereits in Kap. 3.3.1 vorgestellt. Im Kontext der Darstellungseffizienz ist neben der cachegünstigen Speicherform ihr zweiter Vorteil, dass sie explizit beschreiben, welche Eckpunkte ein Dreieck/Polygon bilden. Dadurch können Dubletten und zusätzliche Indizes vermieden werden.

Die Eckpunkte eines Datenvektors werden dazu nach einem festgelegten System interpretiert. Seien vier Eckpunkte A, B, C und D gegeben. Diese Daten können z. B. so interpretiert werden, dass (ABC) und (BCD) ein Dreieck repräsentieren. Problematisch ist in dieser Interpretation allerdings, dass sich die Orientierung von den beiden Dreiecken unterscheiden, da per Konvention der Uhrzeigersinn die Normalenrichtung bestimmt. In der vorgestellten Interpretation zeigen die Normalen also auf unterschiedliche Seiten. Eine bessere Interpretationsvorschrift wäre daher, wenn das zweite Dreieck über die Eckpunktreihenfolge (BDC) spezifiziert wird. Abbildung 7.15 (rechts) zeigt das Stripping für ein Dreiecksnetz und gibt dabei auch die Orientierung der Dreiecke an. Wenn Eckpunktdaten als Strip verwendet werden, so spiegelt sich auch automatisch die geometrische Lage der zugehörigen Dreiecke im Datenvektor wider. Im Sinne der Caches liegen die Daten damit in einer günstigen Form vor.

Mit Hilfe des Stripping können n Dreiecke mit nur $n+2$ Eckpunkten dargestellt werden. Da die Indizierung sowohl einen Datenvektor als auch Indexdaten benötigt, ist das Stripping aus der Sicht des Speicherverbrauchs günstiger. Gegenüber der Polygon Soup (siehe Abschn. 7.3. „Indizierung“) reduziert das Stripping den Speicherbedarf sogar um fast zwei Drittel.

Strips bieten eine kompakte Geometrierepräsentation (ohne Indizes und Dubletten) und können die Wiederverwendung von Daten auf der Seite der GPU positiv beeinflussen. Es ist allerdings ein nicht-triviales Problem (Komplexitätsklasse NP-hart), eine optimale Striprepräsentation für ein Objekt zu finden, da im Allgemeinen ein Objekt nicht durch einen einzelnen Strip dargestellt werden kann. Daher müssen entweder mehrere Strips oder Strips mit degenerierten Dreiecken (d. h. Dreiecke, die zu Punkten oder Linien verkümmern) verwendet werden. Somit ergibt sich auch eine verringerte Speicher- und Darstellungseffizienz. Um dem entgegenzuwirken, bieten moderne 3D-APIs „Restart“-Schnittstellen (z. B. *glPrimitiveRestartIndex* bei OpenGL) an. Anstatt degenerierte Dreiecken zu übertragen, kann durch die Verwendung dieser Schnittstelle der GPU mitgeteilt werden, dass die Stripinterpretation ab einem gegebenen Index neu gestartet (*restart*) werden soll.

In der Literatur finden sich einige Aufsätze und Arbeiten zum Thema der Berechnung der Strips, z. B. (Evans et al. 1996; Reuter 2005). Des Weiteren sind auch Programme verfügbar, die Strips aus Polygonnetzen erzeugen können, z. B. NVTriStrip (NVidia 2004) oder Stripe (Evans 1998). Während Polygon Soups einfach zu handhaben aber speicheraufwendig sind, so platzieren sich die Strips am anderen Ende der Skala: Sie sind speichereffizient aber wesentlicher schwieriger in der Handhabung und der Erzeugung.

Minimierung von Zustandswechseln

Zeit ist bekanntlich Geld. Aus diesem Grund wird ein Auftragsmaler versucht sein, Bilder in möglichst kurzer Zeit fertigzustellen. Da er für die Bilder unterschiedliche Pinsel und Farben benötigt, wird er weiterhin versuchen, möglichst selten das Zeichengerät oder die

Farbe zu wechseln. Für jeden Wechsel des Pinsels muss schließlich der alte Pinsel gereinigt und verstaut werden.

Graphikhardware ist in diesen Punkt dem Maler nicht unähnlich. Einerseits wurde bereits vorher diskutiert, dass die Ausführungseinheiten aus parallelen Rechenwerken bestehen. Diese sollten stets den gleichen Zustand an unterschiedlichen Stellen der Eingangsdaten berechnen können, damit sie effizient arbeiten. Sollte dies nicht der Fall sein, z. B. durch Verzweigungen im Shadercode, ist mit Einbußen zu rechnen.

Andererseits können Änderungen an der Pipelinekonfiguration (z. B. Wechsel des Shaderprogammes) zu zeitaufwendigen Operationen im Treiber bzw. der Hardware führen. Daher ist es wichtig, nur die Zustandsänderungen durchzuführen, die auch tatsächlich notwendig sind, um ein gegebenes Objekt zu zeichnen. Darüber hinaus ist es ratsam, die Reihenfolge der Objektübergabe an die Graphikhardware so zu organisieren, dass möglichst wenige Zustandsänderungen für ein zu zeichnendes Bild gemacht werden müssen. Sollen verschiedenfarbige Objekte gezeichnet werden, könnten so die Objekte der Farbe nach sortiert und dann übertragen werden.

Virtuelle Welten werden im Allgemeinen nicht nach diesen Maßstäben konstruiert und angelegt. Welche Sortierreihenfolge (nach Farbe, Material, Shaderprogramm, etc.) sinnvoll ist, hängt stark von der beschriebenen Szene ab und kann nicht allgemeingültig festgelegt werden. Da diese Aufgabe nicht vom Graphiktreiber oder der zugehörigen Hardware übernommen werden kann, können Softwarepakete für Virtuelle Welten hilfreiche Werkzeuge darstellen.

7.3.3 Softwaresysteme für die Darstellung Virtueller Welten

Die bisherigen Abschnitte beschrieben eine Reihe von Methoden, die helfen können, die Darstellungsgeschwindigkeit einer Virtuellen Welt zu erhöhen. Im besten Fall wären diese Methoden Teil des Graphiktreibers oder der Hardware und jede Anwendung könnte die optimale Leistung erzielen. Dies ist jedoch nicht der Fall.

Der Graphiktreiber (und die bereitgestellten APIs, z. B. Direct3D und OpenGL) beschreibt eine dünne Abstraktionsschicht zwischen der eigentlichen Hardware und dem Anwendungsentwickler. Sie dient hauptsächlich der Abstraktion der Hardware verschiedener Hersteller und Modelle und beinhaltet keine oder nur minimale anwendungsspezifische Optimierungen. Diese werden der Anwendung überlassen, um den Entwicklern der Anwendung Entscheidungsfreiheit und maximale Flexibilität zu überlassen.

Des Weiteren verfügt der Graphiktreiber nicht über die Kenntnis der gesamten Szene (sondern nur über einzelne Objekte), so dass gewisse Optimierungen (z. B. View Volume Culling) nicht sinnvoll umsetzbar sind. Damit Anwendungsentwickler jedoch nicht für jede Applikation alle Algorithmen und Verfahren vollständig implementieren müssen, existieren Softwaresysteme, die diese Aufgabe übernehmen und so die Entwicklung unterstützen und beschleunigen. Ein weit verbreitetes Prinzip sind die Szenengraphen.

Szenengraphen

Das Konzept eines Szenengraphen wurde in Kap. 3.2 beschrieben. Der vorliegende Abschnitt geht näher auf Aspekte der Szenengraphen ein, die der Echtzeitfähigkeit eines VR-Systems dienlich sind.

Die Grundidee der Szenengraphen ist die Darstellung der gesamten Virtuellen Welt, inklusive einiger Metadaten, in der Form eines gerichteten zyklenfreien Graphen (engl. *Directed Acyclic Graph, DAG)*. Zur Laufzeit traversiert die Szenengraphsoftware dann diesen Graphen und führt dabei Operationen auf einzelnen Knoten oder Teilgraphen durch. Häufig wird der Baum dabei von oben nach unten (engl. *Top-Down*) und in die Tiefe zuerst (engl. *Depth-First*) traversiert. Beispiele für diese Operationen sind der Aufbau, die Darstellung oder auch die Hüllkörperberechnung eines Zweiges inkl. Schnittpunktberechnung für die Benutzerinteraktion mit dem Graphen.

Während eines einzelnen Zeitschrittes wird ein Szenengraph typischerweise mehrfach traversiert. In diesem Zusammenhang wird oft von unterschiedlichen Phasen gesprochen:

- APP: Applikationsphase (Struktur und Zustände des Graphen verändern)
- CULL: Culling
- DRAW: Darstellungsphase

Eine triviale Implementierung eines Szenengraphen schickt alle eingehängten Knoten an die Graphikhardware. Da die gesamte Szene und ihre Struktur im Graphen enthalten ist, können jedoch Hüllkörper und Hüllkörperhierarchien ohne große Anstrengungen in den Knoten bestimmt und hinterlegt werden. Auf Basis dieser Daten und mit Hilfe des als Kameraknoten spezifizierten Sichtvolumens kann das Szenengraphsystem in einer CULL-Phase sichtbare Objekte herausfiltern und diese in Form von Referenzen in einer Liste abspeichern. LOD-Berechnungen sind dabei ebenfalls problemlos möglich. Bevor die herausgefilterten Objekte in der DRAW-Phase jedoch gezeichnet werden, werden sie meist noch so sortiert, dass Zustandswechsel minimiert werden.

Dieses APP-CULL-DRAW-Modell wurde durch Iris Performer und seinen Nachfolger OpenGL Performer (Rohlf und Helman 1994) populär. Das Modell ist insbesondere deshalb interessant, weil es eine gute Basis für die Parallelisierung des Szenengraphen liefert. Diese können so von modernen Mehrkernprozessoren profitieren und damit auch komplexere Szenen in Echtzeit verarbeiten.

Szenengraphsysteme können die Entwicklung komplexer Anwendungen für Virtuelle Welten erheblich beschleunigen. Sie bieten eine breite Palette von Werkzeugen für die Szenenerzeugung, Animation, Modellein gabe und -ausgabe und für verschiedene Optimierungen (z. B.: Cacheoptimierung von Vertexdaten, Zusammenfassung statischer Strukturen). Dabei abstrahieren sie die Komplexität dieser Methoden und liefern dem Entwickler der Virtuellen Welt zugängliche Schnittstellen, die es ihm ermöglichen, seine Ziele schnell zu erreichen. Viele Szenengraphsysteme unterstützen auch Spezialeffekte, die von der Graphikhardware nicht selbstständig unterstützt werden (z. B. Schattenberechnung).

Der Preis für diese Fähigkeiten ist oft eine eingeschränkte Flexibilität. Neue Algorithmen in ein komplexes System, wie etwa einen Szenengraph, einzubauen, kann wesentlich aufwendiger sein, als sie von Grund auf neu zu implementieren. So ist es nicht verwunderlich, dass z. B. wissenschaftliche Visualisierungen oder virtuelle Kommunikationsanwendungen oft individuelle Lösungen implementieren, ohne dass dabei ein Szenengraphsystem zum Einsatz kommt.

7.4 Zusammenfassung und Fragen

Eine geringe Latenz bzw. die Echtzeitfähigkeit ist von entscheidender Bedeutung für die Erzeugung glaubhafter Erfahrungen in VR/AR-Systemen. Im Zusammenspiel mit Head-Tracking wird für HMD-basierte Systeme eine Latenz von unter 50 ms empfohlen (Brooks 1999; Ellis et al. 1997). Bei projektionsbasierten VR-Systemen sind höhere Latenzen eher tolerierbar. Latenzen treten in allen Teilsystemen von VR/AR-Systemen auf. Für die Gesamtlatenz (Ende-zu-Ende-Latenz) eines VR/AR-Systems spielt zusätzlich der Datentransport zwischen den Teilsystemen eine Rolle. In diesem Kapitel wurden u. a. Methoden zur Messung der Ende-zu-Ende-Latenz von der Nutzerinteraktion bis zur Systemreaktion vorgestellt. Zudem wurden repräsentative Latenzen für verschiedene Hardware-Komponenten von VR/AR-Systemen dargestellt, u. a. für unterschiedliche Arten von Tracking-Systemen und Netzwerkkomponenten. Die Latenzen von anderen VR/AR-Teilsystemen wie Weltsimulation und Darstellung (Rendering) sind stärker von der spezifischen Anwendung abhängig. Eine generische Aufgabe bei der Weltsimulation ist die Kollisionserkennung. Hierzu existiert eine Reihe von Methoden, die eine effiziente Kollisionserkennung auch in großen Umgebungen mit sehr vielen Objekten ermöglichen. Die in VR-Systemen üblichen Szenengraphen unterstützen ein effizientes Rendering auf vielfältige Weise, z. B. durch verschiedene Culling-Methoden, Level of Detail-Techniken, spezielle Datenstrukturen für polygonale Modelle sowie Optimierung der Renderingreihenfolge der 3D-Objekte der Virtuellen Welt.

Überprüfen Sie Ihr Verständnis des Kapitels anhand folgender Fragen:

- Welche Bedeutung hat die Latenz eines VR-Systems?
- An welchen typischen Stellen entstehen Latenzen?
- Überlegen Sie sich konkrete Anwendungsbeispiele und diskutieren Sie die Relevanz der einzelnen Latenzen für Ihr Beispiel.
- Welche Verfahren zur Bestimmung von Latenzen haben Sie kennen gelernt?
- Welche Anforderungen werden typischerweise an einen Hüllkörper gestellt? Welche Konsequenzen ergeben sich aus diesen Anforderungen?
- Was ist eine separierende Achse und wie kann eine solche für zwei OBBs gefunden werden?
- Erklären Sie das Sweep & Prune Verfahren anhand einer selbstgezeichneten Skizze. Gehen sie dabei auf die Vor- und Nachteile des Verfahrens ein.

- Szenengraphen können nach unterschiedlichen Kriterien organisiert werden. In einer logischen bzw. semantischen Gruppierung könnten Objekte nach ihrem Typ zusammengefasst werden, z. B. durch je einen gemeinsamen Gruppenknoten für alle Autos, Gebäude und Häuser. In einer räumlichen Strukturierung würden dagegen z. B. einander nahe Objekte durch Gruppenknoten zusammengefasst werden. Welche Art der Gruppierung ist effizienter für das View Volume Culling? Erläutern Sie auch das hierarchische View Volume Culling.
- In Szenengraphen werden Hüllkörper wie Quader oder Kugeln automatisch für alle inneren Knoten generiert. Wie kann dies bei den verschiedenen Varianten des Culling (View Volume Culling, Occlusion Culling, Small Feature Culling) ausgenutzt werden?

Literaturempfehlungen

Jerald JJ (2010) Scene-motion- and latency-perception thresholds for head-mounted displays. Dissertation, UNC, Chapel Hill, http://dc.lib.unc.edu/cdm/ref/collection/etd/id/2817. Zugegriffen 9. Juli 2013 – *Die Doktorarbeit von Jerald beschäftigt sich intensiv mit dem Thema der visuellen Latenzen in Virtueller Realität und enthält eine umfangreiche Literatursammlung zum Thema.*

Ericson C (2005) Real-time collision detection. Morgan Kaufmann, San Francisco – *Das Buch gibt einen umfassenden und vertiefenden Überblick zum Thema Kollisionserkennung.*

Akenine-Möller T, Haines E, Hoffman N (2008) Real-time rendering, 3rd edn. A K Peters, Natick – *Lehrbuch zu fortgeschrittenen Themen der Computergraphik, das einen umfassenden Überblick über Techniken zur Echtzeit-Darstellung von 3D-Objekten gibt.*

Literatur

Abrash M (2012) Latency – the sine qua non of AR and VR. http://blogs.valvesoftware.com/abrash/latency-the-sine-qua-non-of-ar-and-vr/. Zugegriffen: 9. Juli 2013

Adelstein BD, Johnston ER, Ellis SR (1996) Dynamic response of electromagnetic spatial displacement trackers. In: Presence 5(3): 302–318

Akenine-Möller T, Haines E, Hoffman N (2008) Real-time rendering, 3rd edn. A K Peters, Natick

Assarsson U, Möller T (2000) Optimized view frustum culling algorithms for bounding boxes, J Graphics Tools 5(1):9–22

Bauer F, Cheadle SW, Parton A, Muller HJ, Usher M (2009) Gamma flicker triggers attentional selection without awareness. In: Proc National Academy of Sciences 106 (5), S 1666–1671

Baraff D (1992) Dynamic simulation of non-penetrating rigid bodies, Dissertation, Cornell University

Bogomjakov A, Gotsman C (2002). Universal rendering sequences for transparent vertex caching of progressive meshes. In: Comput Graphics Forum 21(2): 137–149

Brooks FP (1999) What's real about virtual reality? In: IEEE Comput Graph Appl 19 (6): 16–27

Cameron S (1997) Enhancing gjk: computing minimum and penetration distances between convex polyhedral. In: Proc Int Conf Robotics and Automation, S. 3112–3117

Catto E (2013). Box2d – a 2d physics engine for games. http://box2d.org/. Zugegriffen: 21. August 2013

Carmack J (2013) Latency mitigation strategies. #AltDevBlog. http://www.altdevblogaday.com/2013/02/22/latency-mitigation-strategies/. Zugegriffen: 16. März 2013

Ellis SR (1994) What are virtual environments? In: IEEE Comput Graph Appl 14 (1): 17–22

Ellis SR, Breant F, Manges B, Jacoby R, Adelstein BD (1997) Factors influencing operator interaction with virtual objects viewed via head-mounted see-through displays: viewing conditions and rendering latency. In: Proc IEEE Virtual Reality, S 138–145

Ericson C (2005) Real-time collision detection. Morgan Kaufmann, San Francisco

Evans F (1998) Stripe. http://www.cs.sunysb.edu/~stripe/, Zugegriffen: 13. August 2013

Evans F, Skiena S, Varshney A (1996). Optimizing triangle strips for fast rendering. In: Proc Visualization'96, IEEE, S 319–326

Gilbert EG, Johnson DW, Keerthi SS (1988) A fast procedure for computing the distance between complex objects in three-dimensional space. In: J Robotics and Automation 4(2): 193–203

Gregory J (2009) Game Engine Architecture. A K Peters, Natick

He D, Liu F, Pape D, Dawe G, Sandin D (2000) Video-based measurement of system latency. In: Fourth International Immersive Projection Technology Workshop (IPT2000).

Hoppe H (1999). Optimization of mesh locality for transparent vertex caching. In: Proc 26th Annual Conf on Comput Graph and Interactive Techniques, S 269–276

Jerald JJ (2010) Scene-motion- and latency-perception thresholds for head-mounted displays. Dissertation, UNC, Chapel Hill. http://dc.lib.unc.edu/cdm/ref/collection/etd/id/2817. Zugegriffen 9. Juli 2013.

Lengyel E (2002) Mathematics for 3D game programming and computer graphics 2nd edn. Charles River Media, Rockland

Liang J, Shaw C, Green M (1991) On temporal-spatial realism in the virtual reality environment. In: Proc UIST, S 19–25

Lin MC, Canny JF (1991) A fast algorithm for incremental distance calculation. Proc. IEEE Int Conf Robotics and Automation, vol 2, S 1008–1014

Luebke DP, Reddy M, Cohen J, Varshney A, Watson B, Huebner R (2003). Level of detail for 3d graphics. Morgan Kaufmann, San Francisco

Meehan M, Razzaque S, Whitton MC, Brooks FP (2003) Effect of latency on presence in stressful virtual environments. In: Proc IEEE Virtual Reality, S 141–148

Mine M (1993) Characterization of end-to-end delays in head-mounted display systems. University of North Carolina at Chapel Hill. Technical Report 93-001

NVidia (2004) NvTriStrip library. http://www.nvidia.com/object/nvtristrip_library.html. Zugegriffen: 13. August 2013

Sathe R, Lake A (2006) Rigid body collision detection on the gpu. In: ACM SIGGRAPH 2006 Research posters. ACM, New York

Sherman WR, Craig AB (2003) Understanding virtual reality: interface, application, and design. Morgan Kaufmann, San Francisco

Reuter P, Behr J, Alexa M (2005). An improved adjacency data structure for fast triangle stripping. J Graphics, GPU, and Game Tools, 10(2):41–50.

Rohlf J, Helman J (1994). Iris performer: a high performance multiprocessing toolkit for real-time 3D graphics. In: Proc 21st Annual Conf Comput Graphics and Interactive Techniques ACM, S 381–394

Skogstad SA, Nymoen K, Høvin M (2001) Comparing inertial and optical mocap technologies for synthesis control. In: Proc SMC Conf

Steed A (2008) A simple method for estimating the latency of interactive, real-time graphics simulations. In: Proc VRST, S 123–129

Swindells C, Dill JC, Booth KS (2000) System lag tests for augmented and virtual environments. In: Proc UIST '00, S 161–170

Weller R (2012) New geometric data structures for collision detection. Dissertation, Universität Bremen. http://nbn-resolving.de/urn:nbn:de:gbv:46-00102857-18

Welzl E (1991) Smallest enclosing disks (balls and ellipsoids), In: Results and New Trends in Computer Science. Springer Verlag, Berlin Heidelberg, S 359–370

Xavier PG (1997) Fast swept-volume distance for robust collision detection. In: Proc IEEE Int Conf Robotics and Automation, vol 2, S 1162–1169

You S, Neumann U (2001) Fusion of vision and gyro tracking for robust augmented reality registration. In: Proc IEEE Virtual Reality, S 71–78

Augmentierte Realität

8

Wolfgang Broll

Zusammenfassung
Dieses Kapitel behandelt den Themenkomplex der Augmentierten Realität (AR). Nach einer Übersicht über die grundlegenden Bestandteile, einer Definition und der Betrachtung der grundlegenden Ausprägungen von AR werden in den anschließenden Unterkapiteln die einzelnen Bestandteile näher erläutert. Dazu gehören insbesondere die unterschiedlichen speziell für AR zum Einsatz kommenden Tracking-Lösungen, die verschiedenen Formen der Registrierung sowie die Ausgabemöglichkeiten über spezielle Displays, Handheld-Geräte und Projektionen. Schließlich werden spezielle AR-Techniken und Formen der Interaktion vorgestellt, bevor abschließend kurz auf die einzelnen Anwendungsbereiche von AR eingegangen wird.

8.1 Einführung

Die nachfolgende Übersicht erlaubt einen schnellen Einstieg in die wichtigsten Aspekte der Augmentierten Realität. Im Anschluss erfolgen eine Definition von AR sowie eine Erläuterung der unterschiedlichen Formen.

8.1.1 Übersicht

Unter *Augmentierter Realität* (engl. *Augmented Reality*, deutsch teilweise auch als erweiterte oder angereicherte Realität bezeichnet) versteht man allgemein die Anreicherung der

W. Broll (✉)
Fakultät für Informatik und Automatisierung / Fakultät für Wirtschaftswissenschaften und Medien, Technische Universiät Ilmenau, Ehrenbergstr. 29, 98693 Ilmenau, Deutschland
E-Mail: wolfgang.broll@tu-ilmenau.de

R. Dörner et al. (Hrsg.), *Virtual und Augmented Reality (VR/AR)*, eXamen.press, 241
DOI 10.1007/978-3-642-28903-3_8, © Springer-Verlag Berlin Heidelberg 2013

Abb. 8.1 Verschmelzung einer realen Umgebung (*links*) mit einem virtuellen Objekt (*rechts*) zur Augmentierten Realität (*Mitte*)

Realität durch künstliche virtuelle Inhalte. Dabei kommt es zu einer Verschmelzung der Realität mit der Virtualität. Abbildung 8.1 zeigt ein Beispiel eine reale Szene und deren Anreicherung um ein virtuelles Objekt.

Entscheidend hierbei ist, dass diese Erweiterung nicht statisch und einmalig wie in obiger Abbildung, sondern kontinuierlich und angepasst an den aktuellen Standpunkt des jeweiligen Betrachters passiert.

Vereinfacht lässt sich Augmentierte Realität in fünf Schritte aufteilen:

1. Videoaufnahme
2. Tracking
3. Registrierung
4. Darstellung
5. Ausgabe

Die einzelnen Schritte und Komponenten werden dazu hier zunächst nur kurz erläutert, um den Lesern einen ersten Überblick zu verschaffen. In den weiteren Unterkapiteln werden diese dann ausführlich behandelt.

Videoaufnahme

Im ersten Schritt wird üblicherweise ein Videobild beziehungsweise genaugenommen ein Videostream der Umgebung des Betrachters aufgenommen. Dies erfolgt mit einer beliebigen Kamera (Webcam, Smartphone-Kamera, Fernsehkamera, etc.). Wichtig hierbei ist, dass die Kamera zuvor entsprechend kalibriert wurde, siehe auch (Szeliski 2011). Später werden wir noch andere Arten der Augmentierten Realität kennenlernen, wofür eine Kameraaufnahme der Umgebung nicht zwingend notwendig ist (vgl. Abschn. 8.1.3).

Tracking

Unter *Tracking* (dt. verfolgen) versteht man gemeinhin die Berechnung oder korrekter eigentlich die Schätzung der Position und/oder Lage/Orientierung (vgl. Kap. 4). Im Fall von AR ist es erforderlich, zu jedem Zeitpunkt den Blickpunkt des Betrachters so genau wie möglich zu erfassen. Da die Realität jedoch zumeist in Form des zuvor aufgenommenen Videobildes vorliegt, schätzt man stattdessen zumeist die Position und Lage der verwendeten Kamera.

Die Lageschätzung kann heutzutage in der Regel über hybride 3-DOF-Lagesensoren (siehe auch Abschn. 8.2.2) bestehend aus Inertialsensoren, Gyrosensoren und Magnetometern recht zuverlässig erfasst werden. Solche Sensoren sind mittlerweile in fast allen Smartphones und Tablets verbaut, können aber auch (wie für VR üblich) als zusätzliche Eingabegeräte vorhanden sein (vgl. Kap. 4.3.5).

Im Gegensatz zur Lageschätzung ist eine hinreichend genaue Positionsschätzung zumeist schwierig. Im Außenbereich kommt hier bei AR zumeist GPS zum Einsatz, während besonders im Innenbereich zumeist mit Computervision-basierten Verfahren gearbeitet wird. Letztere haben zusätzlich den Vorteil, dass sie außer der Position auch die Lage schätzen können.

Das Tracking liefert somit eine Transformation aus dem Nutzer- bzw. Kamerakoordinatensystem in das Koordinatensystem der Virtuellen Umgebung. Tracking für AR wird ausführlich in Abschn. 8.2 vorgestellt.

Registrierung

Unter *Registrierung* (genauer *geometrischer Registrierung*) versteht man die Verankerung oder das korrekte Einpassen der künstlichen virtuellen Inhalte in die Realität. Dies bedeutet, dass auf Basis der Positions- und Lageschätzung des Trackings, das Koordinatensystem der einzelnen virtuellen Inhalte und der beobachteten Realität so in Beziehung gesetzt werden, dass virtuellen Inhalte in der Realität fest verortet (registriert) erscheinen. Dies führt dazu, dass ein sich in der Virtuellen Welt nicht bewegendes künstliches Objekt, auch in der Realität einen scheinbar festen Platz hat, unabhängig vom sich verändernden Standpunkt des Betrachters (beziehungsweise der Kamera). Ein einfaches Registrierungsschema sieht man in Abb. 8.2. Geometrische wie auch *photometrische Registrierung* (die Anpassung an die Beleuchtungsbedingungen der Umgebung) werden ausführlich in Abschn. 8.3 präsentiert.

Darstellung

Basierend auf der sich durch die geometrische Registrierung ergebenden Transformation und der jeweiligen Kameraperspektive werden die virtuellen Inhalte wiedergegeben (Rendering). Dabei wird das aufgenommene Videobild durch die virtuellen Inhalte perspektivisch korrekt überlagert, wodurch die eigentliche Augmentierung erfolgt (siehe Abb. 8.4). Für eine möglichst nahtlose Überlagerung müssen hierbei ggf. zusätzlich die Auflösung und Schärfe des virtuellen Bildes angepasst werden. Alternativ zur Überlagerung des Videobildes kann auch unmittelbar eine optische Überlagerung der Sicht des Betrachters erfolgen – Details hierzu finden sich in Abschn. 8.1.3 (Abb. 8.3).

Ausgabe

Abschließend werden die augmentierten Videobilder (beziehungsweise der augmentierte Videostream) über ein Display ausgegeben, an welchem auch die Kamera angebracht ist.

Abb. 8.2 Einfache Registrierung mittels einer Marke

Abb. 8.3 Augmentierung eines zum Tracking verwendeten Bildes durch ein 3D-Objekt

Abb. 8.4 Ausgabe eines augmentierten Video-Streams auf einem Smartphone (hier vom Blickpunkt eines zweiten Betrachters)

Dies kann ein Handgerät wie beispielsweise ein Smartphone (siehe Abb. 8.4), ein Tablet oder eine Datenbrille sein. Prinzipiell kann die Ausgabe auch auf einem separaten Monitor oder mittels einer Projektion erfolgen. Beim Betrachter entsteht der Eindruck der nahtlosen Erweiterung der Realität hierbei jedoch nur bedingt. Die unterschiedlichen für AR verwendeten Ausgabegeräte werden in Abschn. 8.4 vorgestellt und diskutiert.

8.1.2 Definition

Es existiert eine Vielzahl unterschiedlicher teils widersprüchlicher Definitionen von AR. Wenngleich AR grundsätzlich bereits durch Ivan Sutherland in den späten 60er Jahren erstmals realisiert wurde, so hat sich in der Wissenschaft doch weitestgehend die Definition nach Azuma aus dem Jahre 1997 etabliert (Azuma 1997). Danach versteht man unter AR eine Kombination (Überlagerung) von Realität und Virtualität, die interaktiv ist, bei welcher die Darstellung in Echtzeit erfolgt und in der 3D-Objekte (geometrisch) registriert sind.

Im populärwissenschaftlichen Umfeld beschränkt man sich bei AR häufig auf den ersten dieser Aspekte (die Erweiterung der Realität um virtuelle Inhalte), während Interaktivität, Echtzeitfähigkeit und 3D-Registrierung häufig unbeachtet bleiben. Etwas allgemeiner kann man AR wie folgt definieren:

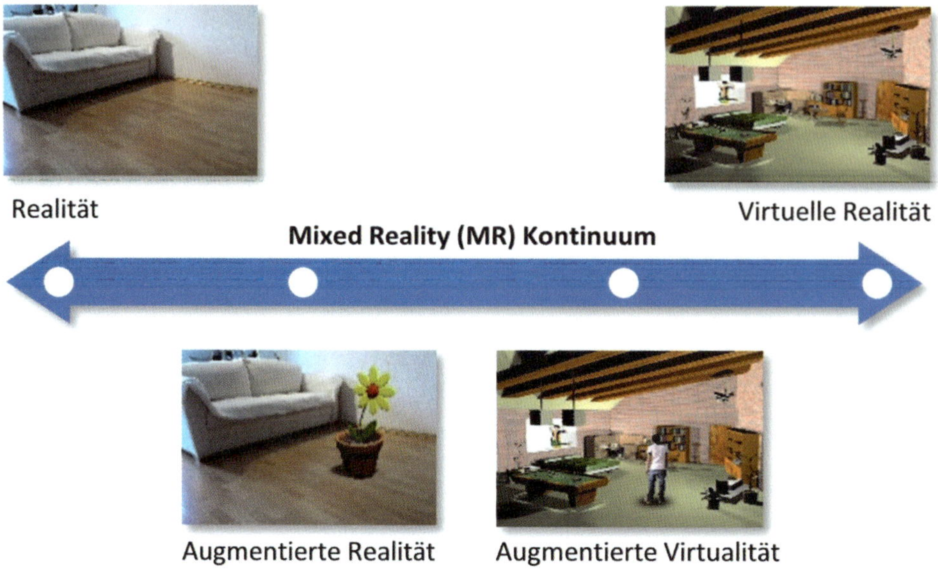

Abb. 8.5 Mixed Reality Taxonomie. Nach Milgram et al. (1995)

Augmentierte Realität ist eine (unmittelbare, interaktive und echtzeitfähige) Erweiterung der Wahrnehmung der realen Umgebung um virtuelle Inhalte (für beliebige Sinne), welche sich in ihrer Ausprägung und Anmutung soweit wie möglich an der Realität orientieren, so dass im Extremfall (so das gewollt ist) eine Unterscheidung zwischen realen und virtuellen (Sinnes-) Eindrücken nicht mehr möglich ist.

Implizit enthält auch diese Definition die Aspekte von Interaktivität und Echtzeitfähigkeit, betrachtet AR jedoch von der Wahrnehmungsseite. Während AR sich heutzutage (wie auch in diesem Kapitel) zumeist auf die Erweiterung der visuellen Wahrnehmung beschränkt, kann sie sich allerdings ebenso auf die auditive, haptische und olfaktorische Wahrnehmung erstrecken.

Neben AR findet man auch häufig den Begriff *Mixed Reality* (*MR*, auf Deutsch auch mitunter als *Gemischte Realität* bezeichnet), welcher bedeutet, dass reale und virtuelle Inhalte miteinander vermischt werden. Wenngleich MR und AR häufig synonym verwendet werden, stellt MR im Gegensatz zu AR ein Kontinuum dar. Allgemein anerkannt ist hier die von Paul Milgram et al. (1995) eingeführte MR-Taxonomie (siehe Abb. 8.5). Demnach handelt es sich bei MR um ein Kontinuum, welches sich zwischen der Realität und der Virtualität (Virtuellen Realität) erstreckt, wobei der Anteil der Realität kontinuierlich abnimmt, während sich der der Virtualität entsprechend erhöht. Soweit der Anteil der Virtualität hier überwiegt, ohne dass die Umgebung dabei ausschließlich virtuell ist (Virtuelle Realität), so spricht man von Augmentierter Virtualität (engl. *Augmented Virtuality*). Ist hingegen der Anteil der Realität größer, so handelt es sich um AR.

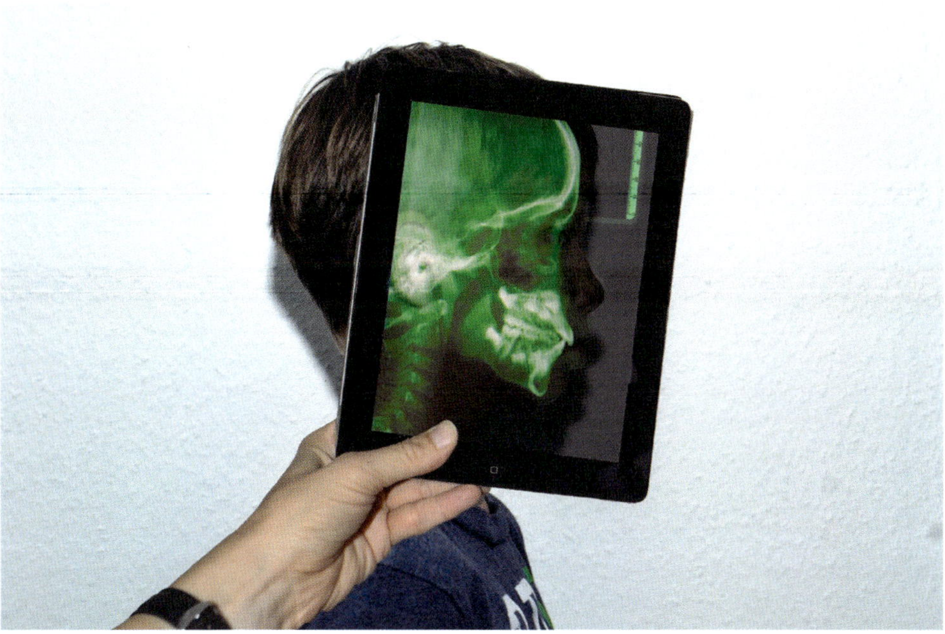

Abb. 8.6 Beispiel einer Magic Lens

8.1.3 Grundlegende Ausprägungen von AR

Abweichend von dem in der Übersicht vorgestellten Fall von Augmentierter Realität, existieren zahlreiche weitere Formen. Allen Ausprägungen der AR ist jedoch gemeinsam, dass sie auf einer perspektivisch korrekten Projektion der virtuellen Inhalte in die Umgebung des Nutzers beziehungsweise in das zuvor aufgenommene Videobild beruhen. Dabei müssen der Blickpunkt und die Blickrichtung zwischen realer und virtueller Umgebung jederzeit übereinstimmen. Weiterhin muss das virtuelle Blickfeld dem tatsächlichen Blickfeld des jeweiligen Displays entsprechen. Letztlich muss die Skalierung der virtuellen Inhalte auf die reale Umgebung angepasst sein.

Im Idealfall stimmen hierbei zusätzlich die Perspektive des aufgenommenen Bildes und die des (das augmentierte Bild betrachtenden) Nutzers überein. Somit entsteht bei diesem tatsächlich der Eindruck, als hätte sich seine Umgebung unmittelbar verändert. Er blickt dabei quasi durch das Display auf die dahinterliegende Realität (auch wenn abhängig von der Ausprägung der Augmentierung auf dem Display nur ein Videobild der Realität zu sehen ist). Man spricht in diesem Fall von der sogenannten *Magic-Lens*-Metapher (zu Deutsch: Magische Linse, siehe auch (Brown and Hua, 2006) und Abb. 8.6).

Die einzelnen Formen von AR werden im nachfolgenden erläutert und im Anschluss im Hinblick auf ihre Beschränkungen und Fähigkeiten miteinander verglichen. Die unterschiedlichen dafür notwendigen Ausgabegeräte werden detailliert im Unterkapitel 8.4 besprochen.

Abb. 8.7 Perspektivisch korrekte Erweiterung des Kamerabildes der Realität mit virtuellen Inhalten bei Video-See-Through-AR – hier auf einem Smartphone

Video See-Through-AR

Die sogenannte Video See-Through-Technik entspricht weitestgehend der in der Einleitung bereits vorgestellten Vorgehensweise. Das heißt, zunächst wird die reale Umgebung mittels einer Videokamera erfasst. Das Videobild wird anschließend mit virtuellen Inhalten perspektivisch korrekt überlagert und dann auf einem Ausgabegerät ausgegeben (siehe Abb. 8.7).

Um den zuvor beschriebenen Magic-Lens-Effekt zu erzielen, ist es hierbei entscheidend, dass der Blickpunkt, die Blickrichtung und der Blickwinkel der Videokamera und der Ausgabe (d. h. der virtuellen Kamera) übereinstimmen. Andernfalls führt dies beim Betrachter zu einer Entkopplung zwischen seiner realen Umgebung und der betrachteten augmentierten Umgebung (siehe auch Abschn. 8.4).

Optisches See-Through-AR

Im Gegensatz zu der bisher beschriebenen AR-Technik ist beim sogenannten optischen See-Through-AR eine Videoaufnahme der realen Umgebung nicht zwingend erforderlich. Vielmehr wird die reale Umgebung durch den Betrachter hierbei immer direkt wahrgenommen. Dazu werden virtuelle Inhalte der Realität optisch durch das Ausgabegerät überlagert. Dies erfordert ein Ausgabegerät mit einem semitransparenten Display, so dass einerseits die dahinterliegende Realität, andererseits die zusätzlichen virtuellen Inhalte wahrgenommen werden können. Damit die Perspektive des realen Umfelds und der virtuellen Erweiterung übereinstimmen, muss der Blickpunkt des Betrachters in der Relation zum Display bekannt sein. Grundsätzlich ist es hierfür erforderlich, für jedes Auge

Abb. 8.8 Beispiel für projektionsbasierte AR (virtuelle Tür, virtuelle Farbgestaltung der Wand)

ein eigenes Display zu verwenden. Schauen beide Augen auf dasselbe Display, so kann zur Darstellung ein stereoskopisches Display verwendet werden (siehe Kap. 5), so dass die Perspektive für jedes Auge korrekt angepasst werden kann. Bei monoskopischen Displays, welche mit beiden Augen betrachtet werden, stimmt die Perspektive bestenfalls für ein Auge überein, bei Handheld-Geräten wie Tablets oder Smartphones zumeist sogar für keines von beiden. (siehe auch Abb. 8.26).

Projektionsbasierte AR

Projektionsbasierte AR basiert darauf, dass die virtuellen Inhalte auf Gegenstände der realen Umgebung aufprojiziert werden (siehe Abb. 8.8). Es stellt eine Form des sogenannten *Spatial AR* (SAR) (vgl. Bimber und Raskar 2005) dar, bei welchem die Augmentierung nicht durch ein Display in einem HMD oder Handheld-Gerät erfolgt. Da hierdurch keine neuen räumlichen Strukturen geschaffen werden können, beschränkt sich AR hier zumeist auf die Manipulation der Oberflächeneigenschaften (wie Farbe oder Struktur) und die Darstellung zusätzlicher Informationen auf der Oberfläche (Erläuterungen, Hervorhebungen, Symbole, etc.).

Eine AR-typische räumliche Erweiterung kann allerdings durch das Aufprojizieren verborgener (beispielsweise innerer oder dahinter liegender) Strukturen geschehen (siehe Abb. 8.9).

Abb. 8.9 Nutzung projektionsbasierter AR zur Darstellung dahinter liegender Strukturen

Vergleich der unterschiedlichen Ausprägungen von AR

Grundsätzlich unterscheiden sich die oben beschriebenen AR-Techniken in den Möglichkeiten, inwieweit sie die Realität erweitern beziehungsweise verändern können. Die Tab. 8.1 bis 8.3 geben einen Überblick über die Darstellungsmöglichkeiten beziehungsweise Einschränkungen.

Im Gegensatz zu projektionsbasierter AR erlauben sowohl die optische See-Through-Technik als auch die Video-See-Through-Technik das Einblenden virtueller 3D-Objekte an beliebigen Positionen innerhalb des vom Blickfeld erfassten Raumes. Dennoch unterscheidet sich die Wahrnehmung sowohl der umgebenden Realität als auch der virtuellen Objekte bei beiden Verfahren erheblich, so dass je nach Anwendungsszenario die eine oder andere Technik besser geeignet sein kann.

Bei der Verwendung der optischen See-Through-Technik erscheinen dunkle virtuelle Objekte vollkommen transparent, da die Überlagerung rein optisch, das heißt durch das Hinzufügen von Licht erfolgt (siehe Abb. 8.10). Dies bedeutet insbesondere, dass keine Schatten virtueller Objekte eingefügt werden können. Dies schränkt die Möglichkeiten der

Tab. 8.1 Darstellung heller virtueller Inhalte in Abhängigkeit der AR-Ausprägung

	Auf hellem Hintergrund	Auf dunklem Hintergrund
Optisches See-Through	Bedingt, hohe Transparenz	Gut, geringe Transparenz
Video-See-Through	Gut	Gut
Projektion	Bedingt	Gut

Tab. 8.2 Darstellung dunkler virtueller Inhalte in Abhängigkeit der AR-Ausprägung

	Auf hellem Hintergrund	Auf dunklem Hintergrund
Optisches See-Through	Nicht möglich, fast vollständige Transparenz	Bedingt, hohe Transparenz
Video See-Through	Gut	Gut
Projektion	Nicht möglich	Bedingt

Tab. 8.3 Darstellung virtueller Schatten und virtueller Objekte an beliebigen Positionen im Raum in Abhängigkeit der AR-Ausprägung

	Virtuelle Schatten	Virtuelle Objekte an beliebiger Position
Optisches See-Through	Nicht möglich	Möglich
Video-See-Through	Möglich	Möglich
Projektion	Nicht möglich	Nicht möglich

Abb. 8.10 Bei der optischen See-Through-Technik erscheinen dunkle virtuelle Objekte transparent

Abb. 8.11 Typische Wahrnehmung bei der Verwendung der optischen See-Through-Technik (*links*) im Vergleich zur Video See-Through-Technik (*rechts*)

photometrischen Registrierung (siehe Abschn. 8.3.2) erheblich ein. Der Einsatz der Technik hängt damit einerseits sehr stark von der jeweiligen realen Umgebung ab, andererseits ist bei der Beleuchtung der virtuellen Szene und der Auswahl der Materialeigenschaften zu berücksichtigen, dass die Objekte mit einer (zu) geringen Lichtintensität transparent erscheinen.

Generell lässt sich sagen, dass bei optischer See-Through-Technik die Realität zwar direkt, das heißt ohne eine Beschränkung der Auflösung, dafür aber deutlich abgedunkelt wahrgenommen wird (siehe Abb. 8.11 links). Die virtuellen Objekte erscheinen hierbei immer teiltransparent, d. h. wie zuvor beschrieben scheint abhängig von der Helligkeit des virtuellen Objektes und des realen Hintergrundes jener mehr oder weniger deutlich durch.

Im Gegensatz dazu wird der reale Hintergrund bei der Video-See-Through-Technik in gleicher optischer Qualität und Helligkeit wie der virtuelle Inhalt dargestellt (siehe Abb. 8.11 rechts). Dies führt für die Realität zu einer durch die verwendete Kamera beziehungsweise das eingesetzte Display reduzierten Auflösung. Wird allerdings für das Rendering eine höhere Auflösung verwendet als die Kamera liefert, so heben sich die virtuellen Objekte scharf vom Hintergrund ab (siehe z. B. Abb. 8.18). Hier ist die Auflösung ggf. entsprechend anzupassen.

8.2 Tracking

Wie bereits beschrieben, dient das Tracking zur Schätzung der Lage und Position der Kamera beziehungsweise des Blickpunkts des Nutzers (siehe Kap. 4). Eine Möglichkeit ist die Schätzung in Bezug auf einzelne Objekte. Hierbei wird für jedes Objekt die relative Transformation zwischen Kamerakoordinatensystem und Objektkoordinatensystem ermittelt. Eine andere Möglichkeit ist, dass mehrere Objekte ein gemeinsames Koordinatensystem nutzen. In diesem Fall müssen die Transformationen zwischen den einzelnen Objekten innerhalb des Koordinatensystems bekannt sein. Geschätzt wird in diesem Fall die Transformation zwischen Kamera und diesem Koordinatensystem. Ist nur die Position einiger Objekte in einem globalen Koordinatensystem bekannt, während andere darin ihre Position und Orientierung verändern können, so erhält man Mischformen der beiden Szenarien.

Grundsätzlich lassen sich für AR-Anwendungen dieselben Tracking-Systeme einsetzen, welche auch für VR benutzt werden (siehe Kap. 4). Allerdings handelt es sich bei den meisten AR-Anwendungen – abgesehen von Applikationen des projektiven AR – um mehr oder weniger mobile oder wenigstens ortsunabhängige Lösungen, bei denen die Nutzer das System somit an unterschiedlichen Orten einsetzen. Auch zeichnen sich AR-Systeme in einem Großteil der Fälle durch einen sehr viel einfacheren und vor allem preisgünstigeren Ansatz aus, so dass die Installation aufwändiger und teurer stationärer Tracking-Systeme ohnehin zumeist ausgeschlossen ist.

Aus diesem Grund soll hier auf Tracking-Lösungen eingegangen werden, welche speziell für AR-Applikationen geeignet sind beziehungsweise sich für AR-Anwendungen etabliert haben.

8.2.1 Mobiles Positions-Tracking

Im Bereich der mobilen AR-Anwendungen im Außenbereich stellt das satellitengestützte GPS das Mittel der Wahl zur Positionsbestimmung dar. Im Gegensatz zu Navigationsanwendungen, bei denen die Satellitendaten mit vorhandenen Straßen und Wegen abgeglichen werden können, ist die Position eines AR-Systems jedoch nahezu beliebig. Somit sind Abweichungen von 10 Metern und mehr durchaus nicht selten. Insbesondere bei schlechten Empfangsbedingungen kann sich die Genauigkeit hier noch weiter reduzieren. GPS benötigt zur Positionsbestimmung in der Regel mindestens Sicht auf vier Satelliten. Während dies im Freien zumeist kein Problem darstellt, ist ein Empfang innerhalb von Gebäuden mit herkömmlichen Empfängern für AR ungeeignet. Aber auch in Wäldern und tiefen Tälern kann die Empfangsqualität deutlich beeinträchtigt sein, so dass eine Positionsbestimmung nicht oder nur eingeschränkt möglich ist. Ein besonderes Problem stellt die Nutzung im Bereich der Innenstädte dar. Insbesondere bei hohen Häusern und engen Gassen ist die freie Sicht auf die Satelliten unter Umständen so stark eingeschränkt, dass eine Positionsbestimmung nicht zu jeder Zeit gewährleistet werden kann. Man spricht in diesem Zusammenhang auch von sogenannten „Urban Canyons" (siehe Abb. 8.12).

Während also herkömmliche GPS-Signale für die Nutzung für AR in den meisten Fällen nicht ausreichend sind, kann mittels Differenzmethoden die Genauigkeit deutlich erhöht werden. Hierbei unterscheidet man zwischen *Differential GPS* (DGPS) und *Satellite Based Augmentation System* (SBAS). Bei DGPS wird auf Basis eines lokalen Referenzempfängers, dessen Position bekannt ist, ein Korrektursignal berechnet. Dieses wird dann per Funk oder über das Internet mit dem lokal empfangenen GPS-Signal verrechnet und erlaubt somit Genauigkeiten bis hin zu wenigen Zentimetern. Beim SBAS wird das Referenzsystem durch mehrere geostationäre Satelliten gebildet. Diese Referenzsatelliten stellen jeweils Korrekturdaten für bestimmte Gebiete (zurzeit Nordamerika, Europa und Japan) bereit. Auf Basis von SBAS können Genauigkeiten von ca. einem Meter erzielt werden. Allerdings ist gerade auch SBAS in Innenstädten zumeist aufgrund der häufig eingeschränkten Sicht nach Süden (geostationäre Satelliten besitzen eine Umlaufbahn über dem Äquator) proble-

Abb. 8.12 Eingeschränkter GPS-Empfang aufgrund von Abschattungen in sogenannten *Urban Canyons*

matisch. Für Outdoor-AR-Anwendungen ist der Einsatz von SBAS jedoch zumeist die einzige Möglichkeit, eine akzeptable Positionsbestimmung zu erzielen. Diese reicht bereits für die Augmentierung von Gegenständen und Gebäuden, welche sich nicht in unmittelbarer Nähe zum Betrachter befinden, aus. Im Falle der Nutzung von DGPS kann zumeist auch bei geringerem Abstand eine Augmentierung ohne deutlich wahrnehmbaren Abweichung zur eigentlichen Position erzielt werden. Letztendlich hängt die objektiv wahrgenommene Qualität der Positionierung allerdings stark davon ab, ob das virtuelle Objekte nahtlos an einen realen Gegenstand anschließen muss oder verhältnismäßig frei positioniert werden kann (beispielsweise ein virtueller Brunnen auf einem realen Platz).

Neben DGPS und SBAS werden insbesondere in Smartphones und Tablets häufig auch die Verfahren *Assisted GPS (A-GPS)* und WLAN-Ortung eingesetzt. Bei A-GPS erfolgt eine ungefähre Positionsbestimmung auf Basis der aktuellen Mobilfunkzelle (ggf. verfeinert durch die Messung der Signallaufzeiten zu benachbarten Mobilfunkmasten), bei der

WLAN-Ortung hingegen auf Basis bekannter WLAN-Netze (diese müssen hierzu nicht offen, sondern lediglich eindeutig identifizierbar sein). Für AR liefern beide Verfahren keine ausreichend genauen Positionsdaten. A-GPS kann jedoch darüber hinaus auch die Startphase eines normalen GPS-Empfängers durch die Übertragung von Satelliteninformationen (insbesondere aktuelle Bahndaten und Korrekturdaten) deutlich beschleunigen. Dies ist für AR-Anwendungen insbesondere dann relevant, wenn die Nutzer sich zwischendurch häufig in Bereichen aufhalten, an welchen kein Satellitenempfang besteht – beispielsweise in Gebäuden.

8.2.2 Sensorbasiertes mobiles Orientierungs-Tracking

Die Lageschätzung im mobilen Einsatzumfeld mit Hilfe von Sensoren ist heute im Bereich mobiler Endgeräte wie Smartphones und Tablets als Standard anzusehen. Üblicherweise kommt hierbei eine Kombination aus drei verschiedenen Sensortypen zum Einsatz: Magnetometer und Inertialsensoren (linear und rotatorisch, vgl. auch Abschn. 4.2.5). Um die Orientierung bei beliebiger Lage des Endgeräts erfolgreich messen zu können, werden in der Regel von jedem Sensortyp je drei orthogonal zueinander angeordnete Sensoren, also insgesamt neun Sensoren, verwendet.

Zur elektronischen Messung des Erdmagnetfelds werden zumeist sogenannte Fluxgate-Magnetometer (auch bekannt als Förster-Sonden) verwendet. Dabei werden auf Basis der individuellen Sensorausrichtung sowohl dessen horizontale als auch dessen vertikale Komponente erfasst. Somit erhält man zwei Freiheitsgrade der augenblicklichen Lage. Sensoren zur Magnetfeldmessung werden sehr leicht durch künstliche Magnetfelder in ihrem Umfeld gestört. Insbesondere im Innenbereich können elektromagnetische Felder die erfassten Daten so stark verfälschen, dass diese unbrauchbar für die Lagebestimmung werden.

Inertialsensoren dienen je nach Bauart der Messung linearer Beschleunigungen oder Drehraten. Da letztere ähnlich zu klassischen Gyroskopen die Winkelbeschleunigung erfassen, werden sie teilweise auch als Gyrosensoren bezeichnet.

Zur Lageschätzung werden die beiden Arten von Beschleunigungssensoren in unterschiedlichen Situationen eingesetzt. Bei linearen Inertialsensoren beruht die Lageschätzung auf der in der jeweiligen Sensorachse gemessenen Komponente des Erdmagnetfelds. Aufgrund der orthogonalen Anordnung kann hieraus die Lage in zwei Freiheitsgraden bestimmt werden. Nicht ermittelt wird hier die Ausrichtung in der Horizontalen, da die Erdbeschleunigung senkrecht wirkt und somit keinen Rückschluss auf die (Himmels-) Richtung zulässt. Die Lageschätzung funktioniert jedoch auch für die beiden anderen Achsen lediglich im Ruhezustand bzw. bei einer konstanten Bewegungsgeschwindigkeit, da andernfalls Beschleunigungswerte aufgrund der Bewegung gemessen werden. In diesem Fall kommen die Winkelbeschleunigungsmesser zum Einsatz. Hierbei muss jedoch der gemessene Beschleunigungswert für jede der drei Achsen zweimal integriert werden, um letztendlich den aktuellen Winkel der Lage zu erhalten. Aufgrund der begrenzten Auflö-

Abb. 8.13 Typische Marken, wie sie für kamerabasiertes Tracking eingesetzt werden

sung sowie ggf. weiteren Ungenauigkeiten bei der A/D-Wandlung kommt es hier jedoch fast immer zu einer Drift, welche eine absolute Messung über einen längeren Zeitraum nahezu unmöglich macht. Es ist somit entscheidend, dass durch die Redundanz der Sensoren hier eine Rekalibrierung mit Hilfe der linearen Inertialsensoren erfolgt.

8.2.3 Kamerabasiertes Tracking mit Marken

Kamerabasiertes Tracking mit Hilfe von Marken wird bereits seit Ende der 90er Jahre für AR eingesetzt und stellt bis heute ein weitverbreitetes Verfahren dar. Hierbei werden zumeist Marken aus Schwarz-Weiß-Mustern verwendet (siehe Abb. 8.13). Diese bieten gegenüber farbigen Marken den Vorteil, dass sie sich auch unter wechselhaften Helligkeitsbedingungen mit Hilfe einfacher Schwellwerte aus dem Bild extrahieren lassen.

Die verwendeten Marken sind in der Regel entweder quadratisch oder rund und durch einen komplett schwarzen oder komplett weißen Rand begrenzt. Zu den bekannteren markenbasierten Tracking-Ansätzen gehören beispielsweise ARToolkit, ARTag, ARToolkit+, IS 1200 VisTracker. Für einen detaillierten Vergleich zwischen unterschiedlichen markenbasierten Ansätzen sei auf (Köhler et al. 2010) verwiesen.

Einsatz des Marken-Trackings

Für das Marken-Tracking müssen vorab das Muster und die Größe der einzelnen Marken bekannt sein. Während manche Verfahren (wie beispielsweise ARToolkit) hier für den inneren Teil der Marke beliebige Schwarz-Weiß-Muster zulassen, sind die möglichen Muster bei anderen Verfahren (wie beispielsweise ARToolkit+) vorgegeben. Letzteres verhindert Performance-Verluste bei einer Vielzahl von Marken. In der Regel müssen Marken im erfassten Kamerabild komplett sichtbar sein, um erkannt zu werden. Bei vorgegebenen Mustern kann jedoch auch hier durch Redundanz eine nicht komplett sichtbare Marke häufig noch erkannt werden. Werden Marken zu groß gewählt, so kann es auch hier bei einer starken Annährung an das Objekt dazu kommen, dass nur noch ein Teil der Marke sichtbar ist und daher das Tracking nicht oder nur noch eingeschränkt möglich ist. Umgekehrt, wenn die Marke im Kamerabild zu klein wird, so führt dies aufgrund der zu geringen Anzahl an erkannten Markenpixeln sowohl zu einer fehlerhaften Mustererkennung als auch zu einer deutlichen Verschlechterung des Tracking-Ergebnisses in der Form, dass man auch bei statischen Objekten und nahezu unbewegter Kamera stark schwankende Transformationswerte erhält. Neben der Größe der verwendeten Marke ist hier letztendlich die Auflösung der Kamera mit entscheidend. Soweit die AR-Applikation es erfordert, dass die Nutzer von stark unterschiedlichen Distanzen auf ein Objekt schauen, kann es vorteilhaft sein, Marken unterschiedlicher Größe parallel zu verwenden. Eine universelle Lösung für dieses Problem bietet der Einsatz fraktaler Marken (Herout et al. 2012). Neben der Entfernung haben auch der Winkel zwischen Kamera und Marke sowie die aktuelle Beleuchtungssituation eine große Auswirkung auf die Qualität der Tracking-Ergebnisse. Ist der Winkel zu flach, so fangen die berechneten Transformationswerte häufig ebenfalls an, stark zu schwanken. Bei zu heller (auch durch Reflexionen) oder zu dunkler Beleuchtung (auch durch Schatten) werden letztendlich weiße und schwarze Markenbereiche nicht mehr ausreichend eindeutig voneinander erkannt, wodurch ein Tracking nicht mehr möglich ist.

Die wichtigsten Vorteile des markenbasierten Trackings liegen vor allem darin, dass die Marken schnell und einfach per Ausdruck erstellt werden können und sich auf Objekten, Wänden und Decken anbringen lassen, bzw. sich einfach in Bücher und Zeitschriften integrieren lassen. Auch wenn AR-Marken teilweise ähnlich aussehen, so sollte man diese keinesfalls mit QR-Codes verwechseln, welche zum Kodieren von Zeichenketten, insbesondere URLs, benutzt werden.

Der Hauptnachteil von Marken besteht darin, dass diese zumeist unmittelbar auf oder an dem Objekt, welches augmentiert werden soll, angebracht werden müssen. Dies liegt einerseits darin begründet, dass die Marken beim (näheren) Betrachten des Objektes sonst häufig nicht sichtbar wären, andererseits darin, dass sich bei weiter entfernt im Hintergrund positionierten Marken Tracking-Ungenauigkeiten deutlich stärker auf das zu augmentierende Objekt auswirken (s. o.). Die Marken sind somit häufig störend im Hinblick auf das zu augmentierende reale Objekt. Ein weiterer Aspekt ist, dass das Anbringen von Marken auf vielen realen Objekten nicht möglich oder nicht angebracht ist (zum Beispiel auf einer Statue). Bei kleineren Objekten kommt erschwerend hinzu, dass bei der Interaktion mit dem Objekt (beispielsweise durch Anfassen), die Marken leicht durch die Hand oder den Arm des Nutzers ganz oder teilweise verdeckt werden, so dass ein Tracking nicht möglich ist. Problematisch ist weiterhin, dass bei manchen Verfahren (wie beispielsweise ARToolkit) die Performance reziprok-quadratisch mit der Anzahl der zu erkennenden Muster abnimmt.

Es existieren zahlreiche weitere Einflussfaktoren auf die Qualität des Trackings. Ein wesentlicher Aspekt ist hierbei die Qualität der Kamera und der Kamerakalibrierung (siehe Szeliski (2011).

Grundlegende Funktionsweise

Nachfolgend soll die grundlegende Funktionsweise des Trackings mit Hilfe von Marken beispielhaft an ARToolkit (Kato und Billinghurst 1999) skizziert werden. Das Tracking erfolgt grundsätzlich in vier Schritten:

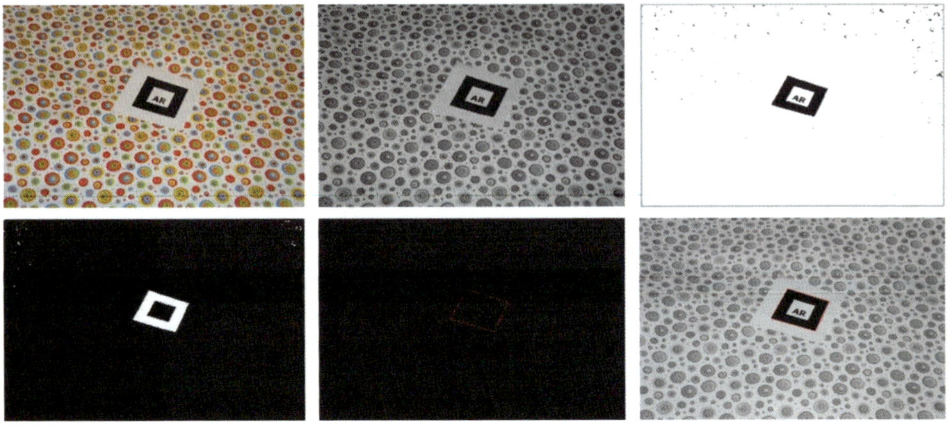

Abb. 8.14 Einzelschritte bei der Erkennung der Markenbegrenzungen im Kamerabild: Überführung in Grauwertbild, Schwarzweißbild auf Basis eines Schwellwertes, Segmentierung, Identifikation von Linien, Identifikation von Konturen aus vier Linien und Speicherung der Eckpunkte

1. Kamera nimmt Videobild auf
2. Im Bild wird nach Bereichen mit vier zusammenhängenden Liniensegmenten gesucht
3. Es wird überprüft, ob es sich bei den erkannten Flächen um eine der vordefinierten Marken handelt
4. Wenn eine Marke gefunden wurde, wird aus der Position der Eckpunkte die Position und Lage der Kamera zur Marke berechnet

Nach dem Einlesen des aktuellen Kamerabildes wird dieses zunächst in ein Grauwertbild überführt. Anschließend wird auf Basis eines Schwellwertes daraus ein Schwarz-Weiß-Bild erzeugt, wobei alle Werte unterhalb des Schwellwertes schwarz und die ab dem Schwellwert weiß dargestellt werden. Es werden nun alle Liniensegmente im Bild identifiziert und anschließend alle Konturen aus vier Liniensegmenten extrahiert. Die Parameter der Liniensegmente und die Positionen der Eckpunkte werden für die spätere Berechnung zwischengespeichert (siehe Abb. 8.14).

Die innerhalb der vier Eckpunkte gefundene Region wird im Anschluss normalisiert. Da der umgebende schwarze Rand einheitlich eine Breite von 25 % der Kantenlänge hat, lässt sich auf diese Weise das zu vergleichende Bild einfach aus der Bildmitte extrahieren. Das Bild wird dann mit den gespeicherten Mustern auf Übereinstimmung getestet (siehe Abb. 8.15). Dabei werden für den Vergleich von jedem gespeicherten Muster die vier möglichen Ausrichtungen in je drei Helligkeitsstufen herangezogen. Das Muster mit der größten Übereinstimmung gilt als erkannt, wenn ein festgelegter Schwellwert für die Ähnlichkeit überschritten wird. Es ist daher auch wichtig, Muster mit untereinander möglichst geringer Ähnlichkeit auszuwählen. Auf Basis der Orientierung des Musters wird darüber eindeutig bestimmt, welcher der erkannten Eckpunkte welche Koordinate im Markenkoordinatensystem hat.

Abb. 8.15 Gefundene Markenregion, normalisierte Marke, Vergleichsbild

Intrinsische und extrinsische Kameraparameter

Die eigentliche Berechnung der Marke im Verhältnis zur Kamera erfolgt auf Basis der Abbildung der Markeneckpunkkoordinaten auf Bildpunkte. Hierbei muss die Größe der Marke bekannt sein.

$\mathbf{T}_{cm}$ ist die Transformationsmatrix vom Markenkoordinatensystem M ins Kamerakoordinatensystem C. Die Position der Kamera entspricht hierbei dem optischen Zentrum und damit dem Ursprung des Kamerakoordinatensystems. Die Blickrichtung der Kamera ist entlang der negativen z-Achse dieses Koordinatensystems. $\mathbf{v}_m$ ist eine Koordinate im Markenkoordinatensystem M, $\mathbf{v}_c$ die ins Kamerakoordinatensystem C transformierte Koordinate. Für eine detaillierte Darstellung der Zusammenhänge siehe Abb. 8.16. Somit gilt:

$$\mathbf{v}_c = \mathbf{T}_{cm} \bullet \mathbf{v}_m$$

Ausgeschrieben:

$$\begin{bmatrix} x_c \\ y_c \\ z_c \\ 1 \end{bmatrix} = \begin{bmatrix} r_{11} & r_{12} & r_{13} & t_x \\ r_{21} & r_{22} & r_{23} & t_y \\ r_{31} & r_{32} & r_{33} & t_z \\ 0 & 0 & 0 & 1 \end{bmatrix} \cdot \begin{bmatrix} x_m \\ y_m \\ z_m \\ 1 \end{bmatrix}$$

wobei sich die Matrix $\mathbf{T}_{cm}$ aus einer 3×3 Rotationsmatrix **R** und einem Translationsvektor $\vec{t}$ zusammensetzt. Beide Komponenten haben hierbei jeweils drei Freiheitsgrade, die gesamte Transformation somit sechs. Durch Kamerakalibrierung (vgl. (Szeliski 2011)) erhält man die intrinsischen Kameraparameter und damit die Kalibrierungsmatrix **K**, welche die Abbildung der Kamerakoordinaten auf die Bildebene S bestimmt. Hierbei gilt:

$$\mathbf{K} = \begin{bmatrix} f & 0 & c_x \\ 0 & f & c_y \\ 0 & 0 & 1 \end{bmatrix}$$

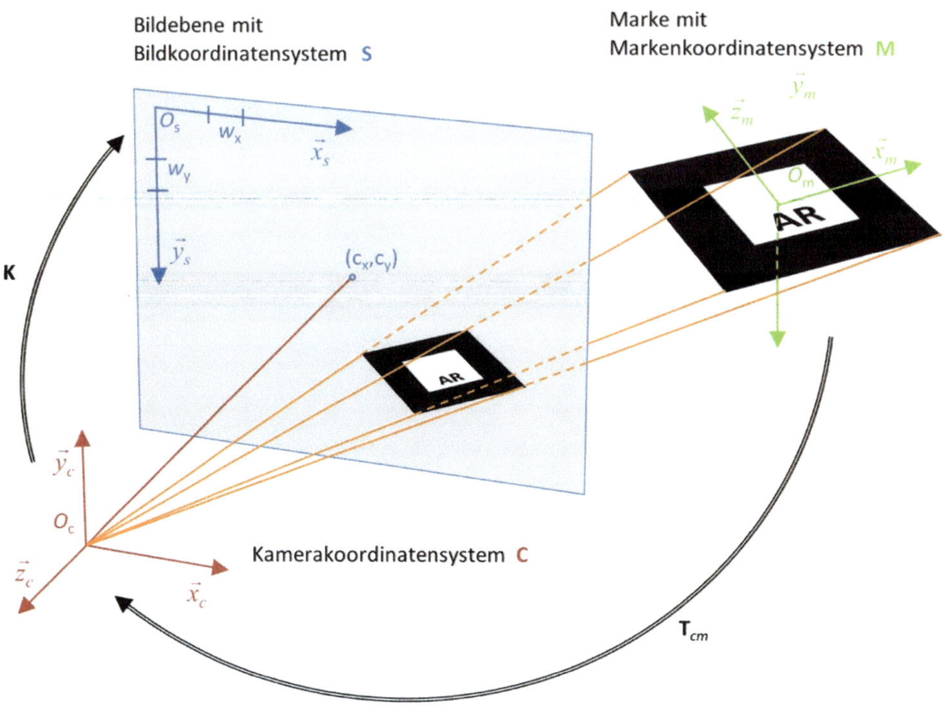

Abb. 8.16 Kamerakoordinatensystem C, Bildkoordinatensystem S und Markenkoordinatensystem M

wobei f die Brennweite der Kamera (Abstand zur Bildebene) und (c_x, c_y) das optische Zentrum des Bildes in Bildkoordinaten ist. Streng genommen handelt es sich hierbei um eine idealisierte (Loch-) Kamera, bei der angenommen wird, dass die Brennweite in beiden Sensordimensionen gleich ist und es keine Verzerrung aufgrund eines nicht senkrechten Einbaus des Kamerasensors gibt (vgl. Szeliski (2011) S. 47). Somit lässt sich der Zusammenhang zwischen einer Kamerakoordinate $\mathbf{v}_c$ und einem Bildpixel $\mathbf{v}_s$ beschreiben durch:

$$\mathbf{v}_s = \begin{bmatrix} s_x \\ s_y \\ s_z \\ s_w \end{bmatrix} = \begin{bmatrix} \mathbf{K} & 0 \\ 0 & 1 \end{bmatrix} \cdot \mathbf{v}_c$$

wobei $\mathbf{v}_s$ anschließend normiert werden muss, so dass $s_z = 1$ gilt.

Durch Einsetzen der detektierten Bildpunkte und unter Verwendung der Kalibrierungsmatrix **K** und des bekannten Abstands zwischen den Eckpunkten sowie unter Berücksichtigung der aufgrund der Markenausrichtung bekannten Orientierung, lassen sich somit die 3×3 Rotationsmatrix **R** sowie der Translationsvektor $\vec{t}$ von $\mathbf{T}_{cm}$ bestimmen.

Diese werden auch als extrinsische Kameraparameter bezeichnet. Für weitere Details des Verfahrens siehe Kato und Billinghurst (1999).

8.2.4 Merkmalsbasierte Tracking-Verfahren

Neben den bereits vorgestellten Tracking-Verfahren existieren insbesondere kamerabasierte Tracking-Techniken, welche Merkmale im Kamerabild erkennen und diese bereits bekannten in einer Datenbank vorliegenden Modellen zuordnen. Es kann sich hierbei um 2D- oder 3D-Modelle handeln. So gesehen stellt dies eine Verallgemeinerung des markenbasierten Ansatzes dar.

Geometriebasiertes Tracking

Beim geometriebasierten Tracking (siehe beispielsweise Reitmayr und Drummond 2006) werden aus dem Kamerabild Kanten und/oder Eckpunkte extrahiert. Basierend auf einer Fortschreibung (Extrapolation) der aus dem vorangegangenen Kamerabild extrahierten Transformation werden die Abstände zwischen den Linien und Ecken des errechneten und des aktuellen Bildes als Grundlage für die Veränderung der Transformation verwendet.

Wie man sich sehr leicht anhand eines Würfels mit sechs gleichen Seiten verdeutlichen kann, sind die einzelnen Merkmale in vielen Fällen nicht eindeutig, d. h. es existieren häufig mehrere gültige Posen zu einem aktuellen Kamerabild. Basierend auf der zuletzt verwendeten Pose wird hierbei immer diejenige von mehreren möglichen Transformation verwendet, welche die kleinste Veränderung zur zuvor berechneten Transformationen aufweist. Entscheidend ist hierbei somit die korrekte Initialisierung des Trackings, da die weiteren Posen inkrementell berechnet und erkannt werden. Für eine eindeutige Initialisierung kommen daher häufig auch weitere Tracking-Verfahren (wie beispielsweise das bereits beschriebene markenbasierte Verfahren zum Einsatz).

Merkmalsbasierte Ansätze unter Verwendung von Kanten und/oder Ecken eignen sich insbesondere im Bereich gleichförmiger geometrischer Formen, speziell wenn die Bereiche wenig andere Merkmale zur Extraktion aufweisen.

Weitere merkmalsbasierte Tracking-Verfahren

Andere visuelle Merkmale (engl. *Features*) lassen sich im Unterschied zu Ecken und Kanten für den menschlichen Betrachter häufig nicht ohne weiteres erkennen. Sie bieten jedoch den Vorteil, dass sie sich sowohl schnell als auch zuverlässig durch entsprechende Merkmalsdetektoren in einem Kamerabild finden lassen. Soweit man aus dem Kamerabild wiederum genügend solcher Merkmale extrahieren kann, so werden diese im Anschluss basierend auf ihrer individuellen Beschreibung (dem sogenannten *Deskriptor*) mit vorhandenen Beschreibungen der Merkmale der zu verfolgenden 2D- oder 3D-Geometrie verglichen. Nach dem Aussortieren von Ausreißern – zumeist unter Verwendung eines *RANSAC*-Verfahrens (Fischler und Bolles 1981), kann auf Basis der korrekten Zuordnun-

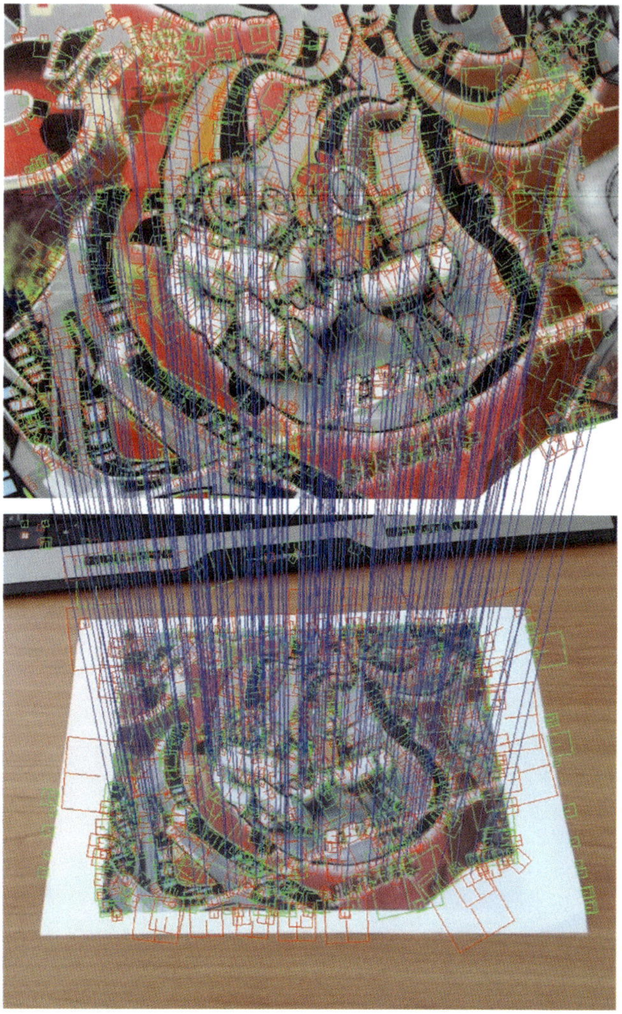

Abb. 8.17 Zuordnung von Merkmalspunkten im aktuellen Kamerabild zu denen einer vorhandenen Merkmalskarte

gen (siehe Abb. 8.17) die Pose der Kamera im Verhältnis zu den bekannten Merkmalsgruppen berechnet werden.

Merkmalsdetektoren unterscheiden sich deutlich in ihrer Geschwindigkeit und Zuverlässigkeit. Nicht alle Detektoren bieten auch entsprechende Deskriptoren. Vorteilhaft ist hierbei, wenn die Erkennung der Merkmale unabhängig von der Rotation (Rotationsinvarianz) und Entfernung (Skalierungsinvarianz) ist. Ist dies nicht der Fall, so müssen entsprechende Merkmale aus unterschiedlichen Winkeln und in unterschiedlichen Auflösungen berechnet werden. Zu den für merkmalsbasiertes Tracking verwendeten Detektoren gehören u. a. *SIFT – Scale Invariant Feature Transform* (Lowe 1999, 2004) *und SURF – Speeded Up Robust Features* (Bay et al. 2006). Eine grundlegende Beschreibung merkmalsbasierten

Abb. 8.18 Tracking basierend auf Merkmalen ist sehr viel robuster gegenüber Störeinflüssen als markenbasiertes Tracking: Trotz zahlreicher Gegenstände, welche das für das Tracking verwendete Bild verdecken, kann das virtuelle Objekt korrekt registriert werden

Trackings für AR findet man u. a. in (Herling und Broll 2011). Abbildung 8.18 zeigt die Robustheit merkmalsbasierter Verfahren am Beispiel eines SURF-basierten Ansatzes.

Ein weiteres, ursprünglich aus der Robotik stammendes Verfahren, ist die *simultane Lageschätzung und Kartenerstellung* (engl. *Simultanous Localization and Mapping - SLAM*). Beim Einsatz für AR wird hier in der Regel auf merkmalsbasiertes Tracking zurückgegriffen, vgl. Klein und Murray (2007). Hierbei ist anfänglich weder die Position und Lage der Kamera bekannt, noch die Umgebung. Sukzessive wird basierend auf der Bewegung der Kamera die Karte erstellt und gleichzeitig die Position und Lage der Kamera basierend auf detektierten Merkmalen neu geschätzt.

8.2.5 Hybride Tracking-Techniken

Für Anwendungen der Augmentierten Realität kommen häufig Kombinationen aus unterschiedlichen Tracking-Verfahren zum Einsatz. Grund hierfür ist zumeist, dass die einzelnen Verfahren je nach Situation unterschiedlich gute Ergebnisse liefern bis dahin, dass manche Verfahren in bestimmten Situationen gar keine verwendbaren Ergebnisse erzeugen. Ein typisches Beispiel ist ein markenbasierter Ansatz: Dieser funktioniert in der Regel gut, solange für alle virtuellen Inhalte über mindestens eine Marke die Position und Lage im Verhältnis zur Kamera bestimmt werden kann. Kommt es jedoch auch nur kurzzeitig zur einer Verdeckung, so wird die Marke nicht erkannt und eine Registrierung des oder der virtuellen Objekte in der realen Szene ist nicht mehr möglich. Um nicht unmittelbar die Illusion einer Augmentierten Realität zu verlieren, empfiehlt es sich daher, die Veränderung der Position und Lage auf Basis alternativer Tracking-Verfahren zu schätzen. Verwendet man beispielweise ein Tablet oder Smartphone, so ließe sich die Änderung der Lage ebenso über die integrierten Lagesensoren ermitteln. Dies kann nun dazu verwendet werden, in Situation, in denen das Marken-Tracking keine Informationen liefert, eine zumindest in Bezug auf die Lage korrekte Transformation zu erhalten. Verändert der Nutzer seine Position bis zur erneuten Sichtbarkeit der entsprechenden Marke nicht oder nur geringfügig so kann auf diese Weise die Illusion aufrechterhalten werden.

Eine andere Möglichkeit, kurzzeitige Ausfälle oder auch nur eine Latenz des verwendeten Tracking-Verfahrens zu kompensieren, besteht in der Verwendung von Vorhersagetechniken. Während sich hierfür grundsätzlich auch einfache Extrapolationsverfahren eigenen, so stellen Kalman-Filter, siehe auch Bishop und Welch (2001), eine weit verbreitete und deutlich bessere Alternative dar. Je nachdem, ob die Position oder die Rotation geschätzt werden soll, kommen hierbei gewöhnliche oder erweiterte Kalman-Filter zum Einsatz. Eine andere Möglichkeit besteht in der Verwendung von Partikelfiltern (Arulampalam et al. 2004).

8.3 Registrierung

Wie bereits zuvor ausgeführt, versteht man unter Registrierung im Kontext von AR das korrekte Einpassen virtueller Inhalte in die reale Umgebung. Diese muss zum einen perspektivisch korrekt erfolgen – man spricht hier von geometrischer Registrierung, zum anderen sollte sie aber auch in Bezug auf die Beleuchtung korrekt sein. Im zweiten Fall spricht man auch von photometrischer Registrierung.

8.3.1 Geometrische Registrierung

Grundlage der geometrischen Registrierung ist das zuvor beschriebene Tracking. Auf Basis der geschätzten Transformation $\mathbf{T}_{mc}$ zwischen dem Blickpunkt der Kamera (im Falle einer Video-See-Through-Augmentierung) bzw. dem des Betrachters (im Falle einer optischen See-Through-Augmentierung) und dem verfolgten Objekt wird dieses im aktuellen Blickfeld mit korrekter Position und Lage dargestellt. Anders herum könnte man sagen: Geometrische Registrierung bedeutet, dass ein virtuelles Objekt sich bei geänderter Kameraperspektive trotzdem am selben Ort in der Realität zu befinden scheint, d. h. sofern es sich nicht um ein animiertes virtuelles Objekt handelt, bewegt es sich im Verhältnis zur realen Umgebung nicht (siehe Abb. 8.19). Dies wird dadurch erreicht, dass die Verände-

Abb. 8.19 *Linkes Bild*: Korrekte geometrische Registrierung des virtuellen Objektes. Bild rechts oben: Virtuelles Objekt wird an derselben Stelle eingeblendet wie im Bild links, es ist mit der umgebenden Realität geometrisch nicht registriert. *Bild rechts unten*: Auf Basis der Tracking-Daten wird die korrekte Perspektive des virtuellen Objektes vom aktuellen Blickpunkt und der aktuellen Blickrichtung der Kamera dargestellt, das virtuelle Objekt ist in der umgebenden Realität geometrisch korrekt registriert

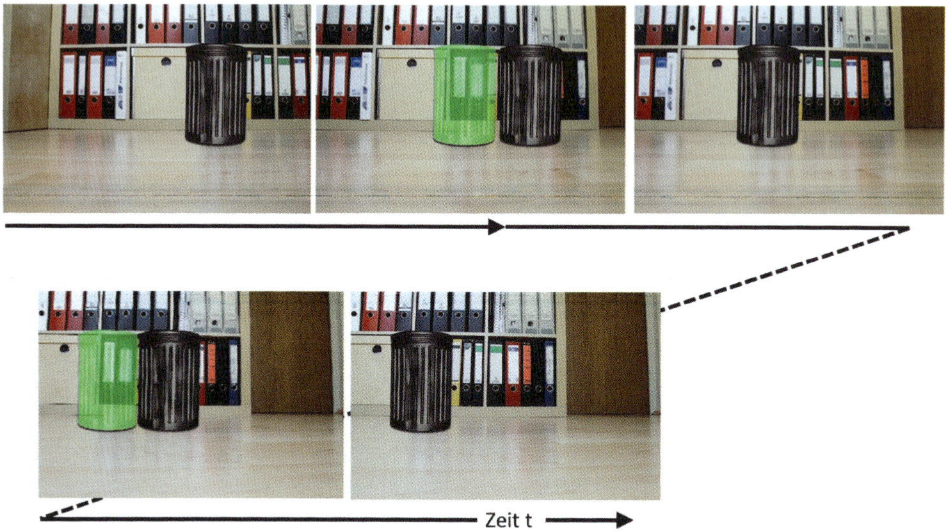

Abb. 8.20 Fehlerhafte geometrische Registrierung bei zu niedriger Tracking-Rate: Die Kamera bewegt sich hier von links nach rechts; das virtuelle Objekt bewegt sich aufgrund fehlender Tracking-Updates zunächst mit der Kamera und springt jeweils nach Eintreffen neuer Tracking-Daten auf die korrekte Position (korrekte Positionen jeweils in grün)

rung der Kameraposition und –lage durch eine entsprechend angepasste Transformation zum virtuellen Objekt ausgeglichen wird.

Bei der augenscheinlichen Qualität der Registrierung spielt die Qualität des verwendeten Tracking-Verfahrens eine wesentliche Rolle. Allerdings ist nicht nur die Qualität entscheidend, sondern insbesondere auch die Geschwindigkeit oder Tracking-Rate, das heißt die Anzahl der Tracking-Ergebnisse pro Sekunde. Im Idealfall ist diese genauso hoch wie die Anzahl der dargestellten Bilder (das heißt in der Regel min. 60 Bilder pro Sekunde). Ist die Tracking-Rate zu niedrig, so scheinen (unter Vernachlässigung möglicher Latenz – s. u.) sich bei einer Bewegung der Kamera bzw. des Kopfes die virtuellen Objekte immer kurzzeitig mit dem Kopf zu bewegen, um dann wieder auf ihre korrekte Position in der realen Welt zurückzuspringen (siehe auch Abb. 8.20).

Bei Video-See-Through-AR lässt sich der Effekt dadurch eindämmen, dass die Bildwiederholrate der Tracking-Rate angepasst wird. Der Effekt des Ruckelns oder Springens der virtuellen Objekte verschwindet damit, allerdings können die abrupten Bildwechsel bei starken Kamerabewegungen dann vom Betrachter teilweise als genauso störend empfunden werden. Außerdem entsteht eine Diskrepanz zwischen der gefühlten Eigenbewegung und der optischen Wahrnehmung (vgl. auch Kap. 2). Bei optischem See-Through-AR besteht diese Möglichkeit ohnehin nicht, da der Betrachter zu jedem Zeitpunkt die Realität und damit eine fehlerhafte Registrierung wahrnimmt.

Latenz (vgl. auch Abschn. 7.1) ist ein weiteres großes Problem in Bezug auf eine korrekte geometrische Registrierung. Während die Symptome hier denen einer zu niedrigen Tracking-Rate sehr ähneln und eine zu niedrige Tracking-Rate sich auch auf die Latenz

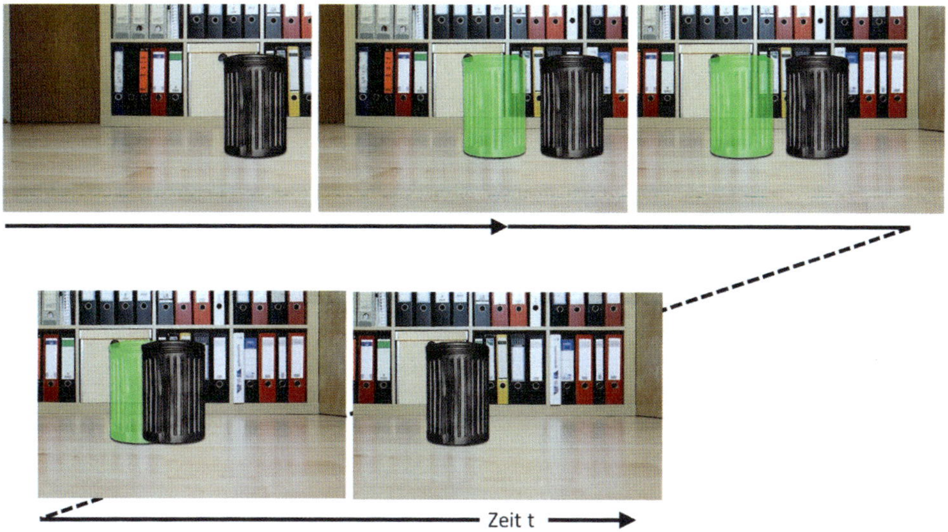

Abb. 8.21 Fehlerhafte geometrische Registrierung bei hoher Tracking-Latenz: Die Kamera bewegt sich von links nach rechts; das virtuelle Objekt bewegt sich zunächst kurz mit der Kamera, um dann an einer falschen Position weitestgehend zu verharren, erst nach dem Stoppen der Bewegung bewegt sich das virtuelle Objekt auf seine korrekte Position (korrekte Positionen jeweils in grün)

auswirkt, ist das eigentliche Problem anders geartet. Beim Tracking ist Latenz die Verzögerung zwischen dem Zeitpunkt der Bewegung (der Kamera und/oder des verfolgten Objekts) und dem Zeitpunkt, an dem die Transformation letztendlich zur Berechnung der korrekten Darstellung der virtuellen Objekte verwendet werden kann. Unter Vernachlässigung der durch die Tracking-Rate hervorgerufenen Verzögerungen (siehe oben) verbleibt hier der Zeitraum zwischen Messung oder Schätzung der Position und Lage und deren Anwendung auf die Objekttransformation. Je größer dieser Zeitraum ist, desto spürbarer wird der dadurch hervorgerufene Effekt. Die Ursachen für eine hohe Latenz können vielfältig sein: Zumeist liegt es an verhältnismäßig aufwändigen Tracking-Verfahren, die eine entsprechend lange Zeit zur Berechnung benötigen. Hier sind insbesondere die merkmalsbasierten Ansätze zu nennen. Aber auch andere Ursachen wie lange Signallaufzeiten können zu einer hohen Latenz führen. Ähnlich wie bei der zu niedrigen Tracking-Rate wird sich hier ein virtuelles Objekt zunächst mit der entsprechenden Bewegung der Kamera beziehungsweise des Kopfes des Betrachters mitbewegen. Allerdings springt oder ruckelt die Bewegung nicht, sondern das Objekt bleibt (bei gleichförmigen Bewegungen) mehr oder weniger an einem festen Ort im Verhältnis zur Realität, hat aber einen Offset zur korrekten Position, solange die Bewegung fortdauert. Erst wenn die Bewegung der Kamera oder des Kopfes wieder stoppt, wird das virtuelle Objekt kurz danach auch wieder korrekt registriert (siehe Abb. 8.21).

Im Unterschied zu zu niedrigen Tracking-Raten lässt sich das Problem einer zu hohen Tracking-Latenz zumindest für Video-See-Through-AR in den meisten Fällen zur vollen Nutzerzufriedenheit lösen. Hierzu ist es einerseits notwendig, die auftretende Latenz zu

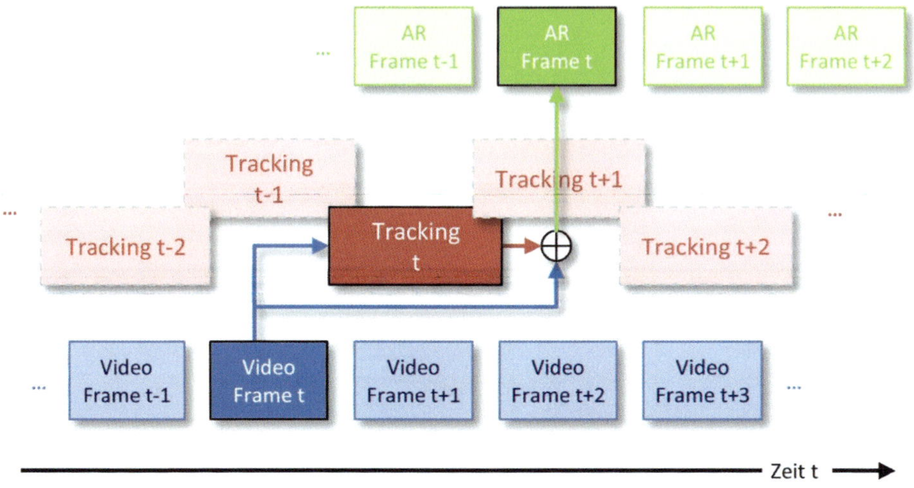

Abb. 8.22 Reduzierung latenzbedingter Effekte durch Zwischenspeichern von Kamerabildern und Parallelisierung

messen, andererseits müssen die Kamerabilder über den entsprechenden Zeitraum zwischengespeichert werden. Bei Verfügbarkeit der Tracking-Daten werden die damit transformierten virtuellen Objekte nun in Verbindung mit dem Kamerabild zum Zeitpunkt ihrer Erfassung kombiniert (siehe Abb. 8.22). Somit besteht die Latenz nicht mehr zwischen dem virtuellen und realen Inhalt des betrachteten Bildes, sondern für das gesamte Bild. Sofern diese Latenz jedoch nicht zu groß wird (vgl. Abschn. 7.1.2), wird dies vom Betrachter jedoch nicht wahrgenommen und hat somit keinen störenden Effekt. Auch hier ist eine entsprechende Korrektur bei optischem See-Through-AR grundsätzlich nicht möglich, da die Realität unmittelbar – also ohne Verzögerung – wahrgenommen wird.

Eine temporäre fehlerhafte geometrische Registrierung, egal ob durch zu niedrige Tracking-Raten oder eine zu hohe Latenz hervorgerufen, zerstört für den Betrachter die Illusion einer nahtlosen Integration der virtuellen Inhalte in die Realität, womit eine entsprechende AR-Applikation nur noch bedingt einsetzbar ist.

8.3.2 Photometrische Registrierung

Im Gegensatz zur geometrischen Registrierung, die eine Grundvoraussetzung für die Nutzung von AR darstellt, wird die photometrische Registrierung virtueller Objekte im AR-Kontext noch heute nur vereinzelt durchgeführt. Bedingung für eine erfolgreiche photometrische Registrierung, das heißt eine korrekte Anpassung der virtuellen Objekte an die Beleuchtungssituation der realen Umgebung, ist auch hier – analog zum Tracking bei der geometrischen Registrierung – die Erfassung beziehungsweise Schätzung der entsprechenden Daten.

Abb. 8.23 Photometrische Registrierung des virtuellen Inhalts

Grundsätzlich kann man verschiedene Verfahren zur Erfassung der realen Beleuchtungsbedingungen einsetzen. Eine Möglichkeit besteht in sogenannten *Light Probes*. Dazu wird zumeist eine schwarze (teilweise auch andersfarbige oder silberne) Kugel in die Szene gelegt (Debevec 1998). Auf Basis der sich dort reflektierenden Lichtquellen (Glanzlichter) beziehungsweise hellen Bildpartien werden dann entsprechende virtuelle Lichtquellen berechnet und der virtuellen Szene zugefügt. Während sich mit Hilfe dieses Ansatzes die virtuellen Objekte selbst gut an die reale Umgebung anpassen lassen, so ist dieser Ansatz doch auch grundlegend beschränkt. Ein wichtiger Aspekt der photometrischen Registrierung ist nämlich auch die Beeinflussung der Beleuchtung der umgebenden Realität durch die virtuellen Objekte und deren Beleuchtung. Ein Beispiel für eine photometrische Registrierung eines virtuellen Objektes in eine reale Umgebung ist in Abb. 8.23 zu sehen. Abbildung 8.24 zeigt eine einfache AR-Szene einmal ohne und einmal mit photometrischer Registrierung.

Eine Veränderung der Beleuchtung von realen Objekten kann grundsätzlich nur bei Video-See-Through-AR vorgenommen werden. Ein einfaches Beispiel ist der Schattenwurf eines virtuellen Objektes auf die reale Umgebung. Für eine korrekte photometrische Registrierung ist die Veränderung der Realität essentiell. An diesem Beispiel wird sehr schnell deutlich, dass auch eine unvollständige oder fehlerhafte photometrische Registrierung die Illusion einer nahtlosen Integration von Realität und Virtualität sehr schnell zerstören kann. Umgekehrt kann gerade durch eine korrekte oder zumindest plausible photometrische Registrierung die Glaubhaftigkeit einer AR-Szene für den Betrachter drastisch gesteigert werden.

Abb. 8.24 Vergleich zwischen Augmentierung ohne und mit photometrischer Registrierung: Im rechten Bild wird (reales) Licht durch das rote Blatt auf das virtuelle Objekt reflektiert, weiterhin wird Licht vom virtuellen Objekt auf Hintergrund reflektiert

Während eine einfache Approximation eines virtuellen Schattens für Objekte auf einer ebenen Fläche (wie einer Tischplatte) noch verhältnismäßig einfach vorgenommen werden kann, erfordert ein korrekter Schattenwurf auf beliebige Geometrien eine genaue Kenntnis der Topologie der Realität. Während diese je nach AR-Anwendung im Einzelfall durchaus vorliegen kann (beispielsweise für projektionsbasierte AR oder Phantomobjekte, siehe auch Abschn. 8.4.4 bzw. 8.5.2), sind solche Informationen im Allgemeinen zunächst nicht verfügbar. Gleiches gilt für Reflexionen zwischen realen und virtuellen Objekten. Um diese realitätsnah nachbilden zu können, müssen auch hier zumindest grundlegende Informationen über die Oberflächen beziehungsweise Normalen der realen Umgebung des virtuellen Objektes vorliegen.

Eine aktuelle Möglichkeit, solche Informationen mit verhältnismäßig wenig Aufwand zu erhalten, besteht in der Auswertung von Tiefenkamerabildern (Lensing und Broll 2012), wie man sie beispielsweise mit Hilfe von Tiefenkameras (wie Microsoft Kinect (1. Generation) oder Time-of-Flight (TOF)) erhält. Der Vorteil eines solchen Ansatzes gegenüber einem vorab bekannten 3D-Modell der realen Umgebung liegt insbesondere darin, dass hiermit auch dynamische Situationen, bei denen sich die Topologie der Realität verändert, korrekt erfasst und in die AR-Szene einbezogen werden kann.

8.4 Visuelle Ausgabe

In diesem Unterkapitel werden die einzelnen visuellen Ausgabemöglichkeiten bei AR-Systemen genauer betrachtet. Dazu werden die einzelnen Geräte, ihre Eigenschaften und Beschränkungen sowie die Auswirkung auf die Wahrnehmung vorgestellt. Neben visuellen

Abb. 8.25 *Links*: Übereinstimmende Perspektive zwischen Realität und augmentiertem Bild (Magic Lens-Effekt). *Rechts*: Kamerabild und Realität werden mit einer unterschiedlichen Perspektive wahrgenommen

Ausgabegeräten kommen bei AR zumeist lediglich noch auditive Ausgabegeräte hinzu. Bei mobilen AR-Systemen beschränkt sich dies in der Regel auf Stereokopfhörer, wohingegen bei stationäre AR-Systemen alle Formen der Audioausgabe (siehe auch Kap. 2) zum Einsatz kommen können.

8.4.1 Handheld-Geräte

Unter Handheld-Geräten werden hier insbesondere Tablet-Computer und Smartphones verstanden. Diese verfügen über eine rückseitige Kamera, welche zur Aufnahme der Umgebung und optisches Tracking verwendet wird, sowie zumeist über entsprechende Sensoren zur Erfassung der Lage (siehe Abschn. 8.2.2). Analog zu Video-See-Through-Displays (s. u.) erfolgt die Augmentierung in der Regel perspektivisch korrekt für die Position und Lage der Kamera, jedoch nicht für den tatsächlichen Betrachterblickpunkt. Dies führt dazu, dass der beschriebene Magic-Lens-Effekt nur bedingt erzielt wird (siehe Abb. 8.25).

Das Problem entsteht insbesondere dadurch, dass das Blickfeld der für die Videoaufnahme verwendeten Kamera im Verhältnis zum Display fest ist, während das des Betrachters vom jeweiligen Blickpunkt und der Blickrichtung im Verhältnis zum Display abhängen (siehe Abb. 8.26).

8.4.2 Video-See-Through-Displays

Bei Video-See-Through-Displays handelt es sich grundsätzlich um Datenbrillen (engl. Head-Mounted Displays, HMDs) wie sie auch für VR eingesetzt werden (vgl. Kap. 5). Im Unterschied zur Nutzung dort wird jedoch ein Videobild der Realität so eingeblendet, dass für den Nutzer der Eindruck entsteht, als würde er durch die Brille hindurch die Um-

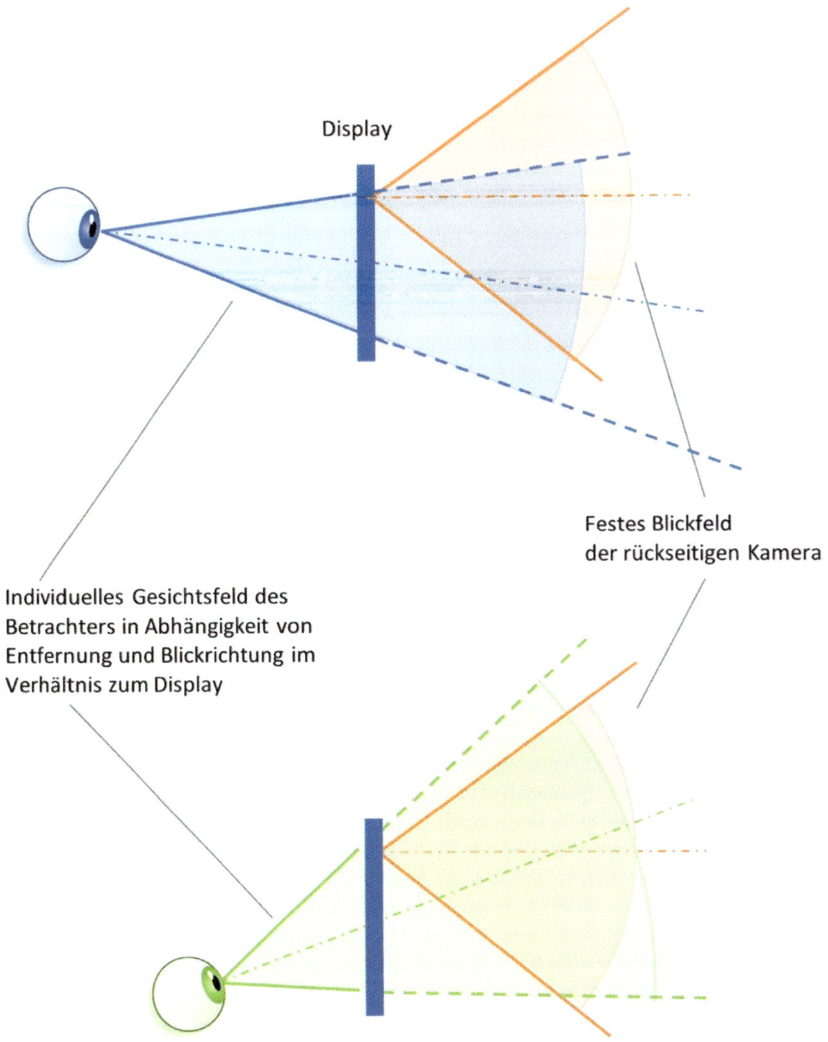

Abb. 8.26 Unterschiedliche Blickfelder von Betrachter und Kamera bei Handheld-AR

gebung betrachten können. Dazu sind an der Datenbrille eine oder zwei Videokameras angebracht oder direkt in diese integriert (siehe Abb. 8.27).

Das dort aufgenommene Videobild wird beim Rendering der Szene perspektivisch korrekt als Hintergrundbild eingefügt (vgl. Video-See-Through-Augmentierung). Grundsätzlich muss hierzu das Blickfeld der Kamera größer sein als das der verwendeten Datenbrille. Zumeist ist es nicht möglich, die Videokameras unmittelbar im Bereich des ansonsten vor den Augen liegenden Strahlengangs anzuordnen. Somit muss bei der perspektivischen Korrektur des Kamerabildes neben der Entzerrung und Begrenzung des Blickwinkels häufig auch noch ein translatorischer und/oder rotatorischer Offset herausgerechnet werden. Erfolgt dies nicht, so hat der Nutzer zumindest vorübergehend, bis sich sein visuelles System daran angepasst hat, Schwierigkeiten, Entfernungen und Größenverhältnisse korrekt

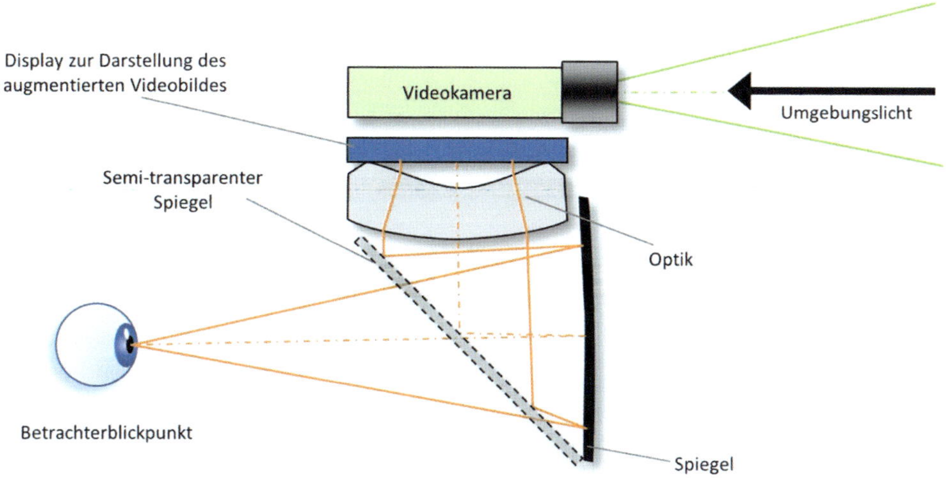

Abb. 8.27 Schematischer Aufbau eines spiegelbasierten Video-See-Through-Displays

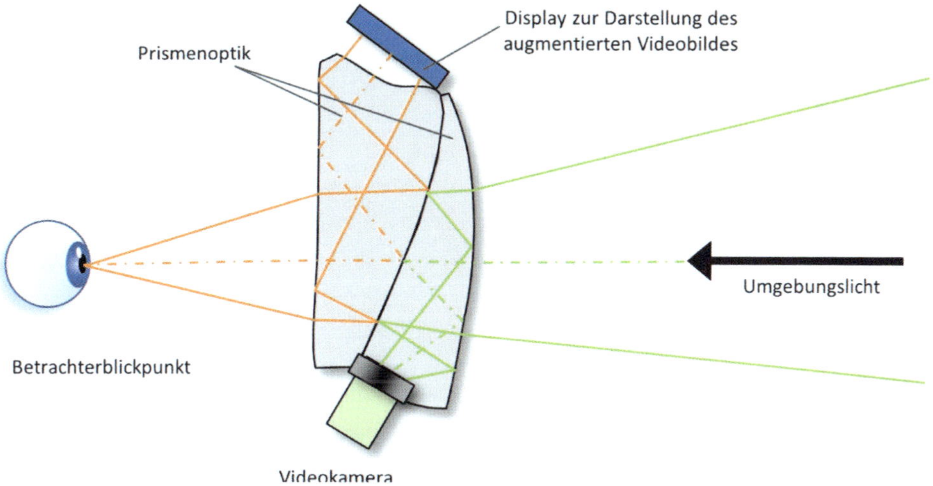

Abb. 8.28 Schematischer Aufbau eines prismenbasierten optischen See-Through-Displays

einzuschätzen. Datenbrillen, bei denen die Linse der Kamera unmittelbar vor dem Auge in Blickrichtung liegt bzw. die dort eintreffenden Lichtstrahlen in die Kamera umgelenkt werden, vermeiden diese Problematik (siehe z. B. Abb. 8.28).

8.4.3 Optische See-Through-Displays

Optische See-Through-Displays („optische Durchsichtdatenbrillen") ermöglichen ähnlich zu Video-See-Through-Displays das Einblenden virtueller Objekte in das Gesichtsfeld des

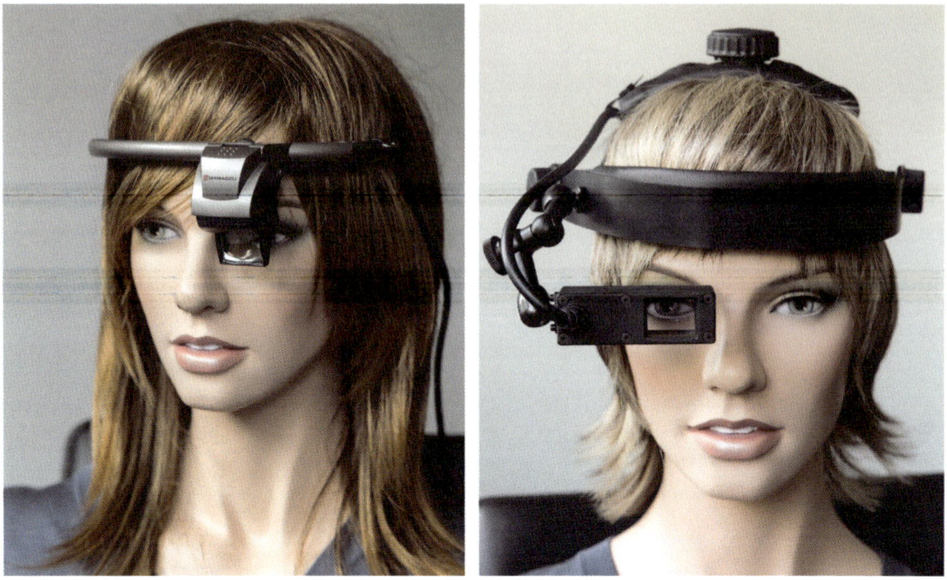

Abb. 8.29 Beispiele zweier optischer See-Through-Displays für AR (Bilder: Lisa Blum)

Betrachters. Während hierbei die Sicht auf die Realität immer direkt und damit unmittelbar ist, werden die virtuellen Inhalte lediglich optisch überlagert. Dadurch kommt es beim Betrachten der realen Umgebung im Gegensatz zu Video-See-Through-Displays zu keinerlei Einschränkungen in Bezug auf die Qualität und Auflösung. Allerdings führen die unterschiedlichen Überlagerungstechniken zumeist zu einer deutlichen Reduktion der einfallenden Lichtmenge, so dass die umgebende Realität dem Betrachter verdunkelt erscheint. Im Vergleich zur Betrachtung ohne Display kommen hierbei teilweise nur ca. 25 % des Lichtes im Auge des Betrachters an. Dies entspricht ungefähr einer Sonnenbrille mit einem mittleren Schutzfaktor (S2). Aufgrund der zu geringen Lichtstärke sind die meisten Datenbrillen dieser Art für eine Nutzung bei Sonnenlicht nicht geeignet.

Optische See-Through-Displays mit semi-transparenten Spiegeln

Es existieren unterschiedliche Bauweisen optischer See-Through-Displays (siehe z. B. Abb. 8.29). Die Verwendung semi-transparenter Spiegel ist hierbei jedoch nach wie vor die bevorzugte Bauart. Wie bei anderen spiegelbasierten HMDs auch, wird der Inhalt auf einem LCD oder OLED-Display dargestellt und mit Hilfe einer Optik so dargestellt, dass das menschliche Auge in der Lage ist, darauf zu fokussieren. Die Überlagerung der virtuellen Inhalte in Form des vom Display ausgehenden Lichts mit dem Umgebungslicht erfolgt dann in der Regel über zwei semitransparente Spiegel (siehe Abb. 8.30). Da die beiden semitransparenten Spiegel jeweils einen Teil des Lichtes reflektieren und den anderen Teil passieren lassen, wird sowohl das vom Display kommende Licht als auch das Umgebungslicht abgedunkelt bevor es das Auge erreicht.

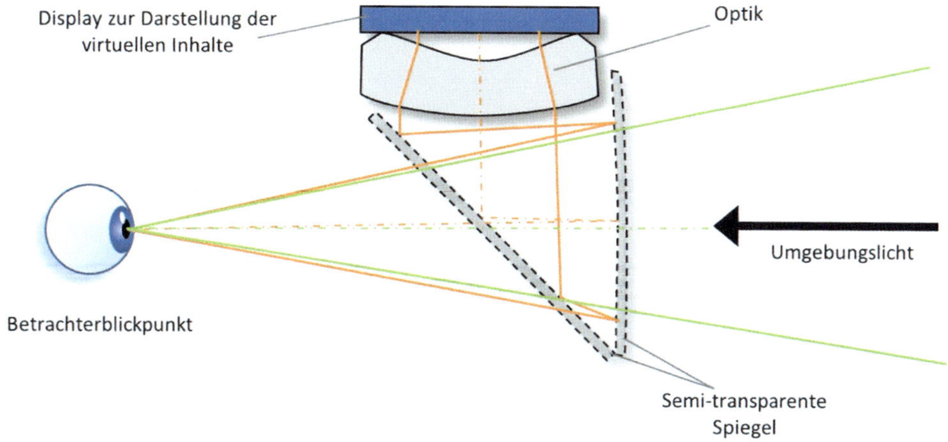

Abb. 8.30 Funktionsweise optischer See-Through-Displays mit semi-transparenten Spiegeln

Im Gegensatz zu Video-See-Through-Displays findet hier eine rein additive optische Überlagerung der Sicht auf die Realität statt. Folglich können Teile der Realität niemals vollständig ausgeblendet oder überdeckt werden. Auch subtraktive Veränderungen sind abgesehen von einer generellen Reduzierung der Helligkeit nicht möglich.

Prismenbasierte optische See-Through-Displays

Prismenbasierte Displays, wie sie für VR eingesetzt werden, verzichten auf semi-transparente Spiegel, wodurch prinzipiell eine höhere Lichtausbeute bei kompakterer Bauweise ermöglicht wird. Zur Nutzung als See-Through-Display sind diese jedoch zunächst einmal nicht geeignet, da durch das Prisma das Umgebungslicht ebenfalls beeinflusst werden würde, so dass es zu keiner korrekten Überlagerung im Auge kommen kann (siehe Abb. 8.31).

Erst durch ein zweites Prisma (siehe Abb. 8.32) können prismenbasierte Ansätze auch für optisches See-Through-AR eingesetzt werden.

Retinale Datenbrillen

Bei retinalen Datenbrillen existiert kein Display im eigentlichen Sinn, da der Inhalt unmittelbar auf die Retina projiziert wird (siehe Abb. 8.33). Dieser Ansatz bietet zwei wesentliche Vorteile: Einerseits wird hierbei eine aufwändige Optik zum Ermöglichen der Fokussierbarkeit durch das Auge vermieden, zum anderen können bei extrem kompakter Bauweise trotzdem sehr große Blickfelder erzeugt werden, da die vor dem Auge liegende Optik nicht das dargestellte Blickfeld abdecken muss. Als Lichtquelle kommt hier zumeist moduliertes Laserlicht zum Einsatz, welches über einen semitransparenten Spiegel oder ein Prisma ins Auge gelenkt wird.

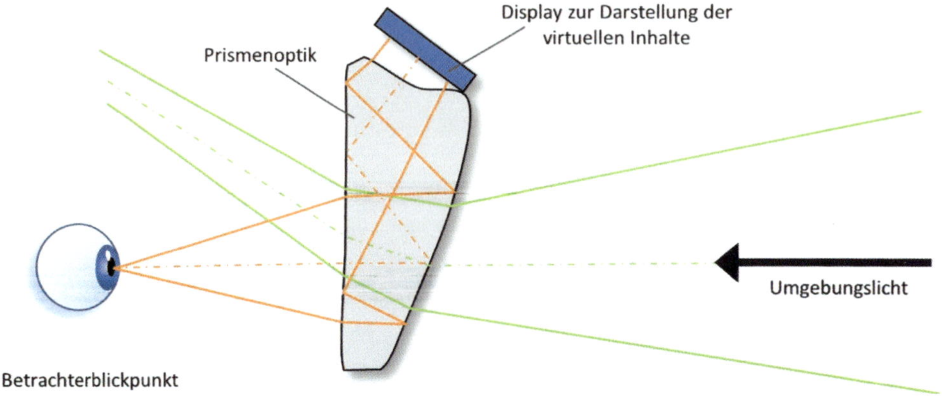

Abb. 8.31 Abbildungsfehler bei prismenbasierten optischen See-Through-Displays ohne Korrektur

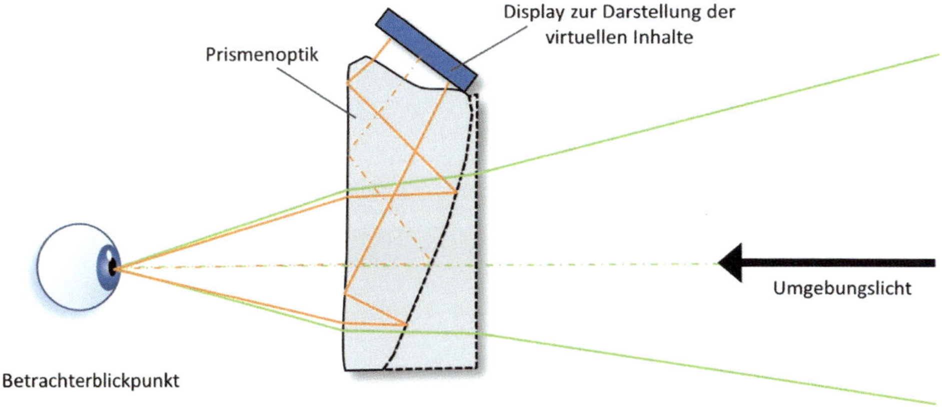

Abb. 8.32 Schematischer Aufbau eines prismenbasierten optischen See-Through-Displays mit Korrekturprisma

See-Through-Displays mit integrierten optischen Elementen

Genaugenommen handelt es sich hierbei um eine ganze Reihe unterschiedlicher Ansätze, die darauf beruhen, Licht im Inneren eines weitgehend planaren Glaskörpers so umzulenken, dass es ins Auge reflektiert wird. Dies erlaubt es, Datenbrillen zu konstruieren, bei denen das virtuelle Bild seitlich oder von oben in eine flache Glasscheibe eingespeist wird, um dann unmittelbar vor dem Auge wieder auszutreten. Auf diese Art und Weise sind Datenbrillen möglich, welche vom Aussehen stark an herkömmliche Brillen angelehnt sind. Zu den bekanntesten Vertretern gehören hier sicherlich die Datenbrillen basierend auf *holographischen optischen Elementen (HOE)* (siehe Abb. 8.34). Hierbei erzeugen analog zu Holografien auf die HOEs auftreffende Lichtstrahlen einen Sekundärlichtstrahl in zuvor festgelegter Richtung, während das Umgebungslicht diese ohne Beeinträchtigung passiert. Aufgrund der Beschränkung auf die Reflexion einer Lichtfarbe, müssen solche Datenbrillen jedoch über unterschiedliche einzeln aktivierbare Elemente verfügen, um Farbbilder darstellen zu können.

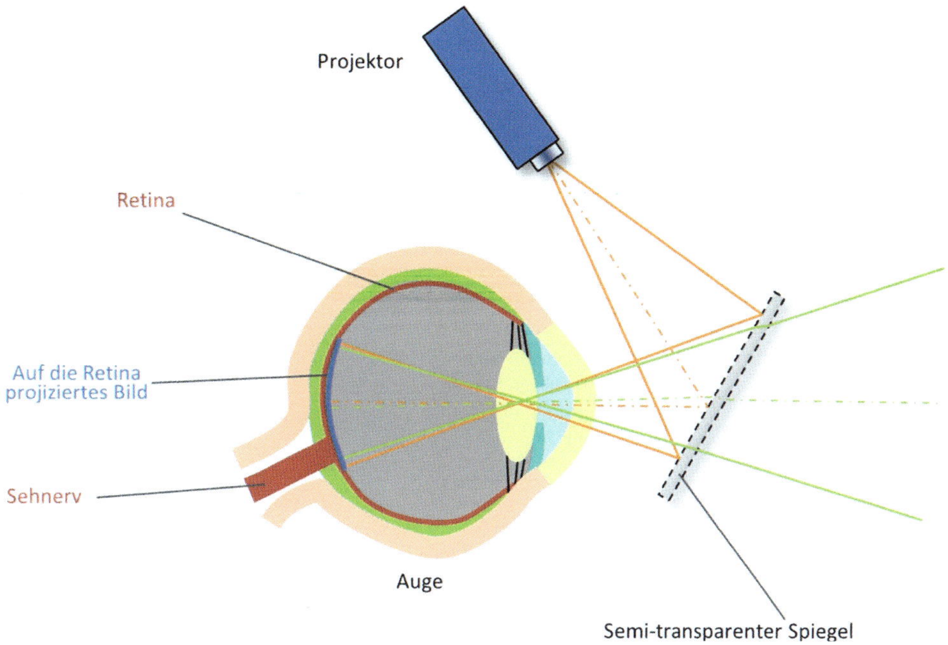

Abb. 8.33 Funktionsweise eines retinalen virtuellen See-Through Display (hier mit Spiegel)

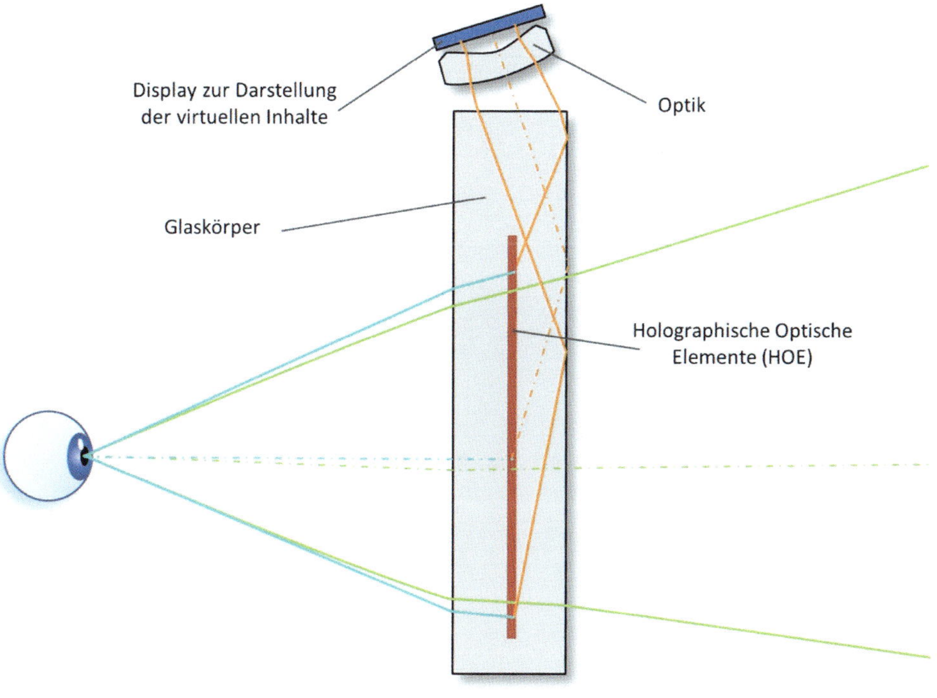

Abb. 8.34 Schematische Funktionsweise eines See-Through-Displays basierend auf holographischen optischen Elementen

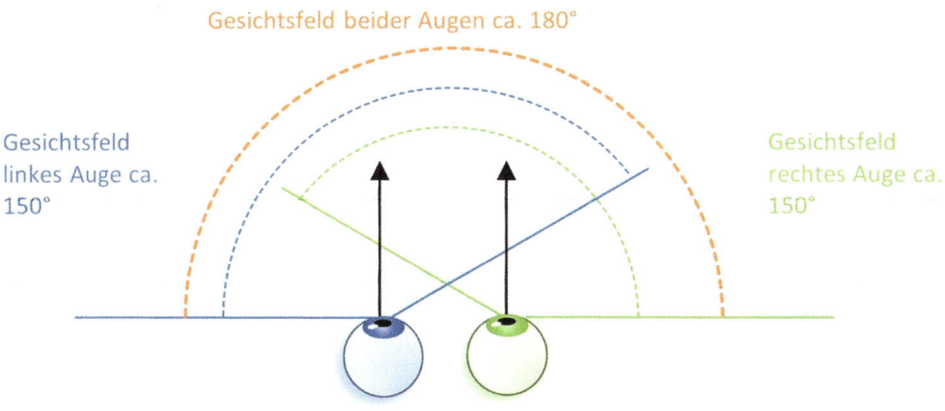

Abb. 8.35 Uneingeschränktes Sichtfeld ohne Datenbrille

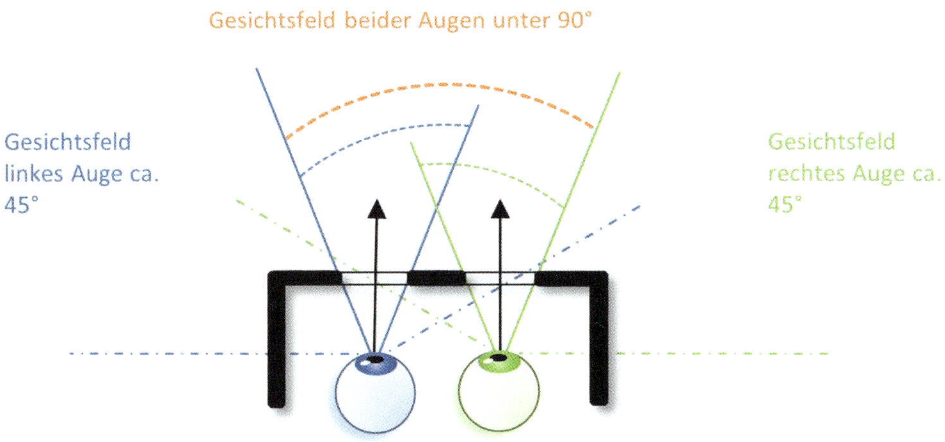

Abb. 8.36 Beispiel für ein binokulares Display (geschlossene Bauweise)

Auswirkungen unterschiedlicher Bauweisen

Die Bauweise eines Head-Mounted Displays bzw. einer Datenbrille wirkt sich auf die Wahrnehmung der Umgebung aus. Den stärksten Einfluss hat hierbei die Einschränkung des Gesichtsfelds. Das Gesichtsfeld des Menschen beträgt horizontal ungefähr 180° (vgl. Abb. 8.35). Der Bereich, der mit beiden Augen wahrgenommen werden kann, somit noch immer ca. 120° (horizontal). Vertikal ist das Gesichtsfeld grundsätzlich deutlich kleiner (ca. 130°).

Grundsätzlich kann man bei optischen See-Through-Displays zwischen offener und geschlossener Bauweise unterscheiden (siehe auch Kap. 4). Während bei geschlossener Bauart das Gesichtsfeld des Betrachters auf das Sichtfeld der Datenbrille begrenzt ist, kann bei offener Bauart die Umgebung außerhalb des Displays uneingeschränkt wahrgenommen werden. Abbildung 8.36 veranschaulicht eine Datenbrille geschlossener Bauart.

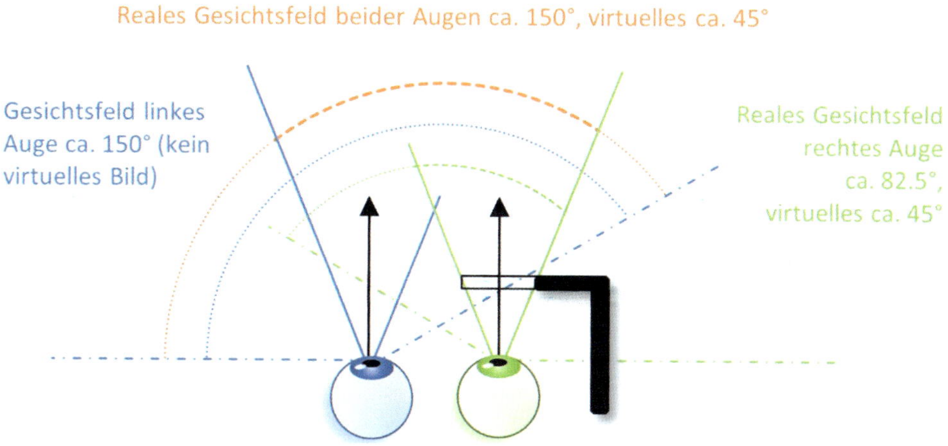

Abb. 8.37 Beispiel für ein monokulares Display (rechts)

Die Abbildung macht deutlich, wie sehr das Blickfeld des Betrachters ausgehend vom natürlichen Gesichtsfeld eingeschränkt wird. Dabei ist zu beachten, dass das hier dargestellte mit 45° pro Auge scheinbar geringe Blickfeld für optische See-Through Datenbrillen eher groß ist, stellen diese doch häufig auch nur Blickfelder von horizontal unwesentlich über 20° zur Verfügung. Kleine Blickfelder sind hier insbesondere deshalb als problematisch anzusehen, weil der Betrachter damit von der Wahrnehmung eines großen Teils seiner realen Umgebung abgeschirmt wird. Aufgrund der fehlenden peripheren Wahrnehmung entsteht ein Tunnelblick. Dies ist insbesondere in Bezug auf einen Einsatz in ungeschützten Bereichen (wie zumeist im Freien) problematisch, da Dinge wie Treppen, Autos, Radfahrer, etc. deutlich später wahrgenommen werden als normal.

Monokulare Datenbrillen, das heißt solche, die nur die Sicht eines Auges überlagern, erlauben zumindest mit dem anderen Auge eine uneingeschränkte Sicht auf die Umgebung. Im Bereich von Arbeitsumgebungen und militärischen Anwendungsszenarien sind solche Bauformen daher stark vertreten (siehe Abb. 8.37).

Datenbrillen in offener Bauart ermöglichen den Nutzern, die Umgebung außerhalb des Sichtfelds der Datenbrille unmittelbar wahrzunehmen. Somit wird die periphere Sicht des Nutzers nicht eingeschränkt, wenngleich virtuelle Inhalte auf einen kleinen Teilbereich des Gesichtsfeldes begrenzt bleiben (siehe Abb. 8.38). Störend ist mitunter, dass der durch die Datenbrille verdeckte Bereich zumeist deutlich dunkler erscheint als der nicht verdeckte Teil (s. o.). Durch das im Vergleich zum Gesichtsfeld eingeschränkte Blickfeld ergibt sich ferner das Problem, dass virtuelle Objekte, wenn sie das Blickfeld der Datenbrille verlassen, an deren Rand nur teilweise dargestellt werden, während der reale Hintergrund durchgängig sichtbar bleibt (vgl. Abb. 8.39). Dieser Effekt zerstört für den Betrachter unmittelbar den Eindruck einer korrekten Registrierung des entsprechenden virtuellen Objektes in der Realität.

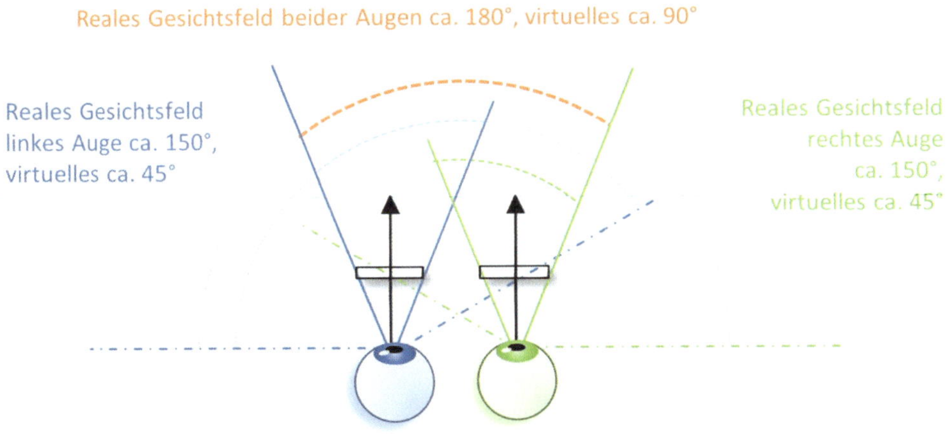

Abb. 8.38 Beispiel für ein binokulares Display (offene Bauweise)

Abb. 8.39 Problematik der Darstellung virtueller Objekte im Randbereich des Sichtfelds bei offener Bauart

Tab. 8.4 Tiefenwahrnehmung von realer und virtueller Umgebung in Abhängigkeit der verwendeten Displaytechnologie

	Monokular	Binokular		Handheld	
	2. Auge frei	Mono-Display	Stereo-Displays	Mono-Display	Stereo-Display
Optisches See-Through	Realität: stereo Virtualität: mono	Realität: stereo Virtualität: mono	Realität: stereo Virtualität: stereo	Realität: stereo Virtualität: mono	Realität: stereo Virtualität: stereo
Video See-Through Monokamera	Realität: stereo Virtualität: mono	Realität: mono Virtualität: stereo	Realität: mono Virtualität: stereo	Realität: mono Virtualität: stereo	Realität: mono Virtualität: stereo
Video See-Through Stereokamera	N/a	N/a	Realität: stereo Virtualität: stereo	N/a	Realität: stereo Virtualität: stereo

Auswirkungen unterschiedlicher Displaykonfigurationen auf die Tiefenwahrnehmung
Tabelle 8.4 zeigt die Auswirkungen individueller Displaykonfigurationen auf die Tiefenwahrnehmung auf. Bei optischem See-Through-AR wird hier generell davon ausgegangen, dass beide Augen die Realität sehen und somit die natürliche stereoskopische Wahrnehmung der Umgebung möglich ist. Im Falle eines monokularen Displays kann die Stereowahrnehmung aufgrund des starken Helligkeitsunterschieds jedoch beeinträchtigt sein.

8.4.4 Projektionsbasierte Ausgabe

Zur Realisierung projektionsbasierter Augmentierter Realität werden bestehende Oberflächen der Umgebung durch einen oder mehrere Projektoren so beleuchtet, dass sich die Wahrnehmung der realen Gegenstände verändert (siehe Abb. 8.40). Durch die Beschränkung auf bestehende Oberflächen ist keine freie Positionierung der virtuellen Inhalte im Raum möglich. Zur korrekten Projektion der virtuellen Inhalte auf die realen Oberflächen muss hierbei die Position und Orientierung des einzelnen Projektors im Verhältnis zur Projektionsfläche bekannt sein. Dies kann beispielsweise dadurch erreicht werden, dass die Position und Orientierung des Projektors erfasst wird. Zusätzlich muss hierfür ein Modell der Gegenstände, auf welche projiziert werden soll, vorliegen. Sind diese beweglich, so müssen auch sie verfolgt werden. Projiziert man nun die zusätzlichen Inhalte auf die virtuellen Modelle (ohne dass diese dabei anderweitig beleuchtet werden) und gibt dieses gerenderte Bild auf dem Projektor aus, so ist dieses (korrekte Kalibrierung des Projektors im Hinblick auf Blickfeld, Verzerrung, etc. vorausgesetzt) geometrisch korrekt registriert. Häufig ergibt sich allerdings der Fall, dass entsprechende Modelle der Umgebung nicht vorhanden und/oder ein Tracking des Projektors nicht möglich ist. In diesem Fall muss mit anderen Methoden die Tiefeninformation der einzelnen Projektionsteilflächen ermit-

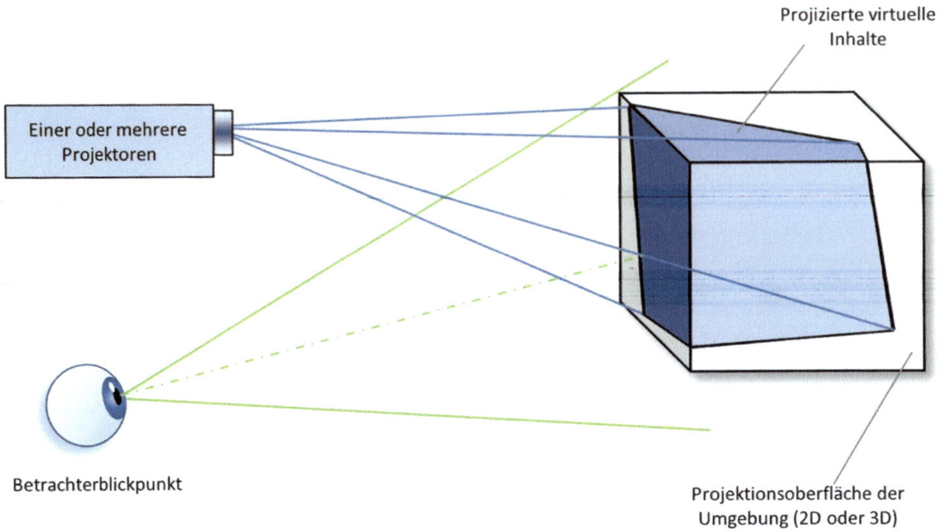

Abb. 8.40 Schematischer Aufbau eines Systems für projektionsbasierte AR

telt werden. Hierfür können beispielsweise Ansätze mit *strukturiertem Licht* (bspw. Muster wie Streifen oder Gitter, siehe auch (Bässmann und Besslich 2004, S. 28)) verwendet werden, wie sie auch teilweise von Tiefenkameras benutzt werden. Aufgrund der Projektion des Projektors ist bei Ansätzen mit strukturiertem Licht lediglich das Anbringen einer Kamera am Projektor erforderlich. Man spricht in diesem Fall wie auch beim Anbringen anderer Sensorik häufig auch von sogenannten *Smart Projectors.*

Neben der geometrischen Registrierung spielt bei projektionsbasiertem AR die photometrische Kalibrierung eine wichtige Rolle. Da es sich bei den Projektionsflächen zumeist nicht um ideale weiße matte Oberflächen handelt, sondern die physischen Eigenschaften der Oberfläche (Struktur, Reflexionseigenschaften, Farbe, etc.) und die Umgebung (Helligkeit, Schatten, Glanzlichter, etc.) das projizierte Bild beeinflussen, müssen die sich hieraus ergebenden Variationen durch eine entsprechende photometrische Kalibrierung ausgeglichen werden. Dies ist selbstverständlich nur innerhalb gewisser durch die Leistungsfähigkeit des Projektors, der Beschaffenheit der Oberflächen und dem aufzuprojizierenden Inhalt vorgegebener Grenzen möglich. Für eine detaillierte Erörterung der erforderlichen Kalibrierungsschritte sei auf das am Ende des Kapitels aufgeführte Buch von Bimber und Raskar (2005) verwiesen.

8.5 Spezielle AR-Techniken

In diesem Unterkapitel sollen eine Reihe von Techniken aufgezeigt werden, wie sie in Applikationen der Augmentierten Realität zu finden sind.

8.5.1 Head-Up-Inhalte

Head-Up-Inhalte, manchmal auch als *Dashboard* bezeichnet, bezeichnen Inhalte, die unabhängig von der Position und Orientierung der Blickrichtung eingeblendet werden. Typische Beispiele sind Statusanzeigen oder Umgebungskarten. Weit verbreitet in 3D-Spielen, welche aus der First-Person-Perspektive gespielt werden, findet man diese Techniken teilweise auch in Anwendungen der Virtuellen Realität. Die Anzeige ist hier in Relation zum Display immer unverändert. Die Inhalte sind häufig lediglich 2D-Objekte, jedoch werden auch 3D-Objekte verwendet, welche eine entsprechende räumliche Position vor dem Blickpunkt des Betrachters aufweisen, wenngleich dies eher selten der Fall ist. Ein Beispiel für einen 3D-Inhalt wäre wiederum in Anlehnung an Spiele, die aus Ego-Shootern bekannte Darstellung der (scheinbar in der Hand) gehaltenen Waffe.

8.5.2 Verdeckungen und Phantomobjekte

Sobald sich reale Objekte näher am Betrachter befinden als dahinterliegende virtuelle Objekte, stimmen die Wahrnehmung und das Verhalten des virtuellen Objekts nicht mehr überein. Grund hierfür ist, dass durch die unmittelbar vor dem Auge liegende Optik des HMD (bei optischen See-Through-Displays) bzw. die Überlagerung des Videobildes (bei Video-See-Through-AR), die virtuellen Inhalte immer sichtbar sind. Für den Betrachter entsteht hierdurch ein nicht aufzulösender Konflikt, welches der beiden Objekte eigentlich näher ist, wodurch der Eindruck der korrekten Verortung des virtuellen Objektes in der Realität unmittelbar zerstört wird (siehe auch Tiefenhinweise in Kap. 2).

Verhindern lässt sich dies dadurch, dass reale Objekte, welche weiter entfernt liegende virtuelle Objekte verdecken (müssten), entsprechend erkannt werden und die dahinterliegenden virtuellen Objekte an den entsprechenden Stellen ausgeblendet werden. Das reine Erkennen und ggf. Verorten der verdeckenden realen Objekte kann auf unterschiedliche Art und Weise erfolgen. Der häufigste auftretende Fall ist eine Verdeckung durch die Hände des Nutzers, da sich diese im Verhältnis zu den meisten virtuellen Objekten näher am Blickpunkt befinden. Durch die am Handheld-Gerät oder an der Datenbrille montierten Kameras können die entsprechenden Bildteile (beispielsweise auf Basis einer Farbsegmentierung) identifiziert werden. Die virtuellen Inhalte können an den entsprechenden Stellen maskiert werden, so dass sie scheinbar durch die Hände verdeckt werden.

Bei anderen realen Gegenständen, welche potentiell virtuelle Inhalte verdecken könnten, unterscheidet man zwischen statischen und bewegten Gegenständen. Während die Position statischer Gegenstände vorab bekannt ist, muss die Position und Lage bewegter Gegenstände ggf. durch entsprechende Tracking-Verfahren ermittelt werden. In beiden Fällen müssen die Gegenstände für eine korrekte Verdeckung zusätzlich als virtuelle Objekte vorliegen und an der entsprechenden Stelle in die virtuelle Szene integriert sein (d. h. korrekt verortet ggf. auf Basis entsprechender Tracking-Daten). Da diese virtuellen Objekte jedoch nicht gerendert werden sollen, sondern lediglich der korrekten Verdeckung

Abb. 8.41 Phantomobjekte ermöglichen eine korrekte gegenseitige Verdeckung zwischen realen und virtuellen Objekten: Ohne Phantomobjekt scheint das virtuelle Objekt vor den realen Gegenständen zu schweben, während es bei korrekter Verdeckung durch das Phantomobjekt hinter den realen Gegenständen zu stehen scheint

anderer virtueller Inhalte dienen, spricht man hier von *Phantomobjekten* (engl. *Phantom Objects*).

Für die korrekte Darstellung werden Phantomobjekte im Falle von optischer See-Through-AR als schwarze, unbeleuchtete Objekte gerendert. An Stellen, an denen ein solches Phantomobjekt näher am Betrachter ist als ein anderes virtuelles Objekt, wird somit der Inhalt des Framebuffers durch ein komplett schwarzes Pixel ersetzt. Da bei optischer See-Through-AR schwarze Pixel transparent erscheinen, sieht der Betrachter letztendlich hier nur das reale Objekt (siehe Abb. 8.41).

Im Falle von videobasierter See-Through-AR funktioniert das Verfahren in dieser Art nicht, da die schwarzen Objektflächen auf dem Videohintergrund zu sehen wären. Hier müssen die Phantomobjekte daher in einem separaten Durchlauf vor allen anderen Objekten gerendert werden. Dabei ist jedoch lediglich der Tiefenbuffer entsprechend zu modifizieren. Somit werden dahinterliegende Objekte später nicht gerendert und das hinterlegte Videobild ist an den entsprechenden Stellen sichtbar.

Hat man keine Möglichkeit, die verdeckenden realen Gegenstände als Modelle einzufügen oder ihre korrekte Position und Lage zu erfassen oder handelt es sich um nicht rigide Objekte wie Personen, die sich mitunter teilweise vor und teilweise hinter den virtuellen Objekten befinden, so sind Phantomobjekte ungeeignet. Die einzige Möglichkeit, eine korrekte Verdeckung zu erzielen, besteht in dem Fall in der Erfassung bzw. Berechnung der Tiefeninformationen für das Blickfeld. Dies kann grundsätzlich über zwei Kameras erfolgen, einfacher ist jedoch der Einsatz von Tiefenkameras. Nach Umrechnung auf den wahrgenommenen Bildausschnitt können hier die Bildpixel unmittelbar entsprechend den zuvor beschriebenen Verfahren gesetzt werden, um damit eine korrekte Verdeckung zu gewährleisten. Aufgrund der aktuell noch recht geringen Auflösung und Qualität der Tiefenkameras ist hier jedoch die Abgrenzung in der Regel nicht so scharf wie bei der Verwendung von Phantomobjekten.

8.5.3 Überblenden von Marken

Aufgrund ihrer einfachen Nutzbarkeit werden Marken trotz der mittlerweile zur Verfügung stehenden Alternativen noch immer für viele AR-Anwendungen eingesetzt. Aufgrund ihrer für das Tracking wichtigen deutlichen Unterscheidbarkeit von der restlichen Umgebung, erscheinen sie jedoch für den Betrachter häufig als besonders störende Fremdobjekte. Während die virtuellen Inhalte basierend auf der Position und Lage der Marken zumeist oberhalb dieser in das Bild eingeblendet werden, so bleiben die Marken selber doch darunter häufig deutlich sichtbar. Eine einfache und effektive Möglichkeit, störende Marken aus dem Bild zu entfernen (sofern sie nicht ohnehin vollständig von virtuellen Objekten überlagert werden) ist die Überlagerung mit einem einfachen flachen *Carmouflage-Objekt*. Ein solches kann sich visuell an dem umgebenden Hintergrund orientieren. Da dieser jedoch häufig nicht im Voraus bekannt ist, sollte hier immer auch die Möglichkeit eines neutralen Objektes zur Abdeckung herangezogen werden, da dieses in fast allen Fällen als weniger störend empfunden wird. Allerdings gibt es auch AR-Anwendungen, welche gezielt Marken mit virtuellen Objekten überdecken, die wiederum genau wie diese Marken aussehen. Dies kann beispielsweise dafür eingesetzt werden, um den Eindruck zu erwecken, dass die reale Marke entfernt, verformt oder anderweitig verändert werden könne, beispielsweise, um den Blick auf eine darunterliegende (virtuelle) Vertiefung freizugeben (siehe Abschn. 8.5.4). Dies führt beim Betrachter häufig zu überraschten Reaktionen, da dieser (insbesondere bei Video-See-Through-AR) häufig zunächst nicht den Unterschied zwischen realer und virtueller Marke erkennen kann.

8.5.4 Virtuelle Löcher

Häufig vergessen wird, dass man mittels Augmentierter Realität durch das Hinzufügen virtueller Inhalte auch scheinbar Teile der realen Umgebung wegnehmen kann. So lässt sich sehr einfach ein virtuelles Loch modellieren, welches beispielsweise in den Boden oder eine Tischplatte (siehe Abb. 8.42) hineinragt oder auch einen Gegenstand wie beispielsweise einen Würfel hohl erscheinen lässt. Für eine korrekte Darstellung, müssen die realen Teile um die virtuelle Vertiefung als Phantomobjekte modelliert sein. Da der Betrachter dann (scheinbar) tatsächlich in Abhängigkeit des Blickwinkels mehr oder weniger in die Vertiefung hineinblicken kann, ist der Effekt ist für diesen in der Regel viel erstaunlicher als eine bloße Erweiterung der Realität.

8.6 Spezielle AR-Interaktionstechniken

Grundsätzlich lassen sich in AR-Umgebungen die meisten Interaktionstechniken aus dem Bereich der Virtuellen Realität ebenso einsetzen (siehe Kap. 6). Grundsätzlich ist zu bemerken, dass der Aspekt der Nutzerinteraktion in AR-Anwendungen häufig nur sehr ru-

Abb. 8.42 Durch das Überblenden einer Marke auf der Tischoberfläche mit einem virtuellen Objekt, welches einen Hohlraum an Stelle der Tischoberfläche hat, entsteht für den Betrachter der Eindruck einer tatsächlichen Vertiefung

dimentär vorhanden ist und das Augenmerk vornehmlich auf der Visualisierung zu liegen scheint.

8.6.1 Interaktion durch Navigation

Bei AR navigiert der Nutzer durch seine Bewegung in der Realität, d. h. eine Entkopplung zwischen der realen Bewegung und der virtuellen Bewegung, wie sie bei VR-Umgebungen häufig auftritt, ist hier nicht möglich. Da AR-Inhalte jedoch zwangsläufig eng mit der Realität verbunden sind, ist umgekehrt die Interaktion mit virtuellen Inhalten zumeist an die physische Nähe gebunden. Dies bedeutet, dass eine Interaktion erst dann möglich ist, wenn man sich an einem bestimmten Ort befindet, teilweise zusätzlich dadurch eingeschränkt, dass der Nutzer in eine bestimmte Richtung blicken muss, so dass die Objekte im Sichtfeld liegen. Gerade bei Outdoor-AR-Anwendungen wird hierbei häufig auf eine explizite Selektion der virtuellen Objekte verzichtet und stattdessen nur eine einfache Nutzeraktion (beispielsweise ein Tastendruck oder ein Sprachkommando) eingesetzt. Teilweise wird sogar darauf verzichtet, d. h. eine Interaktion kommt durch das bloße Annähern des Betrachters an das virtuelle Objekt zustande.

8.6.2 Selektion durch Blickrichtung

In AR-Applikationen ist die Auswahl von Objekten oder Menüpunkten zumeist ungleich schwieriger als bei VR-Umgebungen, bei welchen in der Regel entsprechende Eingabegeräte zur Bedienung mit der Hand zur Verfügung stehen. Eye-Tracking, also die Erfassung des aktuell vom Betrachter fokussierten Punktes ist hier grundsätzlich ein vielversprechender Ansatz, doch erfordern ausreichend präzise Mechanismen eine Integration einer das Auge aufnehmenden Kamera in die Datenbrille sowie eine entsprechende Kalibrierung. Eine abgeschwächte und damit nicht nur einfachere, sondern auch robustere Form dieser Selektionsform kann dadurch erzielt werden, dass statt der tatsächlichen Blickrichtung, die Orientierung des Kopfes (bei Datenbrillen) beziehungsweise der Kamera (bei Handheld-Geräten) benutzt wird. Durch Ausrichten der Orientierung derart, dass das zu selektierende Objekt in die Mitte des Bildes kommt (häufig unterstützt durch eine entsprechende visuelle Markierung, z. B. ein Fadenkreuz), ist hiermit eine einfache und schnelle Selektion möglich, welche lediglich um eine Auslöseaktion ergänzt werden muss. Um zusätzliche Eingabemechanismen (wie Sprache oder einen Klick) zu vermeiden, wird hier häufig eine Haltezeit eingesetzt. Verharrt die Auswahl für eine bestimmte Zeit auf einem Objekt, so wird die entsprechende Aktion ausgelöst. Problematisch ist in diesem Zusammenhang, dass auch für geübte Nutzer hierdurch eine schnellere Bedienung verhindert wird.

8.6.3 Tangible User Interfaces

Unter *Tangible User Interfaces (TUI)* (Ullmer und Ishii 1997) versteht man eine anfassbare Form der Benutzungsschnittstelle. Hierbei sind reale Gegenstände im Umfeld des Nutzers mit virtuellen Objekten derart verbunden, dass der Zustand des realen Gegenstands auf den Zustand beziehungsweise eine Eigenschaft des virtuellen Objektes abgebildet wird. Grundsätzlich lässt sich im Zusammenhang mit AR-Benutzungsschnittstellen hier zwischen einer direkten und einer indirekten Form der Nutzung unterscheiden. Bei der direkten Form korrespondieren physische Eigenschaften eines realen Gegenstandes unmittelbar mit denen eines virtuellen Objektes. Dies ist in AR-Umgebungen eher die Regel, da dies bereits der Fall ist, wenn ein virtuelles Objekt oberhalb einer Marke dargestellt wird und diese durch den Nutzer bewegt werden kann (vgl. Abb. 8.43). Hier korrespondieren also beispielsweise Position und Orientierung des realen Gegenstandes (auch als Platzhalterobjekt bezeichnet) und seinem virtuellen Gegenstück. Der Ansatz ist jedoch nicht auf Marken beschränkt, sondern lässt sich allgemeiner auf beliebige Gegenstände ausdehnen, deren Eigenschaften erfasst werden und entsprechend auf die korrespondierenden Eigenschaften des virtuellen Objektes übertragen werden.

Bei der indirekten Form eines TUI werden hingegen die physischen Eigenschaften des realen Gegenstandes auf ein oder mehrere andere Attribute eines oder mehrerer virtueller Objekte übertragen. Ein einfaches Beispiel wäre hier ein (realer) Würfel, dessen Position sich auf die Farbe oder Größe eines virtuellen Objektes auswirkt.

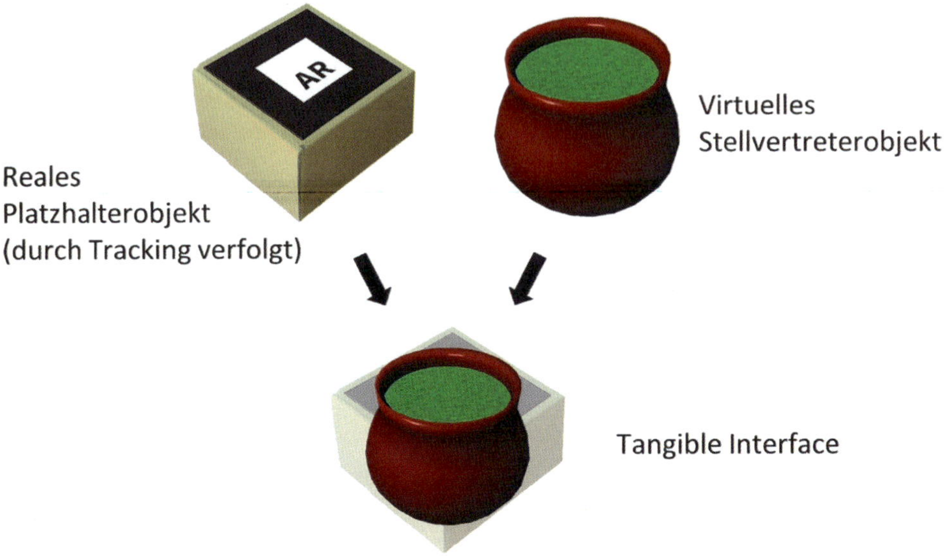

Abb. 8.43 Tangible User Interfaces: Ein reales Platzhalterobjekt wird zur Interaktion mit einem virtuellen Objekt benutzt

Letztendlich sind die im Kontext von AR möglichen Interaktionstechniken hier nur durch Möglichkeiten zur Erfassung der physischen Eigenschaften von realen Gegenständen begrenzt. Weitere Beispiele sind ein realer Stift durch den virtuelle Schrift aufgetragen wird oder eine reale Spraydose für virtuelles Graffiti sowie eine Orange als realer Repräsentant zu einem virtuellen Ball.

8.7 Applikationen

Die Anwendungen von AR sind vielfältig und übertreffen aufgrund ihrer grundsätzlichen Ortsunabhängigkeit und der Nutzung auf einer Vielzahl weit verbreiteter Endgeräte mittlerweile die der VR deutlich. Die nachfolgende Zusammenstellung von AR-Anwendungsgebieten kann daher nur eine Auswahl darstellen und damit einen Eindruck über die Vielfältigkeit der möglichen Applikationen geben.

Training und Wartung

Das Training von Arbeitern beim Verlegen von Kabelbäumen in Flugzeugen bei Boeing war der erste bekanntgewordene Einsatz von Augmentierter Realität in einem kommerziellen Umfeld. Im Bereich Training und Wartung ermöglicht AR eine Hilfestellung durch Einblenden entsprechender Hinweise, Wege, etc. bei der Ausführung von Arbeitsschritten bis diese hinreichend erlernt wurden. Darüber hinaus lässt sich AR auch im Bereich der

Wartung einsetzen. Dies bietet sich insbesondere in solchen Fällen an, bei denen die Geräte äußerst komplex sind und viele unterschiedliche Varianten existieren, so dass ein Einzelner nicht für alle auftretenden Fälle ausreichend geschult sein kann. Dies tritt beispielsweise bei Autos, Flugzeugen sowie großen Maschinen und Industrieanlagen auf. AR kann hier notwendige Arbeitsabläufe durch entsprechende Visualisierung der Arbeitsschritte und gegebenenfalls erforderlicher Werkzeuge und Ersatzteile unterstützen (siehe auch Kap. 9).

Fernsehübertragungen

Eines der bekanntesten Einsatzfelder von AR, welches gleichzeitig am wenigsten damit assoziiert wird, ist das Einblenden von Hilfsinformationen insbesondere bei Sportübertragungen. Hier ist es mittlerweile Stand der Technik, dass bei Sportarten wie Fußball, American Football, Skispringen, etc. virtuelle Hilfslinien perspektivisch korrekt in das Fernsehbild eingezeichnet werden, so dass der Zuschauer Abstände, Abseitspositionen oder aktuelle Höchstweiten unmittelbar im Zusammenhang der aktuellen Situation sieht.

Militärische Applikationen

In Helmen von Kampfpiloten wird AR bereits seit vielen Jahren benutzt. Allerdings kommen hier zumeist nur Liniengrafiken zum Einsatz. AR bietet jedoch gerade für mobile Einheiten die Möglichkeit, Informationen basierend auf Erkenntnissen anderer Einheiten kombiniert mit Aufklärungsdaten (von Satelliten und Flugzeugen) sowie Geländeinformationen positions- und blickrichtungsabhängig in das Gesichtsfeld einzublenden. Wenngleich aufgrund entsprechender Geheimhaltung aktueller Entwicklungen hier nur spekuliert werden kann, so dürfte einem flächendeckenden Einsatz zurzeit insbesondere noch die fehlende Tageslichttauglichkeit der optischen See-Through-Displays entgegenstehen. Soweit nicht See-Through-Displays zum Einsatz kommen, wird hier auch kein Videobild der Realität hinterlegt, so dass man nicht von Augmentierter Realität sprechen kann.

Lehre, (Aus-) Bildung und Museen

Im Bereich der Lehre und Ausbildung eröffnet AR vollkommen neue Möglichkeiten zur Vermittlung komplexer Zusammenhänge. Physikalische sowie makroskopische oder mikroskopische Experimente, welche sonst häufig nur durch entsprechende Literatur gegebenenfalls ergänzt durch Videomaterial vermittelt werden, können mittels AR interaktiv erlebt werden. Dies erhöht nachhaltig das Verständnis (siehe auch Kap. 9.6, Anwendungsbeispiel „AR zum Anfassen"). Analog hierzu kann AR in Science Center und Technikmuseen dazu eingesetzt werden, Effekte unmittelbar am Exponat zu erläutern anstatt Exponat und Erläuterung voneinander zu trennen.

Architektur und Städteplanung

Während im Bereich Architektur und Städteplanung reale Modelle und aufwändig gerenderte Filme bei großen Projekten nach wie vor dominieren, ermöglicht der Einsatz von AR sich vor Ort unter Einbeziehung der realen Umgebung ein Bild von zukünftigen Gebäuden oder städtebaulichen Veränderungen zu machen.

Medizin

Im medizinischen Bereich bietet sich AR insbesondere zur Unterstützung chirurgischer Eingriffe speziell im minimalinvasiven Bereich an. Durch die Kombination unterschiedlicher Messdaten (Kamerabilder, Röntgenbilder, frühere Modelldaten aus einer Kernspinntomographie, etc.) können Informationen, die andernfalls nur getrennt voneinander vorliegen, parallel und korrekt ins Sichtfeld des Chirurgen eingeblendet werden. Vorwiegend findet der Einsatz von AR jedoch bisher im Bereich der Aus- und Weiterbildung statt.

Information, Navigation und Tourismus

Mit der Verbreitung leistungsfähiger Smartphones und Tablets stehen AR-fähige Handheld-Geräte einer Vielzahl von Nutzern an quasi jedem Ort zur Verfügung. Dies ermöglicht es, generelle Information, Navigationsanweisungen oder Beschreibungen für touristische Sehenswürdigkeiten unmittelbar über das aktuelle Videobild zu blenden. Häufig beschränken sich die Inhalte hier allerdings auf Text, Bilder und graphische Symbole, welche lediglich im Hinblick auf die Richtung registriert werden. Somit handelt es sich hierbei derzeit zumeist um kein AR im eigentlichen Sinn.

Archäologie und Geschichte

AR ermöglicht es hier, nur noch teilweise erhaltene Gebäude und Gegenstände virtuell zu vervollständigen und dem Betrachter somit den früheren Zustand im Zusammenhang aufzuzeigen. Eine andere Möglichkeit besteht in der Ergänzung eines Szenarios um weitere Gebäude oder andere für den historischen Zusammenhang wichtige Gegenstände oder auch Personen. Die Augmentierung muss sich hier keinesfalls auf visuelle Eindrücke beschränken, sondern vermittelt diese in der Regel einfacher, wenn auch weitere Sinne angesprochen werden. Bei Gebäuden und Plätzen ist es mitunter auch so, dass diese zwar aktuell noch existieren, sich ihr Aussehen über die Zeit jedoch geändert hat. Hier kann mittels AR beispielsweise das frühere Aussehen dem heutigen überlagert werden.

Spiele und Unterhaltung

Ein weiteres Anwendungsfeld sind Computerspiele. AR-Spiele findet man hauptsächlich für Spielekonsolen oder als Smartphone-Apps. Während markenbasierte Spiele hier in der Vergangenheit wenig erfolgreich waren, ermöglichten weitergehende Ansätze wie Sonys EyePet teilweise sogar bereits die Interaktion mit den virtuellen Inhalten über Alltagsgegenstände. Auch im Bereich pervasiver Spiele (siehe Magerkurth et al. (2005)) wurden in der Vergangenheit eine Reihe unterschiedlicher AR-Spiele unter Einsatz teils aufwändiger Technik erstellt, doch erreichten diese in der Regel keinen Produktstatus und blieben daher zumeist auf einzelne Events beschränkt.

8.8 Zusammenfassung und Fragen

Augmented Reality kombiniert Techniken der VR mit der Realität und ermöglicht somit dem Nutzer eine nahtlose Integration virtueller Inhalte in sein natürliches (reales) Umfeld. Die meisten AR-Anwendungen entstehen mittlerweile auf mobilen Handheld-Geräten wie Smartphones und Tablets, da diese bereits die notwendige Hardware (einschließlich entsprechender Sensorik) mit sich bringen. Allerdings sind diese auf Video-See-Through-AR beschränkt. Optische See-Through-AR (basierend auf HMDs) sowie Spatial AR stellen weitere Möglichkeiten zur Augmentierung der Umgebung dar. Die eingesetzten Tracking-Verfahren ähneln teilweise denen für VR, jedoch liegt auch hier der Schwerpunkt sehr deutlich in der mobilen Nutzung und damit auf einer Kombination aus Sensoren zur Lagemessung und in der Regel kamerabasierten Ansätzen. Entscheidend für den Eindruck einer nahtlosen Verschmelzung zwischen Virtualität und Realität ist die korrekte Registrierung der virtuellen Inhalte in der realen Umgebung. Dies muss einerseits hinsichtlich ihrer Position und Lage (geometrische Registrierung), aber auch im Hinblick auf eine korrekte Beleuchtung (photometrische Registrierung) erfolgen. Während viele grundlegende VR-Interaktionstechniken in AR-Applikationen einsetzbar sind, werden hier sonst eher einfache Techniken eingesetzt, da die Nutzer (parallel) weiterhin in der Realität agieren müssen. Im Gegensatz zu VR lässt sich AR quasi immer und überall einsetzen. Dies eröffnet einerseits vielfältige Möglichkeiten, andererseits liegt hierin jedoch auch eine der größten Herausforderungen, da AR-Systeme teilweise in sehr unterschiedlichen Umgebungen funktionieren müssen. Mit dem Aufkommen leichter optischer See-Through-Brillen hat AR das Potential zu einem Massenphänomen vergleichbar mit der heutigen Nutzung von Smartphones. Ob und wann es dazu kommt bleibt selbstverständlich ungewiss.

Nach Durcharbeiten des Kapitels können Sie Ihr Wissen anhand nachfolgender Fragen überprüfen. Die Fragen sind hierbei nach Themen geordnet.

Magic Lens

- Was versteht man unter der Magic Lens Metapher und was hat sie mit AR zu tun?
- Welche Einschränkungen ergeben sich für Handheld AR und warum?
- Wie könnten diese Einschränkungen abgemildert bzw. umgangen werden?

Tracking

- Was ist der Unterschied zwischen Tracking und Registrierung?
- Welche Problematik ergibt sich beim Outdoor-Tracking in Innenstädten und welche Alternativen existieren?
- Finden Sie ein Anwendungsbeispiel für hybride Tracking-Verfahren!

Registrierung

- Was versteht man unter geometrischer, was unter photometrischer Registrierung?
- Wie werden diese realisiert?
- Welche davon ist unidirektional und welche bidirektional und warum?
- Welche Effekte auf das Nutzererlebnis hat eine fehlerhafte geometrische bzw. photometrische Registrierung?

Displays

- Was sind die Vorteile von Video See-Through-Displays gegenüber optischen See-Through-Displays? Was sind die Nachteile?
- Welche Art ist für eine Outdoor-AR-Umgebung am besten geeignet und warum?
- Welche Rolle spielt die Größe des Gesichtsfelds bei der Auswahl eines Displays für eine AR-Applikation?

Tangible Interfaces

- Was versteht man unter Tangible Interfaces?
- Geben Sie je ein Beispiel für deren Einsatz unter Verwendung direkter als auch indirekter Interaktionstechniken.
- Eignen sich Tangible User Interfaces auch für den Einsatz in VR? Warum bzw. warum nicht?

Phantomobjekte

- Wozu benötigt man bei AR Phantomobjekte?
- Warum müssen diese je nach Ausprägung der Augmentierung unterschiedlich realisiert werden?

- Was ist die Folge fehlender oder fehlerhafter Phantomobjekte?
- Welcher Zusammenhang besteht zwischen Phantomobjekten und virtuellen Löchern?

Literaturempfehlungen

Allen A (2012) Augmented reality in ios: building apps with sensors and computer vision. O'Reilly Media- *Eines der neueren Bücher zum Thema AR auf Mobilgeräten, welches aufzeigt, wie die eingebaute Sensorik aktueller iOS-Geräte für AR genutzt werden kann.*

Bimber O, Raskar R (2005) Spatial augmented reality: merging real and virtual worlds: a modern approach to augmented reality. AK Peters- *Das Buch gibt einen umfassenden Überlick über das Thema Spatial AR und ist mittlerweile als PDF zum Download frei verfügbar: http://140.78.90.140/medien/ar/SpatialAR/download.php*, zugegriffen am 17.09.2013.

Furt, B (2011) Handbook of augmented reality. Springer, NY- *Eine Sammlung von Beiträgen zu unterschiedlichen Themen der AR, welche sowohl die technischen Aspekte als auch die Anwendungsseite abdeckt. Es empfiehlt sich vorher zu schauen, welche Artikel für den Leser interessant sind und nur diese zu erwerben.*

Mullen T (2011) Prototyping augmented reality. John Wiley & Sons- *Ein erster Überblick für interessierte Nutzer, die selber ein wenig herumexperimentieren wollen. Wie der Titel bereits nahelegt geht das Buch allerdings nicht sehr in die Tiefe.*

Szeliski R (2011) Computer vision: algorithms and applications, Springer- *Ein Muss für alle, die sich mit kamerabasierten Verfahren beschäftigen, sei es Kamerakalibrierung oder kamerabasiertes Tracking.*

Literatur

Arulampalam MS, Maskell S, Gordon N, Clapp T (2002) A tutorial on particle filters for online nonlinear/non-gaussian bayesian tracking. Signal Processing, IEEE Transactions on, 50(2), 174–188, IEEE.

Azuma R (1997) A Survey of augmented reality. In: Presence: Teleoperators and Virtual Environments. 6, Nr. 4, 1997, 355–385.

Bässmann H, Besslich PW (2004) Bildverarbeitung Ad Oculos. 4. Aufl. Springer Berlin.

Bay H, Tuytelaars, T, Van Gool, L (2006). Surf: speeded up robust features. In Computer Vision–ECCV 2006, 404–417, Springer, Berlin Heidelberg.

Bishop G, Welch G (2001) An introduction to the kalman filter. Univ. North Carolina, Chapel Hill.

Brown LD, Hua H (2006) Magic Lenses for augmented virtual environments, in IEEE Computer Graphics and Applications, 26(4), 64–73, IEEE.

Debevec P (1998) Rendering synthetic objects into real scenes: bridging traditional and image-based graphics with global illumination and high dynamic range photography. In Computer graphics proceedings, annual conference series, 189–198, ACM.

Fischler MA, Bolles RC (1981) Random sample consensus: a paradigm for model fitting with applications to image analysis and automated cartography. Communications of the ACM, 24(6), 381–395, ACM.

Herling J, Broll W (2011) Markerless tracking for augmented reality. In Handbook of Augmented Reality, 255–272, Springer, New York.

Herout A, Zacharias M, Dubská M, Havel J (2012) Fractal marker fields: no more scale limitations for fiduciary markers. In Mixed and Augmented Reality (ISMAR), 2012 IEEE International Symposium on, 285–286, IEEE.
Kato H, Billinghurst M (1999) Marker tracking and hmd calibration for a video-based augmented reality conferencing system. In 2nd IEEE and ACM International Workshop on Augmented Reality (IWAR), 85–94, IEEE.
Klein G, Murray D (2007) Parallel tracking and mapping for small ar workspaces. In Mixed and Augmented Reality, 2007. ISMAR 2007. 6th IEEE and ACM International Symposium on, 225–234, IEEE.
Köhler J, Pagani A, Stricker D (2010) Detection and identification techniques for markers used in computer vision visualization of large and unstructured data sets. In Applications in Geospatial Planning, Modeling and Engineering (IRTG 1131 Workshop).
Lensing P, Broll W (2012) Instant indirect illumination for dynamic mixed reality scenes. Proc. of the 2012 IEEE International Symposium on Mixed and Augmented Reality (ISMAR) (ISMAR '12). IEEE Computer Society, Washington, DC, USA, 109-118.
Lowe DG (1999) Object recognition from local scale-invariant features. In Computer vision, proceedings of the seventh IEEE international conference on (Vol. 2, pp. 1150–1157). IEEE.
Lowe DG (2004) Distinctive image features from scale-invariant keypoints. International Journal of Computer Vision 60(2), 91–110.
Magerkurth C, Cheok AD, Mandryk RL, Nilsen T (2005) Pervasive games: bringing computer entertainment back to the real world. Computers in Entertainment (CIE), 3(3), 4–4.
Milgram P, Takemura H, Utsumi A, Kishino F (1995) Augmented reality: a class of displays on the reality-virtuality continuum. In Photonics for Industrial Applications, 282–292, International Society for Optics and Photonics.
Reitmayr G, Drummond TW (2006) Going out: robust model-based tracking for outdoor augmented reality. In Proc. IEEE ISMAR 2006, 109–118, IEEE.
Ullmer B, Ishii H (2000) Emerging frameworks for tangible user interfaces, IBM Systems Journal 39(3–4), 915–931.

Fallbeispiele für VR/AR

9

Ralf Dörner, Geert Matthys, Manfred Bogen, Stefan Rilling, Andreas Gerndt, Janki Dodiya, Katharina Hertkorn, Thomas Hulin, Johannes Hummel, Mikel Sagardia, Robin Wolff, Tom Kühnert, Guido Brunnett, Hagen Buchholz, Lisa Blum, Christoffer Menk, Christian Bade, Werner Schreiber, Matthias Greiner, Thomas Alexander, Michael Kleiber, Gerd Bruder und Frank Steinicke

Zusammenfassung
Dieses Kapitel enthält eine Sammlung von ausgewählten erfolgreichen Fallbeispielen für VR/AR aus Forschung und Praxis.

9.1 Einführung und Übersicht

Ralf Dörner

Für die Konzeption von Anwendungen in VR und AR gibt es einen großen Gestaltungsraum mit einer unüberschaubaren Anzahl von denkbaren Realisierungsalternativen. Allein die hohe Anzahl der zur Auswahl stehenden Eingabe- und Ausgabegeräte, die selbst wieder in unterschiedlichen Varianten zur Verfügung stehen, und die auf unterschiedliche Weise kombiniert werden können, macht eine systematische Analyse und Bewertung aller Realisierungsalternativen sehr schwer, zumal ein ausreichendes theoretisches Fundament für eine derartige Analyse heute nicht zur Verfügung steht. Daher orientiert man sich gern an Fallbeispielen im Sinne von *Best Practices* und nimmt für die initiale Konzeption bestehende erfolgreiche Fallbeispiele als Ausgangspunkt. In Fallbeispielen kann man erkennen, wie unterschiedliche Technologien zusammen spielen und wie Interaktionstechniken für die technischen Gegebenheiten sinnvoll ausgewählt und angepasst werden können. Fallbeispiele sind eine wichtige Quelle von Erfahrungen. Da heute die meisten VR und AR

R. Dörner (✉)
Fachbereich Design, Informatik, Medien, Hochschule RheinMain, Unter den Eichen 5, 65195 Wiesbaden, Deutschland
E-Mail: ralf.doerner@hs-rm.de

R. Dörner et al. (Hrsg.), *Virtual und Augmented Reality (VR/AR)*, eXamen.press, DOI 10.1007/978-3-642-28903-3_9, © Springer-Verlag Berlin Heidelberg 2013

Anwendungen „Einzelfertigungen" für ein bestimmtes VR/AR-Setup und ein bestimmtes Anwendungsziel sind, kann man keine Standards zu Rate ziehen, sondern versucht, an den Erfahrungen bisheriger erfolgreicher Anwendungen zu partizipieren.

Dieses Kapitel enthält eine ausgewählte Sammlung von Fallbeispielen. Sie illustrieren zum einen die in den bisherigen Kapiteln vermittelten Grundlagen über VR und AR und zeigen exemplarisch auf, wie Virtuelle Welten tatsächlich realisiert wurden. Zum anderen vermitteln sie einen Einblick, wie Fallbeispiele für die Entwicklung zukünftiger Anwendungen mit VR und AR als Grundlage oder Inspiration dienen können. Jedes Fallbeispiel ist in sich abgeschlossen. Da der Kontext, in dem das Fallbeispiel entstanden ist, auch von Interesse ist, werden bei jedem Fallbeispiel nicht nur die Autoren direkt genannt, sondern auch die Organisation bzw. das Unternehmen, in dem das Fallbeispiel entstanden ist.

Die Fallbeispiele illustrieren tragfähige Hardware-Setups. Die Erstellung einer derartigen VR-Installation in Form einer CAVE aus Sicht des Herstellers ist direkt Gegenstand des Fallbeispiels 9.2, bei dem auch Herausforderungen bei der Realisierung identifiziert werden. Fallbeispiel 9.3 zeigt, dass derartige VR-Installationen einen finanziellen Mehrwert für ihre Anwender bieten können. Im Anwendungsbereich Öl- und Gasindustrie wird aufgezeigt, wie VR-Technologien sich für das Auffinden von Gas- und Ölquellen über die Zeit etabliert haben.

Mehrwert bietet VR nicht nur im Bereich von Kosteneinsparungen, es werden auch bestimmte Anwendungen erst ermöglicht. Fallbeispiel 9.4 zeigt, wie man mittels VR eine Telepräsenz im Weltraum erreichen kann – der Nutzer wird virtuell an einen Ort versetzt, der nicht so ohne weiteres erreicht werden kann. Das Fallbeispiel zeigt auch, dass die Virtuelle Welt nicht nur sichtbar und hörbar, sondern auch anfassbar gemacht werden kann, wodurch die Qualität der Telepräsenz erhöht wird. Wie Haptik sinnvoll in VR eingesetzt werden kann, zeigt ebenso Fallbeispiel 9.5. Die in diesem Fallbeispiel illustrierte Anwendung von VR für Virtual Prototyping, hier im Anwendungsbereich des Designs von Schuhen und Stiefeln, ist eine Aufgabe, die für die Nutzung von VR prädestiniert ist. Das Fallbeispiel zeigt auch, wie wichtig eine frühzeitige Einbindung von Nutzern bei der Realisierung von VR-Anwendungen ist.

Die nächsten sechs Fallbeispiele zeigen Möglichkeiten des Einsatzes von AR auf. Fallbeispiel 9.6 illustriert, dass man in AR haptische Elemente sehr gut integrieren kann. Wie breit das Anwendungsgebiet von AR ist und welche auch auf den ersten Blick ungewöhnlichen Einsatzumgebungen es geben kann, demonstriert Fallbeispiel 9.7, das beschreibt, wie man AR auch unter Wasser realisieren und AR-Technologie an diese besondere Umgebung adaptieren kann.

Industrielle Anwendungen von AR sind Gegenstand der Fallbeispiele 9.8 und 9.9. Im Anwendungsfeld der Automobilindustrie zeigt Fallbeispiel 9.8 eine besondere Variante der AR, die Spatial Augmented Reality, bei der reale Modelle zum Einsatz kommen. Der daraus resultierende Mehrwert wird anhand eines heutigen Einsatzszenarios diskutiert. Wie

AR für die Fertigungs- und Produktionsplanung bei einem Automobilhersteller gewinnbringend genutzt werden kann, illustriert Fallbeispiel 9.9.

Dass AR einen wesentlichen Beitrag zu digitalen Medien in Ergänzung zu Printmedien leisten kann und zusätzlich das Potential hat, massentauglich zu sein, wird in Fallbeispiel 9.10 verdeutlicht. Gerade durch die Nutzung von mobilen Endgeräten wie Smartphones oder Tablets kann AR-Technologie nicht nur in spezifischen Anwendungsfeldern der Industrie, sondern in den Alltag eines jeden Menschen Einzug halten.

Das letzte Fallbeispiel 9.11 schließlich gibt einen anschaulichen Einblick, wie wissenschaftliche Erkenntnisse über VR und AR gewonnen werden. Das dort beschriebene Experiment hilft, Aufschluss darüber zu erhalten, wie Parameter des Renderings sich auf die Wahrnehmung von Größen und Distanzen auswirken. Da solche Fragestellungen eine hohe Anwendungsrelevanz haben und über den Erfolg einer VR oder AR Anwendung entscheiden können, werden derartige Experimente nicht nur im akademischen Umfeld, sondern auch im Rahmen angewandter Forschung in Unternehmen durchgeführt.

Insgesamt zeigen die elf Fallbeispiele die große Spannbreite der Einsatzmöglichkeiten von VR und AR Technologien auf.

9.2 Die aixCAVE an der RWTH Aachen University

Geert Matthys, Barco

Die Herausforderung beim Bau der *aixCAVE* (Aachen Immersive eXperience CAVE) bestand in seinem geplanten Einsatz als Universaldisplay für die unterschiedlichsten Anwendungsbereiche. Anwendungen aus der Architektur und Psychologie erfordern einen möglichst hohen Immersionsgrad. Der Benutzer sollte hier möglichst vollständig von der virtuellen Szene umgeben sein, und die visuelle Wahrnehmung des virtuellen Raums sollte sich hier möglichst wenig von der Wahrnehmung der realen Welt unterscheiden. Anwendungen der wissenschaftlichen Visualisierung – beispielsweise die Analyse von Ergebnisdaten simulierter Strömungen – profitieren ebenfalls von einem hohen Immersionsgrad, erfordern aber insbesondere auch eine hohe Auflösung des Displays sowie eine hervorragende Abbildungsqualität. Zusammen mit den Wissenschaftlern an der RWTH Aachen wurde deshalb ein Konzept entwickelt und umgesetzt, das den Anforderungen einer hohen Immersion und einer hochwertigen Projektion gerecht wird.

Um einen möglichst hohen Immersionsgrad zu erzielen, wurde eine Konfiguration bestehend aus vier vertikalen Projektionswänden gewählt, die den Nutzer komplett umgeben. Zum Betreten und Verlassen des Systems kann über einen elektrischen Antrieb eine

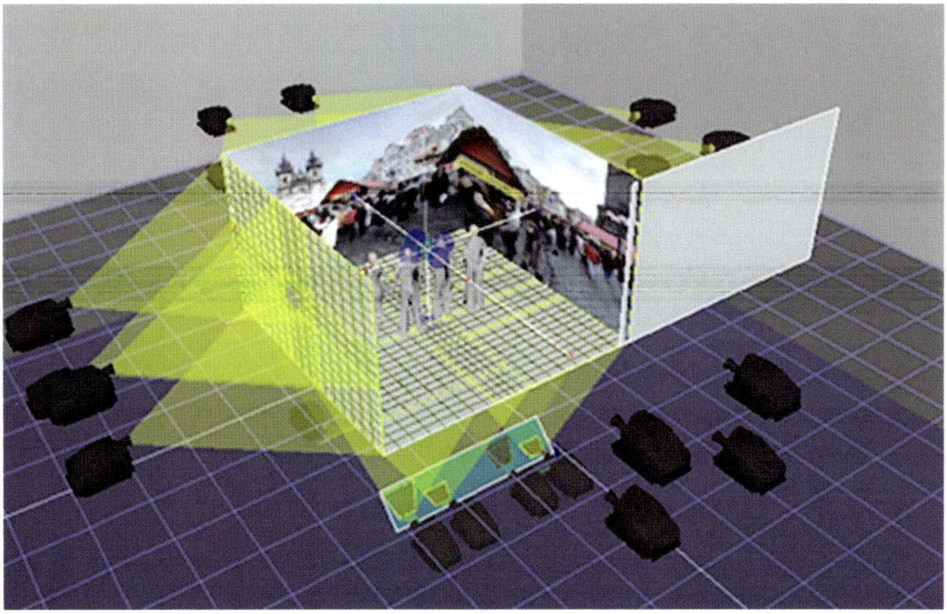

Abb. 9.1 Konzept der AIxCAVE mit 24 Projektoren

komplette Wand verschoben werden (siehe Abb. 9.1). Hierdurch wurden die Immersion störende Türelemente vermieden – im geschlossenen Zustand ist kein Unterschied zu den anderen Projektionswänden sichtbar. Allerdings mussten umfangreiche Sicherheitsmaßnahmen umgesetzt werden, damit im Notfall niemand in der CAVE eingesperrt werden kann.

Die mit 5,25 × 5,25 m im Vergleich zu üblichen CAVE-Installationen recht große Grundfläche ermöglicht in gewissen Grenzen eine natürliche Navigation (engl. Physical Walking) und trägt zu einem realistischen Raumgefühl für die virtuelle Umgebung bei. Die Rückprojektion für den Boden brachte die Herausforderung mit sich, dass keine Projektionselemente in einer solchen Größe verfügbar sind und wenn, dann nur sehr aufwändig zu transportieren wären. Außerdem darf sich der Boden auch bei der Nutzung von bis zu fünf Personen nicht merklich durchbiegen. Als strukturell tragender Boden wurden deshalb zwei 6,5 cm dicke Glasplatten entsprechender Größe genutzt, auf die zwei dünnere Acrylglasplatten als eigentliches Display gelegt wurden. Der Vorteil dieses zweistufigen Aufbaus ist, dass die statischen Anforderungen von den Displayanforderungen entkoppelt sind. Glas besitzt die bessere Steifigkeit, während das Acrylglas sehr ähnliche Eigenschaften zu den ebenfalls aus Acrylglas bestehenden Seitenwänden aufweist. Außer auf die optischen Eigenschaften muss auch auf die thermische Ausdehnung des gesamten Systems geachtet werden.

Obwohl auch eine Deckenprojektion zum Immersionsgrad des Systems beigetragen hätte, wurde auf eine solche verzichtet, da hierdurch die für die Aachener CAVE vorgesehene aufwändige Audio- und Tracking-Integration nicht realisierbar gewesen wäre. Um trotzdem eine weitgehend vollständige Immersion zu erzielen, wurden die vertikalen Leinwände möglichst groß ausgelegt. Dies führte zu Projektionswänden mit einer Höhe von 3,3 m. Da Projektionswände aus Echtglas in dieser Größe nicht verfügbar sind, wurde ein besonderes Acryl-Material verwendet, um eine möglichst ebene Projektionsfläche sicherzustellen.

Um die geforderte hohe Abbildungsqualität zu erzielen, wurden Projektor- und Leinwand-Technologien verwendet, die eine ausreichende hohe Auflösung, Helligkeit, Homogenität und Leuchtdichte gewährleisten. Die finale Lösung basiert auf einer aktiven Stereo-Projektionstechnologie mit 3-Chip DLP Projektoren, die über eine sehr hohe Lichtleistung von jeweils 12.000 Lumen und einer WUXGA-Auflösung (1920 × 1200 Pixel) verfügen. Um die Anforderungen an die Auflösung in Bezug auf das Gesamtsystem zu erfüllen, wurden für jede vertikale Seite vier dieser Projektoren in einer 2 × 2-Konfiguration verwendet. Für den Boden, der aus zwei Glaselementen besteht (siehe oben) und deshalb notwendigerweise einen schmalen Spalt dazwischen aufweist, werden acht Projektoren verwendet, die ebenfalls pro Bodenelement eine 2 × 2-Konfiguration aufweisen. Der Spalt zwischen den Bodenelementen wurde über das mechanische Design sowie über die Projektorausrichtung auf 2 mm minimiert. Abbildung 9.1 zeigt den prinzipiellen Aufbau der Lösung mit insgesamt 24 Projektoren.

Abgesehen von der Auflösung sowie der Helligkeit der ausgewählten Projektoren sind die Eigenschaften der Rückprojektionsleinwände ausschlaggebend für die resultierende Bildqualität. Diese sollten eine gleichförmige Helligkeitsverteilung ohne Hotspots aufweisen, so dass Nutzer innerhalb der CAVE von einer Ecke in eine andere gehen können, ohne dass unter den verschiedenen Perspektiven die Bildqualität bzw. wahrgenommene Helligkeit leidet. Diese Anforderung wurde durch den Einsatz von Leinwandmaterialien mit sehr guten diffusen Eigenschaften (hoher Half Gain Angle) erzielt.

Eine weitere Anforderung an die Leinwandeigenschaften besteht darin, einen ausreichend hohen Kontrast zu gewährleisten. Da die Wände sich gegenseitig „anstrahlen" ist es schwierig, einen Kontrast von über 20:1 zu erreichen, welcher als anerkannter, sicherer Wert für ein gutes Display angesehen wird. Zur Bewertung des Kontrasts wurde ein Schachbrettmuster auf den Wänden genutzt, bei dem die Helligkeiten der schwarzen und weißen Bereiche gemessen werden. Das Verhältnis dieser Messwerte (bzw. die gemittelten Messwerte aus mehreren Messungen) ergibt den Systemkontrast. Zur Vorhersage der Systemeigenschaften wurde im Vorfeld eine Simulation mit unterschiedlichen Leinwandparametern durchgeführt (siehe Abb. 9.2) und anhand dieser Werte eine entsprechende Leinwand ausgewählt.

Insgesamt konnte durch die Kombination einer präzisen mechanischen Konstruktion mit hochwertiger Projektionstechnologie ein CAVE-System realisiert werden, das eine intuitive visuelle Analyse hochaufgelöster wissenschaftlicher Daten im drei-

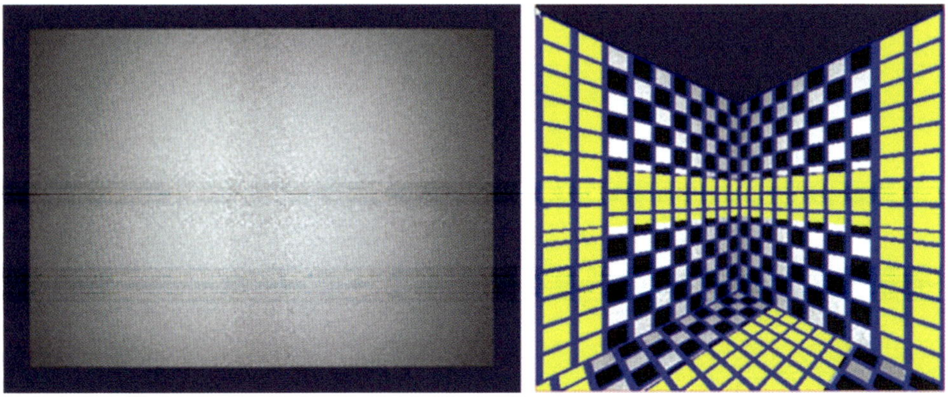

Abb. 9.2 SimcadTM Simulation: Luminanzverteilung (*links*), Kontrast in einer der Ecken (*rechts*)

dimensionalen Raum erlaubt. Da ergonomische Faktoren wie unter anderem eine ausreichende Leuchtdichte und Homogenität, ein hoher Kontrast, eine hervorragende Kanaltrennung der Stereoprojektion sowie kleine Spaltmaße zwischen den einzelnen Leinwänden konsequent berücksichtigt wurden, eignet sich die Aachener CAVE über ein reinen Präsentationssystems hinaus insbesondere auch als praxistaugliches Werkzeug, welches die Anwender aus Wissenschaft und Industrie tatsächlich auch in längeren, intensiven Sitzungen für eine explorative Analyse geometrischer und abstrakter Daten nutzen.

9.3 Virtuelle Realität in der Öl- und Gasindustrie

Manfred Bogen, Stefan Rilling, Fraunhofer Institut für Intelligente Analyse- und Informationssysteme

Die Öl- und Gasindustrie ist einer der industriellen Anwender von VR/AR-Technologie. Während es in den frühen Jahren darum ging, herauszufinden, welchen Nutzen und Mehrwert diese Technologien in der Öl- und Gasexploration liefern können, so ist speziell die Virtuelle Realität in diesem Anwendungsbereich etabliert, da sie eine Kostenreduktion bzw. eine Gewinnmaximierung ermöglicht. Es fand also eine Nutzungsentwicklung statt, die im Folgenden in Auszügen beschrieben wird. Wichtig für eine erfolgreiche Entwicklung ist die verzahnte Zusammenarbeit zwischen Industrie und angewandter Forschung wie sie in diesem Anwendungsfall beispielsweise im Rahmen des VRGeo-Konsortiums (www.vrgeo.org) stattgefunden hat. Das VRGeo-Konsortium wurde gegründet, um den Nutzen von VR/AR für die internationale Öl- und Gasindustrie bei der Exploration von Öl- und Gasvorkommen zu untersuchen. Es wird seit 1998 vom Fraunhofer IAIS in Sankt Augustin betrieben.

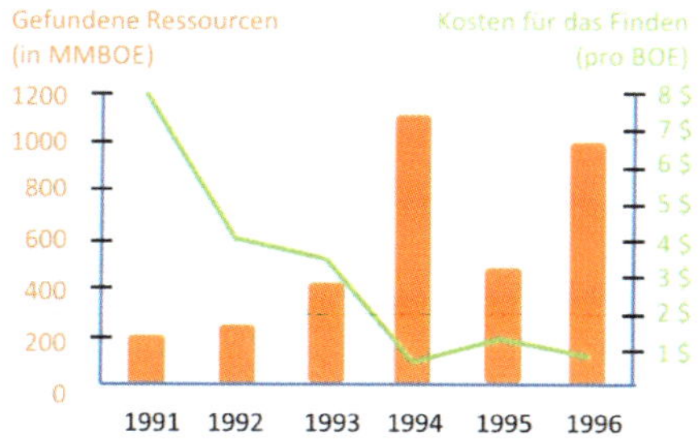

Erfolgsraten 1990 – 1996	**2D**	**3D**
Gesamterfolgsrate	14%	49%
Erfolgsrate Gasquellen	24%	50%
Erfolgsrate Ölquellen	3%	44%
Jahresvergleich	**1991**	**1996**
Quellen durch 3D gefunden	1%	65%
Jährliche Erfolgsrate beim Bohren	13%	44%

Abb. 9.3 Die Rolle von 3D Seismik (im Vergleich zu 2D). (Nach Aylor (1997, 1999), *BOE* Barrel of Oil Equivalent, *MMBOE* Million Barrels of Oil Equivalent)

Inspiriert durch den erfolgreichen Einsatz von VR/AR in der Automobilindustrie gehörte die Öl- und Gasindustrie am Ende der 90er Jahre mit zu den ersten Nutzern von VR/AR. Auf der Suche nach Öl- und Gasverkommen nutzt die Öl- und Gasindustrie Methoden, welche die obere Erdkruste durch künstlich angeregte seismische Wellen erforschen und grafisch bzw. digital abbilden. Ein häufig angewendetes Verfahren ist die Reflexionsseismik. Es handelt sich um die Messung und Interpretation der Energie und Laufzeiten von seismischen Wellen, die an Trennschichten im Untergrund reflektiert werden. Reflexionen treten auf, wenn sich die akustische Impedanz im Untergrund ändert. Dies sind die Stellen, die die Öl- und Gasindustrie am meisten interessieren. Hier sind die gesuchten Gas- und Erdölfallen. Es handelt sich dabei um geometrisch definierte Gesteinskörper, in denen sich, weil sie allseitig abgeschlossen bzw. abgedichtet sind, Erdöl und Erdgas fangen. Eine Falle beinhaltet auf der einen Seite die Kohlenwasserstoffe sammelnden durchlässigen und auf der anderen Seite die den weiteren Aufstieg hindernden überlagernden oder lateral abdichtenden Schichten. Schon 1997 wies William K. Aylor von der Firma Amoco nach, dass das Arbeiten mit seismischen Daten in 3D das Fündigkeitsrisiko bei der Öl- und Gasexploration stark verringert bzw. die Erfolgsausschichten entsprechend erhöht (Aylor 1997). Aus Abb. 9.3 ist beispielsweise zu entnehmen, dass Bohrerfolgsquote für Gas von 24 % auf 50 % und die Bohrerfolgsquote für Öl von 3 % auf 44 % gesteigert werden konnten – wobei die Findungskosten für ein Barrel Öl von 6 $ auf 1 $ gesenkt werden konnten.

Das Energieunternehmen #1 in Europa, die Firma Statoil aus Norwegen, betrieb schon 1997 eine 4-seitige CAVE in seinem Research Center in Bergen. Zeitweise besaß Statoil neun VR-Zentren weltweit mit unterschiedlichen Projektionstechnologien. Immer ging es um die Handhabung von großen Datenmengen, die bei den seismischen Messungen anfallen, um eine Echtzeitfähigkeit, um die Immersion und darum, die Kommunikation und Kooperation zwischen Non-IT-Experten zu ermöglichen und zu verbessern, um letztlich die Effizienz und den Ideenreichtum zu steigern.

Allerdings wurden diese VR-Systeme nicht wie geplant ausgelastet. Eine typische durchschnittliche Nutzungsrate, hier wiederum bei der norwegischen Firma Statoil, lag zwischen 5 und 30 %. Hierfür gab es verschiedene Gründe wie z. B. eine fehlende Integration von VR in die normalen Arbeitsläufe, die Komplexität der eingesetzten Technik in den Anfangsjahren (die Nutzer sind häufig Geologen und Geophysiker und keine Informatiker), fehlendes Training und auch der fehlende Mehrwert in Bezug auf die erwünschte Steigerung der Effizienz und des Ideenreichtums. Insofern fand in der Öl- und Gasindustrie nach der anfänglichen Begeisterung ein Umdenken statt: weg von den Stand-alone Visualisierungszentren hin zu integrierten Lösungen.

Heute zeigt sich bei den von der Öl- und Gasindustrie eingesetzten VR-Lösungen im Hinblick auf deren technische Ausgestaltung eine große Vielfalt, welche den Erfahrungen im Umgang mit VR-Systemen der ersten Generation Rechnung trägt. So spielen die klassischen großen Visualisierungszentren mit ihren aufwändigen, immersiven Installationen zwar immer noch eine große Rolle, ihr Einsatz ist jedoch nur ein Teil eines umfassenden, mehrstufigen Arbeits- und Entscheidungsprozesses. Dieser Prozess umfasst sowohl die Interpretation der vorhandenen Daten durch einzelne Experten, die Diskussion der gewonnenen Erkenntnisse in kleineren Gruppen, als auch die Präsentation der Ergebnisse im großen Maßstab.

Diese Vielschichtigkeit des Arbeits- und Entscheidungsprozesses in der Öl- und Gasindustrie führt dazu, dass die VR-Technologie in den verschiedenen Stufen dieses Prozesses in unterschiedlichen Ausprägungen zum Einsatz kommt. Die technischen Umsetzungen reichen dabei, neben den großen immersiven VR-Systemen, von den klassischen Desktop-Workstation-Systemen, über Systeme mit neuartigen Eingabegeräten und Bedienkonzepten, wie z. B. Pen-and-Touch Geräten, bis hin zu mobilen, immersiven Mehrbenutzersystemen für Büros oder Konferenzräume.

Diese Entwicklung spiegelt sich auch in den Arbeiten des VRGeo-Konsortiums wieder. Der Fokus der Arbeiten liegt seit geraumer Zeit ganz klar auf der Integration verschiedener VR-Technologien in einen übergreifenden Arbeitsablauf. Für jeden einzelnen Anwendungsbereich in diesem Arbeitsablauf, d. h. vom Einzelarbeitsplatz bis zur kollaborativen immersiven virtuellen Umgebung, werden mit spezifischer Hardware individuelle Anwendungsdemonstratoren entwickelt, getestet und durch die Zielgruppe, d. h. Geowissenschaftler und Ingenieure aus der Öl- und Gas-Industrie, evaluiert. Zum jetzigen Zeitpunkt kommen als Ein- und Ausgabegeräte zum Einsatz u. a. ein 24 Zoll HD Pen & Touch Grafiktablett, ein 56 Zoll Quad-HD Multitouch-Tisch, eine Projektionswand bestehend aus drei 70 Zoll Full-HD Stereo LED Projektoren, sowie dem immersiven Projektionsdisplay TwoView, welches zwei Nutzern simultan eine korrekte Stereo-Ansicht bietet (siehe Abb. 9.4). Die verschiedenen technischen Ausprägungen von VR ergänzen sich, es gibt kein Entweder-Oder. In der Öl- und Gasindustrie ist es wie in anderen Anwendungsbereichen auch: Nur wenn die VR -Technologie in die täglichen Arbeitsabläufe integriert ist, liefert sie den gewünschten Mehrwert.

Abb. 9.4 Kollaborative Seismische Interpretation in 3D unter Nutzung des TwoView-Displays und eines Multitouch-Tisches

9.4 Virtuelle Satellitenreparatur im Orbit

Andreas Gerndt, Janki Dodiya, Katharina Hertkorn, Thomas Hulin, Johannes Hummel, Mikel Sagardia, Robin Wolff, Deutsches Zentrum für Luft- und Raumfahrt (DLR)

Wie lassen sich Satellitenmissionen verlängern und Weltraumschrott vermeiden? Wie müssten Satelliten konstruiert sein, damit sie im Orbit repariert werden können? Wie müssten Telepräsenzarbeitsplätze ausgelegt sein, um solche Servicemaßnahmen durch Weltraumroboter durchführen zu können? Wie lassen sich Astronauten für solche Aufgaben trainieren? Solche und ähnliche Fragen bewegen die Wissenschaftler beim DLR. Dabei kommen Arbeitsumgebungen zum Einsatz, die mithilfe von Virtueller Realität helfen sollen, Lösungsansätze zu untersuchen und zu entwickeln.

Aktuelle Satelliten werden heutzutage unter der Annahme konstruiert, dass nach dem Start zwar noch Software-Uploads stattfinden können, der mechanische Aufbau aber bis zum Missionsende unverändert bleibt. Ein Defekt in der Hardware führt dann fast immer zum Verlust des Satelliten. Ein neuer Ansatz ist die Berücksichtigung von Reparaturmöglichkeiten bereits in frühen Planungsphasen von Raumfahrtmissionen. Die Auslegung und Anordnung von Komponenten werden dabei in virtuellen Umgebungen untersucht und optimiert (Wolff et al. 2011). Doch nicht nur die Konstruktion, sondern auch die einzelnen Arbeitsschritte für die Servicemaßnahme im Orbit werden dabei evaluiert und mit den Fachingenieuren diskutiert (siehe Abb. 9.5).

Abb. 9.5 Diskussion von Montagevorgängen an einem Satelliten in einer virtuellen Weltraumsimulationsumgebung

Um eine realistische Bewertung zu ermöglichen, wird der Satellit, der durch die Beschreibungssprache COLLADA definiert vorliegt, in das VR-Toolkit ViSTA der RWTH Aachen eingelesen und mithilfe eines Szenengraphen organisiert. Dies ermöglicht auch die einfache Einbindung der Weltraumumgebung, die beispielsweise die datums- und zeitgenaue Integration des Sonnenstands, des Sternenhimmels, sowie die fotorealistische Darstellung der Tag- und Nachtseite der Erde erlaubt. Durch den direkten Zugriff auf in den Szenengraphen eingebundene OpenGL-Knoten lassen sich grafikkartenbeschleunigte Shader-Programme integrieren, welche die echtzeitfähige Darstellung von Wolkenbewegungen, die Reflexion der Sonnenstrahlung an den Ozeanoberflächen, oder aber die realitätsnahe Visualisierung von Atmosphäreneffekten erlauben. Auch die goldfarbene Schutzfolie eines Satelliten lässt sich dadurch anspruchsvoll darstellen. Wichtig für die realitätsnahe Planung von Servicemaßnahmen ist zudem die echtzeitfähige Ray-Tracing-Simulation von Gegenlicht, von Reflexionen der Sonne an metallischen Oberflächen sowie von dunklen Schattenbereichen des Satelliten.

Für die Interaktion werden darüber hinaus physikalische Modelle für die realistische Simulation der Montage verwendet. Dies erlaubt erst die plausible Bewegung von hauchdünnen Folien, das Umlegen von Schaltern oder den Einschub von Satellitenmodulen in die dafür vorgesehenen Schächte. Für die hierfür benötigte Kollisionserkennung kommt ein haptischer Algorithmus nach dem Voxelmap-Pointshell-Verfahren zum Einsatz (Sagardia et al. 2012), der Durchdringungen nahezu beliebig komplexer virtueller Objekte mit gleichzeitiger Kraftberechnung im Kilohertz-Takt berechnet. Und um die Bewegungsab-

Abb. 9.6 Bimanuelles haptisches Interaktionsgerät zur intuitiven Durchführung virtueller On-Orbit-Reparaturmaßnahmen an Satelliten

läufe (Kinematik) eines Zweiarmserviceroboters nachvollziehen zu können, wurden zwei optisch exakt getrackte Handmodelle für die direkte Interaktion in die virtuelle Szene integriert. Damit lassen sich alle Finger einzeln erfassen und für Greifexperimente auswerten. Die Akzeptanz verschiedener Methoden für die virtuelle Durchführung von Montageoperationen wurde durch wissenschaftlich fundierte Nutzerstudien belegt und dokumentiert (Hummel et al. 2013).

In einem nächsten Schritt kommt ein bimanuelles haptisches Interaktionsgerät zur Anwendung (siehe Abb. 9.6). Diese Mensch-Maschine-Schnittstelle ermöglicht gegenüber der Pseudohaptik des Fingertrackingsystems nun eine echte Kraftrückkopplung und kann somit auch die Kollisionskräfte manipulierter virtueller Objekte darstellen (Hulin et al. 2008). Während der Operateur weiterhin die virtuelle Umgebung – nun allerdings durch ein Head-Mounted-Display – sieht, würde sich nun auch bei Bedarf der reale Serviceroboter durch Telekommandos direkt fernsteuern lassen. Aber auch das Training von Astronauten zur Vorbereitung einer echten Reparaturmission ist hierüber denkbar.

Ohne die Unterstützung durch virtuelle Arbeitsumgebungen müssten stattdessen aufwendige und teure Attrappen konstruiert werden. Aus Kosten- und Zeitgründen ließen sich nicht sehr viele unterschiedliche Varianten durchspielen, und Entscheidungsträger bzw. auszubildendes Personal müssten zum Ort der physikalischen Prototypen reisen. VR befreit von diesen Einschränkungen und wird durch schnellere Designiterationen die Entwicklung von servicefähigen Raumfahrzeugen und dazu passenden Servicesystemen deutlich verkürzen.

9.5 Virtual Prototyping von Schuhen und Stiefeln

Tom Kühnert, Guido Brunnett, Technische Universität Chemnitz

Der Einsatz von VR/AR-Technologien ist besonders dort interessant, wo diese als Interaktionsmedium eine Brücke zwischen einem traditionell computerfremden Anwendungsgebiet und der computergestützten Verarbeitung bilden können. Im Folgenden wird ein konkreter Anwendungsfall dargestellt, der im Rahmen mehrerer Projekte zum Thema *Virtuelles Schuh- und Stiefeldesign* an der TU Chemnitz erforscht wird. Bei diesem werden VR-Ansätze genutzt, um eine Benutzungsschnittstelle für das traditionelle, künstlerisch geprägte Handwerk des Schuhentwurfs zu erstellen. Dabei zeichnet der Designer seinen Entwurf skizzenhaft auf die Grundform des Schuhs, den Schuhleisten. Der Einsatz von Computertechnik im Schuhdesign ist bisher wenig akzeptiert, da der Charakter der beschriebenen Arbeitsweise durch Standardeingabegeräte wie Maus, Tastatur und Graphiktablett nicht nachempfunden werden kann.

Um die traditionelle Arbeitsweise möglichst gut nachzubilden, wurden dem Nutzer für das Schuhdesign ein realer Leisten und ein Stift zur Interaktion zur Verfügung gestellt. Diese Interaktionsobjekte (*Proxy-Objekte*) werden durch optisches oder magnetisches Tracking erfasst. Gleichzeitig werden dem Nutzer virtuelle Gegenstücke zu Leisten und Stift angezeigt, die sich analog zu den realen Objekten bewegen. Die Stiftbewegung auf dem Leisten wird zum Zeichnen und zu weiteren Operationen im Designprozess ausgewertet.

Für das virtuelle Stiefeldesign musste im Gegensatz zum Schuhdesign ein alternativer Ansatz entwickelt werden, da hier in der traditionellen Arbeitsweise eine physische Grundform („Stiefelleisten") nicht zum Einsatz kommt. Für diese Anwendung wird deshalb ein haptisches Eingabegerät genutzt. Der Einsatz eines haptischen Eingabegerätes erlaubt es, die bevorzugte Arbeitsweise des Designers („auf eine gekrümmte Grundform zu zeichnen") auch auf das Stiefeldesign anzuwenden. Die VR-Technik überbrückt somit eine Unzulänglichkeit des herkömmlichen Entwurfsprozesses (Nichtexistenz des Stiefelleistens) und leistet einen Beitrag zur Verbesserung der Arbeitsplatzergonomie. Zum Einsatz kommt das *Phantom Premium 1.5* der Firma Sensable, mit dem in einem genügend großen Arbeitsbereich ein virtuelles Objekt haptisch simuliert werden kann. Dazu üben Stellmotoren an einem mechanischen Arm verschiedene Kräfte aus, sobald in der Simulation ein Eindringen in die virtuelle Oberfläche erkannt wird. In der hier eingesetzten Variante können in drei Raumrichtungen kontinuierliche Kräfte bis zu 1,4 N aufgebracht werden. Am Ende des Arms ist ein in drei Freiheitsgraden rotierbarer Stift (ohne Kraftrückkopplung) angebracht, der eine präzise Eingabe von Designlinien auf der virtuellen Oberfläche ermöglicht. Es hat sich gezeigt, dass das haptische Feedback der Oberfläche besonders für den Zeichenprozess unerlässlich ist. Auch für andere VR Anwendungen sollte dies beachtet werden.

Eine praktische Herausforderung bei der Eingabe mithilfe des haptischen Gerätes ist die Ausrichtung des virtuellen Leistens im Arbeitsbereich, da die Bearbeitung aller Seiten des Objekts möglich sein muss. Dazu wurden drei Herangehensweisen untersucht. 1) Zunächst sollte der Nutzer den Leisten mithilfe eines Tasters am Stift festhalten und mit dem Stift rotieren und verschieben können. Während die Platzierung dadurch gut möglich ist, zeigt sich, dass die zusätzliche Funktionalität des Tasters den Nutzer gelegentlich verwirrt. Einige der Nutzer waren beispielsweise geneigt, beim Zeichnen den Taster gedrückt zu halten, obwohl das Zeichnen bereits durch das Aufsetzen des Stiftes ausgelöst wird. Derartige Mehrdeutigkeiten sollten vermieden werden. 2) Weiterhin wurden zusätzliche 3D-Elemente im virtuellen Arbeitsraum platziert, welche der Nutzer mit dem Stift drehen und verschieben kann, um den Leisten zu platzieren. Aufgrund der erhöhten Wege, die dabei mit dem Stift zurücklegt werden müssen, ist die Belastung des Nutzers höher, wodurch die Akzeptanz der VR-Lösung sinkt. 3) Des Weiteren wurde mit einer Spacemouse (vgl. 4.2.1) ein sekundäres Navigationsgerät am Rande des Arbeitsbereiches montiert. Damit kann der Nutzer den Leisten in 6 Freiheitsgraden bewegen. Im Gegensatz zu den anderen Varianten hat sich diese Lösung in mehreren Nutzertests als praktikabel erwiesen. Es bleibt zu beachten, dass derartige Lösungen sowohl für die einhändige als auch für die zweihändige Interaktion eingerichtet werden müssen. Besonders für Nutzer, die mit einer Hand sowohl das haptische Gerät als auch das Navigationsgerät bedienen wollen, muss der Stift des haptischen Gerätes komfortabel auf einer realen (oder virtuellen) Fläche abzulegen und von dieser aufnehmbar sein.

Der Aufbau der Anzeige und des gesamten Arbeitsplatzes muss darauf abgestimmt sein, dem Nutzer eine intuitive Interaktion mithilfe des haptischen Gerätes zu ermöglichen. Dazu notwendig ist vor allem ein korrekter Eindruck der virtuellen Szene, besonders in Hinblick auf die Tiefenwahrnehmung. Ohne diesen kann der reale Stift nur mit erhöhtem Aufwand korrekt auf der simulierten Oberfläche platziert werden.

Die Darstellung der virtuellen Szene erfolgt standardmäßig auf einem realen Monitor, auf den die Augen des Nutzers fokussieren. Da der Nutzer durch diese Fokusdistanz einen ersten, visuellen Hinweis auf die Entfernung der Szene erhält, sollte die Platzierung des Monitors beachtet werden. Eng verbunden ist diese Problematik mit der relativen Positionierung der Anzeige im Bezug zum haptischen Gerät; dabei ist insbesondere festzulegen, ob das Display vor, hinter oder neben dem Eingabegerät steht. Hierbei muss auch der Arbeitsbereich beachtet werden, der den virtuellen Leisten umschließt und frei zugänglich sein muss. Es ergibt sich eine Anordnung, in der die Entfernung vom Betrachter zum Monitor und zum Leisten ungefähr gleich groß sein sollte und die Blickrichtung zum Monitor der Blickrichtung zum Leisten entspricht. Gelöst wird dies durch die in Abb. 9.7 gezeigte, spiegelbasierte Sichtumlenkung. Durch diese blickt der Nutzer in die korrekte Richtung und fokussiert auf die annähernd richtige Entfernung. Ein praktisches Problem ist hierbei die Spiegelung des Bildes, welche entweder durch die Grafikkarte oder die Darstellung selbst gelöst werden muss. Um Doppelbilder der Spiegelung zu vermeiden wird ein Oberflächenspiegel eingesetzt. Insgesamt ermöglicht die bei diesem Aufbau gut angenäherte Fokusdistanz der einzelnen Augen eine bessere Tiefeneinschätzung und eine geringere Arbeitsbelastung.

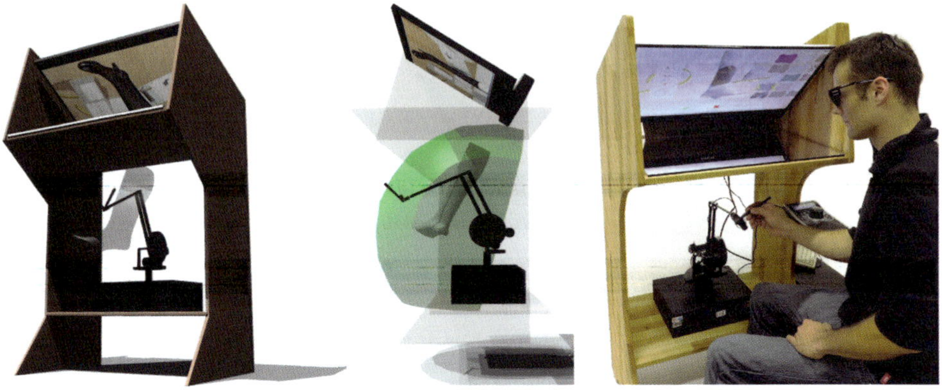

Abb. 9.7 Konzeptueller und realer VR-Arbeitsplatz. Das haptische Gerät und die Sichtumlenkung über einen Spiegel bestimmen den Arbeitsplatz maßgeblich

Zur besseren Tiefeneinschätzung wird die stereoskopische Darstellung mithilfe eines herkömmlichen stereofähigen Gerätes und Shutter-Brillen genutzt. Mit der zuvor eingeführten Sichtumlenkung wird der Monitor indirekt über den Spiegel betrachtet (siehe Abb. 9.7) und es ändert sich die Polarisationsrichtung des Lichtes. Nach der Spiegelung ist das Bild deshalb unabhängig vom Zustand der Brille nicht mehr sichtbar. Gelöst werden kann dies durch eine zusätzliche Folie am Monitor, am Spiegel oder an der Brille, die die Polarisation aufhebt (herkömmliches Klebeband hat z. B. derartige Eigenschaften). Alternativ kann auch ein Brillensystem genutzt werden, bei dem die Polarisationsrichtung nicht mit der des Monitors übereinstimmt. Eine weitere Möglichkeit ist die Nutzung passiver Stereosysteme, z. B. mit einem zeilenweise polarisierten Monitor. Die Änderung der Polarisationsrichtung am Spiegel kann bei letzteren Systemen durch einen einfachen Tausch der Bilder berücksichtigt werden.

Visuelle Tiefenhinweise wie Verdeckung und Schattenwurf verbessern die visuelle Wahrnehmung der Szene. Der Einsatz von Shadow-Maps erlaubt eine Erzeugung realistischer, weicher Schatten, eignet sich aber nicht zur Darstellung feiner Schattenformen, wie die der Stiftspitze, wodurch insbesondere der Eindruck des exakten Aufsetzens des Stiftes auf der Oberfläche gestört wird. Das Verfahren der Schattenvolumen ist für die Visualisierung des Designvorgangs besser geeignet, weil die Schattenberechnung pixelgenau erfolgen kann.

Im hier vorgestellten VR-System kann der Nutzer in den Modi Zeichnen, Auswählen und Modifizieren von Linien, sowie die Selektion und Modifikation der aus diesen Linien erstellten 3D-Schaftbestandteile operieren. Grundlegend für diese Funktionen ist die Kollisionserkennung (vgl. Kap. 7) zwischen dem virtuellen Stift und dem virtuellen Leisten. Das Zeichnen erfordert darüber hinaus eine komplexe algorithmische Unterstützung, da unabhängig vom Zeichenstil des Nutzers eine gültige Linie auf der Oberfläche erkannt werden muss.

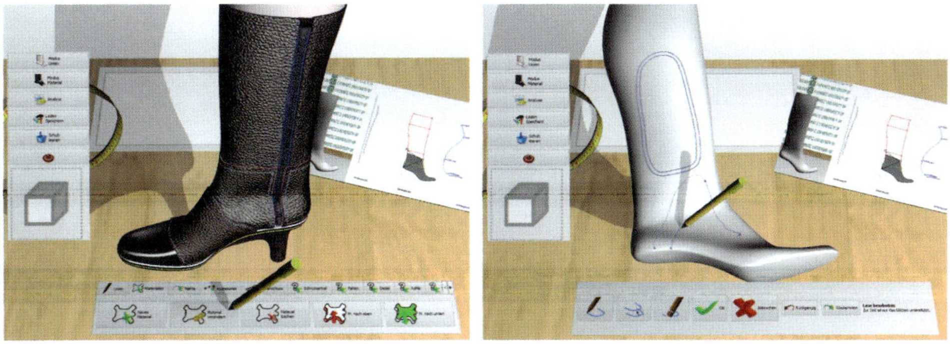

Abb. 9.8 3D-Szene mit eingebettetem, klassischem Menü. Herkömmliche und vertraute Steuerelemente ermöglichen sowohl eine intuitivere Bedienung als auch eine erleichtere Software-Entwicklung. Während die meisten Steuerelemente gut erreichbar (ggf. schräg) im Arbeitsraum liegen, können reine Statusfenster auch auf dem virtuellen Boden platziert werden

Für die Steuerung des Programmablaufs lässt sich ein traditionelles Menü im eigentlichen 2D-Fensterraum nicht verwenden, da dieser nicht Teil des erreichbaren Arbeitsraumes und nicht Teil der virtuellen Szene ist. Deshalb wird im Schuhdesign unter Einsatz des Leisten-Proxys ein Menü verwendet, welches auf einem für das Design irrelevanten Leistenbereich eingebettet wird. Bei Berührung erlaubt dieses Menü eine auf dem Kippen des Stiftes basierte Auswahl verschiedener Unterpunkte. Für das Stiefeldesign wurde das Menü als Teil der dreidimensionalen Szene darstellt. Dabei wird mithilfe der Texturierung ein traditionelles 2D-Fenstermenü auf eine planare Fläche im Raum abgebildet. Praktisch gelöst ist dies durch die im Qt-Framework vorgesehene Funktionalität, die Bedienoberfläche in einen Speicherbereich anstatt in ein Fenster zu zeichnen. Die eigentlich durch die Maus ausgelösten Ereignisse können nach der Kollisionserkennung zwischen dem Stift und den 3D-Menüflächen generiert und an die Menüelemente weitergegeben werden. Im Vergleich zu herkömmlichen 3D-Steuerelementen ergibt sich neben der höheren Vielfalt der verfügbaren Elemente auch eine höhere Vertrautheit für die Nutzer. Abbildung 9.8 zeigt das in die Szene eingebettete Menü. Aufgrund des texturbasierten Ansatzes kann diese Vorgehensweise in einer Vielzahl anderer VR-Lösungen genutzt werden. Bei Bedarf ist es (mit gültiger Texturparametrisierung) auch auf beliebig gekrümmten Oberflächen anwendbar.

Am Beispiel der Forschung der TU Chemnitz zum virtuellen Schuh- und Stiefeldesign konnte der Nutzen der VR-Technologie und Technik im Designprozess aufgezeigt werden. Die an diesem Anwendungsfall aufgezeigten Aspekte sind auf vergleichbare Anwendungen übertragbar und sollten für eine erfolgreiche VR-Lösung bedacht werden. Im Allgemeinen ist es essentiell, für ein derartiges Konzept vor der industriellen Umsetzung ausreichend Nutzer-Feedback einzubeziehen. Im konkreten Beispiel wurde dies durch Präsenz auf verschiedenen Messeveranstaltungen der Schuhindustrie erreicht. Mehr Informationen und detaillierte Einblicke in die Umsetzung des Arbeitsplatzes können dem Chemnitzer Informatik-Bericht *Technischer Bericht zum virtuellen 3D-Stiefeldesign* von Kühnert, Rusdorf und Brunnett 2012 (ISSN 0947-5125) entnommen werden.

9.6 Augmentierte Realität zum Anfassen

Hagen Buchholz, Fraunhofer Institut für Angewandte Informationstechnik

Während Augmented Reality (AR) primär auf eine visuelle Sinneserweiterung abzielt, eignen sich Rapid-Prototyping-Verfahren dazu, AR um maßgeschneiderte haptische Elemente in AR-Umgebungen zu erweitern. Handelt es sich bei diesen Elementen um physische Nachbildungen virtueller Modelle, so können zusätzliche Informationen passgenau eingeblendet werden. Ein geeignetes Anwendungsfeld dieses Verfahrens bieten experimentelle Lernsituationen, in denen abstrakte Lerninhalte (be-)greifbar gemacht werden. Hierzu wurde am Fraunhofer-Institut für Angewandte Informationstechnik (FIT) ein miniaturisierter Wissenschaftspark zum Mitnehmen entwickelt (Buchholz et al. 2010; Buchholz und Wetzel 2009). Der sogenannte *Science Center To Go* (siehe Abb. 9.9) bietet eine mobile Plattform zum spielerischen Experimentieren und Lernen. Besonders der Zugang zu abstrakten, schwer vorstellbaren Phänomenen, soll hierdurch deutlich vereinfacht werden.

Derzeit existieren mehrere Exponate, von denen im Folgenden einige kurz vorgestellt werden. Das System läuft auf handelsüblichen PCs oder mobilen Endgeräten und ermöglicht wahlweise auch die Anbindung von See-Through-Displays.

Als erster Prototyp wurde ein miniaturisiertes Modell einer Flugzeugtragfläche um einen virtuellen Luftstrom und virtuelle Kraftpfeile erweitert (siehe Abb. 9.10). Ein kleiner USB getriebener Ventilator erzeugt einen Luftstrom, welcher mit Hilfe des AR-Systems sichtbar gemacht wird. Ändert der Anwender den Anstellwinkel des Flügels, so wird in Echtzeit die visualisierte Information angepasst.

In einem anderen Experiment lässt man Objekte eine schiefe Ebene herunterrollen. Das Exponat besteht aus zwei auseinanderlaufenden Schienen, deren Öffnungswinkel und Steigung geändert werden kann (siehe Abb. 9.9). Als Rollkörper stehen drei unterschiedlich spitze Doppelkegel und ein Zylinder zur Verfügung. Je nach Wahl des Rollkörpers, Schienenstellung und Neigungswinkel ist es möglich, dass das Objekt entgegen der Steigung aufwärts zu rollen scheint. Der Zusammenhang dieser Parameter, und deren Auswirkung auf die Rollrichtung, lassen sich in einer mathematischen Formel modellhaft beschreiben. Die Formel wird zusätzlich eingeblendet und in Echtzeit angepasst. Über Farben wird dem Lernenden verdeutlicht, wie Teile der Formel mit realen Parametern des anfassbaren Modells korrespondieren. In anderen Experimenten werden Schallwellen sichtbar. Nutzer können Wellen und Teilchen des Mikrokosmos manipulieren oder den Zusammenhang zwischen Wärme, Energieverteilung und Molekularbewegungen sehen und fühlen. Die Entwicklung des Science Center To Go begann 2007 und wird seitdem kontinuierlich fortgeführt. Bisherige Evaluationen deuten auf einen vergleichsweise positiven Lerneffekt hin (Larsen et al. 2012). Entscheidend für den Lerneffekt ist ein widerspruchfreies Zusammenspiel zwischen gefühltem Erlebnis und Computer-Überblendung, wodurch die Glaubwürdigkeit der virtuellen lernrelevanten Informationen erhöht wird.

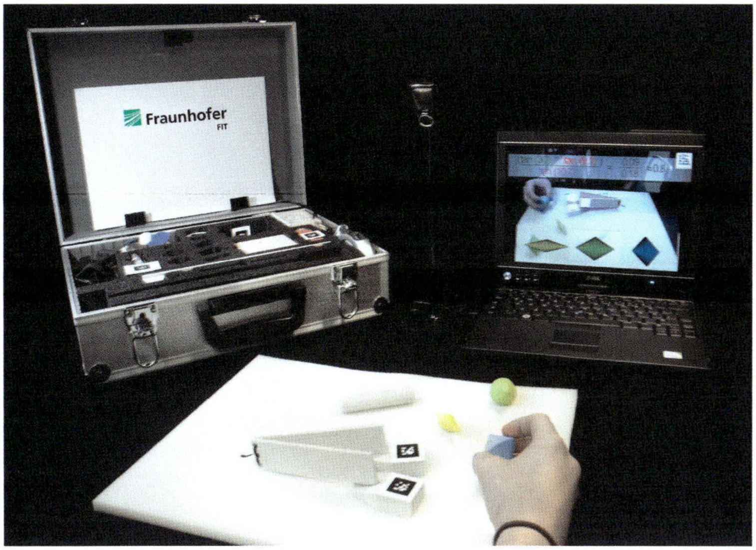

Abb. 9.9 Typischer Aufbau des Science Center To Go bestehend aus Koffer mit verschiedenen Exponaten, einer Webcam und einem Computer als Blickfenster in die Augmentierte Realität. Hier dargestellt das Doppel-Kegel Experiment

Abb. 9.10 Das Windkanalexperiment: Über den Ventilator lässt sich der Luftstrom verändern. Flügelstellungen und Flügelformen können gewählt werden. Einblendungen wie der Luftstrom, Kräfte, Moleküle am Ventilator, sowie ein Flugzeug ergänzen die haptischen Elemente

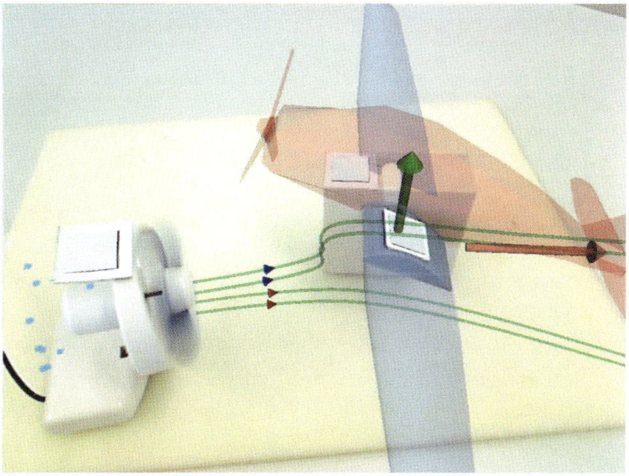

9.7 Augmentierte Realität unter Wasser

Lisa Blum, Fraunhofer Institut für Angewandte Informationstechnik

Tropische Korallenriffe mit ihrer farbenfrohen Fisch- und Pflanzenwelt faszinieren Menschen seit je her. Mithilfe von AR- Techniken konnten Forscher Besuchern eines gewöhnlichen Schwimmbads den Eindruck vermitteln, an einem virtuellen Korallenriff mit ver-

Abb. 9.11 Ein Schwimmbad wird mithilfe eines AR-Systems zum Korallenriff. (Quelle: Fraunhofer FIT)

schiedenen Fischen, Muscheln und Unterwasserpflanzen zu schwimmen (Blum et al. 2009). Im Folgenden wird das Projekt näher beschrieben und erklärt, welche Herausforderungen das Medium Wasser an das AR-System sowie die Interaktion im Schwimmbad stellt.

Kernelement des entwickelten Systems war ein wasserfestes optisches See-Through-Display, welches vor einer Taucherbrille montiert war und dem Taucher ermöglichte, sowohl die reale Umgebung des Schwimmbads als auch die computergenerierten Elemente der virtuellen Unterwasserwelt wahrzunehmen (vgl. Abb. 9.11). Die Verwendung eines brillenbasierten Systems hatte gegenüber Handheld-Lösungen den Vorteil, dass der Nutzer beide Arme für Schwimmbewegungen nutzen konnte und nicht in seiner Bewegungsfreiheit eingeschränkt war. Hintergrund für die Wahl eines optischen See-Through-Displays gegenüber einem Video-See-Through-Display waren primär die Anforderungen an die Unterwassertauglichkeit. Hier wurde daher zunächst eine speziell seitens des Herstellers zusätzlich abgedichtete Version des Liteye 750A eingesetzt. Dies erwies sich allerdings für den geplanten Einsatzzweck als nicht ausreichend, so dass das Display zusätzlich mittels einer Plexiglas-/Silikonabdichtung präpariert wurde.

Position und Orientierung des Nutzers wurden mit Hilfe eines optischen (markenbasierten) Tracking sowie eines 3-DoF-Orientierungstrackers (XSens) bestimmt. Für das optische Tracking wurden auf dem Boden des Schwimmbeckens wasserfeste Marken platziert, die von einer über der Taucherbrille montierten Kamera erfasst wurden. Nur durch Einsatz des hybriden Tracking-Ansatzes konnten jedoch auch Phasen überbrückt werden, in denen der Nutzer z. B. durch Schwimmbewegungen die Marke kurzfristig verdeckt hatte. Ein weiteres Problem bei der Positionierung der Marken auf dem Grund des Schwimmbeckens stellten durch Lichtbrechung an der Wasseroberfläche hervorgerufene Kaustiken dar. Diese führten zu partiell starken Glanzlichtern auf den zunächst verwendeten einlaminierten Marken, welche ein Tracking nahezu unmöglich machten. Es wurden daher spezielle Marken aus Zellkautschuk gefertigt, die Reflexionen weitgehend verhindern. Die für Rendering, Tracking und Ausführung der eigentlichen Anwendung notwendige Rechenleistung lieferte ein ultra-mobiler PC (UMPC) in einem wasserfesten Gehäuse, welches der Taucher in einer Rucksack-Konstruktion bei sich führte.

Als Anwendungsbeispiel wurde ein mobiles AR-Unterwasserspiel entwickelt, welches den Spieler in die Rolle eines Meeresarchäologen auf Schatzsuche versetzte. Um die verschlossene Schatztruhe zu öffnen, musste ein Zahlencode geknackt werden, der sich in einer Reihe „magischer" virtueller Muscheln verbarg. Damit die Nutzer die Hände für Schwimmbewegungen frei hatten, erfolgte die Interaktion hierbei ausschließlich über die Annäherung an die virtuellen Objekte. Schwamm der Nutzer nah genug an die Muschel heran, so öffnete sich diese und offenbarte eine Zahl.

Das Anwendungsszenario zeigt, dass sich bestehende AR-Technologie unter Berücksichtigung der speziellen Anforderungen des Mediums und den sich daraus ergebenden Einschränkungen für den Nutzer auch für den Unterwassereinsatz nutzen lässt. Zu den Anwendungsgebieten gehört z. B. die Ausbildung von Berufstauchern wie auch der Unterhaltungsbereich. So wird beispielsweise im Nachfolgeprojekt AREEF Unterwasser-AR für die Nutzung in Fun-Parks entwickelt. Aufgrund der geringeren Kosten und höheren Robustheit wird hier jedoch trotz der Nachteile in Bezug auf die Usability zunächst auf Handheld-Lösungen gesetzt.

9.8 Einsatz von Spatial Augmented Reality in der Automobilindustrie

Christoffer Menk, Volkswagen AG

Der heutige automobile Design- und Entwicklungs-Prozess wird durch die steigende Anzahl der Ausstattungs- und Modellvarianten immer kosten- und zeitintensiver. Aus diesem Grund werden verstärkt virtuelle Techniken eingesetzt, um die Anzahl der benötigten Iterationen und Hardware-Modelle zu reduzieren. Mit Hilfe der virtuellen Techniken können schon in einer sehr frühen Phase des Prozesses eine große Anzahl an Varianten dargestellt, modifiziert und beurteilt werden, wodurch die benötigte Zeit als auch die Kosten für den Prozess verringert werden. Die virtuellen Daten werden hierbei auf einem Monitor, einer großen Projektionsfläche oder in einer CAVE dargestellt.

Trotz dieser Darstellungsmöglichkeit werden in vielen Schritten des Prozesses immer noch reale Hardware-Modelle gegenüber den virtuellen Daten bevorzugt. Der Grund hierfür ist, dass Formen, Kurven und Geometrie besser an einem Fahrzeugmodell in der Realität als an einer rein virtuellen Darstellung beurteilt werden können. Insbesondere, weil die virtuellen Daten auf herkömmlichen Displays, wie einem Monitor, oft in skalierten Größenverhältnissen und ohne Bezug zur Realität dargestellt werden. Selbst wenn die virtuellen Daten in korrekten Größenverhältnissen dargestellt werden, bemerken trotzdem

Abb. 9.12 Projektion virtueller Daten auf ein reales Fahrzeugmodell. Nach Menk (2012)

viele Entwickler eine unnatürliche Wahrnehmung von diesen. Die Größenwahrnehmung virtueller Daten ist daher immer noch eine aktuelle Herausforderung und ein Thema in derzeitigen Forschungsarbeiten (Kuhl et al. 2008).

Aus diesem Grund bekommt heutzutage Augmented Reality (AR) in der Automobilindustrie immer mehr Beachtung. Mit Hilfe von AR hat die Visualisierung der virtuellen Daten reale Proportionen und Größen und kann durch die Designer besser beurteilt werden. Viele AR Anwendungen benutzen derzeit ein Head-Mounted Display (HMD) um die virtuellen Daten für einen bewegten Nutzer anzuzeigen. Leider haben diese Displays derzeit noch technologische als auch ergonomische Nachteile wie Gewicht und Tragekomfort, welche ihren Einsatz in automobilen Anwendungen verzögern (Jundt et al. 2011). Ein Teilgebiet der Augmented Reality, welches daher derzeit immer mehr an Bedeutung gewinnt, ist die Spatial Augmented Reality (SAR) (Bimber und Raskar 2005). Bei dieser Technologie werden die virtuellen Daten direkt mit einem Projektor auf einem realen Modell, wie z. B. einem Fahrzeug oder einem Design-Modell, dargestellt (siehe Abb. 9.12).

Aktuelle Studien haben ergeben, dass die Akzeptanz von SAR im Design- und Entwicklungs-Prozess wesentlich größer als die Anwendung von traditionellen virtuellen Techniken ist, weil die virtuellen Daten vom Nutzer in einer gewohnten Umgebung direkt in der Realität beurteilt werden können (Menk et al. 2011). Im Gegensatz zu einer Projektion auf eine planare weiße Leinwand müssen bei einer Darstellung der Inhalte auf

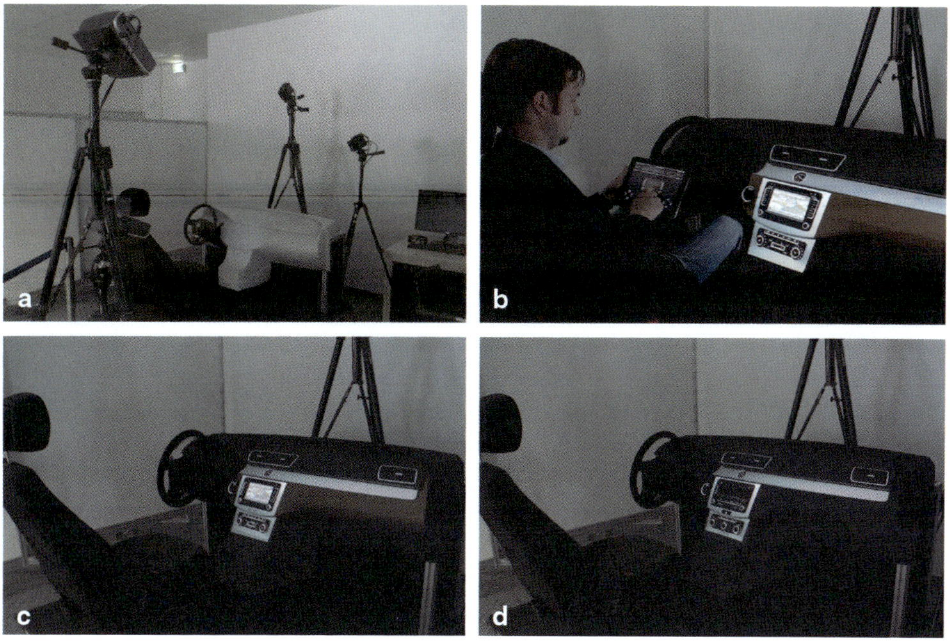

Abb. 9.13 Benutzung von SAR im Interieur Design-Prozess. **a** Setup mit zwei Projektoren und realem Modell. **b–d** Projektion verschiedener Passat Varianten auf das Modell. Nach Menk (2012)

einem realen und farbigen Modell jedoch die Projektionsbilder an die Eigenschaften der Oberfläche des Modells angepasst werden, so dass eine entsprechende visuelle Qualität erreicht wird. Insbesondere ist dieses für automobile Anwendungen von Bedeutung, wenn grundlegende Entscheidungen im Prozess anhand der projizierten virtuellen Daten getroffen werden.

Um den Anforderungen hinsichtlich der Qualität im Design und Entwicklungsprozesszu entsprechen, müssen daher verschiedene Einflussfaktoren, wie die Geometrie und das Material des Modells, das Umgebungslicht als auch die Position des Projektors und des Betrachters berücksichtigt werden. Insbesondere sollte die Visualisierung der virtuellen Daten im Idealfall nicht mehr von einem realen Fahrzeug zu unterscheiden sein.

In der Literatur gibt es verschiedene Konzepte und Ansätze wie die virtuellen Daten bezüglich einer beliebigen Oberfläche angepasst werden müssen, so dass eine entsprechende visuelle Qualität für den Betrachter erreicht wird. Eine grundlegende Einführung in die Thematik bieten (Bimber und Raskar 2005). Eine spezielle Betrachtung der Thematik für den Automobilprozess wurde in (Menk und Koch 2012) vorgenommen und es wurden neue Technologien und Konzepte entwickelt, die einen Einsatz der Technologie für den Automobilprozess ermöglichen, z. B. Farben auf dem Modell so darzustellen, dass diese nicht mehr von realen Farben zu unterscheiden sind.

Eine erste Anwendung kann in Abb. 9.13 betrachtet werden. Bei dieser Anwendung werden mehrere Projektoren dazu verwendet, um virtuelle Daten wie Radios und Ausströmer im Interieur Design-Prozess darzustellen. In einer solchen Umgebung können neben den Designs auch Erreichbarkeiten und Sichtbarkeiten zu einzelnen Elementen, insbesondere an unterschiedlichen Positionen im Innenraum, überprüft und beurteilt werden. Insgesamt können durch den Einsatz dieser Technologie auf ein und demselben Modell viele verschiedene Varianten dargestellt und beurteilt werden. Sicherlich werden finale Entscheidungen immer noch am realen Modell getroffen werden, aber eine Entscheidung von welchen virtuellen Daten und Varianten reale Modelle gefertigt werden, kann mit SAR getätigt werden. Dadurch können sowohl Hardware-Modelle als auch Kosten und Zeit im Design- und Entwicklungs-Prozess eingespart werden. Weitere Anwendungsmöglichkeiten von SAR in der Automobilindustrie können (Menk 2012) entnommen werden.

9.9 Einsatz von Augmented Reality in der Fertigungsplanung

Christian Bade, Werner Schreiber, Volkswagen AG

Die zunehmend globalisierte Produktion und die immer stärkere Nachfrage nach individualisierten Produkten zwingen Automobilhersteller heute zu einer kontinuierlichen Ausweitung der Produktpalette bei einer gleichzeitigen Verkürzung der Produktentstehungszyklen. Für produzierende Unternehmen bedeutet dies nicht nur die stetige Optimierung bestehender Fertigungsstrukturen sondern vor allem die Umsetzung neuer Produkte. Hierzu sind der Bau neuer Fabriken sowie die Integration neuer Modelle in bestehende Produktionsstrukturen erforderlich. Für die Fertigungsplanung ergeben sich daraus hohe Anforderungen hinsichtlich einer flexiblen und qualitätsgerechten Produktion.

Aktuell werden diese komplexen Planungsaufgaben mit den Werkzeugen und Methoden der Digitalen Fabrik (DF) gelöst. Neben Layout- und Aufbauplänen werden im Rahmen der DF sämtliche Fertigungs- und Logistikprozesse der realen Fabrik abgebildet und simuliert. So werden Stückzahlen, Qualität und Kollisionsfreiheit verifiziert, noch bevor der erste Spatenstich für eine reale Anlage gesetzt ist. Ohne die DF sind die Geschwindigkeit und die Komplexität von Planungsprojekten in der Automobilindustrie nicht mehr beherrschbar.

Um das volle Potential der DF auszuschöpfen ist es erforderlich, dass die Daten und Informationen der digitalen Modelle mit der realen Fabrik übereinstimmen. Das ist leider oft nicht der Fall. Am Ende des digitalen Fabrikplanungsprozesses stehen reale Fertigungshallen und Betriebsmittel, welche zum Teil stark von den Modellen der Digitalen Fabrik abweichen (Hoffmeyer et al. 2009). Baut die weitere Planung auf der digitalen Repräsentation falscher Planungsdaten auf, wird es unweigerlich zu Fehlern kommen, welche kosten- und zeitintensive Änderungen nach sich ziehen (Schreiber 2008). Es ist daher notwendig, die vorhandenen Planungsdaten vor der Weiterverwendung einem Soll/Ist-Vergleiche zu unterziehen, um Abweichungen rechtzeitig zu erkennen und ggf. in das digitale Modell zurückzuführen.

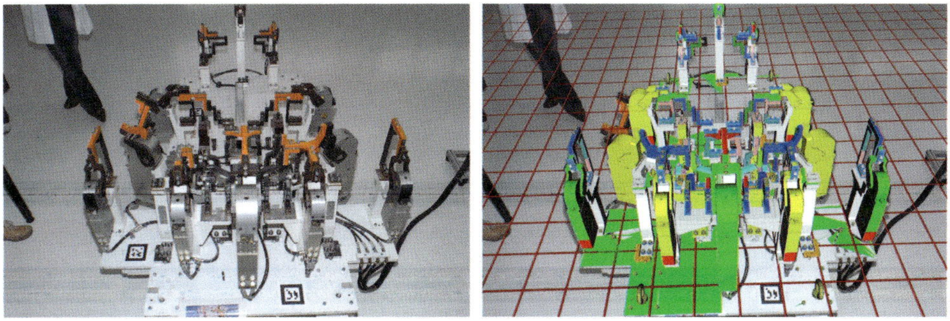

Abb. 9.14 AR-Überlagerung einer Spannvorrichtung mit CAD-Konstruktionsdaten (*links*) Ansicht ohne 3D-Modell (*rechts*) Ansicht mit 3D-Modell

Als intuitive Schnittstelle zwischen der realen und digitalen Welt bietet die Augmented Reality (AR) Technologie ein hohes Potenzial, um Fertigungsplanungsprozesse zu optimieren. Durch AR wird die Ansicht realer Anlagen oder Gebäude mit den Konstruktionsdaten deckungsgleich überlagert (siehe Abb. 9.14). Im überlagerten Bild werden die Objekte visuell mit den Plandaten verglichen, um Abweichungen zu identifizieren.

In den letzten Jahren sind zahlreiche AR-Anwendungen für mobile Endgeräte wie Smartphones oder Tablet-PCs entstanden, die dem Nutzer umgebungsbezogene virtuelle Informationen zur Verfügung stellen. Im Gegensatz zu diesen mobilen Consumer-Anwendungen ist die Genauigkeit der kongruenten Überlagerung ein wesentlicher Erfolgsfaktor beim Anwendungsfall des Soll/Ist-Vergleichs. Nur wenn die virtuellen Modelle exakt deckungsgleich überlagert werden, ist eine belastbare Aussage über Abweichungen zwischen Modell und Realität möglich. Zu den zentralen Herausforderungen auf dem Weg zu einer exakten kongruenten Überlagerung in industriellen Produktionsumgebungen zählen die exakte Registrierung des AR-Systems und ein präzises Large-Area-Tracking für große, geschlossene Arbeitsräume.

In der Literatur gibt es verschiedene Konzepte und Ansätze wie AR-Systeme in industriellen Produktionsumgebungen registriert werden können. Georgel et al. (2007) präsentieren ein fotobasiertes AR-System für Soll/Ist-Vergleiche von Fertigungsanlagen, das zur Registrierung fabrikspezifische Referenzgeometrien (Anchor-Plates) verwendet. Dieser Ansatz ist sehr beachtenswert, da er sich an den industriellen Gegebenheiten orientiert und weiteren Rüstaufwand vermeidet. Leider können damit nicht alle Arbeitsräume abgedeckt werden und die erreichte Trackinggenauigkeit ist noch nicht ausreichend hoch. Weiterführend werden in (Pentenrieder et al. 2008) verschiedene Ansätze zur Registrierung von AR-Systemen in industriellen Produktionsumgebungen vorgestellt. Im Ergebnis zeigt sich, dass in industriellen Umgebungen Referenzobjekte existieren, die sehr gut für Registrierungsprozesse genutzt werden können. Da diese Referenzobjekte mit bewährten Messwerkzeugen und -methoden aus dem industriellen Umfeld erzeugt werden, erscheint eine Umwidmung entsprechender Messwerkzeuge zu Trackingkomponenten für AR-Systeme als vielversprechende Strategie zur Lösung der Registrierungs- und Trackingproblematik.

Abb. 9.15 Einsatz des entwickelten mobilen AR-Systems zur Untersuchung eines Hallenneubaus

Dieser Ansatz wurde in durch Bade et al. (2011) aufgegriffen, indem ein Lasertracker als bewährtes Instrument aus der Domäne der Messtechnik in ein AR-System integriert wurde. Zur Integration der Lasertrackertechnologie in vorhandene AR-Systeme wird ein Sensor-Kamera-Kalibrierkonzept entwickelt, das zudem den existierenden Prozess der Kamerakalibrierung für den Einsatz in großen Arbeitsräumen optimiert. Der Lasertracker ermöglicht eine schnelle und präzise Registrierung an vorhandenen Referenzobjekten und deckt bei geringem Rüstaufwand ein ausreichend großes Arbeitsvolumen ab. Das mobile System realisiert eine Echtzeitüberlagerung virtueller Daten in der Produktionsumgebung (siehe Abb. 9.15). Es wurde erfolgreich zur Bauabnahme und zum Soll-/Ist-Vergleich von Planungsdaten an verschiedenen Fertigungsstandorten eingesetzt.

Neben einer Vollständigkeitsprüfung ermöglichte das System insbesondere das sichere Erkennen von Positionsabweichungen auf der Baustelle. Die Ergebnisse der Praxiseinsätze bestätigen das Potential der Augmented Reality Technologie als effektives Planungsinstrument für die Fertigungs- und Produktionsplanung. Soll-/Ist-Vergleiche sichern die weiterführenden Planungen ab, was zum einen Änderungskosten reduziert und zum anderen den termingerechten Projektabschluss sicherstellt.

Weiterführende Informationen zum Einsatz der Augmented Reality Technologie für Soll/Ist-Vergleiche von Betriebsmitteln in der Fertigungsplanung werden in (Bade 2012) vermittelt.

9.10 Augmentierte Realität und Print

Matthias Greiner, metaio GmbH

„Das Medium Print ist tot" – so klingt das Schreckgespenst, das seit einigen Jahren die internationale Druck- und Verlagsbranche in Unruhe versetzt. Der Print-Markt durch Onlineportale, Apps und E-Books erlebt einen enormen Wandel. Inhalte können kurzfristig und unkompliziert verbreitet werden, dynamische Anpassungen sind mit geringem Aufwand einfach möglich. Anstatt statischer Texte und Bilder lockt das multimediale Erlebnis, das von Interaktion und Unterhaltung geprägt ist. Aber auch bedrucktes Papier hat unbestrittene Vorzüge: Zeitungen und Bücher benötigen keinen Akku und keine Internetverbindung. Aber auch Lesekomfort, Haptik sowie die vertraute Möglichkeit, schnell und einfach Eselsohren oder Notizen machen zu können, gelten als Vorteil des gedruckten Papiers gegenüber digitaler Medien. Aber warum entweder – oder? Geht es nicht eigentlich um den Transport der Inhalte unabhängig vom Medium? Warum nicht die Vorteile beider Medien so miteinander verbinden, dass dem Leser Informationen in der jeweils idealen Form zur Verfügung stehen? Eine crossmediale Verbindung zwischen der realen und der digitalen Welt? Die Augmented Reality (AR)-Technologie ermöglicht es, digitale Inhalte – seien es Videos, Bilder, Buttons, Direktlinks in Webshops, Grafiken oder 3D-Modelle – mit analogen Printmedien, z. B. mittels Smartphone-Applikation, zu verknüpfen. Dabei wird die reale Seite mittels Bilderkennung getrackt und digitale Informationen werden kontextsensitiv im Live-Kamerabild auf dem Display des mobilen Endgeräts, wie Smartphone oder Tablet-PC, angezeigt. Die Leser können so die beschriebenen Vorteile beider Medien zeitgleich genießen und Informationen auf eine neue Art und Weise erleben. Dank Computervision-Technologien, wie dem Image Tracking oder dem servergestütztem Klassifizierungsverfahren *Continuous Visual Search* (Girod et al. 2011), kann heute schon nahezu jedes Printmedium via Bilderkennung erfasst, und so per AR mit digitalen Inhalten verknüpft werden. Dazu werden die Bilder in einer gigantischen Bilddatenbank gespeichert und egal ob es sich um die Seite eines Buches oder einer Zeitung, um eine Visiten- oder Geschenkkarte, Produktverpackungen, Bilder, Poster oder Gemälde handelt, seitens der digitalen Inhalte sind nahezu alle gängigen Bild, Video-, 3D- oder Audio-Formate mit AR anwendbar, d. h. es müssen hierfür nicht zwingend neue, spezielle Formate produziert werden. Durch die gleichzeitig steigende Verbreitung von Mobilgeräten, die aufgrund der Prozessor- sowie Grafikleistung für AR-Anwendungen geeignet sind, können ansprechende Anwendungen für ein breites Publikum umgesetzt werden. So besitzen bereits 37 % der Deutschen ein Smartphone und 13 % einen Tablet-PC (Dirtheuser und Wolf 2013) und haben damit die Möglichkeit auf entsprechende Anwendungen zuzugreifen. Analog dazu verzeichnen AR-Anwendungen, die in Kombination mit Printmedien funktionieren, steigende Beliebtheit. Bis zum Ende des Jahres 2012 haben allein in Deutschland bereits fünf der sieben großen deutschen Verlagshäuser (u. a. Axel Springer Verlag, Bauer Verlag, Burda) für 15 Magazintitel (u. a. Bravo, Autobild, TV Movie) eigene AR-Applikationen gestartet. Insgesamt wurden in 2012 monatlich ca. 20 Mio. deutsche Magazine gedruckt, die mit digitalen AR-Informationen verknüpft bzw. angereichert waren. Zusätzlich wurde erstmals der IKEA Katalog 2012/2013 mit einer weltweiten Auflage von ca. 200 Mio. Stück auf 45 Seiten mit digitalen Zusatzinformationen angereichert (siehe Abb. 9.16, rechts).

Mittlerweile sind Anwendungen nicht mehr auf wenige Bilder oder Seiten eines Magazins oder Katalogs begrenzt, denn dank Bilderkennungsalgorithmen, die darauf optimiert sind, die Initialisierung und das eigentliche Tracking sequentiell zu berechnen, liegt die physische Grenze auf mobilen Endgeräten bereits bei ca. 80–100 verschiedenen sogenannten „Trackables“ (Stand 2013), das kann eine vollständige Seite oder aber auch nur ein einzelnes Bild sein, die in Echtzeit gleichzeitig innerhalb einer Anwendung verarbeitet werden können. Zusätzlich wurden die für die Bilderkennung nötigen Konfigurations-

Abb. 9.16 (*links*) Ein virtuelles Fahrzeug wird auf einer realen Anzeige in Echtzeit dargestellt. (*rechts*) Möbelkatalog, in dem zusätzliche, digitale Inhalte per Tablet abgerufen werden können. (Quelle: metaio GmbH)

dateien in der Datengröße stark reduziert und so hinsichtlich derzeit verfügbarer mobiler Datenübertragungsraten optimiert. Dennoch steht die AR-Technologie im Alltag noch am Anfang. Mit Hilfe leistungsfähigerer Geräte, höheren mobilen Bandbreiten, weiteren technologischen Verbesserungen, wie beispielsweise hardwaregestützte Bildverarbeitung, und nicht zuletzt die ständig wachsende Erfahrung der Entwickler und Anwender werden zukünftig noch weitaus komplexere Anwendungen realisiert werden können.

9.11 Benutzerzentrierte Gestaltung eines AR-basierten Systems zur Telemaintenance

Thomas Alexander, Michael Kleiber, Fraunhofer Institut für Kommunikation, Informationsverarbeitung und Ergonomie

Die zunehmende Komplexität technischer Systeme und insbesondere von Großanlagen führt dazu, dass zur Reparatur und Instandsetzung Detail- und Spezialkenntnisse erforderlich sind, die beim technischen Personal vor Ort häufig fehlen. Einfache Supportanfragen (Emails oder Telefonate) helfen hier nicht. Insbesondere bei Großanlagen, die weltweit in abgelegenen Standorten mit schlechter IT-Anbindung betrieben werden, kommt es deshalb zu zeit- und kostenintensiven Standzeiten. Videokonferenzen scheiden aufgrund fehlender Breitbandverbindungen ebenfalls aus. Es besteht also Bedarf an alternativen Lösungen, die bei den gegebenen Randbedingungen einsetzbar sind.

Von besonderer Bedeutung ist dabei eine effiziente, enge Zusammenarbeit und Kommunikation zwischen Techniker vor Ort und Experten der Herstellerfirma. Diese erfordert eine gemeinsame Kommunikationsbasis und gemeinsame Sicht bei der Lokalisierung von Systemkomponenten und anschließenden Problemlösung. Verfahren der AR und VR ermöglichen dies (Alexander et al. 2012).

Die Gestaltung eines solchen AR-Systems erfordert die Einbeziehung der späteren Nutzer zu einem frühestmöglichen Zeitpunkt. Die entsprechenden Verfahren gliedern sich in die Feststellung des Nutzungskontextes, die Ableitung funktionaler und technischer Anforderungen und schließlich die schrittweise Implementierung und Evaluation des Sys-

Abb. 9.17 AR-System auf der Seite des entfernten Teilnehmers mit eingeblendeten Informationen

tems (EN ISO 9241-210). Die Implementierung und Evaluation beinhalten empirische Untersuchungen bei kontrollierten Bedingungen unter Beteiligung einer repräsentativen Stichprobe der späteren Nutzer. Wichtig ist, bei der Analyse keine Einzelfallbetrachtungen durchzuführen, sondern die Streuungen und Varianzen durch entsprechende inferenzstatistische Verfahren zu berücksichtigen (Verfahren beispielweise bei (Sachs 2003)).

Bei der Analyse des Nutzungskontextes für den o. a. Anwendungsfall ergibt sich beispielsweise eine Begrenzung der verfügbaren Kommunikationsbandbreite auf 14,4 kBit/s. Außerdem sollen kommerziell verfügbare Komponenten eingesetzt werden. Die Anforderungsanalyse zeigt schnell, dass eine räumliche Zuordnung der Kamerasicht zur Lokalisierung relevanter Systemkomponenten als eine gemeinsame Kommunikationsbasis erforderlich ist und eine rein akustische Kommunikation ausscheidet.

Hieraus folgt eine erste Implementierung, wie sie in Abb. 9.17 gezeigt wird. Die Kamera des mobilen Computers (Smartphone, Tablet o. ä.) erfasst die Szene und berechnet auf der Basis von optischen Markern die relative Position und Orientierung des Mobilgeräts. Lediglich diese Information wird über das schmalbandige Netz an den entfernten Experten beim Hersteller übertragen. Sie wird in seiner Darstellung grafisch abgebildet oder seine Perspektive direkt entsprechend dargestellt. Er kann hier räumlich referenzierte Notizen ergänzen oder Montageschritte sequenziell starten. Diese werden dem Techniker vor Ort übermittelt und als virtuelle Objekte räumlich referenziert überlagert. Parallel ist eine Sprachkommunikation realisiert. Auf diese Weise wird die Kommunikation zwischen den beiden Teilnehmern unterstützt (Kleiber et al. 2012).

Im Anschluss an die erste technische Realisierung des Systems erfolgt die Anpassung der Benutzungsschnittstelle. In einem Experiment zur Evaluation werden dazu vorgegebene Betrachtungspositionen zur Lokalisierung von Bauteilen eingenommen. Eine varianzanalytische Auswertung der Versuchsergebnisse zeigt, dass zusätzliche Navigationshinweise bei einer AR-Darstellung erforderlich sind. Außerdem können Nutzer ohne Vorerfahrung mit Hilfe des AR-Systems Bauteile genauso schnell identifizieren wie erfahrene Nutzer.

Weitere Experimente runden diese Ergebnisse ab und führen so iterativ zu einem benutzerzentriert gestalteten, interaktivem AR-System zur Telemaintenance.

9.12 Effekte von Rendering-Parametern auf die Wahrnehmung von Größen und Distanzen

Gerd Bruder, Frank Steinicke, Universität Würzburg

Die genaue Wahrnehmung von Größen und Distanzen in virtuellen Umgebungen ist essentiell für viele Anwendungsbereiche. Während verschiedene Hypothesen existieren, welche technischen oder psychologischen Faktoren starke Auswirkungen auf Fehlwahrnehmungen haben können, sind insbesondere die Effekte von Variationen zwischen physikalischen Displaysystemen und geometrischen Rendering-Parametern auf die menschliche Raumwahrnehmung noch nicht hinreichend untersucht. Im Folgenden wird exemplarisch ein Experiment beschrieben (Bruder et al. 2012), in dem die perzeptuellen Effekte vom geometrischen Sichtbereich und dem virtuellen Augenabstand auf die Wahrnehmung von Größen und Distanzen in virtuellen Umgebungen untersucht wurden.

Es gibt eine Reihe verschiedener Methoden zur experimentellen Bestimmung absoluter Größen- und Distanzeinschätzungen in realen und virtuellen Umgebungen (z. B. *Blindfolded Walking, Triangulated Walking* oder *Imagined Walking*, vgl. (Klein et al. 2009)). Während diese Ansätze gute Ergebnisse liefern können, sind die Testmethoden sehr zeitaufwändig, so dass bei Vergleichsstudien mit mehreren Parametern häufig alternative Ansätze für die Einschätzung relativer Unterschiede gewählt werden. Für die Einschätzung von Größen und Distanzen wurde hier die Methode konstanter Stimuli in einem *Two-Alternative Forced Choice* (2AFC) Design gewählt (Ferwerda 2008), in dem Stimuli zwischen Experimentdurchläufen randomisiert ausgewählt und getestet werden. Visuelle Stimuli wurden mit einem HMD dargestellt und bestanden aus einem virtuellen Korridor mit zweigeteiltem Sichtbereich (siehe Abb. 9.18), in dem links und rechts virtuelle Avatare mit unterschiedlichen Rendering-Parametern dargestellt wurden. Die jeweiligen geometrischen Sichtbereiche und virtuellen Augenabstände wurden mit Faktoren relativ zu ihren korrekt kalibrierten Einstellungen skaliert. Der *Field of View* wurde mit Faktoren zwischen 0,5 und 1,5 mit einer Schrittweite von 0,25 skaliert. Augenabstände wurden mit Faktoren zwischen 0 (mono), 1 (Augenabstand), 2 (doppelter Augenabstand) usw. bis 4 skaliert. Sämtliche Kombinationen auf der linken Seite wurden gegen alle Kombinationen auf der rechten Seite randomisiert getestet. In dem Experiment wurden Teilnehmer instruiert, pro Durchgang für eine gerenderte Szene zwei 2AFC-Fragen zu beantworten. Für Distanzeinschätzungen wurde die Frage gestellt, „Erscheint der a) *linke* oder b) *rechte* Avatar näher?" Für Größeneinschätzungen erschien die Frage, „Erscheint der a) *linke* oder b) *rechte* Avatar kleiner?" Teilnehmer mussten sich jeweils bei der Antwort zwischen den Alternativen entscheiden und dies durch eine von zwei Tasten auf der Tastatur eingeben. Konnten die Teilnehmer keinen Unterschied erkennen, waren sie somit gezwungen zu schätzen und werden statistisch in 50 % der Durchgänge die korrekte Antwort auswählen. Der Punkt, an dem Teilnehmer in 50 % der Durchgänge sich für eine Alternative entscheiden, wird als *point of subjective equality* (PSE) bezeichnet und kennzeichnet einen Punkt, an dem Teilnehmer die zwei mit potenziell unterschiedlichen Rendering-Parametern dargestellten Avatare als identisch wahrnehmen in Bezug auf Distanzen oder Größen. Sofern die Rendering-Parameter sich von diesen Punkten entfernen, steigt die Fähigkeit der Teilnehmer,

Abb. 9.18 Illustration des visuellen Stimulus im Experiment (hier mit Rot-Cyan Anaglyphen). Die Aufgabe der Teilnehmer bestand darin, die Größe und Distanz der virtuellen Avatare miteinander zu vergleichen (z. B. ist die Person in der linken Bildhälfte weiter vorn oder hinten als die Person in der rechten Bildhälfte)

Unterschiede zu erkennen, wodurch eine psychometrische Kurve für die Diskriminationsfähigkeit erstellt werden kann.

Die Testpersonen wurden unter den Studenten und Mitarbeitern der lokalen Forschungsinstitute über ein lokales Versuchspersonenregistrierungssystem rekrutiert (22 männlich, 17 weiblich, Alter zwischen 18–44 Jahren). Alle Teilnehmer wurden vor dem Experiment mit einem Snellen-Test auf korrekte Sehkraft getestet. Stereoskopisches Sehvermögen wurde mit randomisierten Punktdiagrammen auf Anaglyphenbasis sichergestellt. Augenabstände wurden pro Teilnehmer mit einer Methode erhoben, die von Willemsen et al. (2008) vorgestellt wurde. Die erhobenen Werte wurden für die visuellen Darstellungen auf dem HMD eingesetzt. Alle Teilnehmer waren naiv bezüglich der Experimentkonditionen. Das Experiment ging pro Teilnehmer über etwa eine Stunde. Teilnehmer konnten jederzeit eine Pause einlegen. Kurze Pausen nach jeweils 50 Experimentdurchgängen waren obligatorisch um die Augen nicht zu überanstrengen.

Die Ergebnisse der 2AFC-Fragen wurden zusammengefasst und anhand sigmoider psychometrischer Funktionen der Diskriminationsleistung dargestellt. Die Fehlerbalken zeigen den Standardfehler. Abbildung 9.19 zeigt den Zusammenhang von Größen und Distanzeinschätzungen in Abhängigkeit der Faktoren auf den geometrischen Sichtbereich und virtuellen Augenabstand relativ zu korrekt kalibrierten Darstellungen. Die x-Achse zeigt die getesteten Skalierungsfaktoren auf den virtuellen Sichtbereich bzw. Augenabstand. Die y-Achse zeigt die Wahrscheinlichkeit, dass Teilnehmer den dargestellten Avatar als „näher" bzw. „kleiner" einschätzen als einen korrekt dargestellten Avatar. Die schwarzen Kurven zeigen die Ergebnisse für Distanzeinschätzungen, die grauen Kurven für Größeneinschätzungen. Die Ergebnisse zeigen, dass Variationen des geometrischen Sichtbereichs einen großen Effekt auf die Distanzwahrnehmung haben, wohingegen Variationen

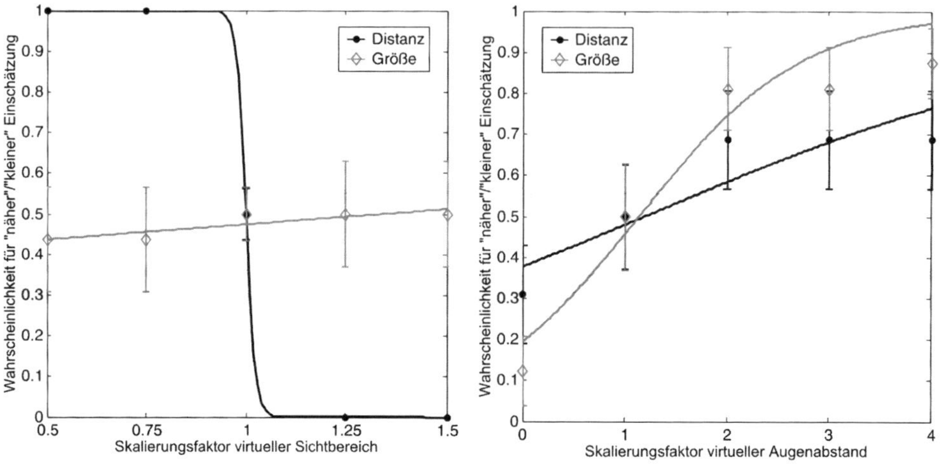

Abb. 9.19 Ergebnisse der Distanz- und Größeneinschätzungen bei variiertem Sichtbereich (*links*) bzw. Augenabstand (*rechts*)

des virtuellen Augenabstandes sich primär auf die Wahrnehmung von Größe auswirken. Der Einfluss des geometrischen Sichtbereichs auf die Wahrnehmung von Größe bzw. der Einfluss des virtuellen Augenabstandes auf die Distanzwahrnehmung zeigte sich als marginal und deutlich geringer als in mathematischen Modellen vorhergesagt (Bruder et al. 2012). Die Ergebnisse zeigen ein weiteres Beispiel für die Unterschiede in der Wahrnehmung in der virtuellen und realen Welt.

Literatur

Alexander T, Pfendler C, Thun J, Kleiber M (2012) The influence of the modality of telecooperation on performance and workload. J Prevention, Assessment and Rehabilitation, 41-1:3476–3483

Aylor WK (1997) The role of 3d seismic in a world class turnaround. SEG Technical Program Expanded Abstracts, 725–729

Aylor WK (1999) Measuring the impact of 3d seismic on business performance. J Petroleum Technology, 51(6):52–56

Bade C (2012) Untersuchungen zum Einsatz der Augmented Reality Technologie für soll/ist-vergleiche von Betriebsmitteln in der Fertigungsplanung. Logos Verlag, Berlin

Bade C, Hoffmeyer A, Alberdi A, Paul G (2011) Entwicklung und Einsatz eines AR-Systems mit laserbasierten Large-Area-Tracking. Proc Augmented & Virtual Reality in der Produktentstehung, HNI-Schriftenreihe, 85–106

Bimber O, Raskar R (2005) Spatial augmented reality: merging real and virtual worlds. A. K. Peters, Natick

Blum L, Broll W, Müller S (2009) Augmented reality under water. In Proc. SIGGRAPH '09: Posters SIGGRAPH '09. ACM, New York

Bruder G, Pusch A, Steinicke F (2012) Analyzing effects of geometric rendering parameters on size and distance estimation in on-axis stereographics. Proc ACM Symp Applied Perception, 111–118

Buchholz H, Wetzel R (2009) Introducing science centre togo – a mixed reality learning environment for everyone's pocket. IADIS International Conference Mobile Learning, 104–110
Buchholz H, Brosda C, Wetzel R (2010) Science center to go – a mixed reality learning environment of miniature. Proceedings of the „Learning with ATLAS@CERN“ Workshops Inspiring Science Learning EPINOIA. Crete, 85–96
Dirtheuer K, Wolf M (2013) Mobile Internetnutzung – Entwicklungsschub für die digitale Gesellschaft. Huawei GmbH, Initiative D21 e. V. (Hrsg.), Schwabendruck. http://www.initiatived21.de/wp-content/uploads/2013/02/studie_mobilesinternet_d21_huawei_2013.pdf. Zugegriffen am 21. August 2013
EN ISO 9241-210: Prozess zur Gestaltung gebrauchstauglicher interaktiver Systeme. Beuth-Verlag, Berlin
Ferwerda J (2008) SIGGRAPH Core: Psychophysics 101: How to run perception experiments in computer graphics. Proc SIGGRAPH, ACM Press, New York
Georgel P, Schroeder P, Benhimane S, Hinterstoisser S, Appel M, Navab N (2007) An industrial augmented reality solution for discrepancy check. Proc ISMAR 2007, 111–114
Girod B, Chandrasekhar V, Chen D, Cheung NM, Grzeszczuk R, Reznik Y, Takacs G, Tsai S, Vedantham R (2011) Mobile visual search. Signal Process. Mag., vol 28 (4), IEEE.
Hoffmeyer A, Bade C, Doil F (2009) Konzept zur Realisierung einer Augmented-Reality-gestützten Bau- und Layoutplanung mit Hilfe eines laserbasierten Large-Area-Trackings. Proc Digitales Engineering zum Planen, Testen und Betreiben technischer Systeme. 6. Fachtagung zur Virtual Reality, 12. IFF-Wissenschaftstage, 311–322
Hulin T, Sagardia M, Artigas J, Schaetzle S, Kremer P, Preusche C (2008) Human-scale bimanual haptic interface. Proc Enactive08, 28–33
Hummel J, Dodiya J, Wolff R, Gerndt A, Kuhlen T (2013) An evaluation of two simple methods for representing heaviness in immersive virtual environments. Proc IEEE 8th Symp 3D User Interfaces, 87–94
Jundt E, Menk C, Schreiber W (2011) Projection-based augmented reality im service-training. Augmented und Virtual Reality in der Produktentstehung, 10(1), 239–252
Kleiber M, Alexander T, Winkelholz C, Schlick CM (2012) User-centered design and evaluation of an integrated ar-vr systeme for tele-maintenance. Proc IEEE Intl Conf on Systems, Man, and Cybernetics, 1443–1448
Klein E, Swan JE, Schmidt GS, Livingston MA, Staadt OG (2009) Measurement protocols for medium-field distance perception in large-screen immersive displays. Proc IEEE Virtual Reality, 107–113
Kuhl SA, Thompson WB, Creem-Regehr SH (2008) Hmd calibration and its effects on distance judgments. Proc ACM APGV '08, 15–22
Kuhlen, Torsten: aixCAVE at RWTH Aachen University. http://www.rz.rwth-aachen.de/aw/cms/rz/Themen/Virtuelle_Realitaet/infrastructure/~tos/aixCAVE_at_RWTH_Aachen_University. Zugegriffen am 1. August 2013
Larsen YC, Buchholz H, Brosda C, Bogner FX (2012) Evaluation of a portable and interactive augmented reality learning system by teachers and students. In: Lazoudis A, Salmi H, Sotiriou S (eds) Augmented Reality in Education – Proceedings of the „Science Center To Go“ Workshops. EPINOLA S.A., Athens, Greece, 47–56
Menk C (2012) Photorealistic visualization techniques for using spatial augmented reality in the design process. Shaker Verlag, Aachen
Menk C, Koch R (2012) Truthful color reproduction in spatial augmented reality applications. IEEE Trans Vis and Comp Graphics, 99:236–248
Menk C, Jundt E, Koch R (2011) Visualization techniques for using spatial augmented reality in the design process of a car. Computer Graphics Forum, 30(8):2354–2366

Pentenrieder K, Bade C, Richter D, Doil F, Klinker G (2008) Evaluation of registration approaches for industrial augmented reality. Proc Virtual Reality in Industry and Society: From Research to Application (5th INTUI-TION), 95 ff
Sachs L (2003) Angewandte Statistik. Springer, Berlin
Sagardia M, Weber B, Hulin T, Preusche C, Hirzinger G (2012) Evaluation of visual and force feedback in virtual assembly verifications. Proc IEEE VR 2012, 23–26
Schreiber W (2008) Das Bindeglied zwischen digitaler und realer Fabrik – Augmented Reality als effizientes Werkzeug für den soll-ist-Vergleich in der Planung. Zeitschriftenreihe Intelligenter Produzieren, VDMA-Verlag, Heft 2/2008, 8–10
Willemsen P, Gooch AA, Thompson WB, Creem-Regehr SH (2008) Effects of stereo viewing conditions on distance perception in virtual environments. Presence: Teleoperators and Virtual Environments 17(1), 91–1
Wolff R, Preusche C, Gerndt A (2011) A modular architecture for an interactive real-time simualtion and training environment for satellite on-orbit servicing. Proc IEEE/ACM 15th Intl Symp Distributed Simulation and Real Time Application, 72–80

Mathematische Grundlagen von VR/AR 10

Ralf Dörner

Zusammenfassung

In der Virtuellen Realität greift man häufig auf Methoden der Mathematik zurück, um den dreidimensionalen Raum zu modellieren. Dies erlaubt es exakte Angaben zu machen und Berechnungen durchzuführen, z. B. Abstände zu ermitteln oder die Effekte von Transformationen wie Rotationen oder Verschiebungen exakt zu beschreiben. Dieses Kapitel stellt die wichtigsten mathematischen Methoden speziell aus der Linearen Algebra zusammen, die in VR häufig genutzt werden. Dazu wird der Begriff des Vektorraums definiert und erweitert zu einem affinen Raum bzw. euklidischen Raum. Danach werden einige Grundlagen der analytischen Geometrie vorgestellt, insbesondere die mathematische Beschreibung von Geraden und Ebenen. Schließlich wird auf Wechsel von Koordinatensystemen sowie affine Abbildungen eingegangen und deren Berechnung mit Matrizen in homogenen Koordinaten erläutert.

10.1 Vektorräume

In der Virtuellen Realität beschäftigen wir uns mit dem realen Raum, der uns umgibt. Dabei ist es hilfreich diesen Raum mit Methoden der Mathematik zu modellieren, z. B. um exakte, formale, mathematisch beweisbare Aussagen treffen zu können oder Berechnungen durchzuführen. In der VR nutzt man für diese Modellierung den *Vektorraum*, ein Konstrukt der linearen Algebra, einem Teilgebiet der Mathematik.

R. Dörner (✉)
Fachbereich Design, Informatik, Medien, Hochschule RheinMain
Unter den Eichen 5,
65195 Wiesbaden, Deutschland
E-Mail: ralf.doerner@hs-rm.de

R. Dörner et al. (Hrsg.), *Virtual und Augmented Reality (VR/AR)*, eXamen.press,
DOI 10.1007/978-3-642-28903-3_10, © Springer-Verlag Berlin Heidelberg 2013

Jeder Vektorraum wird über einem *Grundkörper G* gebildet. Die Elemente des Grundkörpers nennt man *Skalare* und wir bezeichnen sie durch kleine lateinische Buchstaben. *G* muss ein *Körper* im Sinne der Algebra sein, d. h. *G* ist eine Menge mit den beiden Operationen „+" (Addition) und „·" (Multiplikation), die zwei Elemente von *G* verknüpfen und als Ergebnis ein Element von *G* liefern. Daneben gibt es in *G* ein Element 0, genannt *Nullelement* (oder neutrales Element der Addition) und ein Element 1, genannt *Einselement* (oder neutrales Element der Multiplikation). Schließlich erfüllen die Elemente von *G* die folgenden Axiome. Für beliebige Skalare *a, b, c, d* (mit *d*≠0) gilt:

$a+(b+c)=(a+b)+c$ (Assoziativgesetz der Addition)
$a+b=b+a$ (Kommutativgesetz der Addition)
$0+a=a$ (Nullelement)
Zu jedem $a \in G$ existiert ein $-a \in G$ mit $-a+a=0$ (Inverse der Addition)
$a \cdot (b \cdot c)=(a \cdot b) \cdot c$ (Assoziativgesetz der Multiplikation)
$a \cdot b = b \cdot a$ (Kommutativgesetz der Multiplikation)
$1 \cdot d = d$ (Einselement)
Zu jedem $d \in G \backslash \{0\}$ existiert ein $d^{-1} \in G$ mit $d^{-1} \cdot d = 1$ (Inverse der Multiplikation)
$a \cdot (b+c) = a \cdot b + a \cdot c$ (Distributivgesetz)

Die Menge der *reellen Zahlen* ℝ, welche die Menge der natürlichen Zahlen (z. B. 1,2,3, ...), der ganzen Zahlen, der Bruchzahlen und der irrationalen Zahlen (z. B. π) umfasst, erfüllt diese Voraussetzungen und wird in der VR in der Regel als Grundkörper gewählt.

Die Menge der Elemente eines Vektorraums *V* über einem Grundkörper *G* nennt man *Vektoren*. Wir bezeichnen sie mit lateinischen Buchstaben, über die ein Pfeil gestellt wird. Auf Vektoren sind zwei Operationen definiert. Erstens, die *Vektor-Vektor-Addition* verknüpft zwei Vektoren zu einem Vektor, wir schreiben sie als „+" (nicht zu verwechseln mit der Addition bei Skalaren). Die Vektor-Vektor-Addition erfüllt das Assoziativgesetz und Kommutativgesetz. Es gibt auch ein neutrales Element, den *Nullvektor* $\vec{0}$. Zu jedem Vektor $\vec{u}$ existiert in *V* ein Inverses $-\vec{u}$. Zweitens, die *Skalarmultiplikation* verknüpft einen Skalar mit einem Vektor zu einem Vektor, wir schreiben sie als „·". Für die Skalarmultiplikation gilt das Distributivgesetz:

$$\forall a,b \in G, \forall \vec{u},\vec{v} \in V \text{ gilt } a \cdot (\vec{u}+\vec{v}) = a \cdot \vec{u} + a \cdot \vec{v} \text{ sowie } (a+b) \cdot \vec{u} = a \cdot \vec{u} + b \cdot \vec{u}$$

Ein Beispiel für eine Menge *V*, die diese Eigenschaften eines Vektorraums erfüllt ist die Menge der 3-Tupel über dem Grundkörper der reellen Zahlen, d. h. die Menge aller Listen aus reellen Zahlen der Länge 3. Diese Menge bezeichnen wir als $\mathbb{R}^3$. Das 3-Tupel (5,−2,3) ist beispielsweise ein Element aus der Menge $\mathbb{R}^3$. Wir schreiben im Folgenden die Elemente von $\mathbb{R}^3$ nicht als Liste nebeneinander, sondern übereinander:

$$\vec{u} = \begin{pmatrix} 5 \\ -2 \\ 3 \end{pmatrix}$$

Um die Menge $\mathbb{R}^3$ als Vektorraum vollständig anzugeben, müssen wir noch die beiden Operationen „+“ und „·“ des Vektorraums definieren. Dies machen wir, indem wir diese Operationen auf die Addition und Multiplikation der reellen Zahlen (also des Grundkörpers des $\mathbb{R}^3$) zurückführen.

Seien $a \in \mathbb{R}, \vec{u}, \vec{v} \in \mathbb{R}^3$:

$$\vec{u} + \vec{v} := \begin{pmatrix} u_1 \\ u_2 \\ u_3 \end{pmatrix} + \begin{pmatrix} v_1 \\ v_2 \\ v_3 \end{pmatrix} = \begin{pmatrix} u_1 + v_1 \\ u_2 + v_2 \\ u_3 + v_3 \end{pmatrix} \text{ und } a \cdot \vec{u} := a \cdot \begin{pmatrix} u_1 \\ u_2 \\ u_3 \end{pmatrix} = \begin{pmatrix} a \cdot u_1 \\ a \cdot u_2 \\ a \cdot u_3 \end{pmatrix}$$

In Vektorräumen definiert man allgemein mit der Vektor-Vektor-Addition und der Skalarmultiplikation aus einer Anzahl von n Skalaren und n Vektoren eine *Linearkombination*:

$$\vec{u} = a_1 \cdot \vec{u}_1 + a_2 \cdot \vec{u}_2 + \ldots + a_n \cdot \vec{u}_n$$

Müssen alle n Skalare den Wert 0 haben, damit die Linearkombination den Nullvektor ergeben kann, so nennt man die n Vektoren der Linearkombination *linear unabhängig*. Findet man in einem Vektorraum V maximal d linear unabhängige Vektoren, so nennt man d die *Dimension* des Vektorraums V. In unserem Beispiel hat der Vektorraum $\mathbb{R}^3$ die Dimension 3. Es bildet übrigens nicht nur die Menge aller 3-Tupel einen Vektorraum. Sei k eine natürliche Zahl, dann bildet die Menge aller k-Tupel aus reellen Zahlen einen Vektorraum $\mathbb{R}^k$, dieser hat die Dimension k.

Ist V ein Vektorraum der Dimension n und finden wir n linear unabhängige Vektoren, so nennt man diese Vektoren eine *Basis* von V. Man kann dann jeden Vektor aus V durch eine Linearkombination dieser Basisvektoren darstellen. Die n Skalare, die in dieser Linearkombination auftreten, nennen wir die *Koordinaten* eines Vektors.

10.2 Geometrie und Vektorräume

In der Geometrie bezeichnen wir *gerichtete Strecken* als *geometrische Vektoren*. Man kann sie durch einen Pfeil visualisieren, sie besitzen eine Länge und eine Richtung. Den Anfang des geometrischen Vektors nennen wir *Fuß*, das Ende des Vektors nennen wir *Spitze*. Wir definieren eine Additionsoperation zweier geometrischer Vektoren wie folgt. Wir setzen den Fuß des zweiten Vektors an die Spitze des ersten Vektors – das Resultat der Addition ist ein Vektor der dann vom Fuß des ersten Vektors zur Spitze des zweiten Vektors verläuft. Wir definieren auch eine *Skalarmultiplikation*, wobei wir als Grundkörper die reellen Zahlen $\mathbb{R}$ wählen (vgl. Abb. 10.1). Multipliziert man den Skalar a mit einem geometrischen Vektor, so erhält man als Resultat einen geometrischen Vektor der a-fachen Länge. Falls a positiv ist zeigt der Resultatsvektor in die gleiche Richtung, falls nicht, zeigt der Resultatsvektor in die genau entgegengesetzte Richtung. Mit diesen beiden Operationen bildet die Menge der geometrischen Vektoren einen Vektorraum über $\mathbb{R}$.

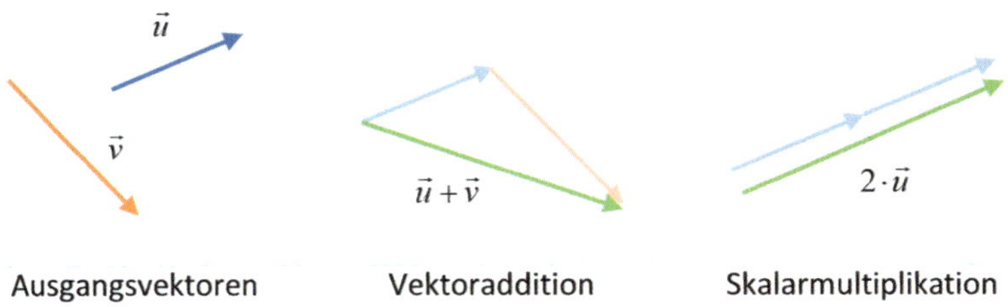

Abb. 10.1 Vektoraddition und Skalarmultiplikation an einem Beispiel

Gerichtete Strecken sind nützliche Konstrukte, wenn wir den uns umgebenden Raum – in der Mathematik auch *Anschauungsraum* genannt – modellieren möchten. Wir können damit allerdings schlecht rechnen. Deswegen nehmen wir uns eine Basis aus dem Raum der geometrischen Vektoren – sind wir im dreidimensionalen Anschauungsraum, so besteht diese aus drei Basisvektoren. Wir können jeden geometrischen Vektor als Linearkombination dieser drei Basisvektoren darstellen. Die Koordinaten in dieser Linearkombination sind drei reelle Zahlen – die wir wiederum als 3-Tupel, also ein Element des Vektorraums $\mathbb{R}^3$ auffassen können.

Damit können wir wie folgt vorgehen. Jeder gerichteten Strecke, also jedem geometrischen Vektor, ordnen wir mit Hilfe einer Basis einen Vektor aus dem $\mathbb{R}^3$ zu. Im $\mathbb{R}^3$ kann man basierend auf der Addition und Multiplikation der reellen Zahlen mit Vektoren rechnen. Das Ergebnis der Rechnung übertragen wir dann in den Raum der geometrischen Vektoren, indem wir in die Linearkombination aus den Basisvektoren als Skalare das berechnete Resultat einsetzen. Wollen wir also beispielsweise zwei geometrische Vektoren addieren, dann ordnen wir diesen beiden Vektoren aus der „Geometriewelt" zwei Vektoren aus dem $\mathbb{R}^3$, der „Zahlenwelt" zu. In der „Zahlenwelt" können wir den Resultatsvektor berechnen. Diesen transferieren wir in die „Geometriewelt" zurück und haben so durch Berechnung den aus der Addition resultierenden geometrischen Vektor bestimmt.

10.3 Der affine Raum

Allerdings ist der Nutzen unseres mathematischen Modells noch eingeschränkt: geometrische Vektoren haben nur eine *Länge* und eine *Richtung*, aber keine feste *Position* im Raum. Damit können wir auch keine wesentlichen Konzepte aus der realen Welt, z. B. Abstände, modellieren. Wir führen daher neben Skalar und Vektor noch den Begriff *Punkt* ein. Punkte schreiben wir mit großen lateinischen Buchstaben. Punkte haben keine Länge und keine Richtung, dafür aber eine Position. Seien P und Q zwei Elemente aus der Menge der Punkte. Dann definieren wir eine Operation „–", genannt *Punkt-Punkt-Subtraktion*, die zwei Punkte verbindet und als Resultat einen Vektor ergibt:

$$P - Q = \vec{u} \Leftrightarrow P = \vec{u} + Q$$

Damit definieren wir auch eine Addition zwischen einem Punkt und einem Vektor, wobei das Ergebnis wieder ein Punkt ist. Damit können wir jeden Punkt *P* im dreidimensionalen Anschauungsraum als eine Addition aus einem Punkt *O* (genannt Ursprungspunkt) und einer Linearkombination von drei linear unabhängigen, geometrischen Vektoren $\vec{u}, \vec{v}, \vec{w}$, den Basisvektoren, darstellen:

$$P = O + a \cdot \vec{u} + b \cdot \vec{v} + c \cdot \vec{w} = O + \vec{p}$$

Diese drei Basisvektoren zusammen mit *O* nennen wir ein *Koordinatensystem* K. Das 3-Tupel (*a*, *b*, *c*) nennen wir die Koordinaten von *P* bezüglich K. Damit lässt sich jeder Punkt in unserer „Geometriewelt" bei gegebenem K mit einem Element aus dem $\mathbb{R}^3$, unserer „Zahlenwelt", darstellen. So können wir nicht nur mit Vektoren, sondern auch mit Punkten, mit festen Positionen in unserer Welt, „rechnen". Den Vektor $\vec{p}$ nennen wir den zu *P* gehörigen *Ortsvektor.*

Einen Vektorraum, der um eine Menge von Punkten und eine Operation, die Punkt-Punkt-Subtraktion, erweitert wurde, nennt man in der Mathematik einen *affinen Raum.* Geometrisch können wir die Punkt-Punkt-Subtraktion so interpretieren: *P* – *Q* ist ein Vektor, den wir erhalten, wenn wir eine gerichtete Strecke mit Fuß *Q* und Spitze *P* wählen.

10.4 Der euklidische Raum

Wir ergänzen unser bisheriges mathematisches Modell des uns umgebenden Raumes noch um den Begriff *Abstand.* Dazu führen wir eine weitere Operation ein, die wir mit dem Zeichen „·" bezeichnen und die zwei Vektoren zu einem Skalar verknüpft. Diese Operation nennen wir *Skalarprodukt* (nicht zu verwechseln mit der Skalarmultiplikation, die einen Skalar und einen Vektor zu einem Vektor verknüpft – auch wenn wir beide Operationen mit „·" schreiben, wissen wir aufgrund der Typen der beiden Operanden immer, welche Operation gemeint ist). Das Skalarprodukt muss das Kommutativgesetz und die folgenden Axiome für Skalare *a*, *b*, Vektoren $\vec{u}, \vec{v}, \vec{w}$ sowie den Nullvektor $\vec{0}$ erfüllen:

$$(a \cdot \vec{u} + b \cdot \vec{v}) \cdot \vec{w} = a \cdot \vec{u} \cdot \vec{w} + b \cdot \vec{v} \cdot \vec{w}$$

$$\vec{u} \cdot \vec{u} > 0 \text{ für } \vec{u} \neq \vec{0}$$

$$\vec{0} \cdot \vec{0} = 0$$

In unserem Vektorraum $\mathbb{R}^3$ können wir ein Skalarprodukt wie folgt definieren, so dass alle genannten Bedingungen erfüllt werden:

$$\vec{u} \cdot \vec{v} = \begin{pmatrix} u_1 \\ u_2 \\ u_3 \end{pmatrix} \cdot \begin{pmatrix} v_1 \\ v_2 \\ v_3 \end{pmatrix} := u_1 \cdot v_1 + u_2 \cdot v_2 + u_3 \cdot v_3$$

Man nennt einen affinen Raum ergänzt um die Operation Skalarprodukt einen *euklidischen Punktraum.* Mit dem Skalarprodukt definieren wir den *Betrag* eines Vektors wie folgt:

$$|\vec{u}| = \sqrt{\vec{u} \cdot \vec{u}}$$

In unserem dreidimensionalen Anschauungsraum entspricht der Betrag eines Vektors dessen Länge. Damit können wir auch den *Abstand* d zwischen zwei Punkten P und Q bestimmen als

$$d = |P - Q| = \sqrt{(P - Q) \cdot (P - Q)}$$

Der *Winkel* α, den zwei Vektoren einschließen, lässt sich aus folgender Gleichung bestimmen:

$$\vec{u} \cdot \vec{v} = |\vec{u}| \cdot |\vec{v}| \cdot \cos\alpha$$

Im Fall $\alpha = 90°$ ergibt das Skalarprodukt der beiden Vektoren 0. Anschaulich gesprochen stehen die beiden Vektoren senkrecht aufeinander. Zwei Vektoren, deren Skalarprodukt 0 ergibt nennt man *orthogonal.* Haben die beiden Vektoren noch die Länge 1, dann heißen sie *orthonormal.* Für die Basis in unserem Raum wollen wir im Folgenden orthonormale Vektoren verwenden, ein entsprechendes Koordinatensystem (Basisvektoren stehen senkrecht aufeinander und haben die Länge 1) nennt man ein *kartesisches Koordinatensystem.* Im Raum $\mathbb{R}^3$ nehmen wir also als Basis die drei geordneten Einheitsvektoren

$$\vec{e}_x = \begin{pmatrix} 1 \\ 0 \\ 0 \end{pmatrix}, \vec{e}_y = \begin{pmatrix} 0 \\ 1 \\ 0 \end{pmatrix}, \vec{e}_z = \begin{pmatrix} 0 \\ 0 \\ 1 \end{pmatrix}$$

sowie den Punkt *O* als Ursprungspunkt, dessen Ortsvektor der Nullvektor ist.

Um im Raum $\mathbb{R}^3$ einfach einen Vektor finden zu können, der orthogonal zu zwei Vektoren steht, definieren wir einen Operator „×", den wir das *Kreuzprodukt* nennen und der zwei Vektoren zu einem Vektor verknüpft:

$$\vec{n} = \vec{u} \times \vec{v} = \begin{pmatrix} u_1 \\ u_2 \\ u_3 \end{pmatrix} \times \begin{pmatrix} v_1 \\ v_2 \\ v_3 \end{pmatrix} := \begin{pmatrix} u_2 \cdot v_3 - u_3 \cdot v_2 \\ u_3 \cdot v_1 - u_1 \cdot v_3 \\ u_1 \cdot v_2 - u_2 \cdot v_1 \end{pmatrix} = -1 \cdot (\vec{v} \times \vec{u})$$

Den Resultatsvektor nennt man *Normalenvektor.* Die Vektoren $\vec{u}, \vec{v}, \vec{n}$ bilden in dieser Reihenfolge ein *Rechtssystem*, d. h. fasst man sie als geometrische Vektoren auf und stellt ihren Fuß an einen gemeinsamen Punkt, dann sind die Vektoren wie Daumen, Zeigefinger und Mittelfinger der rechten Hand orientiert. Das Vektorprodukt ist nicht kommutativ. Während man unsere Definition des Skalarprodukts vom $\mathbb{R}^3$ auch auf den $\mathbb{R}^n$ übertragen kann und so euklidische Punkträume der Dimension n erhält, ist das Kreuzprodukt ausschließlich im $\mathbb{R}^3$ definiert.

10.5 Analytische Geometrie im $\mathbb{R}^3$

Im $\mathbb{R}^3$, unserem mathematischen Modell des uns umgebenden Raums, können wir geometrische Fragestellungen, z. B. das Finden eines Schnittpunkts von Geraden oder das Bestimmen des Abstandes eines Punktes zu einer Ebene, durch Berechnung lösen. Eine *Gerade* ist die Verallgemeinerung einer gerichteten Strecke: sie besitzt keine Richtung und hat unendliche Länge. Eine Gerade wird durch zwei Punkte festgelegt. Mathematisch modellieren wir eine Gerade g durch die Punkte P und Q als eine Teilmenge des $\mathbb{R}^3$, zu der alle Punkte X gehören, deren Ortsvektor $\vec{x}$ die Geradengleichung erfüllt, wobei wir die zu P und Q gehörigen Ortsvektoren verwenden:

$$g = \{\vec{x} \in \mathbb{R}^3 \mid \exists t \in \mathbb{R}\,, \vec{x} = \vec{p} + t \cdot (\vec{q} - \vec{p})\}$$

Den Skalar t nennt man dabei den *Parameter* und spricht deswegen auch von der *Parameterdarstellung* einer Geraden. Der Vektor, der mit t multipliziert wird heißt *Richtungsvektor* der Geraden g. Analog können wir eine Ebene E als Teilmenge des $\mathbb{R}^3$ modellieren. Sie wird durch drei Punkte P, Q, R festgelegt und die Ebenengleichung enthält zwei Parameter und zwei Richtungsvektoren, man nennt dies entsprechend die *Parameterdarstellung* einer Ebene:

$$E = \{\vec{x} \in \mathbb{R}^3 \mid \exists t, s \in \mathbb{R}, \vec{x} = \vec{p} + t \cdot (\vec{q} - \vec{p}) + s \cdot (\vec{r} - \vec{p})\}$$

Mittels des Kreuzprodukts können wir aus den Richtungsvektoren einen Normalenvektor $\vec{n}$ berechnen, der senkrecht auf E steht. Für den Abstand d eines Punktes X zu einer Ebene E kennt man in der Linearen Algebra folgende Gleichung, wobei das Vorzeichen des Skalarprodukts angibt, auf welcher Seite von E der Punkt X liegt:

$$d = \left| \frac{\vec{n}}{|\vec{n}|} \cdot (\vec{x} - \vec{p}) \right|$$

Damit können wir die Bedingung, dass Punkte X zur Teilmenge E gehören umformulieren. Denn auf einer Ebene E liegen alle Punkte X, die den Abstand 0 von E haben. Wir erhalten so die *Normalendarstellung* einer Ebenen:

$$E = \{\vec{x} \in \mathbb{R}^3 \mid \vec{n} \cdot (\vec{x} - \vec{p}) = 0\}$$

Mit diesen Festlegungen kann man Schnittpunkte zwischen Geraden und zwischen einer Geraden und einer Ebene sowie Schnittgeraden zwischen Ebenen bestimmen. Man bildet entsprechende Schnittmengen, was einer Gleichsetzung der Geraden- bzw. Ebenengleichungen entspricht. Dadurch erhält man ein lineares Gleichungssystem, für dessen Lösung mathematische Verfahren (z. B. der Gauß-Algorithmus) bekannt sind.

10.6 Matrizen

In der Virtuellen Realität nutzt man häufig ein weiteres mathematisches Konstrukt, um Abbildungen wie Drehungen oder Verschiebungen im dreidimensionalen Raum berechnen zu können: die *Matrix* (Mehrzahl: *Matrizen*). Eine Matrix ist eine Tabelle aus n Zeilen und m Spalten. In den einzelnen Positionen der Tabelle stehen Skalare, wobei wir im Folgenden immer als Grundkörper die reellen Zahlen $\mathbb{R}$ annehmen. Den Skalar a_{ij} finden wir in Zeile i und Spalte j der Matrix, man nennt ihn den *Eintrag* an Stelle (i, j). Wir schreiben Matrizen mit fettgedruckten Großbuchstaben: $\mathbf{A} = [\ a_{ij}\ ]$ und sagen $\mathbf{A}$ ist eine $n \times m$ Matrix. Die Matrix $\mathbf{M}$ in unserem Beispiel hat 2 Zeilen und 4 Spalten, ist also eine 2×4 Matrix, und der Eintrag $m_{1,3}$ hat den Wert 5:

$$\mathbf{M} = \begin{bmatrix} 1 & 0 & 5 & 3 \\ 1 & 9 & 2 & 0 \end{bmatrix}$$

Für Matrizen definieren wir drei Operationen. Erstens, die *Skalar-Matrix-Multiplikation*, geschrieben „·", die einen Skalar s und eine $n \times m$ Matrix $\mathbf{A} = [a_{ij}]$ zu einer $n \times m$ Matrix verknüpft: $s \cdot \mathbf{A} = s \cdot [a_{ij}] := [s \cdot a_{ij}]$. Für diese Operation gilt das Assoziativgesetz. Zweitens, die *Matrix-Matrix-Addition*, geschrieben „+", verknüpft zwei Matrizen $\mathbf{A}$ und $\mathbf{B}$ derselben Größe $n \times m$ zu einer Matrix der Größe $n \times m$: $\mathbf{A} + \mathbf{B} = [a_{ij}] + [b_{ij}] := [a_{ij} + b_{ij}]$. Für diese Operation gelten das Assoziativgesetz und das Kommutativgesetz. Drittens, die *Matrix-Matrix-Multiplikation*, geschrieben „·". Sie verknüpft eine Matrix $\mathbf{A}$ der Größe $n \times k$ und eine Matrix $\mathbf{B}$ der Größe $k \times m$ zu einer Matrix der Größe $n \times m$:

$$\mathbf{A} \cdot \mathbf{B} := \left[c_{ij} \right] mit\ c_{ij} = \sum_{l=1}^{k} a_{il} \cdot b_{lj}$$

Für diese Operation gilt das Assoziativgesetz. Es sei hervor gehoben, dass für die Matrix-Matrix-Multiplikation das Kommutativgesetz nicht gilt: im Allgemeinen muss also $\mathbf{A} \cdot \mathbf{B}$ nicht gleich $\mathbf{B} \cdot \mathbf{A}$ sein.

Vertauschen wir Zeilen und Spalten in einer Matrix, so erhalten wir die *transponierte Matrix*. Wir schreiben: zu Matrix $\mathbf{M} = [a_{ij}]$ lautet die transponierte Matrix $\mathbf{M}^T = [a_{ji}]$. Es gilt: $(\mathbf{A} \cdot \mathbf{B})^T = \mathbf{B}^T \cdot \mathbf{A}^T$. Ein Sonderfall sind Matrizen, welche die gleiche Anzahl von Zeilen und Spalten haben. Man nennt sie *quadratische Matrizen*. Die quadratische Matrix $\mathbf{I}$ für die gilt

$$\mathbf{I} = \left[a_{ij} \right],\ a_{ij} = \begin{cases} 1 & falls\ i = j \\ 0 & sonst \end{cases}$$

nennt man *Einheitsmatrix*. Es gilt: $\mathbf{A}\cdot\mathbf{I}=\mathbf{I}\cdot\mathbf{A}=\mathbf{A}$, wobei **A** und **I** beides $n\times n$ Matrizen sind. Existiert zu einer $n\times n$ Matrix **A** eine Matrix $\mathbf{A}^{-1}$ gleicher Größe, für die gilt: $\mathbf{A}\cdot\mathbf{A}^{-1}=\mathbf{I}$, so nennt man $\mathbf{A}^{-1}$ die *inverse Matrix* zu **A**. **A** heißt dann *invertierbar*. Es gilt $(\mathbf{A}\cdot\mathbf{B})^{-1}=\mathbf{B}^{-1}\cdot\mathbf{A}^{-1}$. Falls für eine Matrix **A** gilt: $\mathbf{A}^{-1}=\mathbf{A}^{\mathrm{T}}$, so nennt man **A** *orthogonal*.

10.7 Affine Abbildungen und Wechsel von Koordinatensystemen

Angenommen der Punkt *P* habe die Koordinaten (*x*, *y*, *z*) bezüglich unseres kartesischen Koordinatensystems. Führen wir eine Translation um t_x in x-Richtung, um t_y in y-Richtung und um t_z in z-Richtung durch, so bilden wir den Punkt *P* auf einen neuen Punkt *P′* ab. Wie lauten dessen Koordinaten? Um solche *Abbildungen* zu berechnen, wollen wir Matrizen benutzen. Dabei führen wir eine besondere Schreibweise ein für Matrizen, die nur aus einer Spalte bestehen: wir schreiben sie mit kleinen fettgedruckten Buchstaben und nennen sie *Spaltenmatrix*. Wir wollen nun den Punkt *P* durch die Spaltenmatrix **p** repräsentieren. Dies machen wir wie folgt:

$$\mathbf{p}=\begin{bmatrix} w\cdot x \\ w\cdot y \\ w\cdot z \\ w \end{bmatrix}, \textit{für eine beliebige reelle Zahl } w\neq 0$$

Die Zahlen ($w\cdot x$, $w\cdot y$, $w\cdot z$, w) nennt man die *homogenen Koordinaten* von *P*. In der Praxis wählt man der Einfachheit halber $w=1$. Wählt man $w=0$, so kann man in einer Spaltenmatrix statt eines Punktes mittels homogener Koordinaten einen Vektor repräsentieren:

$$\vec{v}=\begin{pmatrix} x \\ y \\ z \end{pmatrix} \equiv \mathbf{v}=\begin{bmatrix} x \\ y \\ z \\ 0 \end{bmatrix}$$

Die Abbildung von *P* nach *P′* durch die Translation kann man durch eine Matrix **M** beschreiben und erhält folgenden einfachen Zusammenhang zwischen **p′** und **p**:

$$\mathbf{p}'=\mathbf{M}\cdot\mathbf{p}$$

In unserem Beispiel der Translation sieht diese Rechnung so aus:

$$\mathbf{p}'=\begin{bmatrix} 1 & 0 & 0 & t_x \\ 0 & 1 & 0 & t_y \\ 0 & 0 & 1 & t_z \\ 0 & 0 & 0 & 1 \end{bmatrix}\cdot\begin{bmatrix} w\cdot x \\ w\cdot y \\ w\cdot z \\ w \end{bmatrix}=\begin{bmatrix} w\cdot(x+t_x) \\ w\cdot(y+t_y) \\ w\cdot(z+t_z) \\ w \end{bmatrix}$$

Aus der resultierenden Spaltenmatrix **p'** können wir nach Division durch w die Koordinaten des Punktes P' als $(x+t_x, y+t_y, z+t_z)$ ablesen. Würde man statt **p**, mit dem ein Punkt repräsentiert wird, die Spaltenmatrix **v**, die einen Vektor repräsentiert, mit der Matrix **M** multiplizieren, so würde **v** genau wieder auf **v** abgebildet werden. Dies erwarten wir auch: da ein Vektor keine feste Position im Raum hat, wird er durch eine Verschiebung nicht verändert.

Schauen wir uns die Matrix **M**, die diese Translationsabbildung repräsentiert, genauer an. Man kann ihre vier Spalten als Spaltenmatrizen auffassen. Die ersten drei Spalten repräsentieren Vektoren, denn der Wert in der vierten Zeile ist gleich Null. In der Tat stehen hier die Basisvektoren unseres dreidimensionalen Raums, wenn man auf sie die Translation anwendet: sie ändern sich nicht, denn durch eine Verschiebung wird weder die Länge noch die Richtung eines Vektors geändert. Der vierte Spaltenvektor repräsentiert einen Punkt, denn der Wert in der vierten Zeile ist ungleich Null. Dieser Spaltenvektor repräsentiert den Ursprungspunkt, wenn man auf ihn die Translation anwendet – nach der Verschiebung hat der Ursprungspunkt (0,0,0) die Koordinaten (t_x, t_y, t_z). Man kann daher die Verschiebung als einen Wechsel von einem Koordinatensystem unseres dreidimensionalen Raums in ein anderes Koordinatensystem auffassen. In der Tat konnten Mathematiker zeigen, dass jeder Koordinatensystemwechsel als eine Matrix **M** repräsentierbar ist. Mit 4×4 Matrizen **M** lassen sich nicht nur Translationen berechnen, sondern auch andere affinen Abbildungen, die einen affinen Raum in einen anderen abbilden. Neben der Translation gehören dazu auch folgende geometrischen Transformationen: die Rotation (Drehung), die Skalierung (Veränderung des Maßstabs), die Spiegelung und die Scherung. Invertiert man die Matrix **M**, so erhält man die Matrix $\mathbf{M}^{-1}$, welche die inverse Abbildung von **M** repräsentiert, also die durch **M** repräsentierte Abbildung wieder rückgängig macht.

Angenommen wir führen n geometrische Transformationen mit dem Punkt P durch. Die zuerst durchgeführte Transformation repräsentieren wir mit $\mathbf{M}_1$, die zweite mit $\mathbf{M}_2$ usw. bis schließlich durch $\mathbf{M}_n$ die letzte durchgeführte Transformation repräsentiert wird. Dadurch kann man die Koordinaten des durch die Hintereindanderausführung (*Konkatenation*) dieser Transformationen sich ergebenden Punktes P' wie folgt bestimmen:

$$\mathbf{p}' = (\mathbf{M}_n \cdot \ldots \cdot \mathbf{M}_3 \cdot \mathbf{M}_2 \cdot \mathbf{M}_1) \cdot \mathbf{p}$$

Man beachte hier die Reihenfolge der Matrizen und bedenke, dass Matrixmultiplikation nicht kommutativ ist. Führt man die Berechnung wie durch die Klammern angegeben durch, so braucht man das Produkt aus allen n Matrizen nur ein einziges Mal zu berechnen, selbst wenn man Hunderte von Punkten mit derselben Transformation abbildet. Damit kann man eine erhebliche Rechenzeitersparnis erreichen. Matrixoperationen für 4×4 Matrizen sind in Graphikprozessoren direkt in Hardware implementiert und müssen nicht auf die Addition und Multiplikation von Gleitkommazahlen zurückgeführt werden, um einen weiteren Rechenzeitvorteil zu realisieren.

Neben Punkten kann man mit der Matrix **M**, die eine affine Abbildung beschreibt, auch Vektoren transformieren. Möchten wir wissen wohin der Vektor $\vec{v}$ nach der durch **M** beschriebenen Transformation abgebildet wird, so repräsentieren wir den Vektor in der Spaltenmatrix **v**. Wir berechnen $\mathbf{v}' = (\mathbf{M}^{-1})^T \cdot \mathbf{v}$ und die ersten drei Zeilen der Spaltenmatrix **v′** enthalten die gesuchten Koordinaten des transformierten Vektors.

10.8 Bestimmung von Transformationsmatrizen

Um geometrische Transformationen zu berechnen bzw. einen Wechsel zwischen Koordinatensystemen durchzuführen, benötigen wir wie im letzten Abschnitt beschrieben eine Matrix **M**, welche diese Transformation repräsentiert. Wie ermittelt man aber diese Matrix **M**? Dazu gibt es prinzipiell zwei Wege.

Der erste Weg besteht darin, dass man für bestimmte Standardfälle Formeln für diese Matrizen kennt. Die Formel für die Translation ist bereits in Abschn. 10.7 angegeben worden. Für die Rotation um den Winkel α um die x-Achse um den Ursprungspunkt gibt es folgende Formel für die Matrix **M**:

$$\mathbf{M} = \begin{bmatrix} 1 & 0 & 0 & 0 \\ 0 & \cos\alpha & -\sin\alpha & 0 \\ 0 & \sin\alpha & \cos\alpha & 0 \\ 0 & 0 & 0 & 1 \end{bmatrix}$$

Entsprechend kann man auch Formeln für Transformationsmatrizen zur Rotation um die y-Achse, um die z-Achse oder um eine beliebige Achse, für Spiegelungen oder für Skalierungen in Fachbüchern finden. Aus diesen Standardfällen lassen sich durch Konkatenation (vgl. Abschn. 10.7) komplexere Transformationen berechnen. Will man z. B. eine Rotation um den Winkel 30° um die x-Achse um den Drehpunkt (1,2,3) berechnen, so zerlegt man diese Transformation in drei Transformationen, für die eine Formel bekannt ist: zunächst führt man eine Translation um (− 1,− 2,− 3) durch, damit der Drehpunkt im Ursprung liegt (denn nur für diesen Fall kennen wir die Formel). Dann rotiert man um 30° um die x-Achse um den Ursprungspunkt und macht die zuerst durchgeführte Translation mit einer Translation um (1,2,3) wieder rückgängig. Die Matrix für die gesamte Transformation erhält man durch Multiplikation der drei Matrizen für die Standardfälle (man beachte dabei die Reihenfolge):

$$\mathbf{M} = \begin{bmatrix} 1 & 0 & 0 & 1 \\ 0 & 1 & 0 & 2 \\ 0 & 0 & 1 & 3 \\ 0 & 0 & 0 & 1 \end{bmatrix} \cdot \begin{bmatrix} 1 & 0 & 0 & 0 \\ 0 & \cos 30^\circ & -\sin 30^\circ & 0 \\ 0 & \sin 30^\circ & \cos 30^\circ & 0 \\ 0 & 0 & 0 & 1 \end{bmatrix} \cdot \begin{bmatrix} 1 & 0 & 0 & -1 \\ 0 & 1 & 0 & -2 \\ 0 & 0 & 1 & -3 \\ 0 & 0 & 0 & 1 \end{bmatrix}$$

Der zweite prinzipielle Weg, um die Matrix **M** zu bestimmen, die wir gemäß der Formel $\mathbf{p}' = \mathbf{M} \cdot \mathbf{p}$ zum Berechnen einer Abbildung bzw. zum Wechsel von Koordinatensystemen benötigen, besteht in der direkten Aufstellung von **M**:

- Wir starten mit unserem Koordinatensystem K, das aus 3 Basisvektoren und dem Ursprungspunkt besteht. Außerdem kennen wir das Zielkoordinatensystem K′ nach der Abbildung, die durch die geometrische Transformation der 3 Basisvektoren und des Ursprungspunktes von K hervorgeht. Die gesuchte Matrix **M** wechselt Koordinaten von Koordinatensystem K nach K′ bzw. berechnet die geometrische Transformation, die K nach K′ überführt hat.
- Wir repräsentieren den ersten Basisvektor von K′ als Spaltenmatrix der Größe 4, indem wir seine drei Koordinaten bezüglich K in die ersten drei Zeilen der Spaltenmatrix eintragen und in die vierte Zeile eine Null. Analog erhalten wir Spaltenmatrizen für den zweiten und dritten Basisvektor von K′. Wir repräsentieren den Ursprungspunkt von K′, indem wir seine Koordinaten bezüglich K in die ersten drei Zeilen einer Spaltenmatrix der Größe 4 eintragen und die vierte Spalte eine Eins. Aus diesen insgesamt vier Spaltenmatrizen formen wir die Matrix $\mathbf{M}^{-1}$ der Größe 4×4, indem wir sie gemäß der obigen Reihenfolge nebeneinander schreiben. Durch invertieren von $\mathbf{M}^{-1}$ erhalten wir die gesuchte Matrix **M**.

Hat ein Punkt P die Koordinaten (x, y, z) bezüglich des alten Koordinatensystems K, so berechnet man seine neuen Koordinaten bezüglich K′ mit Hilfe der Matrix **M** wie folgt:

- Wir repräsentieren P als Spaltenmatrix **p** mit den homogenen Koordinaten $(x, y, z, 1)$.
- Wir berechnen das Matrixprodukt $\mathbf{p}' = \mathbf{M} \cdot \mathbf{p}$
- Die Werte in den ersten drei Zeilen von $\mathbf{p}'$ sind die Koordinaten von P bezüglich des neuen Koordinatensystems K′

Über die Autoren

Prof. Dr. Wolfgang Broll leitet seit 2009 das Fachgebiet Virtuelle Welten und Digitale Spiele an der TU Ilmenau. Er studierte Informatik an der TU Darmstadt (Diplom 1993). Anschließend arbeitete er als wissenschaftlicher Mitarbeiter am Institut für Angewandte Informationstechnik (FIT) der damaligen GMD – Forschungszentrum Informationstechnik GmbH, wo er dessen VR-Aktivitäten begründete. 1998 promovierte er an der Universität Tübingen zum Dr. rer. nat. Nach dem Zusammenschluss von GMD und Fraunhofer leitete er bis 2012 die Abteilung Collaborative Virtual and Augmented Environments (CVAE), später Mixed and Augmented Reality Solutions (MARS) am Fraunhofer FIT in St. Augustin. Im Rahmen dieser Tätigkeit leitete und koordinierte er zahlreiche nationale und internationale AR- und MR-Forschungsprojekte. Von 2000 bis 2009 war er darüber hinaus Lehrbeauftragter der RWTH Aachen im Bereich VR/AR. Seine Forschungsinteressen liegen in den Bereichen Augmented Reality, Mixed Reality User Interfaces und natürliche Benutzungsschnittstellen. Neben seinen akademischen Aktivitäten ist er Gründer und Geschäftsführer der fayteq GmbH. Prof. Broll hat an diesem Buch als Editor für Kap. 8 sowie als Zweiteditor für die Kap. 5 und 6 mitgewirkt. Als Autor trug er zu den Kap. 1, 4 und 8 bei.

Mathias Buhr studierte an der TU Bergakademie Freiberg Engineering & Computing und ist seit dem erfolgreichen Abschluss des Studiums als wissenschaftlicher Mitarbeiter am dortigen Institut für Informatik tätig. Neben seiner Lehrtätigkeit im Bereich Mensch-Maschine-Kommunikation, Multimedia und Parallelrechner beschäftigen ihn insbesondere Methoden für verteiltes & paralleles Rendering für virtuelle Umgebungen. Mathias Buhr ist Autor von Abschn. 7.2 und Co-Autor von Abschn. 7.3.

Prof. Dr. Carolina Cruz-Neira ist der William Hansen Hall and Mary Officer Hall/BORSF Endowed Super Chair in Telecommunications an der University of Louisiana at Lafayette. Von 2006 bis 2009 war sie der founding Executive Director des Louisiana Immersive Technologies Enterprise (LITE). Sie war Inhaber des Stanley Chair in Interdisciplinary Engineering an der Iowa State University in Ames, Iowa, und einer der Gründer des Virtual Reality Application Center (VRAC). Sie hat Systems Engineering an der Universidad Metropolitana at Caracas, Venezuela studiert (Abschluß 1987) und hält sowohl

R. Dörner et al. (Hrsg.), *Virtual und Augmented Reality (VR/AR)*, eXamen.press,
DOI 10.1007/978-3-642-28903-3, © Springer-Verlag Berlin Heidelberg 2013

einen Master (1991)als auch einen PhD (1995) in Electrical Engineering and Computer Science von der University of Illinois at Chicago. Dr. Cruz-Neira ist einer der Erfinder des CAVE-Konzeptes und Systems. Sie ist Mitglied zahlreicher Aufsichtsgremien und Inhaber mehrerer internationaler Preise wie dem IEEE VGTC Virtual Reality Technical Achievement Award. Ihre Forschungsinteressen liegen im Bereich der Softwaresysteme und – architekturen für Virtuelle Umgebungen, wo sie das VRJuggler System initiiert und geleitet hat, und im Bereich verschiedenster Anwendungen der Virtuellen Realität. Sie ist Co-Autor der Abschn. 5.2 und 7.3.

Prof. Dr. Ralf Dörner ist Professor für Graphische Datenverarbeitung und VR am Fachbereich Design, Informatik, Medien der Hochschule RheinMain in Wiesbaden seit 2004. Nach dem Informatik Diplom (TU Darmstadt, mit Auszeichnung), arbeitete er für die Fraunhofer Gesellschaft, zuerst als wiss. Mitarbeiter am Fraunhofer IGD in Darmstadt, zuletzt als Abteilungsleiter „Mixed Reality" und stellv. Leiter am Fraunhofer AGC in Frankfurt. Nach seiner Promotion (Goethe-Uni Frankfurt, mit Auszeichnung) und einem DAAD Post-Doc Aufenthalt in den USA (NOAA/Uni New Hampshire), wurde er auf eine Professur an die Hochschule Harz berufen. Er ist u.a. Ehrenprofessor der Uni von Transsilvanien, Mitglied der ACM SIGGRAPH, deren Recognition of Service Award er erhielt, und Mitglied im Leitungsgremium der GI-Fachgruppe VR/AR. Seine Forschungsinteressen liegen im Bereich der Visualisierung (interaktive Informationsvisualisierung, Visual Data Analysis), der VR und MR (speziell im Bereich Autorensysteme) und in der Nutzung von Computergraphik für e-Learning und Entertainment. Hier hat er zahlreiche öffentlich-geförderte Drittmittelprojekte, aber auch industrielle Auftragsprojekte verantwortlich bearbeitet. Prof. Dr. Ralf Dörner hat an diesem Buch als Editor mitgewirkt, speziell als Editor von Kap. 1, 2, 6 und 10. Für die Kap. 3 und 4 fungierte er als Zweiteditor. Als Autor hat Prof. Dr. Dörner die Abschn. 1.1, 2.2.1, 2.2.2, 2.4.1, 2.4.2, 2.4.3, 2.4.4, 2.5.1, 6.7, 9.1 sowie Kap. 10 verfasst.

Prof. Dr. Christian Geiger ist seit 2004 Professor für Mixed Reality und Visualisierung an der Fachhochschule Düsseldorf. Davor war er an der Hochschule Harz in Wernigerode Professor für 3D-Grafik und Animation. Er studierte Informatik an der Universität Paderborn und promovierte dort 1998 mit einer Arbeit über die Erstellung interaktiver 3D-Animationen. Von 1997 bis 2000 war er bei der Siemens AG in Paderborn verantwortlich für F&E-Projekte im Bereich 3D-Grafik, Multimedia und VR/AR. Seine Forschungsinteressen liegen in der Gestaltung und Umsetzung neuartiger Benutzungsschnittstellen, Mixed Reality Anwendungen und interaktiver Visualisierungstechniken. Als Autor hat er die Abschn. 6.1 und 6.4 verfasst.

Dr. Martin Göbel ist Gründer und Geschäftsführer der 3Daround GmbH, die sich mit Holographischer Lichttechnologie beschäftigt, und Consultant bei der Hochschule Bonn Rhein Sieg am Institut für Visual Computing. 1982–1986 war er wissenschatlicher Mitarbeiter bei Herrn Encarnacao an der Technischen Hochschule in Darmstadt. Danach war er Abteilungsleiter am Institut für Graphische Datenverabeitung in Darmstadt und koordinierte das Fraunhofer Demonstation Zentrum VR. 1996–2004 war Dr. Göbel Direktor für Virtual Environments bei der GMD – Forschungszentrum Informationstechnik. Hier entstand erstmals die CAVE in Europa. 2004–2009 war er Geschäftsführer bei der fleXilition GmbH, die sich mit flexibler Simulation von Schläuchen und Kabeln beschäftigte. Martin Göbel studierte Informatik an der Darmstädter Universität und erhielt seinen Doktor für Graphische Multiprozessorsysteme. Er ist Autor von über 100 Publikationen in Büchern, Journals und Konferenzen. Er installierte den Workshop on Virtual Environments (EGVE, 1993–2004) und war Programm Co-Chair bei der Eurographics 95 und 98, und der IEEE VR 2001, 2002 und 2004. Er war zudem General-Chair bei der IEEE VR 2005 in Bonn. Als Autor hat er Abschn. 1.3 verfasst.

Prof. Dr. Paul Grimm ist seit 2011 Professor für Computer Graphik an der Hochschule Fulda. Davor vertrat er seit 2004 an der Fachhochschule Erfurt die Professur für Graphische Datenverarbeitung. Er hat nach seinem Doppelstudium der Informatik und Physik an der TU Darmstadt als Wissenschaftlicher Mitarbeiter am Fraunhofer Institut für Graphische Datenverarbeitung (Fraunhofer IGD) in Darmstadt und am Fraunhofer Anwendungszentrum für Graphische Datenverarbeitung (Fraunhofer AGC) in Frankfurt gearbeitet. Von 1997 bis 1998 war er als Gastwissenschaftler am National Center for Supercomputing Applications (NCSA) in Urbana-Champaign in den USA. Von 2009 bis 2010 war er im Rahmen eines Forschungssemesters bei Daimler Protics GmbH im Geschäftsfeld Virtual Engineering & Consulting. Die Forschungsinteressen von Prof. Dr. Paul Grimm liegen in der Vereinfachung der Erstellung von Virtuellen und Augmentierten Realitäten und er hat diese in unterschiedlichen nationalen und internationalen Projekten verfolgt. Er ist Mitglied der ACM und der Gesellschaft für Informatik (GI) und ist Sprecher der GI-Fachgruppe Animation und Simulation sowie Mitglied des Leitungsgremiums der GI-Fachgruppe VR und AR. Prof. Dr. Paul Grimm hat an diesem Buch als Editor mitgewirkt, speziell als Editor von Kap. 4, 5 und 9. Für die Kap. 7 und 8 fungierte er als Zweiteditor. Als Autor hat Paul Grimm die Abschn. 4.1, 4.2, 4.3, 4.6, 5.1, 5.4, 5.5 und 5.6 verfasst.

Prof. Dr. Rigo Herold leitet seit 2013 das Fachgebiet Digitale Systeme an der Westsächsischen Hochschule Zwickau (WHZ). Er studierte Computer- und Automatisierungstechnik an der HTW Dresden (Masterabschluss 2007). Anschließend arbeitete er als wissenschaftlicher Mitarbeiter am Fraunhofer Institut für Photonische Mikrosysteme (IPMS) in Dresden, wo er dessen Aktivitäten zum Systemdesign von Head Mounted Displays (HMDs) begründete. 2011 promovierte er an der Universität Duisburg-Essen zum Dr.-Ing. Nachdem die Fraunhofer-Forschungseinrichtung für organische Materialien und elektronische Devices Dresden (COMEDD) aus dem Fraunhofer IPMS hervorging, fungierte er als Gruppenleiter für Systemdesign. Im Rahmen dieser Tätigkeit leitete und koordinierte er zahlreiche Forschungsprojekte zum Hardwaredesign von interaktiven HMDs. Seine Forschungsinteressen liegen in den Bereichen des Systemdesigns von HMDs, berührungslose Mensch-Maschine-Schnittstellen und der Hardwareintegration von AR-Fahrerinformationssystemen. Er betreut an der WHZ die Arbeitsgruppe „Hardware der Augmentierten Realität“, welche sich mit dem Hardwaredesign von AR-Systemen in Lehre und Forschung beschäftigt. Prof. Herold hat als Autor die Abschn. 4.5 und 5.3 verfasst.

Johannes Hummel forscht seit 2010 als Doktorand beim Deutschen Zentrum für Luft- und Raumfahrt (DLR) in Braunschweig im Bereich virtuelle Montagesimulationen im Orbit. Zuvor hat er von 2003 bis 2009 an der Technischen Universität München (TUM) Informatik mit Nebenfach Elektrotechnik studiert und mit dem Diplom abgeschlossen. Von 2005 bis 2010 war er als freiberuflicher Softwareentwickler für Projekte im Bereich Benutzerschnittstellen und Datenmanagement in der Automobil-Industrie verantwortlich. Seine Forschungsinteressen liegen im Bereich der Virtuellen Realität insbesondere bei multimodalen Interaktionstechniken für die virtuelle Montagesimulation im Weltraum. Johannes Hummel hat an diesem Buch als Autor das Kap. 4.4 verfasst.

Prof. Dr. Bernhard Jung ist seit 2005 Lehrstuhlinhaber der Professur Virtuelle Realität und Multimedia an der TU Bergakademie Freiberg. Er studierte Informatik an der Universität Stuttgart und an der University of Missouri, St. Louis. Danach forschte und lehrte er an der Universität Bielefeld, wo er 1996 in der Künstlichen Intelligenz promovierte und 2002 mit Arbeiten zu intelligenten virtuellen Umgebungen habilitierte. Von 2003 bis 2005 war er Professor für Medieninformatik an der International School of New Mediader Universität zu Lübeck. Seine aktuellen Forschungsinteressen liegen in den Gebieten der Virtuellen Realität, der Visualisierung großer wissenschaftlicher Datensätze sowie neuen Formen der Mensch-Maschine-Interaktion, insbesondere der Interaktion mit humanoiden Robotern. Bernhard Jung ist Mitglied des Leitungsgremiums der GI-Fachgruppe VR und AR. Bernhard Jung war Editor von Kap. 3 und 7 dieses Buches und Zweiteditor der Kap. 1, 2 und 10. Als Autor trug er die Abschn. 1.2, 3.1 und 3.6 bei.

Prof. Dipl.-Ing. Rolf Kruse lehrt und forscht seit 2012 im Fachgebiet Digitale Medien und Gestaltung an der Fachrichtung Angewandte Informatik der Fachhochschule Erfurt. Schon parallel zu seinem Diplomstudium der Architektur forschte er Anfang der 1990er am 1. Demonstrationszentrum für Virtuelle Realität des Fraunhofer Instituts für Graphische Datenverarbeitung Darmstadt (IGD). Fortgesetzt wurde diese Entwicklungsarbeit dann 1994 bei Art&Com in Berlin mit Schwerpunkt auf Stadtplanung und mit Fokus auf die Interaktion von Laien mit digitalen räumlichen Inhalten. Als Gründer des Labors für Mediale Architekturen (L.A.M.A.) entstanden ab 1997 interaktive Installationen für namhafte Unternehmen und öffentliche Auftraggeber. Von 2002 bis 2005 gründete und leitete er die Cybernarium GmbH, eine Ausgründung des IGD, die Anwendungen der Virtuellen und Erweiterten Realität für Bildungs- und Unterhaltungszwecke entwickelte und regelmäßig in Rahmen von Ausstellungen einer breiten Öffentlichkeit präsentierte.Aktuelle Forschungsschwerpunkte sind brillenbasierte immersive Umgebungen, natürliche Interaktionsformen und Lernspiele. Rolf Kruse unterstützte die Editoren und Autoren dieses Lehrbuchs aktiv bei der inhaltlichen Strukturierung und einheitlichen grafischen Aufbereitung.

Dr. Leif Oppermann leitet seit 2012 die Abteilung Mixed and Augmented Reality Solutions (MARS) am Fraunhofer FIT in St. Augustin. Nach dem Medieninformatik Diplom (FH, mit Auszeichnung) in 2003 arbeitete er als wiss. Mitarbeiter zunächst weiter an der Hochschule Harz für Christian Geiger und Ralf Dörner an AR Projekten. Von 2004 bis 2009 war er wissenschaftlicher Mitarbeiter und Doktorand am Mixed Reality Lab der University of Nottingham bei Steve Benford und Tom Rodden und promovierte dort über die kooperative Erstellung von ortsbasierten Anwendungen. Er war maßgeblich beteiligt an der Entwicklung prämierter Projekte wie Heartlands (2007, Nokia Ubimedia MindTrek Award, gewonnen), Rider Spoke (2008, nominiert für European Innovative Games Award), oder Zwergenwelten (2013, nominiert für eco Internet Award, Kategorie Mobile). Sein Forschungsinteresse gilt der Erstellung situativer Benutzerschnittstellen und neuer Prozesse im Bereich MR – oft in einem mobilen Kontext. Dr. Oppermann ist seit 2009 bei Fraunhofer FIT und dort mit der Planung und Durchführung von Forschungsprojekten betraut. Aktuell leitet er das erste Projekt des Korea Institute for Advancement of Technology (KIAT). Für dieses Buch trug er als Autor zu den Abschn. 6.1, 6.2 und 6.3 bei.

Prof. Dr. Volker Paelke vertritt z.Zt. die Professur für Nutzergerechte Gestaltung von technischen Systemen an der Hochschule Ostwestfalen-Lippe in Lemgo. Er studierte Informatik an der Uni Paderborn und dem Royal Melbourne Institute of Technology (Diplom 1997). Von 1997 bis 2002 arbeitete er als wiss. Mitarbeiter der Gruppe Visual-Interactive-Systems am C-LAB (eine Kooperation von Uni Paderborn und Siemens AG). 2002 promovierte er an der Uni Paderborn zum Thema „Design of Interactive 3D Illustrations". Von 2002 bis 2004 forschte er als Post-Doc im SFB 614 Selbstoptimierende Systeme zum Einsatz von VR in kollaborativen Engineering Anwendungen. 2004 wurde er auf die Juniorprofessur für 3D-Geovisualsierung und AR an die Uni Hannover berufen. Von 2010 bis 2012 war er als Instituts-Professor und Leiter der Gruppe 3D-Visualisierung und Modellierung am Geoinformatik-Institut in Barcelona tätig. Seine Forschungsinteressen liegen im Benutzerzentrierten Entwurf von visuell-interaktiven Anwendungen, mit Schwerpunkten in der 3D Visualisierung, AR/MR-Techniken und natürlichen User Interfaces. Anwendungsschwerpunkte liegen dabei in der Geo-Visualisierung und im Maschinen- und Anlagenbau. Prof. Paelke hat zu diesem Buch als Autor der Kap. 6.5 und 6.6 beigetragen.

Dr. Thies Pfeiffer forscht seit August 2013 am Exzellenzcluster Cognitive Interaction Technology (CITEC) in Bielefeld. Zuvor war er Akademischer Rat auf Zeit an der Universität Bielefeld in der Arbeitsgruppe Wissensbasierte Systeme (Künstliche Intelligenz) von Prof. Dr. Ipke Wachsmuth (2010–2013). Er studierte Naturwissenschaftliche Informatik an der Universität Bielefeld mit dem Schwerpunkt Neurobiologie und Kybernetik. Danach forschte er drei Jahre bei Prof. Gert Rickheit in der Psycholinguistik im Sonderforschungsbereich 360 am menschlichen Sprachverstehen unter Einsatz von Blickbewegungsmessungen. Seine Promotion im Jahr 2010 beschäftigte sich mit dem Verstehen von Deixis (Zeigen mit Händen und Blicken) in der Kommunikation zwischen Menschen und virtuellen Agenten. Seine aktuellen Forschungsinteressen liegen in den Gebieten der Virtuellen und Erweiterten Realität und der Mensch-Maschine-Interaktion, dort insbesondere im Bereich der Sprach-Gestik-Schnittstellen und der blickbasierten Interaktion. Ein besonderer Schwerpunkt ist die Nutzung von Virtueller Realität als Experimentalmethodik. Als Autor trug er das Teilkapitel 7.1 bei.

Prof. Dr. Dirk Reiners ist seit 2006 Professor für Computergraphik, Virtuelle Realität und Visualisierung an der University of Louisiana at Lafayette. Davor arbeitete er ab 2003 im gleichen Gebiet an der Iowa State University in Ames, Iowa. Er studierte Informatik an der Friedrich-Alexander Universität Erlangen-Nürnberg und an der Technischen Hochschule Darmstadt, wo er in Kollaboration mit dem National Center für Supercomputing Applications (NCSA) in Champaign-Urbana, Illinois, 1994 sein Diplom machte. Von 1994 bis 2003 war er als Wissenschaftlicher Mitarbeiter am Fraunhofer Institut für Graphische Datenverarbeitung (Fraunhofer IGD) in den Bereichen Virtuelle und Erweiterte (Augmented) Realität tätig. Seine Forschungsinteressen liegen in den Bereichen hochqualitative Displaysysteme, Anwendungen interaktiver 3D Graphik und Softwaresysteme zur Entwicklung von Anwendungen der Virtuellen Realität. Dirk Reiners ist Mitglied der IEEE, der ACM und Eurographics. Er ist Co-Autor der Abschn. 5.2 und 7.3.

Prof. Dr. Frank Steinicke ist Universitätsprofessor für Medieninformatik am Institut für Informatik der Julius-Maximilians-Universität Würzburg und leitet dort den Forschungsbereich Immersive Medien. Seine Forschungsinteressen liegen im Bereich der Benutzerschnittstellen zwischen Mensch und Computer mit besonderem Fokus auf der virtuellen Realität, der visuellen Wahrnehmung und Mensch-Computer-Interaktion. Frank Steinicke studierte Mathematik mit Nebenfach Informatik an der Westfälischen-Wilhelms-Universität Münster und schloss sein Studium im Jahr 2002 mit dem Diplom ab. In 2006 promovierte er in Computergrafik und Visualisierung am Institut für Informatik der Universität in Münster. Danach arbeitet er als Gastprofessor am Department of Computer Science an der University of Minnesota in Duluth (USA) in 2009. Im Jahr 2010 erhielt Frank Steinicke die Venia Legendi für das Fach Informatik von der Universität Münster. Als Autor trug er die Abschn. 2.1, 2.2, 2.3, 2.4.5, 2.4.6, 2.4.7 und 2.5.2 bei.

Dr. Arnd Vitzthum ist seit 2011 Dozent für Grafische Datenverarbeitung und Virtuelle Realität an der Staatlichen Studienakademie Dresden. Nach seinem Studium der Informatik an der Technischen Universität Dresden war er von 2003 bis 2008 als wissenschaftlicher Mitarbeiter der Lehr- und Forschungseinheit Medieninformatik der Ludwig-Maximilians-Universität München tätig, wo er auch promovierte. Nach seiner Promotion unterstützte er das Team des von der Deutschen Forschungsgemeinschaft (DFG) geförderten Projekts „Virtual Workers" unter Prof. Bernhard Jung an der TU Bergakademie Freiberg. Ab 2010 bis Anfang 2011 leitete er das auf seiner Dissertation aufbauende DFG-geförderte Projekt „Roundtrip3D" an der TU Bergakademie Freiberg, dessen Ziel es ist, moderne softwaretechnologische Ansätze mit der Entwicklung dreidimensionaler Applikationen zu verknüpfen. Dr. Arnd Vitzthum war als Autor an Kap. 3.2, 3.3, 3.4 und 3.5 dieses Buches beteiligt.

Sachverzeichnis

R. Dörner et al. (Hrsg.), *Virtual und Augmented Reality (VR/AR)*, eXamen.press,
DOI 10.1007/978-3-642-28903-3,